U0223963

专家书评

"克林顿·基思（Clinton Keith）为游戏从业者和学生们写了一本很棒的书。他对大型游戏开发所面临的挑战进行深入的分析并探讨了如何应用精益 Kanban 和敏捷 Scrum 来应对这些挑战。文中穿插的奇闻轶事说明他真正经历过大型电脑游戏项目的热潮。"

——奥斯陆大学信息学教授**本迪克·巴格斯塔德**（Bendik Bygstad）

"如果想用敏捷方式来做创意项目，一定不要错过这本重要的参考指南。到底什么才是真正的敏捷呢？对此，人们有很多误解。克林顿采用深入浅出的方式揭示了敏捷的真谛。如果要管理文化创意团队，一定不要错过《游戏项目管理与敏捷方法》。"

——产品开发副总裁**布莱恩·格雷厄姆**（Brian Graham）

"就在克林顿出版本书第 1 版之前，我刚刚幸运地完成了 Scrum Master 认证培训。我买了这本书的首版首印。过去十余年，我们一直保持着联系，我从他那里学到很多，也和他分享了很多。我很欣赏克林顿的写作风格，希望这本书的新版可以激励更多的读者，就像当年激励和启发了我一样，帮助更多的人持续学习和日益精进。"

——游戏开发商兼顾问**埃里克·拜伦**（Erik Byron）

"我真的希望克林顿·基思（Clinton Keith）这本书可以再提前 15 年出版。如果是这样，肯定能帮助我用不同的眼光来看待很多事情。《游戏项目管理和敏捷方法》新版主题丰富，内容全面，可以帮助游戏制作团队真正用好 Scrum 来应对游戏行业的挑战。"

——Deviation Games 高级制作人**康诺**（CJ Connoy）

"克林顿·基思（Clinton Keith）结合他对视频游戏开发和敏捷的了解，运用 Scrum 哲学来应对游戏行业独有的挑战。他清楚解释了 Scrum 的底层逻辑，结合理论讲解和分享他的亲身经历，真实回放了 Scrum 成功应用于上百个游戏工作室的经历和故事。"

——认证 Scrum Maste **埃里克·西斯**（Erik Theisz）

"有一天，等您一觉醒来并意识到自己确实需要好好看看这本书的时候，说明您的项目可能正在走向失控的边缘。趁早在克林顿的指导下深入敏捷吧。只要是做游戏，就能从这本智慧之书中受益良多。"

——Execution Labs 联合创始人 & 前 CEO 及国际游戏开发者协会理事**杰森·德拉·罗卡**（Jason Della Rocca）

"如果觉得 Scrum 软件开发和 Scrum 视频游戏开发之间有差距，看这本书就对了。如果当前正在用或者计划导入 Scrum 或其他敏捷流程，建议所有人都能好好读一下这本书。"

——组织教练**杰夫·林德赛**（Jeff Lindsey）

"敏捷不只是可以帮助解决问题，还营造了一个可以创造价值的环境。在这样的环境中，开发人员之间直接进行实时实地的交流和沟通。比方说，程序员的能力和设计师的意图如果能够得到充分的表达和交流，就可以齐心协力做出更好的游戏。在游戏行业中，顶尖的游戏开发团队经常都有这样的化学反应。"

——Greyborn Studios 创意总监**斯各特·博林**（Scott Blinn）

"在着手做游戏之前，很多开发人员会花好几个月时间来开发下一款游戏会用到的技术。但在实际开发游戏的时候，这些技术有时根本派不上用场！最实用的解决方案是先用现有的。如果真的需要定制，就只能边做游戏，边开发技术。很多开发人员都会落入一个陷阱，认为'我们将在接下来的五个游戏中用到这个，所以值得现在就花些时间。'如果这次就得照顾到全部，那第一个游戏的完成可能就会遥遥无期，更不要说接下来的五个游戏了。我的经验是，同一个问题，除非反复碰到并解决过好几次，否则得不到足够的信息来制定一个通用的解决方案。碰到问题，最好用敏捷。我们手上这个游戏，用的就是Scrum，它可以使我们始终专注于创建一个恰到好处的基础架构来实现当前的 Sprint 目标 / 里程碑。"

——Banes Games 首席技术官**阿利斯泰尔·杜林**（Alistair Doulin）

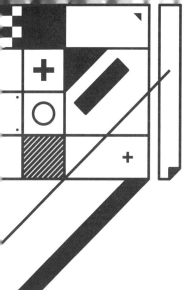

游戏项目管理
与敏捷方法 _{（第2版）}

[美] 克林顿·基思（Clinton Keith）◎著　周子衿◎译

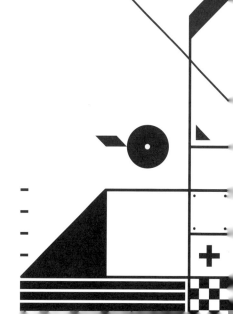

清华大学出版社

北京

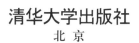

内 容 简 介

本书凝聚了作者数十年的从业经验，讲解了如何将精益敏捷方法中的 Scrum 和看板应用于游戏项目的管理中，介绍了如何在尊重开发、美术、策划等专业能力的前提下充分发挥每个人的优势。与此同时，作者还针对长远规划、进度跟踪与持续集成提供了丰富的提示、技巧和解决方案。

本书适合游戏行业从事开发工作的程序、制作、美术、测试与策划等岗位的人员阅读和参考。

北京市版权局著作权合同登记号　图字：01-2020-6977

Authorized translation from the English language edition, entitled AGILE GAME DEVELOPMENT: BUILD, PLAY, REPEAT, 2nd Edition by KEITH, CLINTON, published by Pearson Education, Inc, Copyright © 2021 by Clinton Keith.

All rights reserved. No part of this book may be reproduced or transmitted in any form or by any means, electronic or mechanical, including photocopying, recording or by any information storage retrieval system, without permission from Pearson Education, Inc.

CHINESE SIMPLIFIED language edition published by TSINGHUA UNIVERSITY PRESS LIMITED, Copyright © 2021.

本书简体中文版由 Pearson Education 授予清华大学出版社在中国大陆地区（不包括香港、澳门特别行政区以及台湾地区）出版与发行。未经许可之出口，视为违反著作权法，将受法律之制裁。

本书封底贴有 Pearson Education 防伪标签，无标签者不得销售。
版权所有，侵权必究。举报：010-62782989，beiqinquan@tup.tsinghua.edu.cn。

图书在版编目（CIP）数据

　　游戏项目管理与敏捷方法：第 2 版 /（美）克林顿·基思 (Clinton Keith) 著；周子衿译 . —北京：清华大学出版社，2021.3
　　书名原文：Agile Game Development: Build, Play, Repeat (2nd Edition)
　　ISBN 978-7-302-57488-0

　　Ⅰ . ①游… 　Ⅱ . ①克… ②周… 　Ⅲ . ①游戏—软件设计—项目管理 　Ⅳ . ① TP311.5

中国版本图书馆 CIP 数据核字 (2021) 第 021559 号

责任编辑：文开琪
装帧设计：李　坤
责任校对：周剑云
责任印制：丛怀宇
出版发行：清华大学出版社
　　　　　网　　　址：http://www.tup.com.cn, http://www.wqbook.com
　　　　　地　　　址：北京清华大学学研大厦 A 座　　　邮　　编：100084
　　　　　社 总 机：010-62770175　　　　　　　　　邮　　购：010-62786544
　　　　　投稿与读者服务：010-62776969, c-service@tup.tsinghua.edu.cn
　　　　　质量反馈：010-62772015, zhiliang@tup.tsinghua.edu.cn
印 装 者：大厂回族自治县彩虹印刷有限公司
经　　销：全国新华书店
开　　本：165mm×230mm　　　印　张：36.75　　　字　数：798 千字
版　　次：2021 年 4 月第 1 版　　印　次：2021 年 4 月第 1 次印刷
定　　价：159.00 元（附赠彩色不干胶手册）

产品编号：089869-01

我们的领路人约翰·罗威（John Rowe），

您对我们的启发、鼓励和信任，

让我们可以放手一搏，

最后找到精益敏捷，

走出了游戏开发的困境。

推荐序

迈克 · 科恩（Mike Cohn）
Scrum 联盟和敏捷联盟创始人之一

游戏开发和 Scrum 这样的敏捷方法如何才能做到珠联璧合呢？在这方面，谁最有洞察力？必然是克林顿 · 基思（Clinton Keith）。作为游戏工作室的 CTO(首席技术官)，他率先在游戏开发中采用了 Scrum。尽管当时遭到广泛的质疑，但克林顿还是预见到了蓝海，最后不但率先用 Scrum 开发了游戏，还帮助团队回到了以往开发游戏的欢乐时光。

为什么游戏开发不能一边赚着钱一边又好玩呢？众所周知，游戏行业变幻无常，以残酷的最后期限和模棱两可的需求而著称，但恰恰这样的环境，才是敏捷的用武之地。敏捷是迭代、增量的，要求团队至少每一到四个星期就要让开发中的游戏达到可以玩的状态，让干系人可以见到新的特性和场景的进展情况。

在本书中，克林顿和我们完整分享了他的经验和见解，揭示了如何运用敏捷来应对游戏开发所面临的挑战。在经过重新修订和扩展的第 2 版中，还特别介绍了 live 游戏和手游。还新增了对大规模敏捷项目和 AAA 游戏的介绍。

本书英文版的副标题"build，play，repeat"很贴切，既指视频游戏的开发过程，又指好的游戏团队是如何自主开发游戏的。是的，必须是而且肯定是"构建，玩，周而复始"，正如团队对改进孜孜以求一样。要想寻求持续改进，有什么办法能胜过聆听敏捷游侠开发先锋人物的亲身经历和他所给出的建议呢？

在这本书当中，克林顿给出了宝贵的指导，阐述了一个游戏项目中所有专业人员如何以敏捷的方式协调工作。他甚至还深入探讨了如何运用 Scrum 和发行商展开合作。在给出这些指导的同时，克林顿也不回避一些有挑战性的难题，包括营造一个对敏捷友好的工作室文化所面临的种种挑战，他没有避而不谈，而是慷慨地给出建议，以便我们可以避免那些常见而危险的坑。

您手上的这本书可以对任何游戏项目和工作室产生深远的影响。这一点，我一点儿都不怀疑。一旦导入并习惯了敏捷，不会有人想要换用别的方式。团队将意识到一点：Scrum 是掌控游戏开发复杂性和不确定性的最佳方法。这恰恰也是克林顿多年前就意识到的一个观点。

译者序

关于游戏，作为 Z 世代的我，能想到的是当年我与电子游戏的偶遇以及过去十多年求学生涯的我对游戏和玩游戏的一些粗浅的看法。

游戏，从何而来呢？游戏 Game，不同于玩耍 Play。早在公元前 3500 年，古埃及人就流行一种棋盘游戏 Senet。而最早的文字记载来自拉丁文 Ludus，见于古罗马时期最流行的策略类游戏（类似于现在的国际象棋和跳棋），意为"玩，游戏"，Ludus 一词也指"运动，训练"，见于当时角斗士训练学校的相关描述中。

至于英文单词 Game，则首次出现于 1953 年维根斯坦的《哲学研究》中。不过，维根斯坦认为，游戏是不可定义的，它泛指所有的人类互动行为。芝加哥大学教授伯纳德·舒兹却认为，游戏可以定义，具体指的是自愿尝试着解决一些非必要的困难。换而言之，游戏是好奇心和求知欲驱动下的一种活动，一种可能感受到快乐和进入心流状态的学习（娱乐）过程。

现代意义上的游戏 Game，有四大要素：游戏边界，比如球场；游戏规则，有约束条件；游戏道具，比如棋盘和棋子；游戏目标，比如得分和输赢。

在翻译过程中，我对游戏、游戏设计与制作有了更多的认识。第 1 章就十分抓人，从街机、游戏机、独立游戏、单机游戏、网游到手游和直播游戏以及电竞的兴起，透过电子游戏三十多年的发展史，作者揭示出游戏产业的常识和规律，隐约透露出游戏被商业所左右的感叹，并借此抛出本书想要解决的核心问题：当对游戏的热爱转化为投身于游戏制作的时候，如何快乐地制造快乐？爱好与工作如何才能平衡呢？

作者谈到了自己的大学时代，省吃俭用买下雅达利电脑并注册成为游戏开发人员，毕业后就职于圣路易斯的麦道公司，从事战斗机和水下无人机的软件开发，后来投身于游戏行业，先后参与或主导过一些游戏大作的制作。作者先后担任过开发和CTO，通过本书总结和回顾了职业生涯中是如何运用敏捷精益来应对游戏开发危机的，现身说法讨论了爱好与工作是可以兼得的。

作者提到了对他影响最大的游戏设计师宫本茂。被誉为马里奥之父的宫本茂，在2020年11月接受了《纽约客》的采访。访谈中，宫本茂分享了自己的设计理念和思路。他非常注重游戏中的"问题—思考—实践—验证"，如此这般反复试错的过程，体现了游戏过程是一种心智过程。他在设计过程中，去芜存菁，删繁就简，拒绝不必要的规则和内容，确保游戏必须有乐趣，要有建设性和创造性。一个游戏，往往有多套策划方案，要从多个角度去探讨策划方案。他的目标是确保所有人都能看到清晰的愿景，都能关注到实现中的种种细节，既是创意领袖，又是团队的支持者，他让大家有信心披荆斩棘向前冲，他专注于挖掘有价值的想法，确保所有人都在创造全新的体验，只有这样，才能引起玩家的共鸣，才能实现真正意义上的成功。

在被问及如何看待几百万家长都希望孩子能够在疫情隔离期间与游戏保持一种健康的关系时，他如实表达了自己的观点。他对孩子们一玩游戏就停不下来表示深切的理解和同情。作为一名父亲和爷爷，他并不限制玩游戏或者远离游戏。家里的游戏设备是拿来玩的，既然是玩，遵守规则就好。不过，天气好的时候，他总是鼓励孩子到户外去玩。

他认为，作为父母，更重要的是并不是单纯地管理好游戏时间，而是去了解孩子为什么要等到下一个保存点才能停下来，正在解决问题、太好玩、想知道结局、想赢、想要和朋友在一起，这些原因都是可能的。他还提到，他和其他家人一起和 5 岁的孙子一起玩游戏，和他一起发现 3D 世界的构成。小孙子两眼发光，全神贯注的神情，让他感到由衷的高兴。几十年来，他始终认为并且做到了，任天堂所营造的游戏体验是温暖的"家人在一起"的感觉。

现在想起来，任天堂这三个字，的确给我一种温暖的感觉，小时候和家人好友一起玩的感觉。

当时我还在上小学。有天放学回到家，老爸神秘兮兮地说："猜猜我给你买了啥？""啥呀？"还沉浸于思考人生意义的我随口接了一句。"看！"老爸献宝一般，从身后捧出一个盒子。"哇哦！"人生的意义顿时被我抛到九霄云外，我们俩兴致勃勃地拆开包装，Let's 安装 &Wii！

就这样，广场上多了我爸、我妈和我，还有发小以及几位亲朋好友的阿凡达。网球、棒球、高尔夫、保龄球、拳击和仪仗队，还有瑜伽、肌肉锻炼、包括慢跑和拳击在内的有氧运动、踏板操这样的平衡训练等，这些体感小游戏很萌，很好玩，而且画面华丽，韵律感强，最重要的是不需要花太多时间。就这样，从 Wii 到 Wii U，到《舞力全开 2020》的推出，"Wii would like to play，Experience a new way to play"，当年一起玩的小伙伴们开始陆续暂别象牙塔，走向社会。

和同龄人一样，我并非没有接触过一些电子游戏，甚至也有躲在被窝里玩被发现的经历。庆幸的是，老爸发现后，并没有让我和游戏划清界限，而是鼓励我到客厅玩，好好玩，甚至还和我一起玩。也许正是这种结盟的关系，让我懂得了如何正面看待游戏以及如何选择对自己有价值的游戏，后来还和玩手游的表弟分析如何玩游戏才不会被游戏玩。

正如宫本茂所言，父母以往的游戏角色，也成为我们玩过的角色。这种长久的魅力，非常特别。或许有一天，我们会前往京都，在超级任天堂世界中开心游玩。

言归正传，在近 600 页的篇幅中，作者通过 6 部分 23 章的结构，首先介绍三十年电子游戏发展史以及游戏行业所面临的危机，接着描述敏捷 Scum 和精益 Kanban 如何帮助游戏工作室走出困境，最后介绍游戏开发领域导入敏捷可能面临的挑战和机遇，并通过大量的亲身经历来说明如何如何扬长避短，合理运用敏捷 Scrum 与精益 Kanban。

翻译的过程，充满艰辛，更充满了乐趣，是个学习的过程，更是个游戏的过程，时常让人进入心无旁骛的状态，为未知到已知而感到雀跃。此外，考虑到这是第一本将敏捷精益相关框架引入游戏开发领域的重要书籍，为了让读者有更好的阅读体验，我在术语和专业知识方面，特别请教了很多专业人士。在此，我要向他们表示诚挚的感谢：天美工作室 Ben、完美世界的 Carol、腾讯游戏的 Tony 和网易游戏的林尚靖以及暴雪的 Tans，感谢他们在我遇到疑难杂句的时候耐心听我絮叨并给出专业的意见。

正如宫本茂所说，任天堂的游戏世界更希望是一个可以探索创意、发挥想象力以及验证和试错的空间。以后的世界或许不会像《黑客帝国》那样只有红色和蓝色两种药丸，也许还有黄色药丸，让我们可以像《头号玩家》那样，可以不脱离现实，去体会真实的喜怒哀乐，活出意义来。没有人愿意只做天堂里的猪，我们渴望通过更多的认知，前往可以选择的彼岸，一个美丽的新世界。

Game & life，always over & on！愿我们大家一起善用游戏，享受人生！

前言

本书写给正在使用或渴望了解敏捷方法的游戏开发人员。书中提炼了与敏捷开发多个领域相关的信息，描述了如何在游戏行业这个独特的生态系统中运用敏捷方法。本书取材于 2003 年以来作者亲自参与的 200 多个工作室的敏捷游戏项目。

至于非游戏行业的从业人员，则可以管中窥豹，通过本书了解一下游戏行业或者敏捷是怎么回事儿。本书适用于参与游戏开发的各专业人员，局限于特定的专业范围。毕竟，做美术资源的如果也能理解程序员所面临的挑战及其解决方案，也可以增强跨专业团队内部和外部的协作。

在游戏行业的发展进程中，过去十年的变化超过以往任何一个十年。移动设备、数字化游戏商店、电子竞技、云端游戏化以及 GaaS（Game as a Service）等，都在挑战着我们对游戏制作过程及方式的假设。尽管我不能说大多数工作室都用好了敏捷，但在过去的十年，敏捷确实给我们带来了实实在在的好处。

敏捷与游戏开发如何结合呢？对我来说，这个想法开始于 2002 年我在飒美工作室（Sammy Studio）的时候。和其他许多游戏工作室一样，我们之所以想换用敏捷开发，是因为当时面临着一场灾难。飒美工作室是日本飒美 2002 年创建的，当时的目标是在西方游戏行业迅速建立起主导地位。为此，飒美工作室获得了投资并被授权为此不计一切代价。

作为老司机，我们几个项目经理迅速建立了一个项目管理结构，用 Microsoft Project Server 来帮助管理当时旗舰级游戏《黑暗标靶》的所有项目细节。

《黑暗标靶》有一个宏大的计划，它的产品定位是"叫板"《光晕》这样的第一人称射击名作，意欲和它一较高下。那时，我们的想法是，只要有资源及规划软件，就不会有搞不定的问题。

可是，没有过多久，问题接踵而至。不到一年，我们就已经落后于计划六个月，并且形势还在加剧恶化。这是为什么呢？

不同学科的专业人员各有各的计划安排：每个学科方向都有各自的计划，团队允许各个成员可以大部分时间各行其是。就拿动画技术来说，动画技术的开发有自己的计划，它需要用到很多独特的动画特性，这些特性只有先做完，才能证明它可以用于动画。如果各有各的计划安排，就会出现这样的后果：动画程序员这边在做会被打断的手和脚，动画师那边却还在尝试做动画过渡效果。为了对齐诸如此类的计划问题，必须定期对日程安排进行大的调整。

要想让最新版本的游戏运行起来，总是需要额外付出更多的精力。准备 E3 演示版的时候，调试和修修补补，我们整整花了一个多月的时间才勉强生成一个可以接受的版本。即便如此，现场演示仍然需要一个开发人员守在演示设备旁边，时不时地重启机器。

估计与进度安排总是过于乐观：从小任务到大的里程碑交付，计划中的每一项似乎都延期了，无一例外。计划外的工作更是需要团队抽出私人时间来完成或延期完成。就这样，熬夜和周末加班成了项目团队的常态。

管理层总是忙于"救火"，没有时间去考虑长远目标：我们的管理者每周都从一堆问题中选一个出来，然后组织开一整天的会集中解决。问题产生的速度超出了我们的解决能力。我们根本没有时间去看方向，去展望项目的未来。

类似的问题层出不穷，举不胜举。说起来都是泪，旧的还没有被解决掉，新的又涌进来了。许多问题都来源于我们无法预见到项目（哪怕一个月之后）的细节，这些细节正好是修正详细计划中各种假设的必要条件。重要的问题是我们做计划的方式错了。

最后，日本母公司插手，进行了人事大变动。这个举措传达出一个明确的信号：管理层事先已经允许调用所有的资源，所以，一旦出问题，团队都得自己担责。于是乎，他们通知我们尽快整改。这一来，不只是我们的工作，就连工作室的生存也岌岌可危。

就在那个走投无路的至暗时刻，我开始研究其他项目管理方法。当时，敏捷实践（比如 Scrum 和 XP）对我们来说并不新鲜。飒美工作室原来的 CTO（首席技术官）让我们尝试过 XP，还有个项目主管也尝试过一些 Scrum 实践。等我读完 Schwaber and Beedle (2002) 之后，我确信 Scrum 就是我们的"救星"。

了解 Scrum 之后，我们觉得自己找到了有利于发挥游戏开发团队技能与激情的体系。这个过程很有挑战，因为 Scrum 的规则比较倾向于 IT 项目的程序员团队，所以看上去不是特别适合游戏开发环境。

于是，我开始展开一系列的探索，探索敏捷开发对游戏开发人员的意义，琢磨哪些具体实践适合游戏开发领域。从 2005 年起，我就开始公开讲敏捷游戏开发。其时，飒美工作室正在为 Xbox 360 和 PlayStation 3 开发游戏。动不动就是一百多人的团队，项目一旦失败，动辄就是上千万美元的损失。遗憾的是，不少人误会了敏捷，有些人甚至盲目地认为它就是解决问题的"银弹"。

2008 年，在与几十个工作室的上百名游戏开发人员交谈后，我觉得自己非常乐于帮助他们采用敏捷开发方法，于是决定成为一名全职的独立教练。现在，我每年都会指导若干个工作室团队，通过公开课的方式来培训游戏开发人员，使他们成为认证的 Scrum Master。与他们的合作和学习，便成就了这本书。

关于第 2 版

第 2 版在第 1 版的基础上，新增了 50% 的内容，同时还根据我们过去十年的工作成果对现有的大部分内容进行了修订。比如，Scrum 和看板虽然现在已经发展成为全球使用最广泛的框架，仍然处于稳步的发展中。通过应用"检视 - 适应"原则，几百万个团队纷纷投身于实验，深入探索和积累更多的经验和智慧，了解如何实现高度协作以及如何做出更好的产品。

自 2010 年本书第 1 版发布以来，敏捷和精益的采用、揭示和传播方式已经发生了很多变化。和大多数创新一样，早期采用者看到了成功以及随之而来的"淘金热"。工作室为了解决自身的问题，病急乱投医之中仓促采用敏捷，于是许多根本就不理解游戏开发挑战的教练和培训师四处兜售他们的"特效药"。就这样，游戏行业遭受重创，敏捷或者说 Scrum 和看板成了"背锅侠"。

幸运的是，针对敏捷和精益，开始涌现出更加务实的观点。现在，正如工作室所见,这些实践和价值观可以融入工作室定义和负责的工作过程中。不打上特定的标签,持续试验和保持专注,已经成为成功打造游戏的王道。

第 2 版体现了这种务实的观点。它更深入地介绍了我有幸获得的行业实战经验。相比其他的因素,它更为看重游戏和开发人员。

本书的组织结构

第 I 部分首先讲述游戏行业的发展简史。比如,游戏行业的产品和开发方法论是如何变化的?预算超支、计划严重超期和恶性 996 是由哪些因素造成的?最后概述敏捷,讨论敏捷的价值观如何帮助解决游戏开发管理中出现的问题。

第 II 部分描述 Scrum 和看板的作用与实践及其在游戏开发中的应用。描述如何围绕游戏的愿景进行沟通、如何规划游戏特性的开发并在短期和长期不断迭代中取得进展。

第 III 部分描述敏捷开发如何贯穿于整个游戏开发项目中,展示了短期迭代用到的实践如何扩展用于整个游戏,这样一来,在整个游戏开发过程中,不只是特性的开发方式可以管理,还有游戏内容的创建,都是可以计划、安排和持续优化与改善的。

包括制作过程,还有一些情形可以将精益原则和看板实践作为 Scrum 实践的补充。这部分重点探索和敏捷团队有关的问题,阐述如何将 Scrum 扩展为支持大型团队(而且这些人员甚至可能分布在全球各地)。此外,这一部分还总结了团队如何通过具体的手段(即减少对游戏各方面进行迭代所需要的时间）来持续提升开发效率。

第 IV 部分解释了多个专业领域的人员在敏捷开发团队中是如何实现有效协作的，描述了每个学科专业的主管角色及其如何对应于 Scrum 的各个角色。

第 V 部分详细描述敏捷实践对工作室和发行商的挑战及其应对方案。这部分描述工作室在过去十年如何通过避免典型的坑和转变团队互动来克服文化惰性，从而最终改善开发环境。

第 VI 部分带领读者超越基础实践，进一步深入到为敏捷开发团队和工作室提供教练指导。分享了如何推动规模化敏捷的边界和大型 AAA 游戏如何在分布式团队的敏捷精益实践。探索了如何通过敏捷来撬动新的平台、技术和想法，游戏如何赋能于教育和医疗等行业。

尽管本书希望成为各位读者开始敏捷游戏开发之旅的起点，但读完这本书并意味着学习结束了。关于 Scrum、极限编程、精益、看板、用户故事、敏捷规划和游戏开发等，还有很多非常值得精读的书，它们都可以帮助大家走在持续改进的路上。

iPhone、PC 及大型多人在线游戏（MMOG）的开发者都在使用本书描述的实践。基于本人的技术背景，我与大家分享了许多经历，敏捷程序员确实还有更多选择，但本书的目标读者是整个游戏圈。书中还有许多经历和经验，它们来自专业背景不同且在各种平台上开发各类游戏的人，值得大家参考和借鉴。

致谢

自本书第 1 版问世以来，我一直在世界各地出差、培训和指导团队，您可以在本书中一见端倪。我每年大约访问 20 个工作室，我一直为此深感荣幸。但做游戏的每个人都有相同的特质，属于同一个部落。在我看来，这个部落中，个个有创意，人人有激情。他们和我分享了他们的故事、艰辛和创意。在此，我要向他们表达最诚挚的谢意。

这本书的完成，前后花了一年。在这段时间里，我从审阅初稿并帮助我确定写作方向的读者那里获得很多反馈意见和建议。感谢 Bruce Rennie，James Birchler，James Everett，David West 和 Justin Woodward 审阅书稿并提出了他们的想法。

有了 Andie Nordgren，Brian Graham，Bruce Rennie，Caroline Esmurdoc，Dante Falcone，David West，Erik Theisz，Grant Shonkwiler，Greg Broadmore，James Birchler，James Everett，Justin Woodward，Kalle Kaivola，Michael Riccio，Rory McGuire，Shelly Warmuth 和 Tim Morton 的参与和审阅，第 2 版对我来说，更加容易了。

非常感谢培生的所有人，包括 Haze Humbert，她的执着、远见以及从头到尾对本书的支持。感谢 Tracy Brown，Lori Lyons 和 Paula Lowell 的精心编辑。

我要向拜访过的各个工作室的所有人表示感谢，感谢他们的合作，感谢他们让我有机会向他们学习。最后，感谢视觉特效公司

Magnopus[①] 优秀的小伙伴们。

我要感谢我的导师兼朋友迈克·科恩（Mike Cohn）。迈克当年以教练身份访问了我们高月工作室。他的教练成果斐然，启发了我也想成为一名教练。没有他的支持和鼓励，我不可能迈出这一大步。

---

① 译者注：公司创始人之一本·格罗斯曼（Ben Grossmann）是奥斯卡获奖的视觉效果总监和虚拟现实（VR）导演，2012 年的《雨果》一片荣获奥斯卡的最佳视觉特效奖。2014 年，他凭借着《星际迷航：暗黑无界》第二次荣获奥斯卡奖提名。之后，他与另外两名电影人联合创立了 VR 视觉特效公司 Magnopus。自成立以来，成功交付的项目超过了 65 个。其中有教育工具 Mission ISS，能让人进入国际空间站，控制设备，完成任务，甚至走到空间站外。此外，还配合电影《银翼杀手 2049》创作了 Memory Lab，观众可以看到真人表演。再有就是创作了皮克斯工作室的 VR 版《寻梦环游记》，让观众探索电影中的世界。此外还创建了平台 Disney Movies VR。

简明目录

详细目录

第 I 部分　问题与解决方案

第 II 部分　Scrum 和敏捷规划

第III部分　敏捷游戏开发

第VI部分　追求卓越

第 I 部分　问题与解决方案

第1章

<hr>

游戏行业所面临的危机

电子游戏开发的拓荒期结束了。从前,独立游戏开发人员个个都是"全栈",自个儿就可以全程负责策划[①]、编码和美术等一揽子活儿。现在,除了少数独立开发人员,这些工作大多已经有专业分工。今天的游戏行业,吸金能力大大超过了好莱坞。看起来,作为一个产业,游戏比以前成熟多了。

然而,在游戏行业高歌猛进的历史发展过程中,也犯过不少错误。举个例子来说,我们也干过抄作业这样的事儿,从其他传统行业依样画葫芦,简单照搬一些所谓的最佳实践到游戏开发场景中。说句不好听的话,这就好比小小孩儿非要穿爹妈的旧衣裳,当然很不合体。用预先确定的宏大计划和流程来应对复杂程度相当高和不确定性超级强的游戏开发,往往造成游戏上市后华而不实,很难成为真正受玩家欢迎的爆款游戏。再说,这种将就着凑合的方式还使游戏开发本身的乐趣丧失殆尽。最后,秉持着为成千上万玩家带来娱乐体验的初心,怀着满腔热血进入游戏行业的天才开发人员,在真正进入游戏行业之后,却深陷于暗无天日的 996 而备受煎熬,最后不得不带着多年积累下来的宝贵经验黯然转行。这样的事情,本来不应该发生。

<hr>

① 译者注:针对游戏开发的岗位设置情况,本书中除非特别说明,否则都用专业(或技能)来指代相应岗位上的专业人员,比如策划、程序和美术,分别指 designer(个别地方也换用"设计师"这样的说法,该专业方向的主管称为"主策划""设计总监""总设计师""设计主管"等)、developer(和代码打交道的程序员或开发人员,该方向的主管称为"主程"或"开发总监")和 artist(负责原画、纹理等美术资源的美术人员,该方向的主管称为"主美""艺术总监"等)。[感谢成都天美工作室原画师本浩 Ben 的点拨和建议]

本章提供的解决方案

首先，我们要看清楚问题的根源及其产生的原因。

在本章中，我们要回顾游戏开发的发展历史，看一款游戏如何从最初的几个人两三个月就可以开发完，逐步发展到现在一个项目需要上百人的团队花好几年的工夫才能完成。我们要展示这种继承自工业革命思想的开发模式是如何使游戏开发陷入危机的。在这种开发模式下，人的创新和想象力遭到重创，不合理的计划频频施压，导致整个游戏行业的工作环境不断恶化。

与此同时，本章也是本书其余部分精益敏捷解决方案的基础，我们将逐步认识到为什么敏捷开发方法能够改变过去十几年游戏发展的进程。我们的目标是一方面确保游戏开发的商业可行性，另一方面确保游戏创作本来的趣味性。

> **说明** 本章主要用 AAA[1] 街机或游戏机来进行成本说明，因为它们存在的时间最长。

游戏开发简史

最开始的时候，游戏开发更像是造硬件而非开发软件，不需要美术、策划甚至程序这样的专业分工。20 世纪 70 年代初期，游戏是一些特制的盒子或者卡带，电子工程师负责为每款游戏制作电路板。这样的游戏机只装一款游戏，最初出现在游戏厅，后来发展成为家用游戏机，可以在家里的电视机上玩，代表作有大名鼎鼎的益智过关游戏《乓》[2]。

---

[1] 译者注：在游戏行业，AAA 用来指代开发水平高和营销预算多的游戏，这样的游戏品质好，口碑好，商业上也很成功。

[2] 译者注：1972 年，诺兰邀请刚刚从加州大学毕业的奥尔康测试一款游戏，加入环境音效之后就有了电子游戏《乓》，第一批样机只有 12 台。1974 年，受到招聘广告 "have fun, make money" 的吸引，19 岁辍学想去印度朝圣的乔布斯前来应聘。电子工程师奥尔康录用了这个对科技有想法的年轻人。《乓》很快成为爆款，到第三年，销售额达到 1500 万美金。接踵而来的是遭到起诉并支付版权费 70 万。同时，市场上也涌现出更多跟风的游戏。1975 年，《乓》移植到家用游戏机，游戏卡带首次销售 10 万份拷贝。1976 年，诺兰以 2700 万美元出售雅利达之后，创办了一家主题休闲娱乐餐厅。

随着科技的进步，低成本的微处理器出现，游戏厂商可以生产更复杂的游戏，可编程硬件平台可以运行各种不同的游戏，不再限于只装一款游戏了。这引发了后来街机的流行并最终催生了带卡槽的家用主机①。这标志着游戏机从硬件转为软件，开发人员也逐渐由电子工程师转变为软件工程师，也就是我们的程序员。那个时候，一个程序员捣鼓几个月，就可以独立开发完成一款游戏。

1965 年，英特尔联合创始人戈登·摩尔（Gordon Moore）提出了摩尔定律："集成电路上可容纳的晶体管数量每隔两年就会增加一倍。"②此后几十年，摩尔定律一直被奉为真理（图 1.1）。

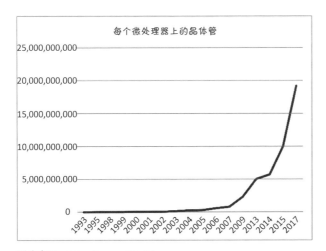

图片来源：https://ourworldindata.org

图 1.1　PC 微处理器上晶体管数量的变化③

摩尔定律推动着家用电脑和游戏机的不断向前发展。每隔几年，市面上就会出现性能远远超过上一代的新款处理器。用户也总是期待着新款处理器下可能的新功能，开发人员也紧随其后，推出各种支持尖端科技的产品来满足玩家的需求。对开发人员而言，每隔两年主机平台

---

① 译者注：Circa 公司 1977 年发布的雅达利 2600 游戏机。

② 摩尔定律：www.intel.com/technology/mooreslaw/index.htm

③ 译者注：Cerebras 在 2020 年 Hot Chip 大会上分享的幻灯片表明，在改用台积电的 7 纳米工艺后，可以做成或者搭载 2.6 万亿个晶体管和 850 000 个核的处理器，全部集成到与整块晶圆一样大小的单块芯片中。目前，这种大尺寸芯片已经可以在实验环境运行。

的性能就会翻一番——芯片运算能力更强，图形图像处理能力更强，内存容量越来越大——这一切都遵循摩尔定律。

无一例外，每一代硬件革新都带来更强劲的性能和更大的容量。三维表现、CD 音质的游戏音乐音效以及高清晰度的游戏画面，使得游戏体验越来越逼真，同时也推动着游戏开发成本日益攀升。内存（主存储器）和外存（辅助存储器）的容量也越来越大。30 年前，雅达利 2600 游戏机[①]的内存容量不足 1000 字节，模块空间容量不足 4000 字节。然而在今天，PlayStation 3 的内存容量是雅达利 2600 的 800 万倍，存储容量是后者的 12 500 万倍！处理器的速度和性能也以惊人的速度得以显著的提升。

早期街机游戏的迭代开发

最早期的游戏开发模式是当时硬件性能和市场的产物。在街机游戏的黄金时代（20 世纪 70 年代末至 80 年代初），对游戏厂商来说，《吃豆人》《爆破彗星》《太空侵略者》《防御者》都是最受欢迎、最有影响力的"金矿"，一台价值约 3000 美元的街机每周可以赚 1000 美元。这股新的淘金热引起了广泛的关注。一时间，热钱蜂拥而上。然而，轰轰烈烈的粗制滥造和赶工发行，使得一些街机游戏厂商相继宣告破产。量产约 1000 台街机，需要一笔相当可观的投资，如果装的游戏很差，这笔投资就很容易变成泡沫。

为了避免几百万美元化为泡沫，游戏厂商需要保证游戏的品质。当时，游戏的软件开发成本极低，所以，一个行之有效的办法是在游戏投入量产之前先确认品质，一旦不达标，就果断砍掉，寻找新的替代方案。那个时候，游戏开发是高度迭代的，项目经理敲定创意，为开发人员提供一个月的时间和资金，让他们先开发游戏。月底的时候，项目经理玩游戏，并根据试玩体验来决定是继续开发、进入测试还是中止项目。

雅达利等公司把新开发的实物模型游戏机放在游戏厅其他游戏机的旁

[①] 译者注：电子游戏第二代主机的典型代表，1977 年 9 月 11 日上市发行，随机附带 9 款游戏，包括《太空之战》。这款家用游戏机当年风靡一时，到 1992 年停产之前，一共售出 3000 万台。经典游戏有《E.T. 外星人》《吃豆人》《爆破彗星》。

边，现场测试游戏创意是否受欢迎。几天后，雅达利清点游戏机内的硬币，通过这种方式来决定是量产、调试还是干脆终止项目。某些游戏如《乓》的早期原型就很受欢迎，以至于硬币卡机，现场测试还没有结束，游戏机就不堪重负，直接爆仓了（Kent 2001）！

借助于这种迭代开发方式，雅达利等公司连续推出了一系列高品质的游戏。然而，硬件成本持续走低，市面上的劣质游戏越来越多，导致街机市场在 20 世纪 80 年代中期开始出现下滑的趋势。几乎每个人都可以低成本生产和制作家用游戏机。之前因为投入成本相当高，所以每款游戏都会在谨慎验证品质之后再量产上市发行，但在成本急剧下降之后，这种开发方式显然落伍了。就这样，一旦市面上开始充斥着大量低品质的游戏，出现劣币驱逐良币的现象，消费者自然就会选择把钱花到别的地方了。

早期的游戏开发方法

在视频游戏开发早期，单兵作战的工作方式并不需要什么所谓的"开发方法"。短短几个月的时间，就能迅速做出一款游戏。在视频游戏硬件变得越来越复杂之后，游戏开发成本也随之走高。孤胆英雄已经很难充分利用游戏主机日渐强大的性能。作为开发人员，他们需要更多的帮手。

就这样，游戏项目中的团队和专业分工越来越明确。例如，图形图像处理能力的提升可以使屏幕上的图像更精细，色彩更丰富，这样的技术能力无异于创造了一块画布，可以供真正的艺术家挥洒才华。软件和美术成为商业游戏开发的重中之重，成为占比最高的两大成本。

> **说明**　如果是独立游戏开发人员，请继续往后读。许多大型团队采用的实践仍然适用于独立游戏开发。第 23 章将探讨敏捷场景下的独立游戏开发实践。

短短十几年的时间，开发一款游戏从 3 ～ 4 人月激增到 30 ～ 40 人月。

为了降低日益增加的风险，许多公司从其他行业引入了瀑布开发。瀑布开发来源于温斯顿·罗伊斯（Winston Royce）1970 年发表的一篇论文 [1]。在这篇著名的文章中，描述了瀑布方法把大型软件项目的开发分为若干个线性的阶段，前序工作与后序工作依次衔接，开发成本随着开发的进展逐渐走高。从拟定整个开发计划开始，然后是写代码，最后是集成和测试。每个步骤的目的都是在进入成本更高的后续阶段之前尽量降低潜在的风险。

许多游戏项目采用的都是瀑布方法。图 1.2 展示了游戏开发项目典型的瀑布开发阶段。

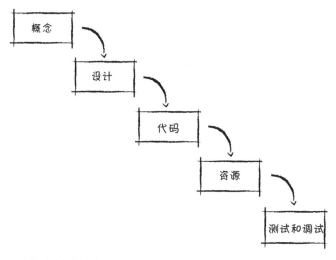

图 1.2　瀑布式开发

顾名思义，瀑布方法描述了开发中的工作流动，设计完成后进入分析，以此类推。罗伊斯在瀑布开发中还提到了迭代，即重新回到项目的早期阶段。游戏开发项目也用迭代，测试阶段出现问题时不断返回前面的阶段进行重新设计。但是，在采用瀑布方法的项目中，主要的设计工作在项目早期进行，测试工作主要在后期完成。

具有讽刺意味的是，这篇有名的论文，本意却是想说明瀑布方法的缺陷是造成项目失败的"元凶"。事实上，虽然瀑布开发屡屡被提及，但罗伊斯本人却从来没有用过"瀑布"这个词。

[1]　http://en.wikipedia.org/wiki/Waterfall_model#CITEREFRoyce1970

极端模型的终结

早期的游戏行业，如果游戏上市后大卖，就可以为游戏厂商吸金上千万美元。相对于几个月的投入，如此丰厚的回报显然是相当诱人的。高额的利润引发了投资的热潮。为了一夜暴富，热钱一哄而上。不幸的是，只有很少一部分游戏能够获得如此高的回报。但是，只要成本足够低，还在可控的范围内，游戏厂商还是愿意在各式各样的新点子上赌一把，"梦想还是要有的，万一就大卖了呢？！"只要能够有一款热卖的游戏，就足以为无数款失败的游戏买单。这就是所谓"碰运气，一将功成万骨枯"的商业模式。

此后三十多年，游戏行业的销售额稳步攀升。[①] 图 1.3 显示了视频游戏市场 1996—2020 年的销售增长状况，每年持续增长约 10%。现在，很少有类似持续稳定增长的市场。

尽管硬件性能遵循摩尔定律，但开发游戏的工具和流程却是另一番景象。到了 20 世纪 90 年代，一款游戏，一个小团队几个月就可以开发完成。游戏开发的成本因此也不断攀升，基本符合摩尔定律。直到今天，开发一款游戏的时间成本（以人年为单位）仍然在增加，有些游戏的开发成本甚至高达 2.5 亿美元。

> **人年** 几十年来游戏开发的成本很难进行全面的比较。我用"人年""人月"来比较特定时间内的成本投入。10 人年表示两年 5 人的投入或一年 10 人的投入。

游戏投入的增幅远远高于市场营收的增幅。虽然每年发行的游戏在数量上没有显著减少，但玩家买一款游戏的花销只增加了 25%（通胀调整值）[②]。这样的形式对"碰运气"这样的极端模式造成了冲击。如今，一款游戏如果失败了，消耗的成本是 30 多年前的好几百倍。但一款热卖的游戏，带来的利润能够对冲的亏空却严重缩水。如果游戏开发成本仍然保持现在的增长态势，我们可以预见，过不了多久，即使每款游戏都大卖，游戏开发商也都只能勉强保本。

---

① 只不过每十年就有一次市场崩盘的情况。

② 数据来源于美国电子娱乐设计研究中心 (EEDAR)。

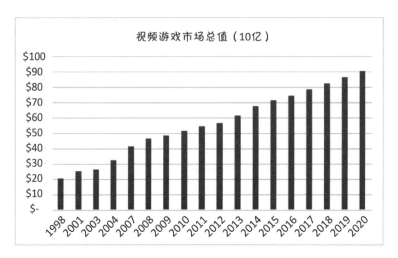

图 1.3　全球视频游戏市场

> **说明**　Laramee（2005）指出，市面上只有 20% 的游戏能带来可观的收益。

四大危机

上百人的团队，上千万美元的预算，这是当前游戏项目的标配。许多项目都遭遇过超支或者跳票，而且，绝大多数项目并不盈利。成本的持续增加和碰运气极端模式的消亡，使游戏开发陷入重重的危机中，主要表现在四个方面：创新乏力、价值缩水、开发人员的工作环境恶化以及来自手游与网游的挑战。

创新乏力

事实上，不可能每款游戏都能大卖，我们需要想方设法降低开发成本和及时弥补失误。现在，有个不好的趋势是，为了避免失败而不敢冒险。不冒险就意味着创新乏力，最终表现是市面上都是些炒冷饭的续作或搭热映同名电影顺风车的所谓"稳妥"之作。

创新是游戏行业可持续发展的动力，我们不能因为惧怕失败而抛弃驱动行业向前发展的引擎。

价值缩水

降低成本的同时，游戏内容也在减少，游戏时长足以说明这个趋势。20 世纪 80 年代，一款游戏要通关，需要 40 多个小时。然而，在今天，往往不到 10 小时就能玩完一款游戏。

价值缩水对市场有着深远的影响。玩家变得不愿意花 60 美元买一款只能玩 10 个小时的单机游戏。而对于手游和网游，越来越多的玩家倾向于要求游戏运营团队免费提供新的游戏内容和游戏机制，与此同时，运营团队则致力于换着花样让玩家氪金[1]。

工作环境恶化

游戏的计划越来越宏大，成本突飞猛涨，开发人员的担子越来越重。开发方式严重落后，导致加班成为家常便饭。为了完成大版本的交付，开发人员经常连续好几个月每周 7×12 小时玩命赶工。过度加班造成的劳资纠纷越来越频繁地出现在媒体的报道中（http://en.wikipedia.org/wiki/Ea_Spouse）。

由于难以兼顾工作和生活，一些有才华的游戏开发人员逐渐萌生退意，开始考虑转行。有数据显示，开发人员告别游戏行业时的平均工龄不到 10 年[2]。这同时也不利于游戏行业的经验积累，以至于无法培养出有经验的领袖人物来对游戏开发进行管理上的创新。

---

[1] 译者注：原词为"课金"，来源于日语，本意为征收电信等服务的费用，多用于电话费、网费和在线音乐等电信增值服务。由于智能 ABC 输入法，以讹传讹，"氪金"被沿用下来。也有来源于 24K 氪金狗眼的说法，24K 氪金狗眼出自 WOW（魔兽世界），游戏中，氪金以稀有程度著称。现在主要指网络游戏中的充值行为。国内玩家通常用氪（课）金表示网络游戏坑钱的意思，指需要大量充值，后来又发展出"微氪""小氪"等词语以及变体"氧金"，代表大量或必须充值，因为人不呼吸氧气会死亡，也用来调侃不充值就难受的人。

[2] www.igda.org/quality-life-white-paper-info

来自手游和实时游戏的挑战

在过去十年中，手游和实时游戏 [1] 的爆炸式增长以全新的方式对开发人员施加了巨大的压力。现在，游戏团队面临着前所未有的竞争压力，必须在几个星期（而不是几年）内面对巨大的竞争压力。用户数量超过几百万人的网游几乎每周都要发布更新。这些正式更新的版本中如果出现 bug，可能会造成玩家流失。

此外，收集信息和玩家动态成为日常开发周期中必不可少的环节。手游团队通常要发布许多稍微不同的游戏版本（A/B 测试），测试哪些玩法最受玩家欢迎。只有快速响应不断变化的玩家需求，游戏才可能幸存下来。

手游团队和网游团队不仅要面对 AAA 游戏开发团队所面临的挑战，还必须优化整个从创意到部署的开发流程。从积极的方面来说，从创意到部署的迭代相当短，所以改进版敏捷实践的好处更容易被采纳和度量。

> **说明** 有研究报告表明，手游也不容易赚钱："1/4 的受访者声称，整个游戏生命周期中，从苹果应用商店获得的利润少于 200 美元。另外 1/4 的受访者表示有 3 万美元以上的利润。4% 的受访者表示，利润可以达到 100 万美元。"

成效或愿景

尽管现实很骨感，但还不至于到绝望的地步。毕竟，其他行业也经历过类似的危机，但最终都得到了改良和创新。就像其他行业一样，我们游戏行业也只是到了拐点，迫切需要转变。

游戏市场整体是健康的。VR（虚拟现实）和 AR（增强现实）等新的游戏平台不断涌现。而且，正如过去十年一样，新的游戏平台，有新

---

[1] 译者注：live game，对应有 live ops。2019 年，微软推出了基于微软海外智能云服务的游戏开发工具和服务平台 Game Stack 及用于构建和运营实时游戏的后端服务 PlayFab。

的市场迅速崛起，进而推动行业以超出我们预期的方式向前发展。游戏，仍然是一个有活力的朝阳行业，而且，还因为持续的变化而永远保持年轻态。

本书要介绍游戏开发的两大思路。

- 如何以团队形式来组织人员并营造出一种人尽其能、追求创新和言出必行且行必果的氛围？
- 如何在游戏开发的过程中找回游戏的乐趣，去芜存菁，持续加强游戏的乐趣？

敏捷开发，并不是说不拟定计划，而是制订一个更灵活的计划，以便可以在开发过程中根据实际情况来迅速调整和适应变化。

本书要展示如何把敏捷精益方法（例如 Scrum 和看板）应用于游戏开发，展示如何应对游戏开发的独特环境，这些都是我过去多年来辅导很多游戏工作室的过程中积累下来的经验。

让时光倒流，让游戏开发回到本质——即使废寝忘食也乐此不疲的"爱好"，而不是加班加点天天 996 枯燥乏味地开发游戏。我们要放眼未来，准备好适应虚拟现实和增强现实这样的新兴游戏市场。

小结

游戏市场处于可持续发展的态势，但节节攀升的成本、复杂程度陡增以及市场风云变幻，也对游戏开发人员造成了持续的压力，迫使他们不得不参与这场红皇后竞赛，寻求更好的开发实践。过去十几年的实践可以证明，精益敏捷思维和实践可以帮助游戏行业进入良性发展的轨道。

拓展阅读

Bagnall, B. 2005. *On the Edge: The Spectacular Rise and Fall of Commodore.*
Winnipeg, Manitoba: Variant Press.

Cohen, S. 1984. *Zap: The Rise and Fall of Atari*. New York: McGraw-Hill.

第 2 章

敏捷精益开发

20 世纪 80 年代，瀑布开发的不足逐渐"浮出水面"。采用瀑布开发的一些大型国防和 IT 项目频频出现问题，因此也先后涌现出相关的书籍和文章来论证更好的软件开发方式。一些主张以迭代方式推动软件的增量开发，比如渐进式交付。不同于瀑布开发将开发各阶段顺序展开后再一蹴而就，在渐进交付中，每个迭代都是整个开发过程的"完整切片"，在特定的周期内所有环节齐头并进。迭代周期可能短至一个星期，但分析、设计、代码、集成和测试等开发阶段一应俱全。在采用瀑布开发的项目中，单是一个阶段，也许就得花好几年的时间。

本章提供的解决方案

本章大致介绍什么是敏捷精益思想及其如何解决游戏开发过程中出现的问题。本章还要概述敏捷精益思想背后的原理及其价值主张，然后再结合整个游戏行业所面临的挑战加以论述。

本章要通过一个虚构游戏项目的"事后回顾"[①]来分析游戏项目所面临的典型问题以及敏捷精益思想如何帮助我们从容面对种种挑战。

---

① 译者注：本意是"验尸"（postmortem），泛指事后进行复盘，通过回顾和剖析来确定根因。比如，微软的研发部门在做完一个版本后，通常都会要求所有员工参与匿名投票，找出本次研发过程中出现的种种问题，以便放入下一个版本中解决。

什么是敏捷

针对瀑布开发的不足，陆续涌现出许多迭代开发方法和增量开发方法，统称为轻量级方法。2001 年，11 名软件开发专家齐聚一堂，正式把轻量级开发命名为敏捷（agile）开发，总结和发表了价值观与原则，最后形成《敏捷宣言》[①]。

《敏捷宣言》如下所示：

我们一直在实践中探寻更好的软件开发方法，身体力行的同时也帮助他人。

由此，我们建立了如下价值观：

个体和互动	优先于	流程和工具
工作的软件	优先于	详尽的文档
客户合作	优先于	合同谈判
响应变化	优先于	遵循计划

也就是说，尽管右项有其价值，我们更重视左项的价值。

通过以上这几个简洁的价值观，《敏捷宣言》为 Scrum、精益和极限编程奠定了底层逻辑一致的开发哲学和原则。本书主要依托 Scrum 来阐述如何在游戏开发中应用敏捷精益。

---

① www.agilemanifesto.org。字图由欧兰辉提供，在此表示诚挚的感谢。

什么是精益

相比大多数其他软件产品 / 服务，游戏开发更富有挑战性。我们不仅要探索和增添玩家可能喜欢的功能，还必须做出大量的游戏内容，比如游戏中的剧情，或者让玩家更愿意多花些时间在游戏中做活动和任务。

游戏内容的大规模生产，可以从制造业的发展中吸取教训。相比之前采用瀑布方法一样的流水线，制造业在采用精益实践和原则之后，效率上得到了显著的提升。

精益思想同样适用于游戏开发。它的实践与 Scrum 实践相得益彰，可以帮助团队透明化工作流程，并尽可能地帮助团队提高质量和效率。

精益思想还适用于实时解决问题，比如负责游戏运营的团队，因为要解决问题或满足玩家的紧急需求而必须精简工作方式并确定日常工作的优先级，为此，他们可以借助于精益实践——如看板（Kanban）——提供的透明度和工具。

精益方法为游戏开发提供了以下几个方面的帮助。

- 减少浪费。比如避免因为原定计划有变而导致的返工。
- 不在开发结束时通过测试来改进质量，而是在生产时改善质量。
- 将开发人员视为可以运用技能和知识来改善生产过程的"人"，而不是机械而冰冷的工作机器。
- 通过快速完成生产线上的所有流程来引入更短的反馈循环，以期更快更好地改善生产流程。

本书介绍如何用看板这种用于实现这些精益原则的工具来进行游戏开发。

精益思想的隐喻：接力赛的启示

"正如丰田和其他公司所证明的那样，精益思想普遍适用于产品开发和生产，是一种被认可的系统。精益思想最常应用于产品，但也可以用于服务领域，无论是在丰田内部还是其他像医疗保健这样的领域。

我们可以用接力赛的例子来形象地比喻一个容易产生思维偏见的关键误区。

假设一场接力比赛正在举行，随着一声哨响，一名选手拿过接力棒后开始拔足狂奔，而他的三名队友站在各自的位置上等待这位奔跑中的选手传过来接力棒。看到这幅场景，财务部门的会计可能会震惊于这种严重的"资源浪费"，决定必须得让等待接棒的选手找些事情来做，以达成财务部门"95%资源利用率"的指标，让所有选手都忙碌且"富有成效"。会计表示：'还没有轮到跑的其他三名选手不能闲着，先去参加其他的比赛吧，或者爬爬山怎么的，要提高资源利用率。'听起来荒谬可笑吧，但在开发和其他领域的许多传统管理方式和流程中，这种想法实际上很常见。精益思想的中心思想则与之形成鲜明的对比：'关注接力棒，而不是参加接力赛的选手'。" (Larman, Vodde, 2014)

图片：清华大学雕塑园

定义：是敏捷精益还是精益敏捷？

敏捷和精益的许多实践和原则都很相似。至于哪个先出现或哪个是另一个的基础，仍然没有一个定论。在实践中，我发现将敏捷和精益的原则和实践融合在一起会达到一加一大于二的效果。因此，当本书在此处使用"敏捷"一词时，其含义是"敏捷和精益"。

项目究竟难在哪里

除了技术和创意方面的挑战外，游戏开发还面临着工作室文化、团队和管理方面的挑战，这些挑战无处不在。本节要复盘一个游戏项目，借此更好地展示游戏开发为什么总是举步维艰。项目虽然纯属虚构，但很有代表性，我们要基于对它的总结来推演游戏项目三个典型的问题高发区。

通过项目复盘来学习

1994 年《游戏开发者》杂志 [①] 创刊发行以来，我一直是它的忠实读者。我最爱看"项目复盘"，不仅因为可以看到各个游戏工作室各具特色的工作方式，还因为"项目复盘"能够揭示广大游戏开发者共同面对的一些问题。一些总结真实展现了当今游戏人面对的巨大挑战。仔细阅读这些"项目复盘"，就好比路过车祸现场，本不该停下来围观，但往往又让人情不自禁。

"项目复盘"可以生动地揭示为什么要用敏捷方法来开发游戏，所以我虚构了一款游戏，起名为"典型"，根据项目复盘的通用格式和我亲身经历的项目经验臆造了如下这篇简短的"项目复盘"。

"典型"游戏项目复盘

"典型"是子虚工作室发行的一款科幻射击类游戏。尽管开发过程着实考验了工作室上下所有员工的承受极限，从品管（QA）到监制，但游戏发行后，好评如潮。以下项目复盘将剖析"典型"游戏开发过程中的成功经验和有待改进的不足。

成功经验

"典型"游戏项目在工作室文化、项目成员、游戏原型和原著授权这几个方面做得不错。

工作室文化

在子虚工作室上班，真是棒极了。几位业界元老当年以打造最佳游戏开发环境为目标创立了这间工作室。每个员工都有自己独立的办公室，熬夜太累或者想要小睡片刻，都可以就近休息。茶水间有免费的酒水饮料和零食。还有游戏室，有台球桌、桌上足球和经典的街机，大家可以在这里释放压力。子虚工作室推崇团队精神，即使是加

① 译者注：2013 年 7 月，创刊 19 年的这家杂志正式宣布停刊，包括印刷版和数字版，内容并入 Gamasutra 游戏网站的"游戏开发"版块。

班，也不会是让人孤军奋战，整个团队都会留下来，共克时艰。

员工才华横溢

在子虚工作室，各个专业岗位上的人员都是业内顶尖高手。我们的程序员出类拔萃，以追求技术卓越为目标。游戏引擎，子虚工作室完全自主，不依赖于任何中间件。团队成员不仅创造力惊人，还有能力把创意变成现实。

游戏原型制作精良

"典型"游戏大量使用原型开发来尽早验证设想。而且，我们能够以很快的速度开发出原型。比如，我们做了一个能让游戏世界内所有可见物体被毁坏的系统，虽然最后并没有随游戏一起公开发行，但在项目一开始，就展示出技术层面的想象空间。

原 IP 很有名气

"典型"游戏是一款授权游戏，改编自 6 个月前上映的同名暑期大片。这显然是游戏的一大卖点，更别说游戏差不多和电影 DVD 同步发行了。

存在哪些不足

"典型"游戏存在几个不足：发行时间、开发进度的掌控、增加人手的时机不当和技术风险缺乏预判。

延期上市

"典型"游戏原计划与电影同步上市。子虚工作室的规模不大，只有两个项目，为了如期交付，承受着巨大的压力，但最终还是没有做到按时上市。造成跳票的部分原因是，在开发过程中，游戏特性和功能不停在变。未列入计划的变动延长了项目时间。

急于进入制作阶段

项目原计划在上市前 12 个月开始制作关卡。然而，游戏玩法当时的完成度还不足以支撑关卡的制作。比如，刚开始制作关卡的时候，策划为游戏角色设定了一套用于越空飞行的喷气装置，这要求我们在游戏中增加更多纵向空间（相对于原计划）。但在当时，游戏与电影同步上市至关重要，这样的计划排期迫使我们必须按计划进入制作阶段。结果，到最后等游戏玩法确定后，许多关卡都需要重新制作。

加人救急

因为进度落后于计划，所以工作室只好从别的项目抽调更多人力来加快速度。新增加的人手需要大量磨合才能适应下来，而且，等他们终于融入团队，产出的也只是更多需要后期返工的游戏内容。最后的统计结果表明，两个项目做加法，试图通过增加人手来提升效率，结果却适得其反。

技术风险预估不足

游戏世界破坏系统最开始的原型很炫，以至于团队没有经过任何深思熟虑就想当然地把它纳入了游戏设想，甚至被当作可以促成游戏大卖的杀手级特性。悲催的是，程序员很晚才发现这个系统要想在 Xbox 360 和 PlayStation 3 上正常运行，差不多需要全部重写。最后，我们不得不忍痛割爱，砍掉了这个特性，将游戏场景中所有已经完工的可破坏模型替换为原计划的普通静态模型。

赶制出来的氪金系统

作为一款免费游戏，我们希望的盈利模式是内购，在游戏商城中售卖高级武器、盾牌和太空飞船的增强功能。不幸的是，由于没有及早添加和测试计划在商城中提供的功能和道具，匆忙之下，我们不得不舍弃并重建许多程序才赶制出商城功能，由于时间太赶，等游戏发行后才有时间重新做平衡。这种行为让许多玩家极为反感，因此选择了弃游。

总结

因为做了一款不辱没其原著电影盛名的好游戏，我们倍感自豪。虽然在项目收尾阶段遇到一些问题，但这都是游戏开发复杂多变的本性所决定。我们吸取到的教训是，项目启动时就要做好计划，如果能这样，我们就可以如期为游戏的最初部署做好准备。

问题

对于项目复盘中讲述的故事，很多有经验的游戏开发者并不陌生。为什么游戏项目启动时总是意气风发，最后却往往以身心俱疲的加班和返工画上休止符呢？这是游戏开发的最佳方法吗？我想，答案是否定的。为什么游戏项目会陷入困境？原因主要有三个：特性蔓延、计划乐观和开发阶段所面临的挑战。

特性蔓延

特性蔓延 [①] 是指在开发过程中添加计划外的特性。主要原因有两个：第一，项目干系人在开发进程中要求增加特性，通常称为"突发的新来的需求"；第二，特性达不到预期效果而需要加大工作量。

只要项目计划和预算都不做改动，特性蔓延就不会有问题。特性蔓延对游戏开发来讲是常态，项目经理往往不假思索就会接受。为什么不拒绝呢？因为很多时候并没有别的选择。管理混乱的项目往往因为害怕被取消而不敢拒绝项目干系人提出的要求。

在游戏开发过程中，总有机会增加新的特性来提升游戏的品质，但考虑到紧张的计划安排和工作量，最好是直接忽略这样的新增特性，否则，一旦决定将它们纳入开发计划，就会带来极大的风险。最好也不要用工作量相当的新特性来替换已经列入计划的特性。特性蔓延往往会扩大项目的整体规模。

特性的新增和变更是不可避免的。随便回顾一下最近上市的游戏及其原始策划文档，有多少不是除了标题页没有变而其他内容早就已经面目全非的？

这往往正是 BDUF（big designs up front）之所以被诟病的原因：提前设定整个游戏的所有细节。事实上，我们不可能在项目启动时就提前设想好游戏的全部细节。只有拿着手柄以像样的帧率在目标平台上玩自己做的游戏时，我们才能做出准确的判断。要想确认游戏好不好玩，玩它，是唯一的途径。

游戏项目刚开始启动的时候，最不确定。我们也许明确是做第一人称射击（FPS）游戏，但是，至于哪些类型的武器才是最佳选择，就很难界定了。直到真正能在游戏内操控角色射击，我们才能够深入这个问题。

---

① 译者注：feature creep，指某一产品的特性持续膨胀或增加的情形，这些额外新增的或者可有可无的特性在进入制作阶段之后，会超出原先所设定的目标。

图 2.1 展示了游戏或单个特性的不确定性在不同开发阶段是如何逐步递减的。在概念定义阶段，不确定性最高。然后，随着产品或特性可以在目标平台上运行测试，不确定性逐渐降低。

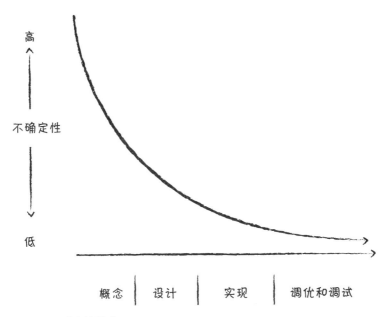

图 2.1　不确定性递减

采用瀑布开发的游戏项目会将大量不稳定的特性带入内测和公测，之后才上市发行。采用敏捷开发的游戏项目，在每一个小的涉及所有开发阶段的迭代过程中，都在消除不确定性。

计划盲目乐观

对任务或者工作进行预估，并不是一门精密的科学。即使是预估日常生活中的小事，比如帮人到店里跑腿，都会出现突发性的问题。交通拥堵或者店里排队的人太多。任务的复杂度越高，预估的准确性就越低，游戏开发也不例外。在完成任务的过程中，许多事情都会超出我们的预估。

- 不同的人有不同的经验和生产力。研究表明，不同人的产能可以有 10 倍的差异。

- 一个人在同一时间并行处理多少任务（多任务）。

- 完成任务所用的构建平台和其他工具的稳定性。

- 由于任务的迭代本性，我们永远不知道确认一个特性是否好玩需要多少轮迭代来打磨和不断优化。

术语释义 *游戏工作室往往用上市（ship）或部署（deploy）来描述游戏上市发行。本书同时使用这两个词。通常，电子版游戏用"部署"，实体版游戏用"上市"。*

开发过程中的挑战

前期原型（设计）[①] 和开发（制作）[②] 这两个阶段面临的挑战截然不同。游戏原型定义游戏的核心玩法，这个阶段的挑战是如何确定用来指导后续游戏开发过程的核心乐趣。在正式制作阶段，开发团队通过开发诸多大概几个小时的游戏内容（比如游戏角色和关卡）来充实和丰富设计原型阶段所设定的玩法。开发阶段的挑战是团队效率最大化，尽量减少无谓的资源浪费，确定制作规格。

相对提高团队效率和减少资源浪费，确定规格在正式制作阶段更为重要。正式制作涉及巨大的工作量，游戏上市前需要制作很多角色和关卡等游戏内容。因此，制作阶段往往有团队人员显著增多或外包公司的参与合作。不要急于大规模制作角色和关卡之类的游戏元素，应该先明确游戏玩法和制作预算，以免后期代价太高的重制。

当游戏玩法、核心技术和开发工具基本成型之后，就可以开始进入正式制作的阶段了。图 2.2 展示了一个游戏项目逐步明确技术解决方案、制作成本和质量以及游戏设计，从设计向原型过渡到正式制作阶段。

对大多数游戏项目来说，等万事俱备之后再进入制作阶段，并不现实。然而，原型涉及到的工作偏偏又很难预估。核心乐趣和玩法很难进行

---

① 译者注：也称前期制作（pre-production），包括游戏概念的设计、策划的设计、程序里程的设计、美术设计以及美术风格的走向设计等。在后文的描述中，开发用来指导整个游戏开发阶段，制作主要是指资源的制作，但在某些情况下，两者是换用的。

② 译者注：也称制作阶段（production），包括玩法、程序、技术和引擎等的规模化制作。

精确的策划。一旦原型所花的时间超出预期，项目往往就会迫于计划的压力而仓促进入制作阶段。图 2.3 展示了原型阶段是如何过渡到制作阶段的。

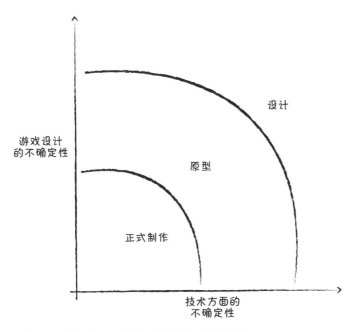

图 2.2　设计和技术在不同开发阶段中的不确定性

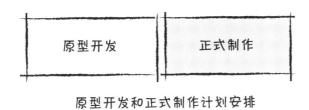

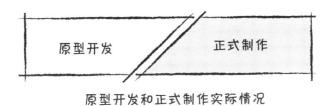

图 2.3　原型过渡到正式制作（计划中的和现实中的）

根据类型的不同，游戏元素进入制作阶段的时间可早可晚。我们是否充分理解了各类游戏内容的制作预算及其最终上市时的品质要求，决定着这种类型的游戏元素是可以投入量产，还是留在原型阶段进一步完善。如果团队急于投入量产，往往无法准确定义制作规格。在锁定真正的用户需求之前，说不定早就做出了大量基于错误假设的游戏元素。一旦出现需求变动，比如之前虚拟游戏《典型》中去除场景破坏系统或者增加飞行道具的情况，相关游戏内容就需要全部回炉重制。这样一来，就会造成大量人力、物力和时间成本的浪费。

快速响应玩家的需求

许多游戏在上市后仍然在不断地更新。这些游戏不仅可以通过最开始的销售来获利，还可以通过附加内容或升级版本以及玩家想要的其他东西来获利。在今天竞争愈演愈烈的游戏市场以及持续走低的游戏购买成本的影响下，玩家越来越挑剔和善变，很容易"变节"去玩其他能够更快响应玩家需求的游戏。

需要花好几个月时间设计、规划、开发、测试和更新版本的游戏，很容易被每隔几周就有更新的竞争对手所超越。

> **亲身经历** 我曾经受雇于一个老牌的游戏团队，他们运营着一款热门模拟农场游戏好多年。然而，自从有一款竞品游戏上市后，他们的日活用户数持续稳定走低。竞品模拟农场游戏是一家新公司花三个月时间做成的，发布后并每周都有稳定更新。尽管用户正在流失，纷纷转向以高频更新手段来吸引用户的竞品游戏，可惜这个老牌游戏团队仍然意识不到加快更新频率的好处。

敏捷和精益，相得益彰

正如木匠不会只用锤子或锯子就把活儿干完一样，游戏开发人员也不能指望用一个工具就能完成所有开发。最成功的团队，往往会持续探索和完善实践。

图 2.2 显示了设计阶段和开发阶段的不确定区域。游戏开发人员发现，当他们探索游戏设想和核心玩法时，Scrum 的"时间盒"方法最有效。团队成员分工不同，每天齐心协力解决问题和处理突发事件。但在细化游戏开发需求，工作分工更加复杂和细致之后，最好采用看板实践来进行游戏开发。Scrum 和看板相结合，往往可以为团队提供不少的帮助。第 22 章对此进行了深入细致的讨论，敏捷和精益在原理上是相通的，彼此相得益彰。

敏捷和精益

本书的主要重点是帮助游戏开发人员灵活运用敏捷和精益来做出好游戏并乐在其中。Scrum 和看板各自的拥护者认为，他们信奉的框架规则不是这样的。

在我看来，教旨主义不可取。开发流程并不是决定游戏品质的关键，开发人员自身的才干和创造力才是决定性的因素。

游戏开发为什么要用敏捷和精益

推动敏捷和精益在游戏行业中的使用，动因何在？首当其冲的是来自市场的压力，迫使我们要用更低的成本来制作品质更高的游戏。如第 1 章所述，游戏开发成本的增速远远超过了游戏市场的增速。现在，游戏行业站在一个十字路口。是再次遭遇 1983 年那样的行业大衰退[①]，还是开创前所未有的新兴市场和玩家群体？尽管游戏市场在扩大并呈现出多样化的趋势，但绝大多数游戏工作室或团队的长期稳定性都在下降。尽管不断传出游戏工作室倒闭或大规模裁员的消息，但市场竞争却仍然在加剧。

---

① 译者注：发生于 1983—1984 年，宣告了第二代电视游戏市场的终结，直接导致北美部分地区的电视游戏开发公司被迫宣告破产。

亲身经历 我从来不信什么试图预知未来的策划案,我的水晶球可是很早就送修了呢!话虽如此,我其实还是写过很多文档。策划案是一个有效的思考工具。我们很难和大型团队分享策划理念,特别是自己还没有深思熟虑的时候。将策划思路写下来,不仅有助于发现问题根源,还有助于制订详细的解决方案。这样一来,能够和各个环节进行更清晰、明确的沟通。

——森塔·雅各布森(Senta Jakobsen),艺电戴斯工作室 [①] 首席运营官

成本与品质

让我们从经济学的角度来看看主机和电脑 AAA 级游戏的市场情况。这类游戏的零售价通常为 60 美元,销售 50 万拷贝可以带来 3000 万美元的总收入,扣除版权、渠道、市场运作和发行成本,总收入的四分之一(约 750 万美元)可以用于游戏开发。然而,许多游戏项目的开发成本都超过了 750 万美元,而且,绝大多数游戏都卖不出 50 万份拷贝。这意味着很多游戏项目甚至做不到收支平衡!

发行和开发双方都尝试通过下面几个方法来降低成本:

• 外包游戏资源和编码工作

• 依赖于第三方框架和组件 [②]

• 缩减游戏内容(游戏时长从 16 小时压缩到 8 小时)

与此同时,发行方试图通过下面几个方法来止损:

• 更多依赖于成熟的知识产权,比如基于同名电影的游戏

• 更多依赖于成名大作的续作和特许衍生品的开发

• 减少新产品

[①] 译者注:建立于 1988 年,早期主要开发弹珠游戏。2006 年成为美国艺电子公司。近年出品的代表作有《战地》系列游戏和《镜之边缘》。

[②] 第三方框架和组件是指从供应商或其他开发商获得的技术。

这些举措看起来合理，但降低了市面上游戏的整体品质。现在，我们来看敏捷是如何处理质量和成本问题的。我们来看看敏捷如何帮助我们"发现乐趣"以及如何消除游戏开发中最容易造成资源浪费的源头。

先明确核心乐趣

迭代开发的优势是，以小步快跑的方式开发产品，然后，以最快、最经济的方式逐步加入可以满足用户需求的功能。对于视频游戏，我们的用户是买游戏和玩游戏的人。有趣的游戏，对玩家有更大的吸引力，也能进一步推动游戏的销量。明确核心乐趣，是所有迭代和增量游戏开发项目的诀窍。游戏乐趣，只能通过实际玩游戏来体现。

图 2.4 大致展示了瀑布开发方法下游戏乐趣和用户价值是在什么时候明确的。典型的瀑布项目在前三分之二的开发进程中很少涉及到用来明确游戏乐趣的工作。除了偶尔做一些开发原型或用来参加 E3 电子娱乐展的演示，团队大多数精力都花在计划的执行上，而不是展示产出的价值。直到接近项目尾声，所有开发内容全部集成，经过调整和调试，团队才对产品有了清晰的把控，可以界定一些行之有效的优化方案。不幸的是，项目收尾的时候再来做这些工作，往往为时已晚。项目面临着上线日期迫近的巨大压力，一些大的改动即使能够提升品质，也不得不屈服于计划而被迫放弃。

> **问题** 当游戏进入内测或公测阶段的时候，你是不是经常祈祷能够再给自己留几个月时间来好好打磨一下游戏？

敏捷项目的价值曲线，体现了整个开发过程都要向价值看齐。游戏功能按价值的优先次序在项目迭代中逐一开发，进入可以向外发布的状态。除非核心玩法不对路或者开发团队根本不想做出好游戏，否则，发行方都期望能够尽早明确功能的价值，以免项目干系人和项目团队白白浪费好多年时间、精力和金钱，却做出没有乐趣的游戏。"明确核心乐趣"，这个紧箍咒迫使团队必须专注于每个迭代都要努力"催熟"游戏，让它变得更好玩，品质更好。没有乐趣的游戏，每轮迭代都会受到质疑。

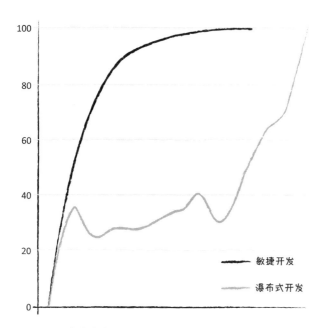

图 2.4 明确游戏的乐趣

多迭代，快失败

通过简单的迭代，游戏开发团队可以对更多新的游戏设想进行探索。通过迭代交付可运行的软件，项目在开发早期就能验证一个想法的可行性。敏捷开发建立的是通路（kill-gate），多个想法齐头并进，在迭代的过程中逐步去芜存菁，直到浮现出最好的方案。

> **说明** 通路模型以明确项目唯一最终形态为目的，同时启动多个原型的制作。各个原型在验证自身价值的过程中逐渐被剔除。展示不出价值的原型在验证中被叫停。通路模型与第 17 章介绍的门径（stage-gate）不同。

敏捷价值观应用于游戏开发

让我们看看《敏捷宣言》中的敏捷价值观，了解一下如何在视频游戏开发中落实敏捷价值观。

个体和交互优先于过程和工具

项目规模越来越大，流程管理和工具也有了明显的进步，大规模团队推动着组织架构的进化。事先把游戏乐趣拆分为具体的开发需求或开发任务，所涉及的项目计划和策划案需要高昂的数据管理成本。如果是上百人的团队花好多年时间来做项目，似乎就只能用计划和文档来应对项目的复杂度。

游戏开发需要来自不同专业方向的开发人员。假设要实现一个采用前沿技术的 AI 角色，让它在游戏场景中游走。做个这样的 AI 角色需要动画、设计、3D 角色建模、2D 贴图、程序和音效等各专业的人员协作完成。

此时，各专业分工的合作效率至关重要。比如，动画师如果发现动画技术实现上有问题，是否能够尽快协同负责动画的程序员寻求解决？流程和组织架构会减缓响应的速度。还是这个例子，负责动画的程序员也许被主程 ① 安排了一系列的开发任务，只有取得主程的同意，他才可能为动画师提供帮助。这就是图 2.5 展示的沟通链。

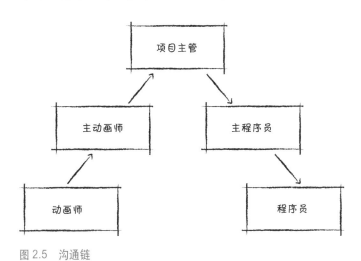

图 2.5　沟通链

---

① 译者注：各个专业分工下的 lead，一般可以称为主管或者总监。比如主程，也称程序主管或程序总监，动画主管或称动画总监，美术主管或称主美、美术总监。

动画师必须顺着沟通链向上提报申请，然后这个申请再被派发到可以解决这个问题的程序员。在这个例子中，一个申请牵涉到五个人四次沟通。这样的流程太低效了。

那么，在整个宏观大局中会发生什么呢？

- 几百个不同专业分工的人员在同一个团队中。

- 无数个不可预知的、可能导致人力和时间浪费的问题。

- 刻板的工具和计划管理无法预见到问题并导致响应不及时。

- 组织架构造成更多无谓的浪费。

敏捷开发方法以自下而上的方式来解决这样的问题。一个有效的途径是授权团队成员自行解决问题。他们熟悉项目开发的底层细节，能够帮助分担高层管理人员对细节的把控，使其可以专注于掌控大局。

一旦感到有一定的自主权解决细节问题，团队就可以从整体上着手解决更大的问题。他们可以要求在其他领域有更多的自主权。

- 建立更好的团队结构，减少外部依赖，专注于解决问题。

- 及时预判项目风险。

- 在团队内部物色和培养有领导力的人。

敏捷价值观强调的是轻重问题，而不是非黑即白，敏捷团队仍然需要得到流程和工具的支撑，只不过更注重通过在日常工作中及时与同事沟通来解决问题。

创造价值 敏捷不仅可以帮助团队解决问题，还可以帮助团队营造一个有助于创造价值的氛围。如果开发人员之间缺乏直接有效的沟通，是无法创造价值的。例如，有时程序员会针对某个特性进行自发思考（并提出来讨论），他们的方案甚至会超过策划原来的设计方案，因为他们更理解策划希望达到什么样的效果。最后，顶尖团队所碰撞出来的火花，可以创造出更好的游戏体验。

——司科特·布林（Scott Blinn），Vexigon 公司

可运行的软件优先于详尽的文档

针对游戏开发，我们通常将敏捷价值观的第二条重新定义如下。

- 可玩的游戏优先于详尽的设计。

- 我将"软件"替换为"游戏"，因为游戏不只是软件。

有些形式的文档还是不可以没有的。发行方、授权方和项目干系人需要有清晰的项目目标和愿景。商业计划和特许或授权要求会给项目提出一些限制。尽早沟通这些信息非常重要。

> **说明** 我见过一个幻想射击类游戏的策划案居然包含类似每个弹夹中的子弹数量这样的细节设定！我们怎么能够在设计阶段就确认弹夹里需要多少颗子弹？为什么在需求尚不明确的时候就做出如此细节的设计？这体现了过于细致的设计带来的问题：为莫须有的工作白费力气。如果游戏的核心乐趣还没有确认就付诸实现对武器系统的这种假设，必然会导致很多无用功。沉迷于细节设计的游戏，不可能成为一流的产品。

客户协作优先于合同谈判

我们的目标群体是玩家，时间和钱怎么花，他们说了算。我们已经找到了与直播游戏玩家沟通并评估其行为的方法来帮助指导游戏的开发。

敏捷团队的另一类客户是项目干系人。项目干系人的利益与游戏息息相关。他们出钱开发游戏，他们关心游戏的成败，甚至他们的工作也与游戏息息相关。项目干系人包括以下三个类别：

- 发行方
- 工作室负责人和主管
- 专营权所有者

项目干系人一般都会坚持要求团队按照合同约定来开发游戏，包括设计、进度和成本。

敏捷团队处理工作的方式不一样。他们与项目干系人的关系更类似于合作关系，而不是按照书面合同上的死规定来。随着游戏逐渐成形以及对游戏价值的认识日益加深，游戏的目标也会随之而调整。相关详情可以参见第 17 章。

响应变化优先于遵循计划

你最近做的项目有没有制订一个超级详细的项目计划呢？实际开发过程中，真的是按开发计划执行的吗？如果实际开发与计划有差异，计划是否及时更新和体现了这些变更？敏捷的做法是，已知的事情做计划，未知的事情做迭代。

项目团队的规模化、功能蔓延和硬件的复杂化，导致管理者制订的计划越来越详细。如图 2.1 所示，如果对项目的技术需求很明确，很清楚如何做出成功的游戏，就可以沿用成熟的开发过程。但是，这两个标准很难明确界定，因为开发平台总是不断在变，做一个有趣的、有新意的游戏也总是充满了挑战。

精益原则在游戏开发中的应用

精益有许多适用于游戏开发的基本原则。

消除浪费

精益实践的重点是尽可能发现和消除浪费。在做游戏内容的时候，精益实践尤其有用，因为许多游戏做的资源总数是实际用得上的游戏资源的两到三倍。这些资源之所以被浪费，是因为它们是在底层机制和技术还没有完全摸透的情况下做的，或因为将它们加入游戏的成本超出了预期。

内建品质

不要总在最后关头才开始关注品质。在做游戏的过程中，就要确保品质。许多游戏都将测试留到最后，bug 和待优化的问题，最后统统直接扔给测试组。精益方法可以在游戏开发过程中逐步解决质量问题。

建立认知

想象一下，游戏的正式版 [1] 经过两年的开发终于完成，可以交付了。这个项目很有挑战，工作室之前没有开发过这类游戏，因此需要做大量的技术攻关。作为工作室在 PlayStation 3 平台上的第一款产品，经历了许多行差踏错的曲折。

现在，假设你和整个团队可以时光倒流，回到项目之初，让一切从头来过。会有所不同吗？毫无疑问！你不会重蹈覆辙，可以大步流星地重新实现已知真正有项目价值的代码或者设置已知真正好玩的关卡。认知越多，越有可能更早发布品质更高的游戏。

综上所述，游戏开发认知有下面四个特点：

- 认知是在项目开发过程中产生的
- 认知的价值很大
- 认知的产出成本很高
- 认知是工作室可以创造的最大财富

瀑布开发的致命根源在于，用来预知未来的水晶球 BDUF（Big Design Up-Front，庞大的预先设计）在游戏开发中不起作用。游戏开发是一个学习的过程。我们学习哪些玩法和控制器可以完美配合，哪些画面在目标平台上表现得更华丽，加入丰富的 AI 角色来增加游戏难度时，应该如何保证游戏继续保持较高的运行效率。我们每天都在创造新的认知。

这些认知不可能预设到 BDUF 或者计划表中。游戏开发基本上是一个认识到做什么和怎么做的学习过程。游戏开发中的不确定因素需要随着开发的进展逐渐明晰。敏捷开发聚焦于建立对价值、成本和计划的认知，并不断根据实际情况调整执行计划。

推迟承诺

对认领的任务有百分之百的确定之前，不要轻易做出任何承诺。[2] 给

---

[1] 即 gold master version，零售版本的母版，几乎不做任何改动。

[2] 推迟游戏引擎的选择是个例外。如果游戏开发了一大半都还没有选好引擎，是极其不负责任的。

自己留出更大的余地。得到更多情报和信息之后做出的承诺往往更加切合实际。

- 推迟决定等级和角色建模的预算，直到渲染器可以演示必要的性能。
- 推迟做摄像机管理架构，直到已经做好相当数量可用于游戏的摄像机。
- 推迟策划具体的剧情，直到具备"故事节奏"所需要的核心机制。

"我们不知道" 在某些工作室文化中，很难开口承认："我们目前了解的信息还不足以用来做决定。"

快速交付

快速响应客户需求。不断迭代。在竞争激烈的实时游戏快节奏更新时代，以更好的游戏特性击败对手只需要短短几天的时间。精益鼓励优化流程以缩短从概念到实装所需要的时间。相关的主题将在第 22 章进一步讨论。

学会尊重

实践出真知，参与游戏开发的一线人员最了解如何改进开发流程。建立一种鼓励持续改进的文化。对于如何改进工作方式，工作在第一线的人往往能提出更好的建议。这些好的想法不是在命令之下想出来的，而是来源于对一线工作的观察和感悟。机械的"任务机器"是做不到这一点的。

游戏开发离不开技术人员。随着时间的流逝，要想技术水平不断提高，需要不断的学习和实践。精益组织愿意花钱培养员工，并通过创造留得住人的企业文化来确保这些培训费不至于化为泡影。

优化整体

实际上，局部优化是会降低整体效果的。使用价值流图这样的工具来可视化工作流程，并在此基础上进行优化。如果好几个月，那么以它来做快速迭代的开发流程会有什么好的效果呢？精益方法可以用来检

查和诊断瓶颈并从整体上推动工作与价值的流动，详情参见第 10 章
和第 22 章。

> **说明** 本书中，当我们在提到敏捷的时候，我们指代的是敏
> 捷和精益的价值观与原则。

敏捷项目是什么样的

敏捷项目由一系列开发迭代构成。迭代通常是指为期 2 ～ 4 周且取得
游戏开发进展的时间间隔。开发人员在每轮迭代逐个实现有价值的特
性，这些特性称为"用户故事"。迭代包含整个游戏项目要开发的所
有元素：

- 概念
- 设计（策划）
- 编码
- 游戏资源制作
- 调试
- 优化
- 调优和打磨

每轮迭代结束时都要做回顾，并以此为基础调整下一轮迭代的目标，
这应用的是"检视和适应 / 调整"原则。每隔 4 ～ 8 轮迭代，游戏就
可以进入可发布状态，也就意味着游戏的主要目标已经达成（比如游
戏），接近于上市水平。

> **说明** 有些工作室用"发布"这个术语来指代游戏的上市发
> 行。在本书中，我们提到"发行"的时候，是指潜在可以部
> 署或上架（上市）。第 3 章对此有更详细的描述。第 8 章对
> 用户故事有更多阐述。

"检视和适应 / 调整"原则是敏捷实践的基石。团队和用户通过

每轮迭代检视开发进展并根据用户价值来调整开发计划。团队还在每轮迭代中审视团队协作，通过部署一些敏捷实践来提升工作效率。

说明 如果还没有任何有价值的游戏玩法，就需要项目的前几轮迭代构建最基础、最必要的基础框架（游戏原型）。

敏捷项目并不是不做计划，而是让计划可以适应项目开发进程中涌现的新变化。如图 2.6 所示，在大多数瀑布项目中，里程碑指导着项目按照 BDUF 中定义的目标推进。一旦项目达成最初 BDUF 预设的目标，大家才会意识到目标有偏差。不幸的是，为时已晚，往往没有时间和资金来调整项目目标。

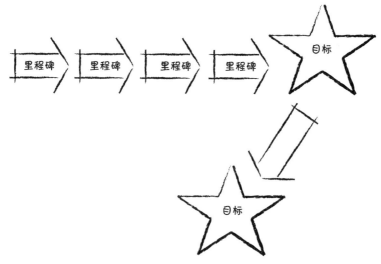

图 2.6　设定项目里程碑，达成项目目标

敏捷项目同样逐步向目标靠拢，不同之处在于，通过"检视和适应/调整"的迭代滚动，如图 2.7 所示，敏捷项目能够根据实际情况对应可靠的目标迅速做出响应，更快达成更好的项目结果。项目约束也为目标变动范围设了边界，赛车游戏是不会随着时间的推移而变成高尔夫游戏的。

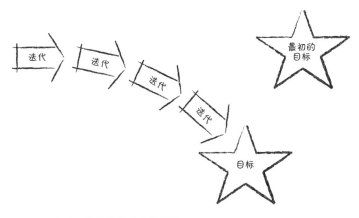

图 2.7　通过开发迭代达成项目目标

敏捷开发

图 2.8 展示了敏捷游戏项目的概要流程。

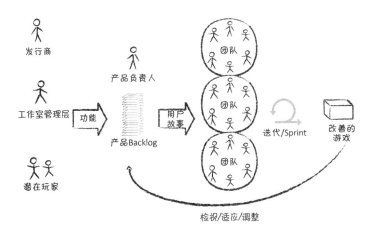

图 2.8　敏捷开发流程图

玩家和项目干系人（参见第 3 章）确定游戏特性和其他需求（如工具和基础结构相关需求）。这些特性由产品负责人（PO，Product Owner）按照优先级归入一个称为产品 Backlog（参见第 3 章）的列表中。这些特性（Product Backlog Item）写成用户故事的形式，向玩家和项目干系人传达游戏的价值（参见第 5 章）。有专业分工的开发人员构成 Scrum 团队（参见第 3 章），他们以时间盒的迭代（Sprint）方式完成从 Product Backlog 中取出的一个或者多个特性，并通过有项目干系人参与的游戏改进评审会来演示工作进展。每个 Scrum 团队都有一名 Scrum Master（参见第 3 章）负责协助团队成员清除开发过程中出现的阻碍并确保团队按照商定的流程来进行游戏开发，以及探求流程改进，Scrum Master 通过这些方式来辅助和支持每个 Scrum 团队。

项目制 vs 实时制

以前，大多数游戏开发采用的都是项目制。项目有不同的开始、过程和收尾，目的是游戏开发完成后上市发行。随后，团队转做另一个游戏项目。作为开发人员，离开自己工作好几个月的游戏，我仍然有些伤感。

随着互联网在 20 世纪 90 年代的普及，电脑游戏有了可以发行后持续更新和扩展的优势。在游戏生命周期结束之前，开发人员会持续开发和更新游戏。一些流行的大型多人在线游戏（MMO 游戏）都有自己的技术支持团队，持续修复 bug 并确保游戏在发行之后的十年仍然跟得上操作系统升级换代的步伐。许多开发人员可以在 Steam[①] 等数字游戏平台上发行游戏的预测体验版，后期再逐步完善。

随着游戏主机也有网络连接和本地存储功能，我们开始看到类似模式在主机上的应用。通常，对玩家而言，这不是一件好事。"首日补丁"成为游戏开发人员修复 bug 和优化功能的一种流行方式。但是下载更新，玩家就得等上好几个小时才能玩上稳定、优质的游戏版本。主机的数字市场也在发展，规模小的游戏工作室也有机会直接接触到主机玩家。

手游通过提供廉价甚至免费的游戏版本，革命性地改变了实时游戏模式并开拓了市场。这些游戏的盈利模式是广告或内购。主机游戏和电

---

① 译者注：2019 年 8 月，中国项目定名为蒸汽平台，这个游戏和软件平台是维尔福公司聘请 BitTorrent（BT 下载）发明者布拉姆·科恩亲自开发设计的，是目前全球最大的综合性数字发行平台之一。玩家可以在该平台购买、下载、讨论、上传以及分享游戏和软件。

脑游戏也慢慢向这种模式靠拢，但玩家已经逐渐习惯了每个平台上的这些盈利模式。

随着游戏和开发团队转向 Live 模型，项目的含义越来越单薄。进度、预算和游戏功能更加灵活，更倾向于根据日常关键绩效指标来调整，而不是基于市场部门固定的前期利润和成本预测。许多 AAA 游戏的开发人员并没有将所有功能一股脑塞入发行版中并寄希望于其中一些特性能够带动销售，而是采用"游戏即服务"（GaaS）[①] 这样的模式来发布最简可行游戏（MPG，MVP 最简可行产品的变体）并根据市场的反馈再后续发布附加游戏特性。

部署前的发布

许多做非游戏项目的敏捷开发人员每隔几个月就对外发布产品。他们通过一系列 Sprint 构成的"发布"（release）来构建可以达到发行要求的产品版本。敏捷游戏开发也用"发布"，但通常不会每隔三个月就对外发行一个游戏版本。对于游戏项目，"发布"就像之前的项目里程碑，推动着游戏逐步趋近于"可对外发布"状态（参见第 9 章）。

如图 2.9 所示，大多数大型敏捷游戏项目由贯穿于概念、原型、正式制作和后期制作等开发阶段中的一系列发布来完成。这些开发阶段的具体需求以及敏捷实践如何做针对性的改进将在第 10 章中讨论。

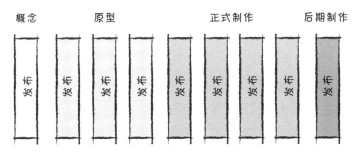

图 2.9　敏捷项目流程图

① 译者注：在这种模式下，玩家购买的不再是游戏软件，而是游戏服务，如果想持续玩游戏，必须不断购买服务，玩得越多，需要花的钱越多。2012 年，腾讯作为全球最大的 GaaS 公司，出资 3.3 亿美元收购了 Epic Games 公司 40% 的股份。

敏捷精益所面临的挑战

敏捷所面临的挑战不只限于采用敏捷实践。敏捷实践相对简单,真正的挑战在于敏捷和游戏工作室以及发行方之间在文化上的冲突。Scrum 和看板这样的敏捷和精益方法创造的是透明度,每个阻碍工作流程的缺陷都会被暴露出来。游戏通过每一轮迭代来展示有价值的乐趣,而不是寄希望于策划案。

成效或愿景

在登门拜访那些真正做敏捷精益并践行其价值观和原则的工作室时,我都会有下面这些体会。

- 有好眼力:他们创造了独特的方法来解决开发流程和游戏中产生的特有问题。

- 有参与感:开发人员积极参与开发流程,并能够以创造性的方式为游戏做出贡献。

- 有挑战性:他们眼中没有什么是绝对完美的,而是对每个新实践都怀有谨慎怀疑的态度。

- 有安全感:就算测试经常失败,也不会受到指责。开发人员可以指出自己工作或工作室中存在的问题,不必担心自己会被责罚。

小结

透明,是精益敏捷取得成功的关键。Scrum 不能止步于暴露问题及其成因,更需要通过个人、团队和领导合力解决问题来促成大家对 Scrum 的理解和认同。本书其余部分将讨论如何将敏捷应用于游戏开发。下一章将对敏捷游戏团队的核心实践 Scrum 做一个概括性的阐述。

拓展阅读

DeMarco, T., and T. Lister. 1985. Programmer Performance And The Effects Of The Workplace. *Proceedings of the 8th International Conference on Software Engineering in Washington, D.C.* Los Alamitos, CA: IEEE Computer Society Press.

Larman C., and B. Vodde 2017. *Large-Scale Scrum: More with LeSS*. Boston, MA: Addison-Wesley.

Taylor, F. W. 1911. *The Principles of Scientific Management*. New York: Harper Bros. 中译本《科学管理原理》

第 II 部分　Scrum 和敏捷规划

第 3 章

关于 Scrum

1990 年，我负责为 YF-23 原型战斗机 ① 开发航电试验台。为此，我在密苏里州圣路易斯的麦道公司 ② 待了将近一年的时间。为了向空军证明我们的实力，此航电设备的开发集结了公司各方面的精英。我们面对许多让人印象深刻的挑战，大多数是将各种分别独立开发的软硬件集成到一起时出现的问题。这个航电设备最初的设计目标是，即使有一半的组件被破坏仍然要能够继续工作。但不幸的是，硬件实际上根本无法安装，因为关键的光纤通信接口相当敏感，到最后，在我们进行最终演示之前，生产的 30 块主板原型中 29 块板都有问题！

团队领导以前是 F-14 战斗机 ③ 的飞行员，其领导力的过人之处在于他并不需要了解我们工作的每个细节，而只注重于解决大家在工作中遇

① 译者注：绰号"黑寡妇"，由美国诺斯罗普和麦道两家公司共同设计，是用于竞标先进战术战斗机（ATF）合约的。美国空军于 1991 年 4 月 23 日宣布 YF-22 胜出。YF-23 最后一共生产了两架原型机，都已经不再飞行。

② 译者注：麦道的圣路易斯部门主要生产军用飞机。创始人麦当劳毕业于 MIT，1928 年创业，当时的定位是家庭用飞机。但由于经济危机，第二年不得不宣告破产，创始人转而入职马丁公司。工作 9 年之后，再次创业，后来在二战和朝鲜战争中扮演着重要的角色，并成为 NASA 水星计划和双子星计划的合约伙伴。20 世纪 60 年代，加州长岛道格拉斯飞机公司的创始人因为现金流的缘故与他合并成立麦道公司。1992 年，公司资产为 137.81 亿美元。1998 年，被波音出价 133 亿美元收购。

③ 译者注：绰号"雄猫"，属于第三代战斗机，这种超音速多用途舰载战斗机根据美国海军20 世纪 70 年代至 80 年代舰队防空和护航的要求研制，主要执行舰队防御、截击、打击和侦察等任务。

到的障碍。

每天早上，我们都要去见他，和他一起开站会。1990 年的时候，还没有什么人知道 Scrum，但 F-14 的飞行员当时就知道如何开站会。我们每个人按顺序说各自的工作进展、下一步工作以及遇到了什么困难（看看，这不就是 Scrum 每日站会的三问吗？！）。

我们的飞行员领导有个非常有趣的习惯（我永远都不会忘记），他总是在会议上修理指甲。他盯着指甲刀，但我们都知道他在听。那时，我并没有意识到让我一定得面向整个团队进行交流的原因是我无法与他进行眼神交流。如果有人说话啰嗦，他会要求对方长话短说。

有一天，我向飞行员领导汇报麦道的系统管理员拒绝放权让我们使用某台电脑，他一周前还许诺过允许我们用。这将使我们无法测试航电设备，并且，管理员还对接口联系人非常无礼。我刚说完，飞行员领导突然抬起头，怒目圆睁，重复了一遍他所听到的话。我向他证实管理员确实让我们团队"闹心"。

会议总结结束后五分钟，我们听到领导在厉声训斥管理员。F-14 飞行员肯定有一堂"破口骂人"的应用课程，比起训斥更让人印象深刻的是，我们意识到飞行员领导竟然是站在我们这边的。他是我们的"僚机"，而且正如汤姆·克鲁斯在《壮志凌云》中扮演的角色一样，"谁也离不开自己的僚机"。

随后，我们立即获得了那台电脑的使用权限，并且再也没有和管理员发生过任何冲突。这件事对我们团队来说意味着一个重要的契机。我们把这天作为从全国召集乙方的开始，到了中午，我们俨然成为无人敢惹的"牛人"团队了。这件事影响到我们的工作了吗？错。领导已经以身作则，我们再也没有任何理由不去主动解决自己的问题。

早在听说 Scrum 这个词之前，我们的飞行员领导便展示了 Scrum 的许多价值观和实践。他并没有预知，只是实践了其他许多优秀领导都有的实践。Scrum 也做了同样的事情，它的实践源自于高绩效组织或团队中有几十年工作经验的"老司机"。

Scrum 框架适用于打造复杂的产品。它并不是一个过程或一种方法论，它的实践并不是明确告诉程序、美术、策划或 QA 等人员如何开展工作。采用 Scrum 框架的游戏工作室要将具体的工作实践与 Scrum 框架相融合，形成一套合适的工作方式。

Scrum 有利于游戏工作室通过迭代和增量开发过程来培养自律的跨专业团队。Scrum 的规则很简单，但从这些简单规则中提炼出的重大改进在于增强了团队之间的高度协作。在提高生产力的同时享受工作的乐趣。就像下棋一样，从简单的象棋规则中延伸出可以让人受益一生的战略战术。特别是在快速变化的游戏开发行业，Scrum 也有助于对持续改进的孜孜以求。

本章将着重介绍 Scrum。首先，我们对 Scrum 进行概要性的了解，具体看它的一些组成部分和实践。然后，我们了解 Scrum 所包含的各个角色。最后，讨论客户和项目干系人及 Scrum 如何平衡。

本章提供的解决方案

本章介绍《Scrum 指南》中定义的 Scrum 的基础，以及如何将其与游戏开发联系在一起。

Scrum 的历史

从工业革命到信息时代，产品开发方法经历了一个缓慢的演变。人们齐心协力打造产品的方式在演变。

技术的局限性是工业革命的导火线，手工制作的产量太低，使产品不但成本高而且供不应求。生产流水线的引入将工人的创造性转移到流水线上，工人就像可替换的齿轮，只需要做一些简单的任务。流水线将每个阶段中的知识价值集中到少数管理者身上。

随着流水线的引入，寻常百姓都能买得起福特的 T 型车。然而，代价却是牺牲手工的定制化和多样性。①

福特流水线的不足在于，它不强调流水线上工人的知识和创新能力，因此，Taylor（1911）进行了优化。社会化大机器生产中人性丧失的问题逐渐在工厂中显现出来。②

两次世界大战造成劳动力短缺，人们急需大量物资。这是工厂层次创新的动因。为了提高生产力，成千上万的女子铆钉工不得不接受职业培训。相较于盲从的流水线工人，要求更高。我们需要更强的领导力来训练带领新的劳动力。流水线上每个等级所拥有的知识和能力被认为是与固定设备同等重要的关键资产。

战争结束后，士兵重返工作岗位，美国发现国内的工业基础毫发未伤。人们对战争的教训不以为然，在工厂中，战争甚至被人们遗忘。此外，代替已故士兵的女子铆钉工陆续离开工厂，许多新的知识技能也随之流失。

战后，美军驻守日本，战争中帮助美国大幅提高产能的许多工业顾问前往日本帮助当地重建被摧毁的制造业。例如，丰田汽车等公司将 Scrum 原则与自身实际情况相结合，和战时的美国一样提高了生产力。

工作当中的个人价值在日本的这些变革中逐渐得以恢复，许多有关质量和效率的日常决策日益分散。许多与丰田公司类似的企业始终保持着较低的成本和较高的产品质量，并在全球汽车市场中占据主导地位。

到了 20 世纪 80 年代中叶，竹内弘高和野中郁次郎在文章"新新产品开发游戏"（The new new product development game）中开创性地阐述了产品开发存在哪些方面的区别。文章中描述了一些公司如何将高度成功和创新的产品持续快速地推向市场。这些公司的与众不同之处就在于产品开发过程。

这些公司的产品开发并没有采用传统的接力赛一样的顺序开发，就像

---

① 亨利·福特的名言："任何顾客都可以将这辆车漆成他想要的任何颜色，所以保留其黑色就好。"这也充分体现了缺乏多样性选择。
② 请参阅奥威尔的小说《1984》，了解当时这种对未来的态度。

软件产业所说的瀑布式开发，而是精心挑选一支跨专业的团队，大家协作进行迭代开发，使产品到达更高的水平。这种开发方法被比作橄榄球队员在球场上争球。

Scrum 首次作为软件开发模型，最早来源于《异题正解》（*Wicked Problems*，*Righteous Solutions*）（DeGrace and Stahl，1990）一书。早在 20 世纪 90 年代初期，该方法就由苏瑟兰（Jeff Sutherland）和施瓦伯（Ken Schwaber）应用于 Easel 公司。随后，后者和比德尔合写了一本书，将 Scrum 传播得更广。

尽管苏瑟兰和施瓦伯率先使用和定义 Scrum，但 Scrum 却是众多思想的集大成者。每日团队会议，认领问题，列入计划中的工作写在墙上，以视觉化的方式来展示工作，这些想法并不新鲜。早期 Scrum 导入之所以让人觉得新鲜，是因为它把所有这些想法集中到一起了。

大局

Scrum 由 Scrum 团队，Scrum 事件和 Scrum 工件组成。

- Scrum 团队（The Scrum Team）
- 产品负责人（Product Owner）
- 开发团队（Development Team）
- 教练（Scrum Master）
- Scrum 活动（Scrum Event）
- Sprint（也称冲刺）
- Sprint 计划会（Sprint Planning）
- 每日 Scrum 站会（Daily Scrum）
- Sprint 评审会（Sprint Review）
- Sprint 回顾会（Sprint Retrospective）
- Scrum 工件

- 产品待办项（Product Backlog）

- Sprint 待办项（Sprint Backlog）

- 潜在可发布 / 增量游戏（Potentially shippable game (Increment)）

本章和下一章将对以上所有术语释义。

图 3.1 为 Scrum 的主要组成部分。使用 Scrum 方法进行开发的游戏能够使 6 ～ 10 人的跨专业团队在 2 ～ 4 周的迭代（或称 Sprint）中取得进展。每个 Sprint 的初期，在 Sprint 计划会期间，团队会从称为产品 Backlog 的特性优先级列表中选择一些特性进行开发。产品 Backlog 中的每个特性都称为一个 PBI。随后，团队再分别估计完成产品 Backlog 中每个 PBI 需要做多少个任务。图 3.2 展示了一个简单的运动员跳跃这个特性是如何拆分为几个任务来执行的。

团队只承诺自己认为能够在一个 Sprint 中完成的游戏特性。

团队每天都要集中开一个 15 分钟的限时会议，称作"每日 Scrum 站会"。会上，大家一起分享各自的进展情况及遇到的障碍。

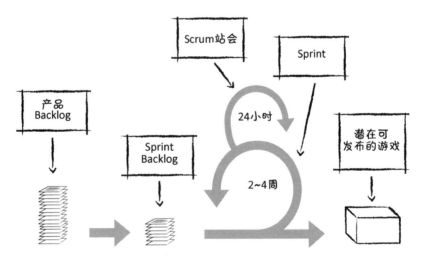

图 3.1　Scrum 全景图

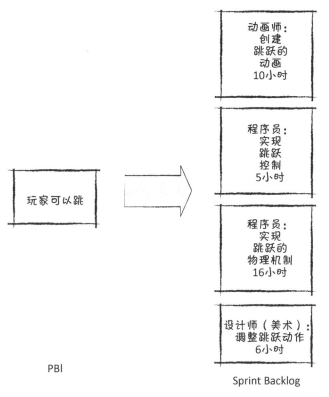

PBI

Sprint Backlog

图 3.2　将一个 PBI 分解为 Sprint Backlog 中有待实施的任务

定义　时间盒（time box）是指某个会议、任务或工作中的一段固定的时间。时间盒限制了所花费的时间。例如，一个 15 分钟的时间盒会议务必会在 15 分钟结束，无论所有议题是否阐述完。

在 Sprint 结尾，团队创造了一个潜在可发布版本的游戏，一个可玩的游戏，但不一定能够通过所有必要的发布测试。游戏的项目干系人（经理、主管和发行方等）聚集在 Sprint 评审会议上，评估是否达到此次 Sprint 目标，并基于他们所了解的信息更新下一个 Sprint 的产品 Backlog。

还有一种实践是 Sprint 回顾。这是团队在 Sprint 评审之后举行的一个简会，反映团队在上一次 Sprint 中团队协作的效率并找出改进实践的方法。

说明 游戏的潜在可发布版本也意味着可以进行非正式的焦点小组测试。

Scrum 价值观

Scrum 的核心是它的价值观。这些价值观指导我们寻找更好的工作方式，以共同实现成功和实现。

- 专注：我们一次只专注于做好少数几件事，以更快地创造价值并依此来决定我们的下一步工作。
- 勇气：因为我们互相信任，彼此支持，所以我们有勇气在机遇来临时冒险抓住并做出真正的改进。
- 开放：我们在工作中保持开放和透明。这样有利于共享信息并更好地进行团队协作。
- 承诺：我们齐心协力，以团队的方式致力于成功。
- 尊重：我们尊重彼此分享的成功或失败经验，并乐于互相帮助，共同成长。

如果工作室用践行这些价值观来应用 Scrum，将受益无穷。

Scrum 原则

团队可以借鉴 Scrum 中的部分简单实践来进行开发。但这些实践并没有包罗万象，也不适用于任何产品。Scrum 是一个框架，具体实践随着产品的进展而变化。

遵循 Scrum 原则是非常重要的。

- 经验论：Scrum 使用"检验和适应"循环使团队和项目干系人用真实的数据快速响应变化。每日例会就是一个例子，它使团队对每天的问题都做出反应。
- 浮现（emergence）：在开发游戏时，我们会逐渐了解到哪些东西可以增强游戏的可玩性，哪些是可以实现的，怎样实现。Scrum 并不反对从前期开发中引导得出设计。它承认我们不可能从一开始就知道游戏的一切。Sprint 中回顾会和计划会的循环就是让游戏特性在开发过程中尽可能可见。

- 限时：Scrum 是迭代的。它定期交付价值，能使项目干系人和开发者随着价值的交付同步项目并对项目进行微观指导。Sprint 就是一个限时实践的例子。

- 优先级：对项目干系人而言，一些特性比其他一些更重要。采用 Scrum 方法的项目，不会以"实现策划案中所有的需求"这样的方式来完成游戏开发，而是根据游戏特性之于（购买游戏的）玩家的价值来开发游戏特性。产品 Backlog 便是这个原则的表达。

- 自组织：跨专业的小型团队可以授权组织其成员管理其过程并在时间盒内创造最好的游戏。他们在"检验和适应"循环中寻求持续改进协同工作的方法，这通常是通过 Sprint 回顾会议来完成的。

通过坚守这些原则，团队可以调整实践并从 Scrum 框架获得更多好处。

产品 Backlog，Sprint 和发布

下面将具体了解图 3.1 中 Scrum 的组成部分及其他一些额外的实践。

产品 Backlog

产品 Backlog 是一个按照游戏需求或功能之优先级排列的列表，其中的需求或功能列表来源于游戏自身、工具配置或游戏制作流程。

下面是这些需求的一些例子：

- 在动画模块输出端增加过滤功能

- 在游戏中增加粒子特效

- 增加在线游戏或功能

每次 Sprint 之后，产品 Backlog 可以接受团队的调整。之前没有预见到的 PBI 可以添加进来，不需要的 PBI 可以剔除，优先级也可做适当调整。

制定优先级的依据是按照每个特性对于玩家的价值来排列的。Product Backlog 并不是我们所需要的每一个特性的详细列表，那会太累赘了。事实上，列表最顶端的 PBI——换句话说，也就是最有价值的 PBI——需要被分解成一些足以在一个 Sprint 中完成的特性。图 3.3 展示了某游戏平台的 PBI。

跳跃、爬行和飞行是最有价值且需要立即执行的 PBI，位于列表顶部。这些 PBI 很小，完全可以在一个 Sprint 中完成。一些诸如在线或内置地图编辑器的优先级较低，在团队还未进行开发时不必先拆分成更小的 PBI。

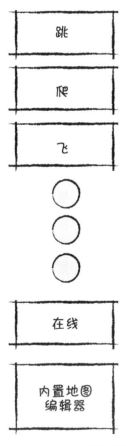

图 3.3　Backlog 中的特性 / 产品特性列表

Sprint

采用 Scrum 方法的项目在一次又一次的 Sprint 中逐步取得进展。这些迭代过程是项目的核心动力。

Sprint 有一个固定的时限（时间盒），大约 1～3 周。团队承诺在这个 Sprint 中可以完成的 PBI。Sprint 的目标是团队承诺在该 Sprint 中要完成的整体主题。

Sprint 目标

理想状态（但也有例外）下，Sprint 目标旨在统一 Scrum 团队想要达成的目标，例如，"玩家可以在一个有障碍物的代表性关卡中自由移动。"这将由从 Sprint 计划产品 Backlog 中提取的几个 PBI（Product Backlog Item）支持。这些 PBI 描述了游戏中的跑步，跳跃和游泳。最终，团队在计划中预计的 PBI 决定可以实现多少预期目标。

Sprint 目标保持不变。Sprint 结束时，团队向可以验证 Sprint 目标完成情况的游戏发行商等项目干系人展示最新版本。

定义

项目干系人是指在游戏项目中占有股份的人，他们可以是发行方、其他项目成员和工作室管理层等。

Sprint 产出的垂直切片，各自就像一个个小项目。一个 Sprint 中包含设计、编码、资源创建、验证、调试和优化——一个可发布游戏所需要的一切都有。

许多特性需要多个 Sprint 进行开发，Sprint 仍然需要在每次回顾会中证明其价值。有时，客户想要将一些不确定性或风险尽早从项目中除去。以一个正在交付 AI 功能的团队为例，AI 动作中最难的挑战之一就是在复杂环境下的寻路系统。AI 系统必须能够识别出阻止其角色移动的障碍并计算周围的路径。一旦加入可移动的角色和物体，问题将变得更加棘手。寻路系统是整个游戏风险最大的问题之一。

我们必须尽早解决寻路问题，其他诸如角色动画和角色物理等相关系统可能还不够成熟，不足以支撑在本次 Sprint 中完成 AI 角色自由穿行于复杂环境下的 Sprint 目标。在这种情况下，团队的 Sprint 目标就变成证明简单的太空舱可以在复杂的测试环境下寻路。这个目标虽然不能演示一个完整的特性，但它确实降低了项目的风险，也代表着有一定的价值。

AI 角色在复杂环境下的寻路风险就此解决了吗？没有。它虽然涉及该问题的很大一部分，但在前进过程中，动画和物理模块仍然可能出现其他问题。我们要将工作的不确定性降到最低。因此，AI 团队在下个 Sprint 的目标就是验证太空舱可以"爬"楼梯。倘若在关卡制作阶段才发现 AI 角色不能爬楼梯，甚至有一些关卡和动画的设计还得基于爬楼梯特性已实现，后果将不堪设想。

发布

Sprint 将已具备主要新特性的游戏推进到准上市状态，发布由这些 Sprint 共同组成。一个典型的发布需要 2 ~ 4 个月的时间。发布的节奏类似于一个典型项目中的里程碑。

准上市状态指游戏可以供潜在玩家玩，但还不必与其全部内容一起打包或还没有准备好通过所有需求方的验收。在一个为期两年的项目中，即将发布的游戏应该持续公开版本进度。游戏发售紧跟发布，以确保单方硬件（技术认证需求 [TCR] 或技术需求清单 [TRC]）或大规模的硬件兼容性测试已经完成。

发布为团队和干系人树立了更长期的目标。他们需要通过不断的打磨和调试，降低发布的不确定性。

发布开始于一个计划会，会上建立游戏的主要目标。图 3.4 显示发布计划如何成为产品 Backlog 的特性子集以及每个 Sprint 目标如何成为发布计划的子集。

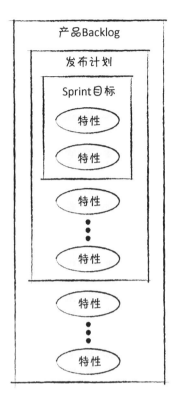

图 3.4 制定不同层次的计划

说明 第 9 章将详细描述发布计划。

Scrum 的角色

Scrum 最大的好处体现在 Sprint 和团队身上，他们认领目标并承诺完成任务。在 Scrum 的团队和客户之间，角色和责任有着明显的区别。Scrum 的团队和客户在目标上达成共识，以满足客户的明确需求。图 3.5 展示了本小节阐述的各种不同角色。

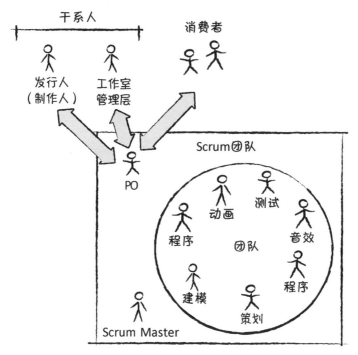

图 3.5　Scrum 的角色

Scrum 团队

一个 Scrum 团队包括 Scrum Master、PO（产品负责人）和开发团队。

Scrum Master 负责对团队的 Scrum 思想进行指导，以确保团队成员按 Scrum 实践行事。Scrum Master 着眼于解决问题，且在必要时阻止来自"鸡"（或入侵的海盗）的干扰（参见"鸡与猪"部分和"重命名鸡和猪"的补充说明）。我们的 F-14 飞行员领导正是这样做的。

PO 负责沟通和传达游戏的愿景并使投入产出比（ROI）最大化。他通过对产品 Backlog 中的 PBI 建立优先级以实现 ROI 最大化。

开发团队在每个 Sprint 交付一系列功能。开发人员自组织，自管理，在 Sprint 开始时决定可以完成多少工作，并在 Sprint 结束时交付完成的工作。

下面几个小节将阐述 Scrum 项目中的各个角色。

Scrum 采用的术语

Scrum 社区对这些名词颇有争议。社区决定就这些词达成共识。就我个人而言，我更倾向于称团队为"开发"，以免官方定义中过度使用"团队"这个词，但在本书中，我仍然将他们称为"团队"。

开发团队

开发团队应当包含各学科的人才，共同完成团队在 Sprint 中承诺的目标。例如，团队需要动画制作、AI 程序员、角色建模人员甚至 QA 等成员来完成 AI 角色的行走和说话等特性。

> **说明** 团队这个词经常是指一个项目中的每个人。在本书中，我们将项目中的所有人称为项目成员（Project Staff）。因此，一个 80 人项目可能包含 7～9 个团队。

Scrum Master

Scrum Master 是 Scrum 导入成功的关键，但也是最容易被误解的角色。他并不是传统意义上的领导或管理者角色。Scrum Master 通过指导、推动以及快速消除任何影响团队交付价值的障碍来提高团队对 Scrum 的熟练应用。

职责

Scrum Master 的工作是保证 Scrum 的成功执行。Scrum Master 必须应用 Scrum 原则通过 Scrum 实践熟练指导团队。

当团队开始使用 Scrum 方法时，需要按照 Scrum 实践的子集依葫芦画瓢。一段时间之后，当团队找到更好的协同工作方法时，这些实践就会逐渐发生相应的变化。Scrum Master 的任务就是确保坚守 Scrum 的基本原则，并使团队始终遵循他们共同承诺的这些实践。

重点强调 照猫画虎，按照书本来做Scrum，很多敏捷大戏最开始都会选择这样的脚本。运用得当的话，这样的脚本会随着时间的推移发生变化。

Scrum Master 在某种意义上是团队的核心，Scrum 的原则和价值观有时会给项目带来不便，这时，就需要 Scrum Master 这样的角色来强调它们的重要性。例如，当团队在 Sprint 中忙于交付时，就很有可能忽略修复 bug 和打磨资源。Scrum Master 必须提醒大家每个 Sprint 交付的都应该是小而全的完整游戏[1]，不能推迟到下一个 Sprint 才修复上个 Sprint 的 bug 及打磨资源。

Scrum Master 的主要职责之一就是在团队中培养大家的主人翁意识。主人翁意识有着巨大的价值（参见下面的补充说明"主人翁意识"）。Scrum Master 知道何时可以让团队偶尔动摇，何时该提供支持。就像一个好家长，Scrum Master 知道，过于保护团队，无法促进团队在思想和行为上取得独立的成长。

Scrum Master 的特殊职责如下：

- 确保所有的困难都透明化

- 关注进展

---

[1] 中文版编注：可以参见亨里克（Henrik Kniberg）这幅著名的图片。

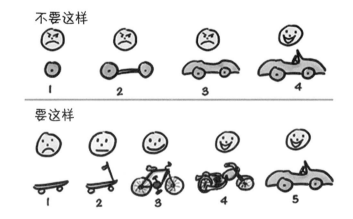

- 推进计划、回顾和追溯

- 鼓励持续改进

- 使项目干系人和团队之间充分交流

责任感

相比工作中缺乏主动性的团队，责任感强的团队在处理障碍时，速度更快一些。责任感使大家对工作更有热情。我见过好几个有责任心的团队，他们通宵达旦地做自己热爱的事。不过，我们的目标并不是让团队加班到深夜，而是让他们能够专注于工作和享受工作。开发游戏应该是一个富有创造性且使人愉悦的过程，若非如此，何以敢奢望我们做的游戏有趣呢？

在 Sprint 中，团队对工作有责任心。对一个能够顺利交付所承诺工作量的 Scrum 团队来说，这是至关重要的。工作中责任心强的团队远远胜过那些态度一般的团队。一旦团队认为 Sprint 目标是强加于自己的，就会失去这种主人翁意识而缺乏责任心。

保证清除障碍

项目延期不可能是由某件单独的事情造成的，通常是很多个错综复杂的问题综合作用而成的。每天损失几个小时很可能导致原定一年期的项目延期好几个月！

Scrum 将妨碍项目进展的问题统称为"障碍"。障碍表现为下面几种形式：

- 足以使游戏或工具崩溃的漏洞

- 无果而终的长时间的会议

- 来自内部通信系统的频繁干扰或打断

- 依赖于其他人才能够取得下一步进展

诸如此类的问题还可以列出很多。Scrum 通过组建跨专业团队和每日 Scrum 站会等实践来解决这些问题。如果程序员需要测试资源，可以求助于团队中的美术。设计师（策划）也经常发现程序员一般都很愿意帮助自己除掉 bug。

跨专业团队会很快通过每日 Scrum 自行发现并清除大多数障碍。Scrum Master 的任务是确保亮出这些障碍，并使其上升到一定的层级来引起大家的重视。

团队并不能解决所有的障碍。比如说，动画师需要买一款工具，团队可能没有权限直接下单买。就像我前面提到的 F-14 飞行员领导那样，Scrum Master 揽下这个任务，并将其上升到足够的层级，从而解决了这个问题。如果没有每日 Scrum，买工具这个难题可能要花好几周的时间才能解决。

有时，消除某些障碍需要花一些时间。Scrum Master 会把问题记下来并继续跟进。

公开透明，确保进展看得见

Scrum Master 要确保团队始终关注目标的达成情况。团队每天公开各自的进展，使项目朝着目标方向推进。一旦团队有懈怠的迹象，团队必须能够尽快注意到。

亲身经历 许多新手 Scrum Master 感到自己的工作就是通过工具来监督团队以及负责让团队实现 Sprint 目标。这实际上会妨碍团队为 Sprint 目标担当起责任。这一直是个很难改掉的毛病。

安排和引导计划会、评审会和回顾会

Scrum Master 要确保准备和推进所有团队会议。会议安排和引导包括安排时间、准备场地以及确认会议在大家已经认同的规定时限内举行。

保证会议正常举行是 Scrum Master 需要掌握并不断提升的刚需技能，同时还可以帮助团队学习如何独立地顺利开完会议。

鼓励持续改进

Scrum Master 鼓励团队持续提升其团队协作能力。即使是最有生产力

的团队，Scrum Master 也会鼓励他们追寻哪怕是 1% 的进步。[①] 这提倡的是一种持续改进的文化。改进可以简单，比如将桌子移得更近以促进交流，也可以困难，比如申请新技术来提高制作流程（pipeline）的效率。

Scrum Master 的主要作用是推动。他可能比团队成员更早发现问题并提出解决方案。但对于团队，Scrum Master 应该授之以渔而非授之以鱼，教会他们独立发现问题，从而提升解决问题的宝贵技能。在许多时候，Scrum Master 的任务就是使团队逐渐消除对自己的依赖。

帮助项目干系人和团队进行沟通与交流

项目干系人和开发团队关注的问题不一样。项目干系人谈的是投资回报、损益计算、销售估计和预算等。开发团队谈的是技术、游戏机制和艺术影像等。关注点的不同也阻碍着两个群体之间的有效沟通。Scrum Master 的工作就是帮助两者进行交流，主要教给团队必要的商业用语并以产品 Backlog 作为双方交流的基础。

属性

Scrum Master 在团队中的职责相当于牧羊犬。他们为团队划分边界，赶走猎食者，再时不时地咆哮几声，最后和大家一起实现目标。Scrum Master 的职责要求他们必须态度得体。傲慢专横的牧羊犬会给羊群造成太大的压力，而过于被动的牧羊犬则会使猎食者藏匿于羊群中。

Scrum Master 信任自己的团队，他通过训练和排忧解难来引导团队更好地完成工作。这不容易，但很值得。Scrum Master 必须坚定，有持久的精神。团队面临的许多问题要受到一些固执己见的人干预。比如，长期习惯于发号施令的管理者并不信任自组织团队。他可能会在一个 Sprint 的中间阶段给团队分配新的任务，干涉团队。Scrum Master 需要不断提醒他注意 Scrum 的目的，并且让团队和干系人彼此做出承诺。

---

① 中文版编注：$1.01^{365}=37.8$，$0.09^{365}=0.03$，这个公式源于日本某所小学贴的一张海报，意为"若是勤勉努力，最终成为很大的力量。相反，稍微有些偷懒，终究会失去实力"。后来还延伸出 $1.02^{365}=1377.4$，$0.98^{365}=0.0006$。爱因斯坦的成功公式是：成功 = 正确方法 + 艰苦努力 + 少说空话。

这需要以一种温和的方式进行，这是教练的角色，并不是每个人都能做得好的。

有一个正式介绍 Scrum 的课程。"Scrum Master 认证培训课程"是由 Scrum 联盟 ①② 认证教练讲授的 Scrum 实践和原则课程。强烈建议 Scrum 新手上这个课程，有经验的团队成员也可以通过这个课程来进一步巩固 Scrum 原则和实践。

Scrum Master 可以兼任开发团队成员吗？

Scrum Master 通常并不是团队中的开发成员。全职 Scrum Master 可以带领 2 ～ 4 个团队。这取决于团队中有多少阻碍需要 Scrum Master 解决。这也意味着 Scrum Master 这个职位人手短缺。

说明 Sprint 的长度通常为 2 ～ 4 周，而且不怎么变。至于如何确定最理想的 Sprint 长度，将在第 4 章中讨论。

有团队成员经常问我："Scrum Master 也应该作为开发人员存在于项目中吗？"我认为 Scrum Master 不应当是团队中的开发人员。但如果认为他们是团队中的一员，还会引起下面这些问题。

- 他们更关注于自己的工作任务而非 Scrum Master 的角色。

- 他们更关注于自己的障碍而非团队的障碍。

- 团队成员认为 Scrum Master 是项目的领导。有时，Scrum Master 确实来自团队的开发人员。在这种情况下，团队中的每个人都必须避免这些问题。

带上 Scrum Master 的帽子

有时，当团队中的开发人员担任 Scrum Master 这个角色时，会随身携带一顶帽子。在履行 Scrum Master 这个角色的职责时，就戴上帽子。担任团队中的开发人员时，就脱下帽子。这可以帮助团队了解自己是在和谁说话。

---

① www.ScrumAlliance.org

② 我还特别推荐一门专为游戏开发量身定做的认证 Scrum Master（CSM）课程，详情可以访问 www.ClintonKeith.com。

PO

PO（Product Owner）确立和沟通游戏的愿景并对游戏的功能特性进行优先级排定。

PO 的职责如下。

- 管理游戏的 ROI。

- 在客户和开发人员之间共享游戏愿景。

- 知道开发什么并以怎样的优先级开发。

- 制定 release 计划和确定交付日期。

- 支持 Sprint 计划会和回顾会。

- 代表客户，包括可能为游戏付费的玩家 。

大多数 AAA 游戏项目都需要在首发之后加补丁，以此来改进游戏。然而，平庸的 AAA 游戏哪怕发布后续补丁再勤，也很难扭转市场和玩家对游戏的评价。这需要宽广的视野。敏捷视频游戏项目中，PO 的角色尤为关键。

同样，实时游戏也需要 PO。他们不仅要对游戏有远见，还必须理解并根据现有玩家的数据和反馈来灵活应变。

客户

　　除了玩家和项目干系人之外，敏捷团队还有更多客户：需要工具和流水线改动的其他开发人员；需要 demo 和游戏截图的营销人员；第一方硬件厂商对平台有要求。

管理 ROI

PO 负责确保游戏的投资回报率。这就要求 PO 懂市场，了解玩家的需要，甚至早在发布前几年就必须知道。

PO同时也负责项目其他维度的成功，包括游戏在目标平台上的性能、游戏的最终成本和交付日期。也可以用游戏平均排名和损益来预测，但这些是市场营销方法，不能很好地指导项目。PO通过演示正在开发的游戏，在市场、销售和Scrum团队之间建起一座桥梁，让大家齐心协力，共同完成游戏的目标。

建立同一个愿景

PO是唯一负责与团队沟通和传达游戏愿景的人。当游戏愿景随着游戏的开发展开时，PO可以激发和点燃团队的创造力与责任心。

拥有同一个愿景是任何一个游戏成功的关键。如果缺少愿景，大型开发团队会各自走向极端，做出的游戏就像是七拼八凑起来的怪物弗兰肯斯坦一样。这些游戏可能艺术效果很好，但不一定好玩，技术强大，但性能不一定很好，或者用了很多炫酷的游戏玩法，却并没有什么做得特别好的。

拥有同一个愿景并不容易。游戏团队中的专业开发人员少可能还好较容易，但现在很多游戏的开发都需要一个小型的专业兵团。大型开发团队允许按专业来划分团队成员，这给建立同一个愿景带来了更大的障碍。程序员在一起，把游戏项目当成计算机科学项目来对待。美术创作出可以满足其他同行审美的作品。策划设计出只有同行才懂得欣赏的巴洛克控制机制。每个小组都只关注自己的专业领域，看不到商业层面的价值。

在为游戏项目设立愿景的时候，PO这个角色相当于宫本茂（Shigeru Miyamoto）[1]、威尔·莱特（Will Wright）[2]、提姆·沙佛（Tim Schafer）[3]、沃伦·斯派克特（Warren Spector）[4]和席德·梅尔（Sid Meier）[5]等在游戏项目中的角色，是游戏的总设计师。PO在开发过

---

① 代表作有《大金刚》《马里奥》和《塞尔达传说》。
② 代表作有《模拟市民》和《孢子》。
③ 代表作有《逮捕令》和《精神世界》。
④ 代表作有《隐形战争》。
⑤ 代表作有《文明》系列。

程中代表着最终客户，即玩家，他必须预见到未来三年内市场的发展趋势和走向，必须了解玩家的想法和喜好。

产品 Backlog 的责任人

PO 负责产品 Backlog 并决定其特性排序。这个排序决定着特性的开发顺序。

一般情况下，PO 不能独立管理产品 Backlog。Backlog 上的某些特性需要技术、美术或策划的理解才能确定优先级。某些特性还需要销售和市场的帮助，如游戏广告。PO 需要与各种游戏玩家及干系人合作，了解他们的需求。

发布管理

PO 管理发布计划和交付日期。同时根据目标的变更及该 Sprint 的进展来修正发布计划。PO 需要了解各种不同的版本管理活动，这些将在第 6 章详细阐述。

为 Sprint 计划会和回顾会提供支持

在 Sprint 中，PO 的主要职责如下。

- 建立并更新 Backlog 中的特性及其优先级。
- 参与 Sprint 计划会。
- 参与 Sprint 回顾会，接收或驳回 Sprint 工作成果。

产品负责人可以兼任开发团队成员吗？

　　让产品负责人兼任开发团队的成员，可以成为团队的一种优势，又可以成为团队的一种劣势。作为开发团队的成员，可以获得持续保持交流的优势，但产品负责人兼开发，一定要小心，不要让团队偏离 Sprint 目标。据我所知，某个产品负责人就习惯于灵感一来就让团队把自己新想到的特性加入 Sprint 中。

图 3.6 总结了 PO 在产品 Backlog 和 Sprint 中的角色。

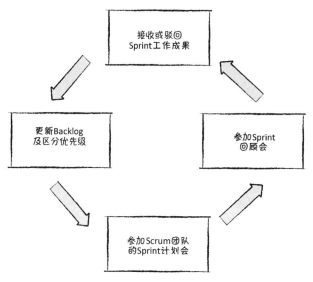

图 3.6　PO 的职责

客户和项目干系人

客户和项目干系人的关系对 Scrum 团队至关重要。他们决定 Backlog 上待办（积压）项的数量，并与 PO 一起确定各个 PBI 的优先级。尽管 PO 是 Scrum 团队的一员，但被看作"客户领导"。PO 决定各个 PBI 的优先级，并作为客户和干系人的唯一代言人为团队服务。

最终客户是购买游戏的玩家。虽然他们不直接决定游戏的需求，但是，所有项目干系人都是他们的代表。项目干系人并不是在游戏中占有股份的人。

项目干系人的职责如下。

- 发行人－制作人：发行人－制作人在发行方和工作室之间进行着进展和目标的交流。这一角色的一个主要价值是确保双方共享同一个游戏愿景及确保游戏进展的公开透明。

- 市场：市场提供 Backlog 中相对重要的功能，同时通过了解

Backlog 更有效地对游戏中的关键特性与市场进行沟通。

- 工作室领导：工作室美术、策划和技术领导可以帮助 PO 区分工作的优先级，特别是考虑到特性开发的成本和风险。举个例子，作为前首席技术官，我的职责是与 PO 和项目成员一起工作，阐明产品 Backlog 中的技术风险。

每一个项目干系人都可以将特性需求引入产品 Backlog 中。比如，当我还是首席技术官时，我最关心的就是在游戏和管道（流水线）中执行各种特性的技术风险。因此，我引入需求，帮助团队掌握这些风险的知识或帮助每个人了解执行一项特性的成本。

玩家对游戏开发的影响日益增长

手游和实时游戏开发的增长，使团队能够与玩家进行更多交互并衡量他们玩游戏的方式。对敏捷团队来说，这是一个重要的优势，他们可以利用这些反馈更好地主导游戏的开发。

"鸡"和"猪"

每一本介绍 Scrum 的书都不可能不提及"猪和鸡"的故事。故事是这样说的。

从前，一头猪和一只鸡在聊天。"我有个点子，"鸡说，"我们合伙开一间餐厅吧，我们可以称它为'火腿和鸡蛋'。"猪想了一会儿，说："那可不行……你只是参与而已，我却得把自己全都搭进去。"

这就是命名"猪"和"鸡"的来源（参见下面的补充材料"重命名'猪'和'鸡'"）。"猪"是 Scrum 团队中全身心投入 Sprint 工作中的人，"鸡"是团队之外不亲自参与工作的客户和项目干系人。

"鸡"影响着各个 Sprint 之间项目的方向。"鸡"和"猪"讨论下个 Sprint 的目标，并为产品 Backlog 制定优先级。"猪"（团队）承诺投入实现这些功能。"鸡"承诺让团队不受干扰地完成目标。两者相互承诺足以保证 Scrum 的顺利执行。如果允许"鸡"可以变更 Sprint 目标，那么"猪"在 Sprint 之初就无法承诺完成目标。

重新命名"猪"和"鸡"

在 Scrum 中，区分"猪"和"鸡"的职责是非常重要的。采用 Scrum 方法的公司强烈意识到，在制定具体实践时需要对两者进行区分。有些团队会采用其他词来代替"猪"和"鸡"，因为没有人愿意被这么称呼。英国剑鱼工作室使用了一个很棒的替代方案，他们把猪"和"鸡"分别称为"海盗"和"忍者"。这就更容易接受了，但我还是不太确定其涵义，所以我问他们。他们这样解释道："对我们来说，海盗是'鸡'，是侵略者，一阵虐杀之后走人。""有

图选自《重新设计工作》

道理"，我说，"忍者怎么解释呢?"他们回答说："我们自称为'忍者'，因为我们觉得很酷。"这意味着忍者和海盗是天生的敌人。就这样，兴起了一种互联网基因。①

规模化 Scrum

Scrum 团队的成员一般不超过 10 人，但这通常不够。Scrum 支持团队通过规模化来扩大团队。这指的是让许多 Scrum 团队并行工作，并通过 Scrum of Scrums 这样的实践来协调工作。更详细的描述可以参见第 21 章。

成效和愿景

在过去的十多年中，我见过最成功的 Scrum 团队内部进行重大的调整和更改，但仍然保留 Scrum 价值观并将原则应用于其不断变化的实践中。

小结

Scrum 实践和角色浅显易懂，很容易上手。那么，为什么还要阅读这

---

① 详情可以访问 http://en.wikipedia.org/wiki/Pirates_versus_Ninjas

本讲如何用 Scrum 等敏捷实践来开发游戏的书呢？因为之前描述的实践是唯一的起点。

Scrum 使我们有机会度量和质疑游戏制作的每个实践（检查），并让大家拥抱变化从而改进过程（适应）。Scrum 为我们提供主观经验来判断团队的速率。这些度量反馈得到每次变化的好处和弊端，使团队得以持续改进。采用 Scrum 方法的挑战是学习它如何发挥作用以及为何有用，以此来改进工作实践，充分利用 Scrum 带来的公开透明。

下一章将围绕着 Scrum 的基础详细阐述 Sprint 中的活动。本书其余部分将一一讲述游戏开发人员如何检查和适应游戏开发过程中的基础实践。

拓展阅读

Schwaber, K. 2004. *Agile Project Management with Scrum*. Redmond, WA: Microsoft Press.

Schwaber, K., and J. Sutherland. The Scrum Guide, https://www.scrumguides.org/scrum-guide.html

Takeuchi, H., Nonaka, I. 1986. *The New New Product Development Game, Harvard Business Review*, pp. 137-146, January-February.

第 4 章

关于 Sprint

在上一章中，我们介绍了 Scrum 的实践（工作方式）和角色。在本章中，我们将深入学习 Sprint。我们将学习如何制定 Sprint 计划、如何以天为单位做 Sprint 计划、团队和项目干系人如何在 Sprint 快要结束时回顾工作进展及总结协作的状况。在本章的最后，我们还将了解团队和干系人又将如何应对 Sprint 未能达到其整体目标的状况。

本章提供的解决方案

合理应用 Sprint 可以确保达成以下目标。

- 开发人员是计划周期的一部分。
- 开发人员专注于达成制作游戏的目标，工作室领导则专注于排除阻碍目标达成的一切障碍。
- 团队和项目干系人致力于确保游戏进度和新涌现的（emergent）价值真实透明。

全景图

Sprint 有以下几个基本规则。

- 限时的，时限一般为 2 ～ 4 周。
- 团队承诺完成一个 Sprint 目标。

- 团队之外的任何人都不得添加或更改。

图 4.1 为 Sprint 四大会议的流程图。

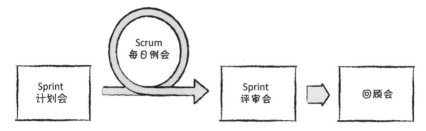

图 4.1　Sprint 会议流程

团队和项目干系人在 Sprint 开始之初召开 Sprint 计划会并制定目标。团队成员在每日 Scrum 例会上分享工作进展。当 Sprint 快要结束时，团队在评审会中将进展情况展示给项目干系人看。紧接着，评审会之后召开回顾会，会上总结当前 Sprint 中团队的合作情况并为后续 Sprint 寻求可以改进的地方。

会议的别名

　　实行 Scrum 的时候，最初引起的不满是它规定每个 Sprint 必须召开四次会议。对于更多的会议，人们的第一反应通常都是负面的，这通常与许多会议的质量和效率太差有关。

　　Scrum Master 应当充分运用引导能力，让会议更高效。与此同时，《Scrum 指南》的作者还试图通过重命名"会议"来减轻员工这种负面的条件反射。他们还试图把会议称为"庆祝活动"，遗憾的是，没有人会上当。目前，《Scrum 指南》将会议称为"事件 /活动"。在这本书中，我仍然称它们为"会议"。

计划会

Sprint 开始时，团队与项目负责人共同制定下个 Sprint 的计划。这需要两个会议：Sprint 优先级会议和 Sprint 计划会。Sprint 优先级会议需要准备产品 Backlog 并识别潜在的 Sprint 目标。Sprint 计划会需要构建当前 Sprint 的 Backlog，以确定下一个 Sprint 回顾会需要完成哪些工作。会议的参与者包括整个 Scrum 团队（开发团队、Scrum Master 和产品负责人）以及可能需要回答问题或帮助团队更好地评估其工作的任何领域专家（例如在线程序员、动作捕捉技术人员等）。

Sprint 目标

Sprint 目标是指贯穿于整个 Sprint 计划的目标。Scrum 团队会在 Sprint 计划的基础上根据初步预测或通过讨论产品待办项（PBI）的优先顺序对其进行完善。随着 Sprint 的推进，开发团队将持续专注于目标，并根据需要与产品负责人协商 Sprint Backlog 的大小。

> **说明** 前面描述的团队预测、跟踪和管理 Sprint Backlog 的实践是许多团队的典型启动模式。但是，通过采用自组织原则，团队可以探索并改进计划以及管理他们的 Sprint。哪怕团队掏出一个占卜板来计划 Sprint，我们也不应该在意。我们只关心他们如何在每个 Sprint 中改进游戏。

第一部分：Sprint 优先级会议

Sprint 优先级会议的目的是挑出产品 Backlog 中优先级高的条特性，并选择潜在的 Sprint 目标。会议开始时，PO 描述产品 Backlog 中优先级最高的特性。团队需要理解每个 PBI。这是让大家提出游戏策划、程序和美术等方面设想的绝好机会。举个例子来说，如果有一个需要角色跳跃的特性，就会引发一些讨论，涉及如何用目前的动画和物理技术来实现该特性。这还涉及实现中的细节问题，比如是只用物理还是仅用动画或两者相结合的方式。

有时，产品 Backlog 中的高优先级 PBI 实在太多，以至于无法在一个 Sprint 中完成。这些特性就要分解成更小、更适合在一个 Sprint 中完成的 PBI。

团队随后开始讨论下一个 Sprint 的潜在目标。从产品 Backlog 中选择在目前条件下最可能完成的 PBI。当讨论到一些 PBI 大约需要两个

Sprint 才能完成时，就差不多该结束当前的 Sprint 优先级会议了。因为一些 PBI 可能无法由团队独立完成。例如，某个特殊的特性需要动画师的加入才能完成，因此，除非找到动画师加入我们的团队，否则无法承诺能够完成这个特性。

跳过一项特殊 PBI 的另一个原因是团队之间的相互依赖。例如，一个特性需要引擎方面的工作先完成才能继续，如果引擎团队延后，那么整个特性也只能延期。在进行产品 Backlog 和团队的组织排列就应该考虑到避免过强的耦合性，但有时这种情况确实会发生。我们希望在会议上能够多讨论 PBI，当团队出现一些偏差的时候，要选择在下一次会议上解决，一切工作都基于 PO 对特性优先级的理解。

此时，团队不再承诺任何工作。他们挑出可能完得成的 PBI，但在将 PBI 分解成个人可估计的任务（在 Sprint 计划会上完成）之前，团队是不会开工的。

第二部分：Sprint 计划会

在确定当前 Sprint 的潜在 PBI 之后，团队从每个 PBI 中分解出任务以构成 Sprint Backlog。这是在 Sprint 计划会上进行的。此会议的参与者包括团队中的每个人（包括 Scrum Master 及 PO）和可以帮忙答疑或帮助团队更好预估工作的各领域专家（比如程序岗位的人员和动作技术岗位的人员等）。

会议开始后，Scrum Master 帮助团队看清可能影响团队达成 Sprint 目标的能力约束条件。比如：

- 减少实际工作时间；
- 节假日承诺完成工作的成员离开团队了；
- 来自其他领域的潜在影响，如上一次主要引擎变化所带来的综合性问题。

团队目前的工作能力主要基于其过去的表现。最好的方法就是检查团队在以往 Sprint 的工作完成情况。例如，团队如果在近几个 Sprint

中完成了平均约 400 小时的工作量，他们就有把握承诺在下个 Sprint 中可以完成相同的工作量。这也成为大家在 Sprint 计划会上对 Sprint Backlog 或任务工作量必须要考虑的因素。

随后，团队讨论每个 PBI 的设计与实现，这很可能是隐性的 Sprint 目标。PO 的出席对这样的讨论是非常重要的，因为讨论中可能存在许多需要实现什么之类的经验论断。比如，讨论角色动作到底是设计得更真实好呢，还是更醒目好。

> **说明** Sprint Backlog 的形式由开发团队决定。接下来，介绍将 PBI 分解为按时间估算的任务的典型方法，由于 Sprint Backlog 由开发团队拥有，因此要由团队来决定如何估算。有些团队甚至没有使用估算（请参见第 9 章）！如果迫使团队以特定的方式来做 Sprint 计划，可能会显著削弱他们对计划的认同感。

接着，团队开始将 PBI 分解为若干个任务。图 4.2 显示的是从产品 Backlog 中挑选出 PBI 来构建 Sprint Backlog 的整个过程。

构建 Sprint Backlog 的第一步是从产品 Backlog 中挑出优先级最高的 PBI，并将其分解成多个任务。团队中的每个人在设计阶段就要参与。一旦商定功能需求，就开始写下各自的任务和估算每个人完成任务需要多少时间。

任务估算在各学科团队中进行。比如，如果团队有四个程序员，就让他们共同估算编程任务。如果只有一个程序员，就由他独立估算所有的编程任务。

任务估算精确到小时或者天数。假设是在零干扰的理想时间下进行估算。这意味着一个需要 8 小时完成的任务并不一定能在一个工作日完成，通常需要超过一天的时间才能完成，因为各种干扰、问题和聊天几乎就是我们每个人的日常。

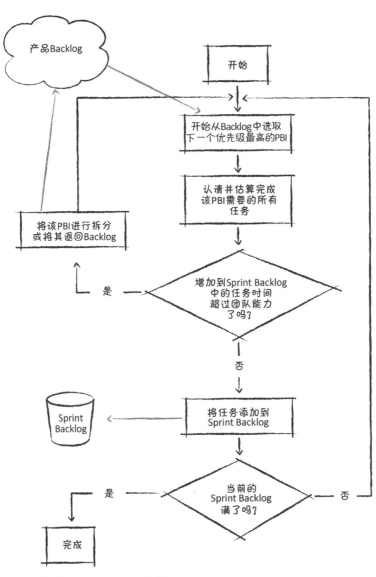

产品Backlog

开始

开始从Backlog中选取
下一个优先级最高的PBI

认清并估算完成
该PBI需要的所有
任务

将该PBI进行拆分
或将其退回Backlog

是

增加到Sprint Backlog
中的任务时间
超过团队能力
了吗？

否

Sprint
Backlog

将任务添加到
Sprint Backlog

是

当前的
Sprint Backlog
满了吗？

否

完成

图 4.2　构建 Sprint Backlog 的流程

说明　理想时间比实际时间更好用。团队可以用理想时间进
行预测，并且，当他们对实践做出改进后，可以在同一时间
盒内预测更多理想时间。

估算大型任务的准确度要低于小型任务。如果要估算到达本地一家商店需要多长时间，我可以精确到几分钟。但如果估一次全国性的自驾游，也许只能精确到几天。任务的颗粒度没有硬性规定，但对一个不需要进一步细分的任务来说，16 小时是比较合理的。有时，团队并没有足够的信息将超过 16 小时的任务进一步细分。因此，在信息多到足以开始这项任务之前，他们会为此虚拟一个估值较高的任务。

当每个 PBI 都拆分成任务后，将所有任务的预估时间总和与 Sprint Backlog 中可用的剩余时间进行比较。如果 Sprint Backlog 中还有富余时间，则可以继续加入新的 PBI。当然，所有任务都必须在团队的能力范围之内。

> **说明** 即使上个 Sprint 中团队一共完成了 400 小时的工作量，但如果团队中程序员的数量占一半，我们也无法保证在当前 Sprint 中完成同等工作量的动画任务。通常情况下，首先要确保每个专业的任务都在其能力范围之内，并且要用上个 Sprint 完成的工作量作为预估 Sprint 可完成工作量的依据。这些规范将在第 III 部分中进行详细的阐述。

如果新加入的 PBI 超出当前 Sprint Backlog，那么团队将无法做出承诺。此时有三种选择。第一，将该 PBI 放回产品 Backlog，换成另一个花费时间较短的 PBI。第二，将该 PBI 拆分为两个或两个以上较小的 PBI，取其中一个适合当前 Sprint 的。例如，建一个关卡，这个 PBI 就可被拆分成两个更小的 PBI，分别完成一半的工作。第三，放弃已经列入当前 Sprint Backlog 中的某项任务，将此项新的 PBI 列入其中。PO 可以帮助团队决定选择最佳解决方案。

Sprint Backlog 不可能在最后一个小时就一气呵成。在 Sprint 期间，团队经常会发现一些被忽略的任务。因此，如果只剩下一两个工作日，就没有必要再加入新的任务。预留一些时间用于完善工作，这是必不可少的。

第一个 Sprint 如何估

在计划 Sprint 时，团队会依据之前 Sprint 中完成的工作量来预估下个 Sprint 中可以完成的任务量。这就会引发一个问题："如何预估第一个 Sprint 呢？"这里建议团队以少于原始预估三分之一的时间为目标。因为团队在初次接触 Scrum 时，往往会低估创建 PSF（potential shippable feature，潜在可交付特性）所做的努力。与传统的瀑布模型不同，包括修复 bug 和完善特性的时间等。如果在 Sprint 中提前完成所有工作，就可以开一次小型的计划会，再挑选其他一两个 PBI 继续开发。每个成功的 Sprint，都会使团队感觉越来越好，并且越来越能更准确地估算自己可以承诺完成多少任务。

> **说明** 如果团队在 Sprint 结束的前一天左右就完成所有工作，通常可以找一些需要做的调整、改进或重构工作来干！

Sprint 的时间长度

一个 Sprint 的理想时间是多长？通常需要 2 ～ 4 周时间，但受以下诸多因素的影响：

- 客户反馈频率和变更
- 团队经验水平
- 计划会和回顾会所花的时间
- 计划整个 Sprint 有多少资源
- 团队对 Sprint 强度有多大的把握

在整个项目过程中，这些影响因素会随时发生变化，导致 Sprint 的长度也会随之变化。

项目干系人的反馈

Sprint 的持续时间取决于项目干系人能忍受多长时间看不见进展和不知道游戏方向。一些核心游戏机制在开发早期就要求有频繁的反馈，因而需要一个较短的 Sprint 来保证游戏开发是沿着正确方向行进的。比如角色的动作、摄像机的行为以及关卡的设置，都需要频繁的反馈。但一些不需要此类快速反馈循环的团队（如制作团队）就比较适合采用较长的 Sprint 周期。

团队在当前 Sprint 中是不允许改变目标的。如果干系人无法忍受 4 个星期才做一次回顾，就只能采用短期 Sprint。

> ### 时长为一个月的 Sprint 如何？
>
> 我们刚开始练习 Scrum 时，业内普遍的建议是一个月的 Sprint 是最理想的选择。在尝试一个月的 Scrum 并宣告失败之后，我问了一个提出这个观点的作者，我们到底做错了什么。他告诉我们没错，是那个建议错了。显然，他之所以会选定时长为一个月的 Sprint，是因为他不想飞到客户那里做现场指导！

开发团队的经验

团队刚开始接触游戏开发、敏捷或协同工作等概念时，应该采用较短的 Sprint。这可以保证他们反复实践并学习如何进行迭代和增量开发。刚接触 Scrum 的团队会被长时段的 Sprint 弄得丧失信心，所以更愿意完成诸如小型瀑布项目（参见图 4.3 上面的部分）之类的 Sprint。他们会花几天时间专门做设计，花几周时间专门搞代码和游戏资源，在 Sprint 的最后几天内进行最终的集成、测试和调整，在 Sprint 快要结束时勉强达到终点。在这种情况下，根本没有机会做到最好，因为他们几乎没有剩余时间来反复打磨和完善工作。

有经验的团队会并行实践这些活动，每天都在做设计、写代码和制作资源、测试和调试。这样的工作会创造更好的结果，也使团队可以在 Sprint 中进行更多迭代，从而提升其工作价值。

顺序开发模型

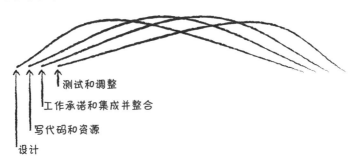

平行开发模型

图 4.3　顺序开发模式与并行开发模式

计划会和评审会的开销

周期较短的 Sprint 团队通常要花更多的时间进行计划会和评审会。不论 Sprint 长短如何，回顾会和计划会都要占用一天中的相当一部分时间。尽管计划周期较短的 Sprint 所用的时间少一些，但剩余时间不可能 100% 有效率。想像一下，一个为期一周的 Sprint，你可能要留出一天的时间来回顾和计划，相当于团队有 20% 的时间都在做计划！

> **聚会计划**　允许团队在两个 Sprint 之间的间隔期安排一次小小的庆祝。但不要因此而打破 Sprint 周期。在 Sprint 中留出一小部分时间给大家做游戏放松一下。记住，我们这些做游戏开发的专业人士举行聚会，是不需要太多理由的！

Sprint 规划能力

如果团队不确定如何完成 Sprint 目标或如果需要完成实验或原型，Sprint 就需要更短一些。不确定，意味着 Sprint 最终要求的工作和最初预期的想法会有很大的不同。如果是这样，2 周以后就改变方向总好于 4 周以后。

Sprint 原型 一些原型团队选择只有短短几天时间的短期 Sprint！

平衡工作强度

4 周时间有时对 Sprint 来说太长了，因为它会导致团队在 Sprint 初期设计阶段的工作强度处于一个较低的水平，但到末期调试阶段又过于紧绷。虽然一小段时间的高强度工作并不会累死人，但毕竟不是最有效的。

选择最合适的周期 在我近期合作的团队中，他们觉得 2 周的 Sprint 太短，以至于回顾活动相当频繁，觉得做不了什么有挑战的事。4 周的 Sprint 太长，无法制造紧迫感。我们折中选择了 3 周的 Sprint，因为它使我们"感觉刚刚好"。

Sprint 多长算是长？

PO 通常将 4 周 Sprint 的长度作为达成游戏目标的时间上限。有人也许认为，在一些技术领域（如引擎或通信开发）不可能在 4 周时间内取得任何明显的进展。他们通常需要更长的 Sprint 周期才能反映出需要改进的技术实践会有哪些价值。任何无法在每月一次进展汇报的开发都应该指出来。团队应该设定临时目标来降低风险和交付价值。举个例子，一个团队在建网游基础设施，可以在第一个 Sprint 结束后交付当地网络的简单信息。如果团队太长时间没有证明或否决一些架构的想法，可能会产生更多潜在的浪费。

说明 我们将在第 12 章继续详细讨论这个问题。敬请期待哦！

谁来选择 Sprint 期限，在什么阶段选择？

项目干系人和 Scrum 团队必须决定 Sprint 的周期。如果有分歧，则 PO 享有最终决定权。Sprint 长度只能在 Sprint 间隔期改，而且不能改得太频繁。频繁的改变会对团队造成困扰，团队需要一定时间来调整适应 Sprint 的节奏，提升准确预估 Sprint Backlog 的能力。

冲刺承诺

"Sprint 承诺"这个词汇之所以再也没有出现在《Scrum 指南》中，是因为通常被管理层当作武器来压迫团队，强制要求他们完成他们在 Sprint 计划会上估计能完成的所有工作，不管 Sprint 期间究竟会冒出什么样的新问题。这会导致团队以牺牲质量为代价，也要赶在 Sprint 结束前完成游戏中的所有特性。

新版的《Scrum 指南》用"预测"这个词来代替 Sprint 承诺，及时承诺仍然是一个核心价值观。虽然我也赞同"预测"这个词可以较为精确地表达计划的本质，但我认为，我们如果抛弃"承诺"这个词，会失去一些责任感。

我们来看看承诺的具体含义。预测，通常意味着"我们将要完成我们会完成的"，或者更确切地表示"我们会全力以赴完成所有事情，但我们也可能不得不删掉一些不那么重要的特性"。对我而言，承诺的含义更宽泛一些，但也不意味着"我们必须什么都得干完。"

承诺意味着言出必行，行必果。但如果事与愿违，我们也要作为团队负起责任来。

一个很好的例子是，如果你承诺要去托儿所接孩子，显然就要尽全力准时到达学校，但有时难免会碰到意外。比如说吧，你的车还有几公里就要到达托儿所的时候突然熄火了。你会不会轻描淡写地说一句"哦，好吧，不管怎样，我已经尽力了"？不，你绝对不会这样说的，你会打电话给你的另一半、你的朋友或者托儿所让他们知道你这里出了意外。你之所以这样做，是因为接送孩子是你的责任。

同样，如果团队完成 Sprint 目标中的某个特性时碰到问题，也需要担当起自己的责任。他们需要提出问题。他们要抓住产品负责人，和他一起讨论解决方案。如果他们也没法自行解决这个问题，就要招 Scrum Master 来协助解决。虽然仍然可能意味着可以删掉这个特性，但责任制确实有利于提高风险管理能力。

承诺是可以用来帮助 Scrum Master 和团队一起成长的核心价值观。有些时候，第一步是停止为团队解决问题并开始向他们提问："关于这个问题，你会怎么做？"

追踪项目进展

在 Sprint 进行过程中，团队需要分享各自的进展并找出妨碍完成 Sprint 目标的所有障碍。团队需要很容易接触到 Sprint Backlog 中的任务以做出最佳决定。他们需要在完成目标的前提下共享各自的进度，并在完不成目标时尽早认清状况。

Scrum 有很多简单的实践和工具可以为团队提供这类信息。例如，任务卡、燃尽图、任务板和作战室等，都可以展示 Sprint 的任务进度。本节将具体介绍这些实践和工具。

> **说明** 开发团队并不追踪实际花了多少时间，而是追踪完成任务所需的预估时间。首次开始 Scrum 时，实际花费的时间可能是预估时间的两倍，因为开发团队不习惯于加入排除程序错误和调试的任务。对其他任务亦如此，但随着时间的推移，肯定会有所改善。

任务卡

我们可以用很多种方法来记录和追踪任务。其中，记录任务最有效的方式是采用 3×5 的索引卡，我们称之为任务卡。任务卡有着其他许多工具不可比拟的优势，最大的好处就是让团队中的每个人都能参与任务创建和管理。任务卡通过使用不同的颜色和标记来实现简单的自定义。例如，一个影效制作团队决定划分资源创建任务的优先级，他们就可以使用水果图案的标记帮助他们更好地优先安排他们的任务。"挂得较低"的水果首先从任务板上取走。试着简单用一下这个工具吧！

> **说明** 许多团队都喜欢用便签纸。效果确实很好，只不过不要用太便宜的便签纸，也不要把它们贴在风大的地方。

燃尽图

在计划会中，项目团队根据预估的任务总和来承诺 Sprint 的交付目标。

团队每天都会统计剩余工作时间以帮助大家追踪进展。团队将每天的统计结果绘制到一张图上，称为"燃尽图"（参见图4.4）。燃尽图这一工具可以清楚展示截至当前 Sprint 结束时团队还有多少工作没有完成，从而帮助团队了解自己的工作状况。

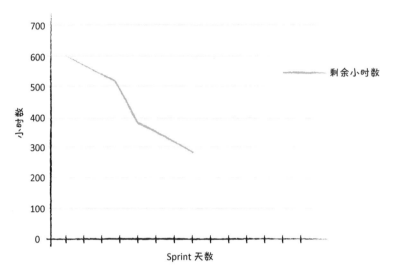

图 4.4　燃尽图示例

淘汰燃尽图

　　苏瑟兰和施瓦伯 (Jeff Sutherland) 和 (Ken Schwaber) 的《Scrum 指南》几年前将燃尽图从 Scrum 的标准实践中取消了。这是个不错的决定，既因为 Sprint 中使用什么工具或实践应由团队决定，同时也因为许多做管理的正在把燃尽图当作"武器"来对付团队。我见过他们跟踪燃尽图，甚至根据燃尽图的曲直度来奖励或惩罚团队。Sprint 中，对燃尽图的跟踪管理就像测量划独木舟者划桨的力度一样。它无法告诉我们独木舟的前进方向是否正确，或者水流是否正在逆着方向给独木舟极大阻力。话虽如此，我认为，如果使用得当，燃尽图可以给开发团队带来相当大的好处。

燃尽趋势

正如在前面计划部分描述的，任务是用真实的"理想"工作小时数估计的。所谓的理想小时是指在零打扰、零缺陷、零工具问题、零麻烦、无休息和无聊天等抛开一切中断的情况下的纯工作时间。在每天 8 小时的工作日中，若有 4 小时是理想工作时间，就算是很不错了。

燃尽图记录着距离 Sprint 目标的剩余工作量。每日降低的理想小时的速度被称为"燃尽趋势"。对 Scrum 团队而言，度量这一趋势非常重要。

燃尽趋势可以帮助团队跟进进展。图 4.5 展示了一个团队在 Sprint 进行到稍稍过半时的燃尽图。通过这张图，在 Sprint 的中期，团队可以沿虚线，延长这一趋势至 Sprint 末期。这一趋势线是对团队延期或无法达成目标的警告。

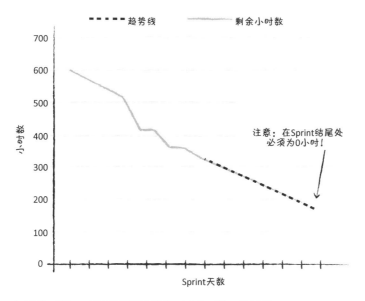

图 4.5　增加一条趋势线来反映 Sprint Backlog 的速率

说明　燃尽趋势是一种很有价值的工具，用于检查团队改变工作方式后所产生的影响。随着团队改善工作方式，团队会看到这种趋势线随着时间的推移而变得更直。

某些团队会根据 Sprint 开始至最后一天的预计剩余时间做一条理想进展线，图 4.6 即为这一趋势线。它可以说明团队与理想时间的差距。

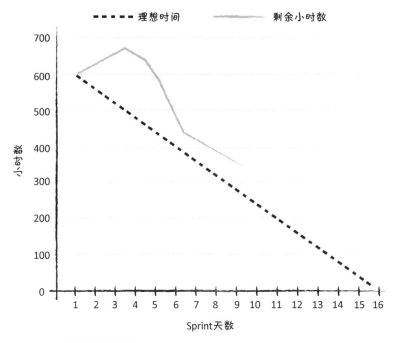

图 4.6　理想的燃尽趋势线

说明　我们将在本章后面介绍团队有延时的话可以采取哪些
有效的措施。

团队要理解一点，目标并不是让燃尽线和理想线相吻合，这非常重要。
目标是通过燃尽图来反映每天的进展状况。

燃尽图不是一个新概念

我很早就知道 Scrum，领教过燃尽图的威力。当我们可以进入
内测阶段时，发行方安排了 20 多个测试加入我们项目，我们所有
人都在修复 bug。

我们每周分类 bug 并排出优先级。我们跟进所有的 bug，并用
类似的燃尽图来统计 bug 的解决速度、发现速度以及期望达到的"零
bug 日"。我的任务是尽可能以最快的速度解决 bug。

听起来熟悉吧？许多 Scrum 实践都与这些事件类似，这并不是
巧合。给出清晰的目标、独立的任务以及对进展的主观判断，团队
可以做到更专注，更高效。

> **说明** 拥有清晰的目标，分工明确的任务以及对目标进度的经验评估，团队将获得高度的专注和效率。

任务板

任务板展示 Sprint 的目标、燃尽图和任务。团队每天聚在任务板的周围，从中找出需要完成的工作。任务板常常占一面墙的大部分墙面积。图 4.7 为任务板的一个例子。

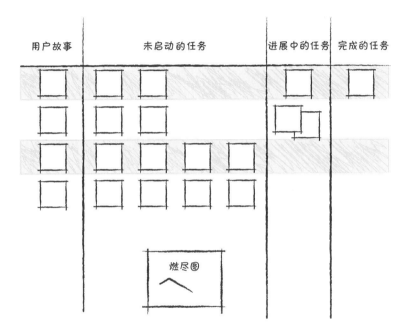

图 4.7　任务板示例

当任务卡上的工作从开始逐渐到完成时，卡片也就慢慢从"待办项"这一列移到"已完成"这一列。任务卡的移动，再加上燃尽图的变化，使任务板能够非常直观地反映 Sprint 的进展状况。

任务板至少有四列。第一列包含按优先级顺序排列的团队必须要完成的 PBI。第二列包含所有即将开始的任务。紧接着 Sprint 计划会后，所有的 PBI 和任务都将列入这两列。第三列包含所有正在进行的任务。当团队成员决定他们接下来要做的工作时，要将相关的任务卡从第二列移到第三列。最后一列包含所有已经完成的任务，团队成员完成任务之后，就将卡片移到这一列。

任务通常与其相关 PBI 排在一起，以便团队快速查看每个特性的整体进展状况。

团队也可以在任务板上增加其他列来展示其他任务状况。例如，可以在"进行中"和"已完成"之间增加一列，为"挂起"（暂停）。可针对在完成前还需要外部审批的任务。例如，要完成模型或动画的任务之前还需要主美（艺术总监）在审美方面的批准，这样的任务就先放在"挂起"这一列。

Scrum Master 小提示　让团队与任务板对话

如果团队在每日站会中被问到三个问题时保持沉默，可以鼓励成员与任务板对话。

Scrum Master 站在任务板前，从优先级最高的 PBI 和与之相关的未完成工作（"未开始"或"进行中"列中的任务）开始，询问团队完成该 PBI 还需要做些什么。别忘了提醒团队，理想情况下，较高优先级的 PBI 应该优先处理。

优势如下。

- 与其他团队成员相比，面对任务板时，有些人说的话更多。
- 该实践使团队专注于完成 PBI，而不是完成任务。
- 快速突出团队遇到的阻碍。

任务板和杂货铺　Scrum 实践不仅仅是从过去的产品开发实践中演化而来，有时还有一些不常见的来源。这些用于指导任务板使用的实践还受到杂货铺每天如何整理货架的影响！

作战室

许多敏捷团队会设置一个称为"作战室"的小型空间或房间。作战室是团队召开每日 Scrum 站会和展示任务板的地点。作战室是一个非常简陋的地方，每日 Scrum 不允许大家坐在椅子或其他家具上。根据墙面空间大小，差不多六个团队可以共用一个作战室。

一些团队更偏好于将任务板设在他们自己的地盘内，在那儿召开每日 Scrum 站会。

每日 Scrum 站会

每一天，团队成员都要聚在一起召开每日 Scrum 站会。许多刚接触 Scrum 的团队会低估它的目的和价值。每日 Scrum 站会主要有以下几个目的。

- 让所有团队成员统一步调，共同努力。
- 承诺第二天要完成的工作并重申团队对 Sprint 目标的承诺。
- 识别出团队面临的所有障碍。
- 使团队成员成为"一条绳上的蚂蚱"，每个人都需要了解其他人面临的困难，以便在会后找到解决办法。每日 Scrum 站会能够使大家朝着共同的目标迈进。

实践

每日 Scrum 站会是所有成员都必须参与的一个 15 分钟限时会议。会议中任何人都不能坐着，以此让大家明确这是一个需要快速解决而非冗长艰苦的会议。每日 Scrum 站会的目的正是如此。

团队聚在一起围成一个圈，每个团队成员都要回答下面这三个问题。

- "在上一个每日 Scrum 站会之后，我又做了哪些事？"我们的回答应该是任何推动或阻碍达成 Sprint 目标的事，比如，"我花了一整天时间让游戏可以在我的电脑上运行！"
- "从现在开始直到下一个每日 Scrum 站会，我将要完成哪些工作？"每位成员讲述在下个每日 Scrum 站会之前他们计划要完成的工作。如果有任何与目标无关的工作，团队成员就需要指出来，比如，"今天下午，我有一个面试安排。"

- "有哪些困难或障碍在减缓我的工作进度？"障碍指的是在交付上一个每日 Scrum 站会中承诺要完成的任务时所遇到的任何问题，例如，"需要花两个小时为 PS3 准备资产。"

Scrum Master 小技巧：提出第四个问题

每日 Scrum 站会中的三个问题，不必生搬硬套，团队可以经常对它们进行修改和补充，以使会议更加有效。比如，添加第四个问题，问问团队对 Sprint 进度有哪些看法。

有时，团队会对 Sprint 感到有些悲观，而第四个问题有助于尽早发现任何出现的问题。一种方法是使用罗马式投票①。向整个团队提问："我们能够实现 Sprint 目标吗？"随后倒数三声，成员要么竖起大拇指（如果他们相信可以达成），要么大拇指朝下（如果他们认为无法达成）。

每日 Scrum 站会并不能解决问题。Scrum Master 的职责是确保所有人的陈述都尽量精简以免每日 Scrum 站会拖沓和低效。问题解决是贯穿到日常实际工作中进行解决的。

每日 Scrum 站会也许是最常见的 Scrum 改进实践，因此，对其定义进行解释仅仅是第一步。当团队更进一步了解了应该怎样做时，

就会更加自由地进行每日 Scrum 站会，只要会议的目的（状况、承诺和改进）保持不变，形式可以自由变化。举个例子，一些团队会每次让一位成员回答问题，其他成员阐述每项 PBI 的进展。

---

① 译者注：还有一种方式是 Fist of Five，也称"举手表决"和"拳头投票"，是敏捷团队的一种共识决策方式，主要聚焦于衡量大家的意见并投票做出决定。不同数量的手指头意思不同，5 指表示"想法好极了。为什么我没有早点想到呢？｜ 4 指表示"这个想法好，我全力支持。"3 指表示"中立。这个想法没问题。但也许会有更好的想法。但也许没有。"2 指表示"不喜欢这个想法。我宁愿选择别的。"1 指表示"这个决定会对我们的情形有威胁。"拳头握紧则表示"完全不赞成。我们要寻求替代方案。"这种建立共识的方式接近于"五指共识"，其目的在于评估达成共识的程度，不需要多花时间进一步讨论，具体操作方式可以参见《游戏风暴：硅谷创新思维引导手册》第 209 页。

试试看 作为 Scrum Master，如果不确定每日站会对团队成员而言只是装样子走个流程还是真正有意义，请在每日 Scrum 站会开始的几分钟前假装离开。如果团队成员在您不在场的情况下仍然开了站会，就说明这个实践对他们是有帮助的。如果他们顺势取消了站会，则可能意味着他们没有体会到站会的价值。

改进每日站会

拜访游戏工作室的时候，我经常要求旁观他们的每日站会。这是我了解团队并确定培训重点的最佳方式。有效的每日站会需要每个团队成员充满活力且参与度高，他们快速同步彼此的工作进度并排查出一切可能的障碍，齐心协力向着共同的目标推进。

某些每日站会并不是这样的。它们是单调的，由管理人员主导，且对开发团队毫无用处。这种环境下的团队缺乏认同感和主人翁精神，他们最终会质疑这种实践是否有用，甚至可能放弃实践。不幸的是，放弃站会也并不能让他们建立认同感或责任心。这违背了 Scrum 原则。我整理了一份清单，列出如何改善每日站会以及用于改善认同感和责任心的指标。

- 站会是为团队而召开的。存在的目的是供团队同步进度，以便团队能够齐心协力地实现目标，而不仅仅是情况报告。创建"管理工件"（例如跟踪工具的更新）之类的事情应该在会后进行。

- 规则并不是死的。书中的"三个问题"规则只是一个起点。团队可以通过添加问题或者更改问题格式等形式，根据自己的需求进行任何必要的调整。

- 对达成目标有责任感，而非仅仅当成任务。任务跟踪至关重要，但 Sprint 计划外的工作任务每天都有。团队需要适当地应对每天新出现的工作任务，并将它们与原计划内的工作进行平衡。团队成员需要交流开发的新进展和遇到的问题。团队应该用心完成任务，但更应该把心思放在完成目标上。

- Scrum Master 必须了解自己的职责。Scrum Master 并不是主持每日 Scrum，而是辅助每日站会。这两种说法的区别在于，每日站会的规则来自团队，而 Scrum Master 的职责是帮助确保团队是按照这些规则来工作的。如果团队认为迟到是不可以的，他们可能会定一个规则来小小地惩罚一下迟到的人。比如支付 1 美元或唱首歌什么的。Scrum Master 的职责就是确保违反规则的人逃不脱惩罚。

- 这是"站着开的"会议。如果开一场相同内容的会议，但让所有人都坐着，那么会议时间极大概率会增加 50%。站着开会，容易让人产生紧迫感。尝试将一般坐着开的会改成站会，然后看看会发生什么变化！

- 遵守时间限制。我见过的一些最有效的站会只花了五分钟，是场"充满精力和活力的风暴"。团队成员快速共享所有需要同步的内容，然后就重新回去工作了。站会时间超过 15 分钟是不对的，需要改进。

- 实物任务板。实物任务板是电子任务板无法取代的。带有便利贴的实体任务板可以让团队中的每个人在同一位置同时处理任务。它对团队归属感有促进作用。

- 避免使用投影仪。考虑到上一条，这条建议似乎有点多余，但必须强调的是，在站会中使用的投影仪应被重命名为"参与感杀手"。投影仪通常包括一个软件工具，这个软件工具可以让一个人分享线性的，独立的信息。通常只有 Scrum Master 一个人参与这场会议、很不幸。这让站会的主要价值——非线性和参与感——完全消失了。软件工具和投影仪在项目计划和跟踪中通常至关重要，但它们在站会中并不实用。

- 站会属于团队。团队选择每日站会的形式和时间。因为它是属于团队的，所以无论 Scrum Master 在不在场，每日站会都应照常举行。我推荐给 Scrum Master 的一个简单测试是偶尔在将要举行每日站会时藏起来，看看会发生什么。如果团队聚在一块，并以与您在场时相同的方式举行会议，说明您做得很好。如果团队没有开会或四处傻站着不知道干嘛，则意味着有一些问题需要解决。

亲身经历 当团队刚开始适应敏捷时，尽管他们可能会抵触，每日站会这个实践通常是一个很好的开始。话虽如此，我注意到一些运作良好的团队最终放弃了这种实践，因为他们的平时的交流十分有效，不需要通过单独开会来沟通。

Sprint 评审会

Sprint 评审会在 Sprint 的最后一天举行，团队和项目干系人一起体验游戏并讨论工作完成情况。在评审会中，PO 验收 Sprint 的结果。如果某项特定的特性没有通过验收，PO 要决定是返工还是直接删除。

说明 产品负责人是 Scrum 团队的一员，应该全程参与 Sprint。尽管产品负责人在评审时会决定正式接受或驳回 Sprint 结果，但他 / 她应始终在评审前对团队取得的成果已经心里有数。如果他 / 她在评审时感到惊讶，意味着他 / 她没有尽到作为产品负责人的责任！

Sprint 评审会要有利于项目干系人和团队进行最充分的交流。项目干系人借此机会验收游戏并与 Scrum 团队进行沟通。如果无法充分沟通，项目可能会误入歧途，达不到项目干系人和玩家所期望的最佳结果。

通过 Scrum 团队内部评审，团队和项目干系人可以趁此机会进行更多非正式的谈话，有助于更直接地沟通游戏开发的进展状况。

说明 第 21 章将描述 Scrum 在大型项目中的使用。

我们鼓励项目和团队采用多样化的评审形式，博采众长，取长补短，找到最适合团队的方式。

小游戏的评审

对 Scrum 团队在 4 ～ 6 个之间的小游戏项目，团队的 Sprint 评审发生在项目的每个 Scrum 团队中。项目干系人到每个团队中验收 Sprint

的结果，要营造出一个轻松、舒适的交流环境。

会议开始时，先由团队成员解释 Sprint 目标和总体结果。如果有遗漏任何 PBI，需要立即说明原因。随后，一个或多个团队成员演示游戏，展示每个特性。通常情况下，这里也需要客户来试玩和体验。

团队评审会有下面两个优势。

- 能够让客户和团队之间进行充分的交流。团队成员和项目干系人进行直接而深入的交流，并讨论游戏改进的方向。
- 给项目干系人更多亲力亲为的机会。

但是，小规模的评审也有以下缺点。

- 如果其他项目的人也想看这个团队的评审，可能会簇拥在工作室周围，人多的话，可能会干扰交流，使得前面列举的优点大打折扣。
- 妨碍跨团队之间的协作。团队可能会把他们的工作当作独立的产品，从而产生一系列综合性问题（及其他问题）。

即使是更小的游戏，如第21章所述，偶尔使用单独评审的模式也是有用的。

> **说明**　我们总是在改 Sprint 评审，不仅因为我们学到了如何更好地工作，还因为随着团队的成长，团队组成也发生了改变。

远程的项目干系人

游戏项目使用 Scrum 之后，最大的挑战之一是在 Sprint 评审会中了解到了发行方的想法。游戏开发过程中总有这样的问题：发行方并不关注最初 80% 的开发进展，在最后 20% 的开发阶段，却又强迫项目按照自己的意愿进行开发。但此时已经没有什么机会可以进行改动了。如果游戏项目有发行方，必须让他们尽早进入项目以免介入太晚而无法改动。

如果发行方距离我们比较远，通常很难让他们每次都派代表参加

Sprint 评审会。但这并不表示他们无法提供有效的反馈。作为开发方，我们需要竭尽全力让发行方参与，把他们的反馈合并到下一个 Sprint 中。我们还要求发行方至少得参加发布计划会和评审会。这太重要了，千万不能忽略。第 17 章将更详细地探讨如何与远程项目干系人展开合作。

> **说明** 如果发行方参与评审会，就会对项目产生重大的影响。让他们对所有 Scrum 团队说说游戏进展。最好能够直接从发行方那里听到反馈！

游戏工作室干系人

工作室的执行主管和管理层同样需要参加评审会。评审会针对项目的进展和困难提供了非常简洁和透明的视角。

玩家

敏捷的价值观和原则强调客户协作。我们游戏的最终客户是玩家。我们的玩家人数可能多达几百万，因此通常无法邀请他们都来参与评审。借助 Live 游戏，我们可以使用指标数据和玩家论坛来衡量和接收反馈。第 22 章将介绍如何将这些内容纳入产品 Backlog。

坦诚的反馈

干系人要向团队提供坦诚的反馈，这是非常重要的。他们通常只关注进展，不会坚持每个 Sprint 都交付足以覆盖全部功能的游戏内容。如果团队承诺交付一个可以行走和奔跑的角色，但有一些转换上的漏洞，就需要干系人直言不讳地指出这个问题。许多干系人不愿意通过批评的方式来鞭策团队，特别是在得知团队已经拼尽全力才完成交付的时候。然而，容忍过失（如漏洞）增长，会产生更大的过失，使团队遭受更大的伤害。因此，在评审会中，大家都必须坦诚。

Sprint 回顾会

Sprint 回顾会可能是最重要但最容易被忽视的。回顾会的目标是持续改进团队为游戏创造价值的方式。我们可以通过回顾会认清有益的实践、停止不良的实践并找出可以在下一个 Sprint 中尝试的新实践。

在游戏的整个敏捷开发过程中，我们都在应用"检视和适应"（review-adapt）哲学。我们检查游戏的进展，调整计划以适应游戏的价值。我们每天检视团队的进展，调整任务计划。这一哲学同样也适用于团队成员合作及应用 Scrum 的过程中，是我们举行 Sprint 回顾会的目的。

回顾活动过程中，会产生很多实践改进。改变并不需要很大，如果每个 Sprint 能有 1% 的有效改善，日积月累也会产生巨变。通常情况下，改进是一些小事，例如"不要留下任何没有测试过的东西"，这样一件不起眼的小事就可以节省许多早上的时间！

会议

回顾会在 Sprint 评审会之后召开。整个 Scrum 团队都要参与，由 Scrum Master 组织并限时结束。团队在会议开始时定好一个时限，根据阐述内容的多少，会议时间一般为 30 分钟至 3 小时不等。

回顾会上要提出以下三个问题。

- "要喊停哪些实践（做法）？"团队要找出在前一个 Sprint 中想要停止的不良实践。

- "要开始做哪些事？"团队要找出可以帮助改善合作的有效实践。

- "要持续哪些有效的？"团队要找出应该持续下去的有益实践，这些实践通常是在近期回顾会中引入的改进措施。

由团队来决定是否有必要邀请外部人员参加回顾会。如果团队在当前 Sprint 中与外部人员有合作，那么最好让他们一起参加回顾会，这是非常有用的。

回顾会中有许多讨论。Scrum Master 应该引导讨论并在规定时限内保证会议的节奏。

回顾会的目的是帮助 Scrum 团队找出改善协作工作的方法，通常是以行为事项的形式。问题的答案都反映在具体事项中。这些事项并不要求在会议中就分配到个人，而是取决于各事项本身。下面这些例子可以解答"我们要开始哪些事情？"的问题以及一些可能的潜在行动。

- "如果可行的话，对所有已标记为'完成'的任务开始采用 QA 验收。"这不需要采取行动，所有 QA 默认都会采用这样的工作方式。

- "确保乔伊（Joe）在交付前测试了他的动画设计。"很显然，乔伊必须跟进他的动画测试，但既然每天都要进行，就不需要特定的事项。

- "build 失败时构建服务器会发送邮件吗？"如果团队有程序员可以执行这项改动，那么他们就可以自己执行。如果没有，就加一项，让团队维护好构 建服务器。

保持回顾会议的新鲜感

回顾会的形式应该时不时地换一换。一直使用相同的格式会导致回顾会变得无聊且无用。《敏捷回顾》（Derby and Larsen，2006）一书描述了回顾会的许多形式和技巧，可以让回顾会保持趣味和高效。

记录并跟进结果

Scrum Master 记录每个问题的所有答案。回顾会结束后，团队接下来各自将结果记录下来，核对将在下个 Sprint 中要完成的所有特性。回顾会中遗留的所有未验收特性都在下次回顾会中进行讨论。这些事项要么放入下个 Sprint，要么根据团队的决定从列表中移除。

随着时间的推进，回顾会使团队变得越来越高效。忽视这个关键实践会阻碍团队从已实现的敏捷实践中获得好处。

产品负责人应该参加回顾会吗？

　　有人认为产品负责人不应该参加回顾会议，因为回顾会只是为开发团队而召开的。我却认为应该邀请产品负责人。改善开发团队与项目干系人之间的沟通这样的问题会对团队生产力产生影响。毕竟，哪怕团队再有效工作，如果做不出一款可以让项目干系人和玩家感到满意的游戏，他们的高效又有什么用？回顾会的讨论应该始终集中在改进团队的"工作方式"，而不是工作内容，这很重要。

Sprint 带来的挑战

Sprint 的目标是在一个固定时限内增加游戏的价值。团队与干系人聚在一起协商，找出他们可以承诺完成的目标。然后，团队再写代码、制作游戏资源和动画。还可以更简单吗？

有时，事情并不像想象中那样简单。一些难以预料的障碍会减缓进展。项目干系人会改变他们的想法。我们的进度需要调整和适应各种新发现的或者突如其来的变数。

Scrum 通过很多方法来处理这些问题。对 Sprint 或大或小的影响应当立即揭示出来。Scrum 团队阐述问题并与项目干系人一起应对这些问题。有时，这些问题并不能立即解决，导致团队无法达成 Sprint 目标。这一小节要看看此时应该怎么做。

Sprint 被中断

2007 年某个不同寻常的温暖的周末，我们在圣地亚哥醒来。南部的天空原本不是这样的，受到来自圣塔安娜沙漠的一股东风影响，肯定又有野火失控，在蔓延。

很快，新闻证实了我的猜测，不过失火地点距离我们的小镇还比较远，还不至于构成直接的威胁。我决定开始工作。整个游戏工作室静悄悄的，许多员工都有远程交通工具，他们都想试试运气。

午餐后不久，情况逆转。火势向四处蔓延，对工作室和周围的家庭造成了威胁。这一切发生得如此突然，很快，我们就发现都已经处于撤离区，需要紧急疏散了。我突然意识到封路的话会让我回不了家，于是赶紧争分夺秒地冲向大门。

向外冲的路上，我遇到团队的 Scrum Master 之一。尽管他也是刚刚才决定逃离火灾现场，但他还是停下来问了一句："你认为这对周五的 Sprint 验收意味着什么？"开始我还以为他是在开玩笑，但他的表情非常认真。我不得不佩服他真是一名不折不扣的 Scrum 教练。我回答说，也许所有的承诺都将无法兑现，并希望他和他的家庭好运。

幸运的是，这一次大家都没有失去家园（或发生更糟的事），游戏工作室也幸免于难。隔周后，大家陆续返回工作岗位，Sprint 也继续进行。大概耽误了两周工作时间。

我们商量着重新开始一个新的 Sprint 或是完成当前 Sprint 中的剩余工作，我们最终选择了后者。剩下的工作顺利进行，我们成功完成了当前 Sprint。

Sprint 重置

Scrum 实践中最极端的方法之一称为 Sprint 重置（也叫"异常终止"）。Sprint 重置允许团队或干系人宣布 Sprint 目标需要变更或团队无法在 Sprint 结束时达成 Sprint 目标。所有未完成的 PBI 都要返回产品 Backlog。进行中的代码和游戏资源开发也要复原，团队和干系人重新回到 Sprint 计划阶段。

Sprint 重置的代价是沉重的。很多进行中的工作都宣告作废。要尽可能避免重置。我们应当创造条件，引导干系人和团队提升沟通能力与计划能力。

Sprint 目标存在哪些问题

虽然野火和地震很少发生，但仍然有一些更普遍的原因导致 Sprint 失败。两类最主要的原因是，Sprint 的目标变更或团队意识到没有足够时间完成 Sprint 目标。

目标变更

想象一下，团队正在忙于实现跳跃特性，而此时 CEO 遇到紧急状况，他答应了要在两周内完成功能的在线演示！这项新特性对他来说顿时变得比其他任何特性都更重要。团队应该怎么办？

首先，团队什么都不要做，此时，Scrum Master 必须出马。Scrum Master 首先，将 CEO 与团队隔离，并坚定提醒大家注意，干扰 Sprint 会付出很大的代价。CEO 需要明白 Sprint 重置的代价。其次，PO 也要加入讨论，三方随之对功能进行更详细的讨论。如果可能，PO 还要请各领域专家加入讨论。举个例子，假如 CEO 想要一个在线特性，可能就需要咨询负责该特性的程序员。

如果团队决定要投入完成在线特性（或者如果 CEO 坚持他的想法），就要开始写一个关于这项特性的适当的 PBI。最适合完成该特性的团队被召集在一起开一个预备 Sprint 计划会，评估这项新功能的机会以及是否可能在一个两周 Sprint 中完成。

如果团队认为目标无法完成，就必须对 CEO 说"不"。也许只讨论了原先特性的很小一部分，但团队千万不要投入这项工作。如果团队认为可能在一次新 Sprint 中完成这项特性，就需要重置 Sprint，开始详细计划新的 Sprint，力求在两周内交付。

抗议：我们的 CEO 从不接受反驳

有一种说法："只知道生搬硬套的 Scrum Master，是最没用的 Scrum Master。"（Schwaber，2004）如果因为 CEO 不遵循"Scrum 规则"而直接抵抗他，最终落得被炒鱿鱼的下场，就说明你其实并不是在帮助团队。留下来，择日再战，以"春风化雨"的方式慢慢影响干系人，让他们尽量别干这样的事。

时间耗尽

即使是为期两周的 Sprint，我们也不可能做到 100% 的估得准。突如其来的问题会使团队措手不及。看起来很小的任务可能会成为一个巨大的挑战。团队往往在 Sprint 快要结束时才发现手上还有很多工作要做，然而，时间已经所剩无几了。

用于估计 Sprint 进展的首要工具是燃尽图。正如前面提到的，燃尽图是用来监控剩余工作量的。在某些情况下（参见图 4.5），燃尽图显示，到 Sprint 结束时剩余工作量无法归零。延长燃尽趋势后，可以看清。Sprint 的目的是在 Sprint 结束时，团队必须"燃完"所有工作量，并且结束时必须保持不变。

在这种情况下，团队有以下三种选择。

- 加班。
- 与 PO 协商，要么去掉一项或多项低优先级的 PBI，要么删除一部分 PBI。
- 请求 Sprint 重置。重设一个新的更易于达成目标的 Sprint。

团队按照上述顺序探讨解决方案。大家首先应该尽全力完成任务。当剩余工作超出团队所能努力的范畴时，就要找到 PO，要求从 Sprint 目标列表中移除部分 PBI。PO 同意删除的往往是一些优先级比较低的事项。如果各事项之间有着高度的相关性，也不太可能删掉。在这种情况下，团队和 PO 就应该进行 Sprint 重置。

> **说明** 我以往的团队，如果能赶上进度，工作日的晚上都要加班，但周末休息。Sprint 结束后，我们会讨论为什么需要加班，以求日后尽量避免。第 16 章将详细讨论加班与突发状况。

经常有人问，在请求减免部分任务之前，团队需要投入多少加班时间？这并没有一个明确的答案。团队痛恨放弃目标。如果不是关键时刻，大家更愿意加一些班。频繁的加班不提倡，如果每个 Sprint 都需要加班，就要他们减少承诺要完成的工作。

> **说明** 这是一个平衡的艺术，正如客户和教练，我期望团队不要每五个 Sprint 就有一次交付承诺完成的所有 PBI。如果团队从来没有失败过，我会怀疑团队是害怕"承诺过度"。如果失败速度明显加快，我会怀疑团队并没有足够严肃对待他们的 Sprint 承诺。这是一个很好的尺度，也是 Scrum Master、教练与团队所面临的一个最大的挑战。

不管是什么原因，当团队需要在 Sprint 中放弃一些 PBI 时，都应当在评估之后的回顾会中说清楚。

提早完工

有时，团队在 Sprint 结束之前就完成了目标。如果此时离 Sprint 结束还有一两天的时间，团队可以提出一些有用的工作来补上这段时间。团队完全可以分辨出必要任务和镀金任务的区别。如果还要更早完成工作，他们可以与 PO 聚一下，在产品 Backlog 中找出一个小的 PBI 进行评估并完成。

> **说明** 如果团队有好几次遇到这种情况，我建议他们在 Sprint 计划会上多承诺完成一些工作。

成效或愿景

这些实践是有挑战的，不只是因为它们太复杂程度。Scrum 被定义为"上手容易擅长难"（就像学习日语一样）。最难的部分在于文化。文化之所以极大地阻碍着这些实践的推行，主要是因为公开透明通常会暴露出组织中以往秘而不宣的东西。但是，一旦团队和工作室克服了这些文化问题，我们就可以看到以下成效。

- 团队受到充分的信任，可以自行在 Sprint 中确定进度和流程，并积极参与工作。

- 项目干系人对这样的团队越来越信任，并且更少地要求团队预先提交文档资料。

- 尽早找出问题，并尽早传达和解决风险，这样解决问题和风险的成本最低。

- 衡量真实进度，依据真实游戏开发进度的对计划做出快速响应和调整，顺利完成每个 Sprint 的推进。

第 18 章和第 19 章将探讨如何克服文化方面的挑战。

小结

在敏捷游戏项目中，Sprint 提供了迭代的心跳。它是客户和团队共同遵守的合约，让价值通过合作得以展现出来，而不只是文档中的承诺。然而，游戏项目并不只是由一系列看似一样的 Sprint 组成的。发端于不断探索各种可能性，结束于创造资源供玩家实现几个小时的娱乐。下一部分将探索更长期的开发周期，称为"发布"，在项目的整个周期中如何用敏捷方法来做计划。

拓展阅读

Derby, E., and D. Larsen. 2006. *Agile Retrospectives: Making Good Teams Great.* Raleigh, NC: Pragmatic Bookshelf. 中译本《敏捷回顾：从优秀走向卓越的团队》

第 5 章

不是团伙，而是优秀的团队

从 F-22 战斗机 [1] 到视频游戏，我有 20 多年开发不同产品的工作经历。在我的职业生涯中，印象最深的是我合作过的项目团队。和我们当时效力的公司和项目相比，这些团队更有意思，更有创造力。

《疯狂都市》游戏的开发团队给我留下了深刻的印象。团队成员主要是一些从来没有做过游戏的开发人员。我们的发行商微软以及我们天使工作室对我们的管理可以用"粗放"来形容，他们让我们独立开发这款游戏。游戏中的种种细节全都放手让我们去探索和发现。我们团队一直濒临被解散的边缘，有时甚至就只差几个小时。为了活下去，我们必须证明自己有实力。

就这样，我们就成了一个有着共同愿景、有责任感和自豪感的团队。我们全身心投入游戏开发。比如，每天下午 6 点在内网集合测试游戏，晚 8 点在会议室集合，一起讨论如何改进游戏体验。我经常晚上突发灵感，第二天一大早匆匆赶回办公室尝试，而且经常发现有队友比我到得更早甚至前一天晚上在办公室熬夜落实自己的想法。尽管花了很

---

① 译者注：世界上第一款量产的第五代隐形战斗机，由洛克希德马丁和波音两家公司共同生产，首飞时间是 1997 年，服役时间是 2005 年，产量为 195 架，有 8 架试验机，2011 年正式停产。在 2014 年的红旗军演上，在对阵其他三款机型的时候，打出 0 : 144 的交换比。2014 年 9 月至 2015 年 7 月，F-22 战机总共执行过 204 次单机出击任务，分别在 60 个地点投放了 270 枚炸弹。它也出现在很多电影中，比如《绿巨人》《钢铁人》《变形金刚》《惊天危机》《环太平洋》等。游戏中也有它的身影，比如《空重奇兵》系列。（以上内容引自维基百科）

多时间在游戏上，但相较于工作本身，看上去更像是我们在做自己喜欢做的事情，与工作并不冲突。

游戏发布后，很成功，但真正的回报却是与团队当时并肩战斗的宝贵经历。对我而言，团队氛围如此默契而融洽，简直让人觉得不可思议。貌似没有什么公式可以说明这样的团队是怎样建立起来的，但我发现，要想阻止形成这样的团队却非常容易。Scrum 聚焦于如何组队并千方百计助力团队的成长。本章将探索一些基本的 Scrum 原则和支持此类团队的实践，阐述 100 人以上的大型项目团队如何使用这些实践，同时帮助团队中每个成员建立同一个愿景、有责任感和自豪感。此外，本章还要探索大型游戏项目可以采用哪些不同的团队结构。

本章将描述 Scrum 团队的核心角色、领导角色以及小型 Scrum 团队如何扩大应用于大型项目。

优秀的团队是什么样子的

优秀的团队是打造成功游戏最大的影响要素之一。同时，优秀的团队也是最难培养的。单靠规则或运用实践无法组建伟大的团队。需要工作室和项目领导的催化和促进。

优秀的团队大部分具备以下特征。

- 追求共同的愿景和目标：团队中每个成员都理解自己的工作目标。
- 团队成员技能互补：团队成员之间彼此依赖，各尽所能，齐心协力达成共同的目标。
- 开放和安全的沟通：团队成员与其他成员的所有交流都是安全的，不会遭到质疑和评判。
- 共同决策，共担责任和义务：团队成败与共，不论个人成败。每个人在团队中时时刻刻都在发挥自己的作用，没有自大和自满的情绪。
- 喜欢在一起：他们喜欢和其他成员在一起，彼此关照。
- 交付价值：优秀的团队有工作自豪感并能够持续交付较高的价值。

- 实现共同的承诺：优秀的团队有统一的目标。一个团队成员遇到问题，整个团队都会一起帮他解决。因此，优秀的团队之所以能交付价值，是因为他们专注于整体而不是"各人自扫门前雪"。优秀的团队言而有信，为了达到目标而不惜代价地额外再做很多事情。

Scrum 建立了一套框架，通过实践和角色定义来支持团队，可以推动和支持领导力和管理能力的发展。优秀的团队是不平凡的。他们创造体验——正如我在本章前面提到的——让人们在整个职业生涯中为成为团队一员而努力奋斗。

想想，我们在烤蛋糕的时候，事先需要加入一些食材。如果遗漏任何一种，比如鸡蛋或面粉什么的，就无法做出蛋糕。然而，即使按步骤把这些食材都准备好并做出蛋糕，婚礼纪念蛋糕和用简易烤箱做出来的、尝起来有蛋糕味的蛋糕，两者还是有明显区别的。

领导力和才华是造就优秀游戏不可或缺的原材料，但就像做蛋糕一样，如何将这些原料组合到一起（像团队一样），是决定游戏质量的主要决定因素。Scrum 不提供这样的原材料，但可以助力"混合并烤制"原材料以达成目标。

本章提供的解决方案

任何地方都可能涌现出伟大的团队。前面描述的《疯狂都市》就是一个瀑布式项目，虽然面临重重挑战，但最终仍然称得上是一个高效率的团队。

本章要探索一些基本的 Scrum 原则和实践，可以用来帮助团队形成一个优秀的团队。

团队的敏捷之路

Scrum 框架创造了一些条件来帮助这样的团队通过 Scrum 实践和原则来轴向卓越。

- 跨学科团队：使团队可以向客户和老板交付有明确价值的特性和技术。

- 自管理：让团队可以在每个 Sprint 中选择承诺完成的工作量并使用任何适合的方法完成工作。

- 自组织：让团队可以有一定的权力和责任来选择他们的成员。

- 真正的领导力：提供侧重于辅导和引导的领导方式，使团队有最出色的表现。。

本小节接下来将要更详细地阐述这些原则和实践。

亲身经历　Scrum 的核心是团队之间的互动。大家一起围着任务板开每日站会，营造出一种互动、活跃、协作的气氛，以可视化的方式表明团队努力奋斗的目标及其进度。他们每个人（团队中的每个成员）是平等的。

他们拥有目标，成就是团队共同拥有的。他们聚集在任务板周围，与身边的每个人结盟，尊重其他人的贡献，出现问题后可以进行自我调整。他们争论、探讨、分享、学习、持续改进、庆祝、互相帮助并创造解决方案。

Scrum 给团队带来的另一个价值是创造了透明度。Scrum 依赖于协作和持续改进，问题一出现，立即就会有人注意到，而不是拖到后面再解决或干脆把问题藏起来。

等级分明和争强好胜的环境，永远孕育不出伟大的团队。团队因为共同的目标而产生合作。工作团队是因为一个指定目标而在一起工作。Scrum 的乱和杂，恰恰说明了它像生命体一样，生存、呼吸、伸展、变形和扩展。互动是团队的核心，而团队又是 Scrum 的核心。

——谢利·沃姆斯（Shelly Warmuth），自由作家，游戏策划

跨专业团队

写好各种文档和订好计划后，涉及各专业的计划优先级一般都吻合不好。程序员通常通过读策划案并基于文档的目的来设计多个系统，按复杂程度和风险程度来排优先级，而不是根据价值。

比如，如果策划提到让角色在墙上行走，就会将该需求放到角色系统中。这需要在物理系统和摄像机系统中做很大的改动。程序员认为，这些改动在底层影响了核心系统，所以优先级高。因此，他们会选择从头进行改动。问题是，"在墙上行走"对策划来说可能并不是特别重要，看到后甚至还有可能不要这个功能。

类似不同专业无法同步优先级的情况导致了对游戏认知的延迟：认知只来源于一个可玩游戏中的不同玩法。

"我们才不要和他们坐一块儿呢！"

刚开始采用 Scrum 时，我们要求开发人员组成跨专业团队。他们的第一反应是反对。我记得动画组有人说："我们才不和那群整天死盯着屏幕的怪胎坐一块儿呢！"作为首席技术官，我只能猜他们指的是建模师。

结果可想而知，前面几个 Sprint 简直是一团糟。单职能团队变数太多，而且容易出现严重的拖延。

后来，动画组有个人找到我，问能不能让一个叫肖恩的程序员加入他们的团队。听说他们想要肖恩，我感到很惊讶，因为我觉得肖恩是我们所有程序员中能力最弱的。没有哪个程序员愿意和他在同一个团队。

我问他们为什么想要肖恩，动画组的人说："为了帮我们，他宁可放下自己手头的任何事情。他帮我们修复导出模块和动画状态机，甚至还帮着解决我们所碰到的任何技术问题。"

哇哦！我突然意识到肖恩可能是我们这里生产力最高的程序员之一，因为整个动画组的人对他的工作都很满意！

Scrum 要求各个学科在每个 Sprint 中达成一致。这迫使开发者不论领域，都需要在日常工作中跟进需求变动。跨专业团队用价值来定义解决方案和表述技术、策划和动画方面的需要。这样一来，需求的变动就可以覆盖到每个专业领域，避免某个专业领域的进度过度超前于其他专业领域。Scrum 团队中，程序员最终可能适应测试驱动的开发实践（将在第 10 章中讨论），采用价值优先的方式进行开发。

跨专业 Scrum 团队涉及大量专业的工作，从而顾此失彼，导致 Sprint 目标的实现被延迟。团队拥有共同目标而且优先级一致，因而团队协作好。日常的 Scrum 实践可以帮助团队兼顾 Sprint 目标和解决专业方面的工作。

通用型专家

我看到一个潜在的问题，当专业人员与其上下游之间在工作上差异太大的时候，可能会使人缺乏责任感。不同专业人员之间交接任务时，这个问题就会浮出水面。策划将文档移交给程序员，程序员将游戏工具或特性移交给美术等，以此类推。最终，游戏交给 QA 进行测试。经过测试后，bug 列表又通过数据库返回给团队。

尽管我们不能指望每个人都是通才，但让他们了解整体工作流程和其他专业人员的限制条件是有益处的。这可以使团队在充分理解限制条件和最终目标的情况下开发游戏和特性，流水线工作交接很难做到这一点。

> **亲身经历**　在我的职业生涯中，与圣地亚哥的海豹突击队合作过几次。海豹突击队中，每个人都会用各种武器。但在远程射击中，狙击手仍然是最强的。爆炸专家仍然是最擅长处理爆炸物的。不管训练有多么努力，有些人就是天生擅长某些领域，并通过刻苦的全职训练来保持他们的专长。

当团队对工作流程和其他专家的职能有了基本的了解之后，可以看到许多意想不到的好处。例如，当美术艰难地试图用一个老旧的工具把美术资源塞入游戏的时候，旁边路过的程序员停下来，看了一眼后就表示他们可以试着改动一下工具，让它好用一些。

最后，团队中每个人都应该首先是一名"游戏开发人员"，然后才是设计/程序/美术/测试。游戏的问题是团队的问题，而不只是某专业人士的问题。

亲身经历 有时，我会在培训期间花整整一天的时间来引导不同专业人员进行结对交流。通常的情况是，一位专业人士阐述完一个已经困扰他多年的问题之后，另一个很快就会提供解决方案。类似的问题本来不应该放这么久的。

对我而言，这凸显了必须要有更好的内部交流培训（请参阅第19章）。

自管理

针对大型团队的沟通，Scrum 的做法是将项目成员划分为小团队，而不是增加管理层级。Scrum 团队通常由 5 ～ 9 个跨专业的开发人员组成，他们负责主要的游戏特性，在每次 Sprint 中迭代所有这些特性。团队通过以下方法逐步提升他们的自管理能力。

- 为下一个 Sprint 选择待完成的任务并承诺做到完成。
- 确定最佳合作方式。
- 预估工作量并每日监测已承诺的目标完成进度。
- 每个 Sprint 向干系人展示 Sprint 目标的完成情况。
- 对自己的表现负责并想方设法加以改进。

团队自管理不是一蹴而就的，离不开指导和实践。需要管理层和团队之间建立起足够的信任以及对责任的划分有明确的定义。

团队规模

Scrum 相关著述中，建议团队规模为 7 ～ 9 个成员（Schwaber 2004）。这是基于相关研究（Steiner 1972）和第一手经验得出的，在这个规模下，团队生产力有望达到顶峰。

敏捷游戏开发的一个挑战是建立不超过这个规模的跨专业团队。对一些团队来说，想要完成目标，需要多一些专业人员。比如，关卡原型制作团队可能需要如下人员：

- 两名关卡美术

- 一名道具美术

- 一名贴图美术

- 一名动画师

- 一名音效设计师

- 一名原画美术

- 一名关卡策划

- 一名游戏玩法策划

- 一名图像程序员

- 一名游戏玩法程序员

- 一名 AI 程序员

这是个由 12 名成员组成的团队，一开始就暴露出一些常见于大团队中的问题。比如，一些成员相较于其他人，可能说不上话或者说的话没人听。这样一来，团队就不太容易通过承诺和共担责任来提升他们的工作表现。

大团队还有一个问题，可能会拉帮结派。我和这样的团队做过事。策划和美术自成一派，不相往来。每当我问其中一派，他们就会指责另一派，这样相互推诿解决不了问题。这对关卡原型的质量和制作速度造成很大的影响。虽然 Scrum Master 最终干预并解决了这一问题，但如果是小团队，就能够更快在内部得到解决。

这样的团队可以考虑分为两个各自拥有较小目标的团队，从而将关卡原型的开发"阶段化"，但随之也会出现依赖关系和责权问题。我鼓励团队尝试用不同的方式做几个 Sprint，如果没有出现问题，可以再次重组为一个较大的团队。

说明 一些工作室是 3 ～ 5 人规模的团队，据说工作起来很有成效。

协作与干预

要想激发大型跨专业团队的士气，没有什么捷径可以走。我参加过一些有潜在危险的练习。

我对那一天仍然记忆犹新，那次团建差点儿把我给弄残了。事情发生在圣地亚哥东部野生灌木高地的漆弹场上。我平躺在地上，快要没有弹药了，而身边大约有 30 个电气工程师想要干掉我⋯⋯

年轻的时候，我供职于军事航电设备公司，职位是软件工程师。在我的国防行业职业生涯中，亲眼目睹电气工程师和软件工程师水火不容的彼此嫌弃。电气工程师认为，我们软件工程师缺乏真正的工程修养，而且薪水太高了。他们经常认为我们写的代码"注定是邪恶的"。我们也认为电气工程师是态度上的精英，技术上的渣渣。

在我个人看来，我认为电气工程师是恨我们的，因为我们经常都是项目中的英雄。我们写的软件经常要处理一些可能使项目毁于一旦的硬件上的瑕疵。

问题出在两个团队的划分上。自然，一个团队作为电气工程师，另一个包括我们在内的团队是软件工程师。

我不会吹牛说那天我们才是更好的斗士。我们不是。我不会找原因控诉电气工程师的欺骗行为，尽管他们身上的确带着一些看似可疑的工具。一个简单的事实是，软件团队在大多数游戏中都输了，而且输得很惨。

那一天最后一个游戏的时候，我面临着巨大的挑战。我们在一个小的夹板"村庄"里玩一个灭绝游戏。游戏目标是一个团队把对方团队中的人全部干掉就算赢。

那是对软件团队的又一次大屠杀。我们很快被干掉。我和其他几个程序员一起藏在一个夹板棚屋的屋顶上，活了下来。有三面墙保护着我们，进入屋顶的唯一方法就是穿过房间地板上的一个洞。

一个接着一个，屋顶上我的队友因为不怕死以及对掩体价值的无知而被干掉。我呢，满足于驼着背趴着不动而活了下来。

突然，裁判吹哨提示游戏结束。他们认为所有软件工程师都被消灭了！我跳起来，向他们表示抗议，我希望还只剩下一两个敌人。

我的吼叫迅速打住，因为我发现几乎整个敌军团队30个电气工程师都还活着。我们面面相觑，时间仿佛停滞了。随后，一名敌军突然宣布"游戏开始！"并开始吹哨。我永远都不会忘记所有电气工程师的眼光，他们欢快而愤怒，狂吼着向我冲来，而我只能闪避回到掩体。

我停顿了一会儿。我甚至还杀了几名敌军。我很想说，我是那天的英雄，但事实不是那样的。某个人最终射杀了我。电气工程师大胜软件工程师，我们只好带着重振起来的对抗情绪回到工作岗位。

成效或愿景

我最喜欢的游戏是《机甲战士2》。核心机制、游戏界面、关卡和音乐都非常出色。对当时举步维艰的动视来说，这款游戏也算是取得了账面上的成功。

我发现，这款游戏的面世是个奇迹，是开发团队的自救，引发了这个奇迹。

亲身经历　《机甲战士2》经历了两次重生：一次是在工程方面，一次是在设计方面。初始团队依照承诺做出了一些东西，但游戏基本上跑不动（没有足够的内存空间来容纳两个以上的机甲），并且缺乏深度（只是机甲站在平地上很逊的对射）。

经过几年的努力，项目开发截止日期迫在眉睫，管理层别无选择，只能裁员和缩小项目规模。于是，当时的团队领导离职了（首席工程师和首席制作人等）。

为了使之前投入的大量精力不至于白废，当副总裁霍华德·马克斯出差参加一个贸易展览会，得外出一周时，剩下的几个游戏工程师变得放肆起来：在未经许可的情况下，他们试图将游戏转换为保护模式。从理论上讲，这将允许他们访问足够多的内存，可以渲染全套机甲。但是剩余时间不到9个月，这被认为是不可能完成的，需要花的时间比可用的时间多得多。

在霍华德回来的前一天，晚上9点，他们准备承认失败：转换成保护模式需要大量的英特尔汇编语言编程知识，他们对此毫无经验，并且也不能上网找到可以参考的资料；他们只有一本英特尔技术手册。他们觉得自己做对了，但很难说游戏循环可以运行之前还有多少个 bug 需要修复。霍华德回来，标志着他们这次努力的终结，因为对他而言，最优先的是游戏赶紧上市，即使需要在游戏各个方面做出极大的妥协。

尽管成功几率渺茫，他们还是克服万难，在午夜时让游戏成功进入了保护模式，他们终于实现了全套机甲渲染，尽管是线框且没有音效的。他们开心极了，因为他们解决了最棘手的问题，打开了开发更好游戏的可能性。

霍华德回来了，意识到了被释放的潜能，并从《缺陷玛雅大冒险》引入了两位久经考验的实干家，帮助团队走向了成功。约翰·史宾纳（John Spinale）和肖恩·韦斯切（Sean Vesce）加入后，基于留下的骨干开发成员新建了一个团队，并在当时产品还只有技术演示的情况下，建了一个产品原型。

关于《机甲战士 2》的设计重生，肖恩更有话语权。但是可以公平地说，技术重生仅仅是一个推动因素——设计团队在紧迫的时间压力下在如此多的层面上进行了创新，才让一款在当时具有革命性意义的游戏得以诞生。如果没有这种创新，《机甲战士 2》肯定鲜为人知。同样，如果没有约翰的成功领导，就无法重建团队并保护团队不受外界干扰，更无法取得最终的成功。

——蒂姆·莫顿（Tim Morton），暴雪娱乐生产总监

在培训课上，我经常问团队："如果您决定开发一款新游戏，并在街上随机招募 50 个从未玩过游戏的人，让他们使用 Scrum，那么 Scrum 会有效吗？"

大多数人回答"不。"我告诉他们答案是"是。"Scrum 会很快显示这样做不会取得成功。这是对 Scrum 的好处的提醒。Scrum 并不会解决问题，而是创造透明度来暴露存在的问题。

尽管 Scrum 不能确保任何团队都能表现出色，但它提供了快速识别团队融合度和绩效的工具，并让你对此有所作为。功能失调的团队将变得显而易见。你可以选择培训团队成长为一个很棒的团队，或者，如果培训失败，可以选择解散团队。一般来讲，功能失调的团队中，

如果有成员转入另一个团队，会更容易融入，发挥得更好。

第 19 章将探讨如何对团队进行培训，使其成长为更卓越的团队。

小结

打造最出色的游戏团队，并没有什么固定的套路。这里描述的团队愿景和实践源于适应现有的 Scrum 角色和团队来改进协作方式以及目标的统一和分享方式。探索角色和团队结构是一个持续的过程。团队必须经常回顾实践，发现可以改进协作以及与游戏干系人共事的方法。通过让团队在日常生活中的某些方面负有责任感和职权，他们会承担更多工作职责。这不是一蹴而就的，往往需要好几年的时间，并可能与工作室的领导力文化发生正面的冲突。但是，结果值得我们努力。

Scrum 可以规模化，灵活应用于任何规模的项目，使团队结构、项目主管角色以及 Scrum of Scrums 之类的实践有所变化。

Scrum 还可以驱动跨专业的变化，集中精力让团队改变机械化的工作方式来改善交流和迭代的步调。它还驱动着各个专业的人员在工作方式上发生变化。本书其他部分将阐述这些变化。

游戏工作室的目标是打造这样的团队：热爱游戏开发工作并能够开发出让玩家也热爱的游戏。

拓展阅读

DeMarco, T., and T. Lister. 1999. *Peopleware: Productive Projects and Teams, Second Edition*. New York: Dorset House Publishing. 中译本《人件》

Katzenbach, J. R., and D. K. Smith. 2003. *The Wisdom of Teams: Creating the High-Performance Organization*. Cambridge, MA: Harvard Business School Press.

Steiner, I. D. 1972. *Group Process and Productivity*. New York, NY: Academic Press.

第 6 章

看板

我们刚开始用 Scrum 的时候,暴露出之前存在的很多问题。后来,我们还遇到了其他挑战,在将 Scrum 用于游戏开发的过程中,这些挑战给我们带来了诸多方面的问题。

- 负责为多个游戏提供支持的引擎和工具团队不断收到需要及时处理的突发请求,导致 Sprint 计划经常被打断。
- 制作资源(例如关卡和角色)的团队无法在有固定时限的 Sprint 中做完他们的工作。

经过一些尝试,这几个团队决定放弃使用 Sprint,决定根据需求来制定计划并在工作全部完成后再提交。这样做,是可行的。

我在其他地方见过类似的情形。Scrum 联合创始人杰夫 (Jeff Sutherland) 在他自己的公司中也遇到过类似情况并称之为 "C 型 Scrum"[①]。之后,我们看到安德森(David Anderson)和拉达斯(Corey Ladas)在其著作中将日本的精益实践改为看板方法。

本章提供的解决方案

本章介绍使用看板进行游戏开发的基础知识。后面的章节将应用这些基础知识来进行内容创建(第 10 章)和为团队提供支持(第 22 章)。

---

① https://xebia.com/blog/type-c-scrum-explained/

本章试图回答以下问题。

- 为什么 Sprint 和某些类型的工作无法完美契合？
- 看板可视化和度量工作的方式有什么不同？
- 看板工具如何帮助管理工作解决瓶颈和改进流程？
- Scrum 和看板所充当的角色和实践有哪些差异？

什么是看板

看板是一种用于可视化、度量和管理工作流的方法。它采用许多实践来改进工作流，具体做法包括将问题立即可视化并度量问题对工作流程的影响。

为什么要选用 Scrum 和看板？

与某些人谈论将 Scrum 和看板结合使用时，最令人惊讶的一个反应是他们很愤怒。Scrum 和看板在原理上是重叠的，并且，它们独有的实践是可以互补的。正如木匠为满足不同需求而使用不同工具一样，团队可以选用自己觉得合适的实践，不管上面贴着什么标签。

可视化工作流

应用看板的时候，首先可视化项目的工作流。图 6.1 显示了以角色资源为例的工作流。

图 6.1　创建角色的流程

每项工作的每个步骤由单一专业人员执行，箭头表示工作移交给不同的专业人员。

捕捉到项目工作流后，我们在看板上把它表示出来（图 6.2）。看板有些像 Scrum 任务板，有时也称为"均衡化生产柜"（Heijunka board）[1]。

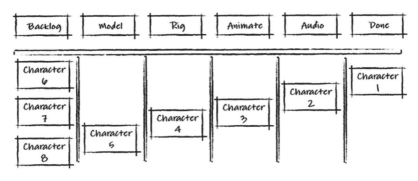

图 6.2 看板的板

看板可以可视化工作流的当前状态，并确定中断发生在哪个环节。

看板上有代表资源或功能每种工作状况的竖列，可以通过竖列上的看板卡上标识工作进展。日语中"kan"表示"卡片"，"ban"表示"信号"，因而看板（kanban）表示"信号卡"。看板代表着工作的"拉式系统"。看板卡是触发动作的信号，比如"接下来做这个"或"我需要一个动画"。

看板卡（图 6.3）包含我们想要在角色的每个工作阶段捕获到的信息。

在这个例子中，看板卡捕捉到每个工作阶段的完成日期。这对度量和简化工作流很有用。看板卡之所以有助于工作流的可视化，是因为我们可以通过看板一目了然地观察到哪里工作进度落后或哪里有人闲着没事儿干。

---

① 译者注：这样的工具用于在固定的时间间隔内运用看板来平衡产品型号和数量。比如，确保在半小时的时间内，按一个稳定的比例来小批量制造不同型号的产品，使得整个价值流可以实现最优化的库存、投入成本、人力资源和产品交付周期。

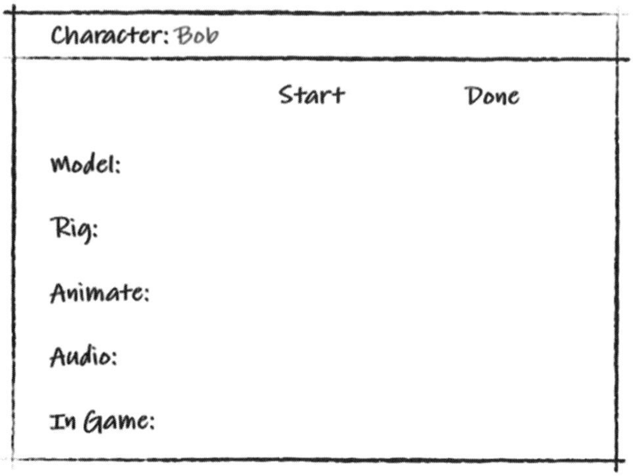

图 6.3 看板的卡

度量工作流

看板采用与 Scrum 相同的检视与适应（inspect&adapt）方法来进行持续改进。与所有实证方法相同，如果可以度量，就更容易改进。

看板的主要度量标准是做完一项工作需要多长时间。这称为循环时间（cycle time）。游戏开发中，循环时间指的是做下面这些事情所需要的时间。

- 角色的从原画到游戏实装。

- 从收到增加工具功能的请求，到工具功能的实装。

- 在 Live 游戏中部署新的游戏玩法的提议。

这些例子的共同点是看板专注于度量整个流程。这项原理基于精益生产中的发现：单独优化工作流程的某些部分，通常会对整个工作流程产生负面影响。举个例子，如果我们专注于让使角色动画制作者全天候地忙个不停，通常会导致大量未完成的角色堆积起来。积压下来未完成的工作会产生债务，导致以下后果。

- 在角色的概念和实装之间产生较长的交付时间。

- 如果实装入游戏的第一个角色的动画出现问题，意味着已经做好的那一堆动画都得回炉重造。

- 迭代减缓，导致迭代次数更少，质量更低。

> **说明** 一些团队改为使用吞吐量。吞吐量指的是在一定时间内完成了多少工作。因此，与其说一个角色模型需要花一天的周期时间，不如说它的吞吐量可能是每周五个角色模型。

管理工作流

看板最简单的一个方面，是启用看板的时候不需要改变工作方式。只需要将工作流放到板上，加入一些度量指标，然后像往常一样继续工作。不过，不会一直这样持续下去。

随着时间的流逝，需要开始采用一些不同的方法来管理工作，以便更好地突出显示那些减缓工作流的问题。

本节介绍看板如何以不同的方式来管理工作流，下一节要介绍如何使用这些技术来改进工作流。

拉取工作

看板采用拉式系统（Pull System），在"下游"工作（后面将完成的工作）的人从"上游"工作（已经完成的工作）的人那里拉取工作。在图 6.2 的示例中，当动画师要做更多工作时，就从包含绑定完成的角色的那一列把下一个要做动画的角色拉过来。

这不同于通常以事先定好的时间表的形式将工作"推送"给动画师。拉取工作更具有优势，原因如下。

- 日程安排更加切合实际：当工作达到质量标准时再"拉"工作。"推"通常是由固定的时间表驱动的，经常导致未完成的工作需要后期返工，这会引起进度延迟。当头一批工作项目通过拉动系统完成后，我们可以更好地对其余工作的时间规划做出预测。

- 质量与速度兼顾：如上文所述，采用推式系统会导致工作繁忙，质量下降。在看板中，"完成"的内置定义（将在本章后面介绍）让我们可以在速度和质量之间建立平衡，并且可以不断完善。

- 拉式系统让员工有更多任务归属权：这导致整个团队更加致力于发现可以改进的地方。

定义完成和缓冲

当工作项的各个阶段完成时，它将移入该阶段的完成状态。为此，它必须满足对"完成"的定义（请参见第 7 章）。例如，对于图 6.1 所示的流程，要想让角色建模被认为是"完成"，必须满足以下条件。

- 通过美术评审。

- 满足预算限制（多边形数量和纹理的限制）。

- 符合资源命名规定。

如果满足了所有这些定义，角色将进入建模和绑定阶段之间的缓冲区。这个缓冲区向做骨骼绑定的美术人员发出信号，表示他们可以在准备好时将模型拉过去。

精益思想和船

精益思想是如何鼓励持续改进的呢？有个形象的比喻是航行在河流中的船。河里有大大小小的巨石阻碍着水的流动。水位高的时候，领航员碰不到巨石，自然也不会关心这些巨石如何使自己慢下来。

然而，一旦水位下降，巨石就开始露出水面。它们不仅阻碍河水的流动，而且还会真正危及到船！这时，船员就必须对这些巨石做出反应并绕行。

在这个比喻中，船代表着项目，水位代表着花的钱或时间，巨石代表减缓开发速度的事务（比如需要一个不可靠的 build 系统或者资源制作流程，build 一个版本需要花好几个小时）。

精益思想不但可以使水位下降，而且还给团队提供了与巨石相当大小的大炮，通过透明度和实践，开始炮轰巨石。这样一来，即使水位比较低，船的航向也能更直，航行的距离也更远。

限制在制品

在看板中管理工作的一种强大的技术是对每个阶段的在制品（WiP，Work in Progress）)和工作流中的缓冲区进行限制。达到这些限制后，会触发一条规则（称为"政策"），该规则规定不再有工作可以进入这些达到上限的阶段或缓冲区内。这样可以防止未完成的工作堆积起来。它向团队发出信号表明 WiP 已达到了极限，得做点什么来改变这种情况。这通常会使工作流程得到改进（在本章的后面讨论）。

有序工作

与 Scrum 一样，团队的工作来自产品负责人管理的有序产品 Backlog。对于支持团队，这让产品负责人可以在收到请求时权衡其紧迫性。

按需规划

看板团队没有 Scrum Sprint 那样的时间盒迭代。看板团队不需要每隔一到三周计划一次 Sprint，而是需要时再从产品 Backlog 中拉取工作。

"就绪"

如果需要为取自产品 Backlog 中的 PBI（产品积压项）做规划，看板团队就会增加一栏"就绪"。这一栏将包含与每个 PBI 有关联的所有任务。如果这一栏为空，就表示团队需要开一个计划会，向这一栏中加入新的内容。

"就绪"这一栏通常有一个 WiP 限制，用于确定可以从产品 Backlog 中取出多少个 PBI。

评审和回顾的节奏

与 Scrum 一样，与项目干系人进行定期的工作评审对评估进度和让团队回顾讨论工作方式的改进很有用。不同于 Scrum 的是，它们和 Sprint 时间盒无关。替代方案是，看板团队会建立评审会和回顾会的节奏。评审会的节奏取决于项目干系人每隔多久需要查看一次团队的工作进展。

根据我的经验，回顾会的频率至少应该保证每三个星期一次。如果间隔时间更长，比如超出三周，对团队工作进展有影响的事在会上修正起来就没有那么及时而有效。

节奏是可选可不选的

评审会和回顾会也可以按需进行，而不是按节奏进行，但请注意，间隔时间不要太长。

改进工作流

一旦工作流可视并可以度量，就可以对整个工作流进行检视和适应并不断加以改进了。本节介绍团队使用的主要改进工具。之后，有关实时支持和内容制作的章节将更全面地探讨以下和其他工具。

减少批次大小和浪费

在游戏开发过程中，最大的浪费是不得不扔掉那些创建得太早的资源。早在相关的技术和设计被证实过于乐观之前，这些资源就已经开始制作了。

像敏捷一样，精益开发促成了更频繁、成本更低的迭代，这为我们提供了更多机会来找出开发过程中的改进点，并确保我们的开发方式是正确的。这种浪费是可以避免的，把资源小批次大小投入工作流，再投入可运行的游戏。

技术工作也是如此。通过在工作流中小批次大小发送代码并证明有效，我们可以构建更好的架构，而不是写一长串代码，把它放到冗长的技术策划案中，放很久之后再集成。

减少交接

工作室通常按专业分工来安排开发人员，甚至按照专业的不同安排他们到不同的房间。这就是所谓的筒仓。筒仓通过文档的传递来展开合作。策划写的文件交接给程序员，后者负责开发架构和工具并将工作交给内容制作，将资源实装到游戏中，然后再交给测试，接着由测试将错误报告返回给开发。

这些环节中，每一次"交接"不仅代表工作交接，还代表着责任的交接。程序员移交架构的时候，会觉得自己对游戏的责任也随之移交出去了。如果资源无法在这个架构中运作，责任在谁呢？这个可能让人困惑。即使是最好的情况，这也会导致解决方案被延迟（指派修复bug 的任务可能导致大量的交接），而最糟糕的情况是这样会养成推卸责任的坏习惯，就像美术和程序相互推诿，把问题归咎于对方的工作失误。

减少交接，这一精益原则强调了这个问题。如前几章所述，文档是一种并不完善的交流方式。如果团队能够想法与整个工作流程——而不仅仅是自己的"一亩三分地"——更紧密地联系在一起，就会有所改进。

第 10 章要举例说明在内容工作流中减少交接的好处。

应对瓶颈

WiP 达到上限后，会造成工作流的中断。例如，如果测试数量达到当前在测新功能的上限，就无法再往里添加更多测试。这可能会对上游的开发任务形成瓶颈。于是，开发任务自身的 WiP 限制也被触发，无法另外再添加其他开发任务。

与 Scrum 一样，我们首先要问团队应该怎么做。如果是精益方法，就会用"约束理论"[①]，让我们一次解决一个瓶颈，然后等待下一个瓶颈出现，再重复这个过程。

针对刚才的例子，我们可以做的事情更多。

* 雇用更多测试人员：虽然解决了测试问题，但测试可能会测完所有要测的内容，使得负责开发的程序员成为瓶颈。

---

① https://www.Leanproduction.com/theory-of-constraints.html

- 让开发人员暂停几个小时并帮忙一起做测试：有些开发人员可能瞧不起这种行为，但我认为，开发人员通常需要多多测试自己的工作，亲自体验一下偷工减料会造成哪些影响。

- 减少出现的 bug：这听起来似乎很不正经，但减少测试时间最简单的办法是从源头杜绝 bug。更好的自动化测试，例如单元测试（请参见第 12 章），通常是最好的解决方案。

不同阶段之间预留缓冲

角色建模所需的时间可能差异很大。简单的角色，一般差异只有一天，而 Boss 角色可能有好几个星期的差异。我们不希望这种差异会使负责角色绑定骨骼的人不得不在一旁干等着。在角色的两个工作阶段之间插入缓冲，这样一来，可以在此积压少量模型，始终都有等待绑定的角色。注意，必须限制缓冲区的 WiP，以免对角色周期产生太大的影响。

缓冲太大也会降低循环周期，因此最好对缓冲区设置 WiP 限制。

> **缓冲** 什么样的时间缓冲有用呢？邮箱是一个典型。邮件的投递时间是不定的，没有人愿意傻傻地站在邮箱旁边等着邮差出现。邮箱之所以存在，是因为它们是邮差和收信人之间的缓冲区！

本地咖啡店的看板

那是在几年前，一如往常，我来到本地一家咖啡店，在我们这里，咖啡店多得很。

如果你和我一样，是个经常光顾咖啡店的直饮咖啡爱好者，可能也会对能优先拿到自己的咖啡而心存感激（不必等服务生先做好排在前面的客人点的拿铁和卡布奇诺）。

有咖啡师专门服务于这些现场下单的客户，你的咖啡，自然有收银员直接给你倒好。

那天在咖啡店，我突然灵光一闪，意识到这家店在用看板！

在咖啡店中，标有你名字（经常拼错）和订单详细信息的空咖啡杯是看板卡。根据收银员和咖啡师之间有多少杯咖啡，他们知道下一步应该做什么。

从图 6.4 中假设的咖啡店看板来看，我的咖啡是直接从"下订单"这一栏转到"离开"这一栏。

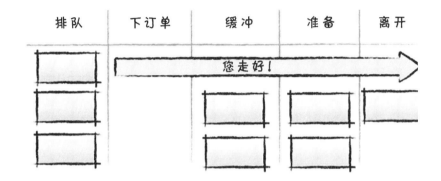

图 6.4　咖啡店的看板

根据生产线规模，咖啡师和收银员可能会互相帮助。如果排队的人很多，而咖啡师无事可做，就会问排队的人想要来点儿什么饮料，并在收银员收到订单之前就开始做。

相反，如果没有人排队，但有很多饮料等着做，收银员就去和咖啡师一起制作饮料。

这对大家都有好处。星巴克的一项关键指标是客户的周期时间：从进门到喝完饮料出去期间所花的时间。

喝咖啡的和喝拿铁的关键路径不同，但并非完全不同。虽然我个人非常喜欢，但并没有设立专供咖啡饮用者的专用收银队列。星巴克之所以选择不为我们直饮咖啡爱好者做特殊优化，有它充分的理由。

这与你对资源类型的用法相似。尽管每种资源需要的工作量（例如咖啡和拿铁之间）差异很大，而且路径也有部分分离，但衡量每种资源的周期时间仍然可以为我们提供更有价值的信息。

我们的目标并不是希望所有资源的周期时间都一样，就像点拿铁的人在星巴克的等待时间就应该比我们这些超高效咖啡饮用者更长。

与 Scrum 的区别

除了 Sprint 时间盒和按需计划的区别之外，Scrum 和看板之间几乎没有什么不同。Scrum Master 和产品负责人这两个角色仍然有用，会议（如评审、回顾和每日 Scrum）也都有。

> **说明** 有时，看板团队会将"每日 Scrum"称为"每日站会"。

通常，在进入制作阶段之前探索游戏表现（探索角色表现和预算）的团队将开始转向大量制作更多角色，觉得需要放弃 Sprint 时间盒，改为度量周期时间。除了本章介绍的例外，这个过程应该是一个平稳的过渡，并且角色和实践的变化微不足道。

如果用看板的团队转回使用 Sprint，通常会自带一些有用的习惯回去，包括在 Sprint 任务板上应用 WiP 限制，并专注于挨个完成 PBI，而不是临近 Sprint 结束时再开始做。

成效或愿景

我们的均衡生产团队在 2007 年引入看板时，短短几个月就将均衡生产的周期时间减少了 56%，这是通过下面几种方法实现的。

- 如前所述，减少与原画美术的交接。

- 提高让工具支持团队帮忙减少导出时间的优先级。

- 通过完成部分被跨流边界划分的关卡来减少关卡的批次规模，减少迭代时间以提高改进速度。

- 开发更好的关卡 build 方法（Unreal 而不是 Maya）。

这些改进是由专注于减少关卡制作循环时间的团队成员推动的。对他们而言，想方设法每周减少几个小时的周期时间，简直就是一场欢乐的竞赛。

小结

本章介绍看板应用于游戏开发领域的基本知识，例如内容制作和支持（Live 和服务）。后面的章节将深入介绍每个应用。

拓展阅读

Brechner E., and J. Waletzky. *Agile Project Management with Kanban*. Redmond, WA: Microsoft Press, 2015.

DeMarco, T., and T. Lister. 1999. *Peopleware: Productive Projects and Teams, Second Edition*. New York: Dorset House Publishing.

Katzenbach, J. R., and D. K. Smith. 2003. *The Wisdom of Teams: Creating the High-Performance Organization*. Cambridge, MA: Harvard Business School Press.

Keith C, Shonkwiler G. 2018. *Gear Up!: 100+ Ways To Grow Your Studio Culture, Second Edition*.

Larman C., and B. Vodde. 2017. *Large-Scale Scrum: More with LeSS*. Boston, MA: Addison-Wesley.

第 7 章

产品 Backlog

一旦开始动手做游戏，我们自然就想知道自己要做什么样的游戏。这听起来似乎很容易，但并非不需要付出努力。如果不对目标达成共识，就可能出现盲人摸象那样的情况。

但是，很多时候又做得太过火。有些策划案长达好几百页，事无巨细地描述着游戏关卡、角色以及游戏机制。

如果根据这样的策划案来做游戏，不妨好好思考下面这几个问题。

- 完成后的游戏与最初的创意有多接近？
- 如果文档随游戏制作进度的发展而改进，那么文档是否足以传达这些变更（即"活文档"）？
- 在取得发行商或项目干系人的签名后，策划案是否就被束之高阁了？

本章提供的解决方案

我们需要一种可以执行以下操作的计划方法。

- 讨论特性的顺序和价值：相对于价值较低的特性，团队需要专注于优先交付价值最高的特性。
- 可以改动，并针对变更进行沟通：改动是可以的，但需要定期、频繁地对这些改动进行讨论。

- 供将来进行交流的占位符：文档不能替代对话。两者必须要平衡。

- 详细信息会随着了解的信息更多而浮出水面：不要要求事先写出所有细节，传递信息或进行更改也不需要花大量的精力。

- 以价值优先的顺序提供可能部署的特性：特性是团队为花钱买游戏的玩家按照价值优先顺序来构建的。相比预先设定好的工作顺序清单，优先提供价值最高的游戏特性而不是价值低的特性，可以推动游戏向前发展。一旦可以更好地决定游戏的方向，这种开发顺序就可以更早交付游戏的真正价值。

- 按特性计划，跨专业合作：每个 Sprint 都提供特性，鼓励跨职能协作完成项目干系人所看重的成果。影响一个专业的问题也会影响到其他专业并且可能更快得到解决，而不是为赶进度而被忽略。

- 避免债务，以更好地衡量进度：Sprint 周期内包含所有的特性开发。这样可以减少 (修复 bug、调试、打磨和优化) 债务，使开发速率更容易预测。通过和产品负责人一起定义"完成"，团队可以了解每个 Sprint 的目标和质量要求。

产品 Backlog 可以满足所有这些需求。本章介绍产品 Backlog，这是一种截然不同的计划形式，可以用来解决传统计划形式（例如详细的策划案 ①）所存在的问题。

一次决定命运的会议

很多年以前，我们在研发《走私者大赛车》游戏的时候，开过一次会。虽然我参加过好几百次这样的会，但只有这一次真正使我的工作重心和职业生涯发生了重大的变化。

这次会议的目的是评审内测版本（两周后）之前剩余的工作。内测时间是未完成特性的截止时间，也就是说计划中但未全部实现的特性会从游戏中被砍掉。内测版本迫在眉睫。《走私者大赛车》需要在圣诞节之前发布。同时，它还是 PlayStation 2 的主打游戏。但这些都要求

---

① 译者注：策划案（design document），也称"设计文档"。后文描述中，为了上下文语境，两者是交替使用的。

必须准时完成所有游戏内容。实际上，大家都不想参加这次会议，因为要做的事情实在太多了，但又没有办法，因为这次会议非常关键。作为工作室的产品制作人，我必须知道我们是否能够完成内测版本。

所有主管（leader）都参加了这次会议。我必须得看紧主程和主策划，他们俩在策划思路和现有技术的可行性方面经常意见不合。两个人的本职工作都做得很好，而且他们之间这种自然的张力对游戏开发本身也是有好处的。我只需要保证他们之间的关系不至于太紧张。

当天的会议是对这种紧张关系的考验。主策划无比焦虑地参加了会议。"什么时候才可以把动物加到游戏中？"他问。然而，主程对这个特性没有任何印象。于是乎，主策划翻开游戏设计方案，并在第97页上找到了描述这个特性的一段话。游戏设定是，关卡附近结队游荡的动物要避让玩家的车。这个特性是在项目开发到一半的时候新加入游戏策划案的，所以主程还没有见过。

主程哭笑不得："我怎么想得到还有新特性加入策划案呢？"他感到很郁闷，"我真的是第一次看到这个特性。"

我们花了些时间让他俩冷静下来，最后坐在一起讨论这个特性。最后，加入这个特性的简单版：不是让成群的动物避让车辆，而是让个别落单的动物由于没有注意到而被行驶的车辆撞到飞起，就像在空中翻滚的布娃娃那样。后来的事实证明，这个特性在游戏中非常受欢迎。玩家会花好几个小时把所有的动物一一撞飞。如果进一步充分利用这个特性，整个游戏肯定可以取得更大的商业成功（只怕到时候动物保护组织会找上门来，向我们提出严重抗议）。

为什么策划案会失败

作为项目总监，这次会议让我意识到文档和交流的问题。在我看来，在游戏开发之前尝试通过长篇文档来完全搞清楚所有变动和游戏内容，是不可能的。就这样，我开始了自己的敏捷征途。

虽然《走私者大赛车》的策划案维护得很好，但仍然存在下面两个根本性的不足。

- 没有和大家一起交流特性的优先级：每个团队成员都只从自己的角度评估每个特性的优先级。

- 没有与团队其他成员交流对特性的改动：很少有团队成员会定期重读文档，所以无从了解频繁的特性改动。

前面提到的交流发生在内测版本的前两周，虽然非常偶然，但将这个特性集成到游戏中并非纯属巧合。我们只是没有及时交流而已。虽然文档中的信息有价值，但文档本身并不是可以用来充分交流特性改动和优先级的理想工具。

这暴露出传统需求收集与跟踪存在的一些问题。要想避免这些沟通陷阱，一种方法是用产品 Backlog 来促进对变动的交流和沟通。

产品 Backlog

产品 Backlog 是一个有序列表，其中列出游戏所需要的特性或功能。产品 Backlog 要做到下面几点。

- 采用"业务语言"，侧重于游戏玩家或工具 / 流水线（pipeline）[①]用户所看中的且有价值的事项。

- 已经排好顺序，好让团队始终致力于做最重要的事。

- 能够随着游戏的呈现来提供持续计划，使计划与现实相吻合。

- 以低成本方式适应频繁的变动和新遇到的问题，团队与项目干系人之间更透明，沟通更顺畅。

- 通过定义同一个游戏创意和讨论新的细节来鼓励团队参与游戏创意并达成共识。

- 可以用于体现团队结构，从而减少依赖性和未完成的工作债。

---

① 译者注：研发流程上的管线，指的是一套游戏制作流程。

PBI

产品 Backlog 中标识的各项特性和其他工作事项称为产品待办事项（PBI）。与策划案中的细节描述不同，PBI 从用户（例如玩家或美术）的角度简要表达游戏、工具或资源流水线中的某一特性的理想表现。

PBI 可以描述任何类型的工作：

- 特性

- 游戏内容

- 工具 / 流水线工作

- 技术 /build 工作

- bug 修复

- 原型和实验

第 8 章和第 9 章将要探讨 PBI 如何写才能充分表达动机及其想要交付的价值。

产品 Backlog 的优先级排序

每个 Sprint 开始前，PO 就根据项目干系人、团队成员和领域专家提出的意见着手对产品 Backlog 进行优先级排序。下面的指南可以帮助大家确定每个故事在产品 Backlog 中的优先级。

- 价值：故事为付费玩家增加的价值（产品的商业价值），是确定故事在产品 Backlog 中优先顺序的主要标准。团队集中精力交付每个 Sprint 中的最高价值，PO 负责最优投资回报（Return On Investment，ROI）。他们运用独立判断，根据焦点小组测试和项目干系人的反馈来衡量价值。价值同样适用于"非特性要求"。产品 Backlog 中还包含改进生产力的工具和流水线故事，因为改进生产力也相当于改进 ROI。

- 成本：成本是 PO（PM）预测 ROI 时一个关键的考虑因素。一些非常合适的特性可能因为成本太高而不能实现，举个例子，希望实现一个枪手完美击碎一个几何体的特性，虽然这个特性可以为游戏增加很大的价值，但 PO 必须权衡这些价值与开发技术和生产力水平的成本。通常，两个价值相等的特性在排定优先级的时候，主要的参考依据是成本，低成本的特性往往可以优先级更高。

- 风险：风险意味着不确定的价值和成本。随着团队对风险有了更多认识，产品 Backlog 也可以成为 PO 更好的风控工具。风险越高的故事，往往优先级也越高，PO 往往也会更关注它的价值和成本。如果缺少这样的认知，有潜在价值的故事可能被放到产品 Backlog 底部，甚至会因为受制于进度和预算而被放弃。

- 认知：有时 PO 并不了解一项特性的价值、风险或成本。他们需要更多的信息。在这种情况下，可以为原型或实验引入一个限时故事到产品 Backlog 中。这个限时故事称作"技术预研"（Spike），要求团队在固定期限内处理故事并尝试得到有用的信息。有个例子是一个两周时间的原型，用来确定物理引擎是否支持被破坏的几何体。如果这次 Spike 表明实现系统和工具不会涉及太高的成本和风险，PO 就更有可能提升该故事的优先级，以便尽早进行特性开发。

> **说明**　本书在谈论产品 Backlog 时，用的术语原本是排序而不是优先级，想表明工作顺序与优先级有时并不一样。例如，如果下雨，尽管屋顶可能比房屋的地基更有价值，但我们还是必须得先打好地基。

持续规划

Scrum 团队要完成哪些工作呢？具体取决于产品 Backlog 上的故事排列顺序以及团队的产能。每个 Sprint 开始，团队都会取出产品 Backlog 顶部的故事，拆分成一个个用小时来估算的小任务。所以，每个故事必须小到足以在单独一个 Sprint 中完成，还必须详细到足以支持做完整个任务。因此，在做计划的过程中，至于优先级最高的故事要详细到什么样的程度，最需要花时间和精力去定义。

并不是说产品 Backlog 上的每个故事都要小到足以在一个 Sprint 中完

成。如果是，产品 Backlog 可能就会有几千个用户故事，以至于维护起来非常麻烦。相反，低优先级的故事在高优先级故事未完成前，不要急于拆分。这是一种优势，因为低优先级的故事是放到最晚才实现的，它们往往会随着团队和项目干系人了解到更多可能性和趣味性而发生变化。

针对 Sprint Backlog，一个非常有用的比喻是冰山（Cohn 2008），如图 7.1 所示。排在最顶部的故事用冰山顶部的雪球来表示，它们小到足以在一个 Sprint 中完成。它们下面是低优先级的故事或大块的冰，称为"史诗"（Epic）。

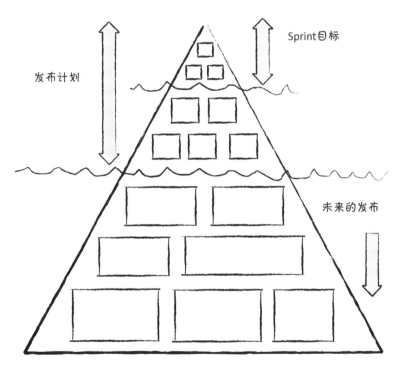

图 7.1　产品规划的冰山

吃水线上代表当前版本中待完成的工作。每个 Sprint 从冰山顶部移除雪球（故事）。项目干系人和团队为下个 Sprint 做准备，将大的冰块（"史诗"）拆分为小的雪球。

允许改动和出现新问题

虽然在开发过程中我们也会持续挖掘游戏的细节，但产品 Backlog 绝不要变动太大。即使是最大规模的游戏，也很少超过 200 ~ 300 个 PBI。所以，每个 Sprint 都根据游戏新出现的状况来调整 Backlog 并不会太花时间。这是 300 页的策划案做不到的。

鼓励团队参与和合作

每个 Sprint，在完成产品 Backlog 顶端的 PBI 之后，团队一起拆分较大的 PBI，把它放入下个 Sprint 中完成。在这个过程中，产品负责人通过对话的方式来帮助团队参与决策并理解游戏愿景。

创建产品 Backlog

不同于传统游戏开发必须先完成大型策划案，在敏捷游戏项目中，只要最开始的产品 Backlog 中有足够的细节，团队就可以直入正题。最初的产品 Backlog 可能包含以下典型的 PBI：

- 一些可以进行实验的原型
- 初始架构的依赖性
- 基本的镜头、操控和角色特性

一个简单的研讨会或一个 Release 计划会，不到一个小时，就可以建一组 PBI（请参阅第 9 章）。

使用工具来管理几百个 PBI 并不太难。团队可以轻松使用 Excel 来管理 Backlog。其他商业工具，比如 Jira 这样的，也很常见。

如何选择合适的工具呢？你可能希望它们有下面这些特性。

- 能够管理 PBI 的层次结构：产品 Backlog 是史诗的一个或多个层次结构，这些史诗最终拆分为可以在一个 Sprint 内完成的 PBI。通常，这些层次结构的各个分支由一个 Scrum 团队负责。

- 允许为 PBI 分配大小信息：如第 9 章所述，追踪 PBI 的大小估值有助于预测进度，向目标日期看齐。

- 低成本授权的易用性：如果工具一次只能供一个人用，或其他人想使用非常困难或成本太高，肯定会制约团队成员之间的协作。

- 有良好的可视化选项：团队通常用不同的"透镜"来检视产品 Backlog。有时，希望检视分支，有时则要检视单个 PBI，或更多的是检视整个树状图。

不同形式的产品 Backlog

我见过并亲自用过许多形式的产品 Backlog。有些有效，有些则没有。

最初，我们尝试用索引卡来存储 Backlog。实物版产品 Backlog 有它的好处，但用了一段时间后，我们开始感到不安。预算 4000 万美元的游戏，如果用一堆卡来当作 Backlog，很容易被人放在衣服口袋里顺走，更糟糕的是衣服还被送去干洗。

我们最喜欢的 Backlog 形式是思维导图。它很有层次感。我们用 42 英寸的绘图仪来为各个团队创建史诗各个分支的大海报，让他们挂在自己所在的区域。第 21 章将更详细地探讨如何做超级详细的产品 Backlog 思维导图。

如果项目干系人要求必须要大型策划案，怎么办？

极少数项目干系人（发行商和管理者）仍然相信大型策划案可以确保游戏可以准时做到高品质交付。他们之所以仍然坚持这样做，往往是因为对游戏开发商缺乏信任，毕竟，大部头的策划案可以让一些管理者有安全感。

建立信任的方法是创造透明度（请参见第 17 章）。邀请项目干系人帮助构建产品 Backlog 并一起进行维护。邀请他们参与 Sprint 评审会。

建立信任是需要时间的，而且，他们可能并不会马上就放弃对详细策划案的要求。

管理产品 Backlog

即使是大游戏，要保持可控性，产品 Backlog 的大小也绝对不能多达好几百个 PBI。实时游戏的 Backlog 应该更少一些（请参见第 22 章）。

Backlog 的梳理

进行 Sprint 后，团队根据游戏的进度来完善产品 Backlog。这是在 Backlog 梳理会上完成的。在会上，团队（包括产品负责人）要负责以下事项。

- 添加上次 Sprint 评审会中确定下来的所有新的 PBI。

- 将 Backlog 顶部的大型 PBI 拆分为较小的 PBI，以便能在下个 Sprint 中完成。

- 估计任何新的或拆分后的 PBI 的大小并更新预估 Sprint 目标（请参阅第 9 章）。

- 移除再也不需要或者已经失去价值的旧 PBI。

团队通常在梳理会议中包括 Sprint 计划第一部分中要完成的一些工作，例如讨论下个 Sprint 可能的目标。这可以减少 Sprint 计划会所需要的时间。

哪些人什么时候来参与梳理活动

Scrum 团队有权决定在什么时候什么地点做 Backlog 梳理。可以邀请所有人来参与梳理会议，但请记住，达到一定人数后，对话的效率会降低。

团队一般在 Sprint 评审会前后召开梳理会议。尽管在评审前完善 Backlog 可能缺乏来自项目会议的干系人的反馈，但团队通常了解自己的成果并意识到在评审前梳理 Backlog 可以节省更多时间。

邀请开发团队参与，非常有用。讨论 Backlog 如何排序以及如何创建

Backlog，有助于团队齐心协力进而做出更好的决策来达成 Sprint 目标。

产品负责人可以随时在 Backlog 中添加或删除 PBI。 Scrum Master 必须确保维护和共享产品 Backlog，以及确保产品负责人不至于忽视 Backlog。

产品 Backlog 的排序技巧

Backlog 中的 PBI 顺序决定着它们的开发顺序。它牵涉到成本、风险、知识和价值的平衡。

举个例子，虽然我们可能认为对玩家的价值可能是决定 PBI 顺序的唯一因素，但成本通常才是制约因素。就好比我真的好想买辆法拉利，但我的银行账户和妻子可能不允许我这么做。

常用于评估这些因素的技巧如下。

评估成本

通常，按特性成本排序对项目干系人最有吸引力，因为他们可以尝试使用数字（例如时间和人日等）来表示。

但是，评估成本并不像听起来那样容易。成本取决于与特性关联的风险以及负责实现特性的人员的经验和技术。

第 9 章将详细探讨评估成本的技巧和所面临的挑战。

评估风险

风险很难量化。在这种情况下，像其他难以量化的要素一样，相对顺序的变化（通常称为等级排序）很有用。风险矩阵图是实现此目标的宝贵工具。

风险矩阵是一个简单的工具。将确定好的每个风险区域分门别类地放在一个 2×2 的图上。然后，相对于其他风险，按风险发生的可能性及其对游戏的影响程度（成本或开发进度上的影响）进行排序（图 7.2）。然后，根据风险在图上所在的象限来排序。

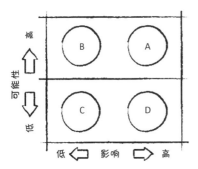

图 7.2　风险矩阵

图 7.2 中的矩阵中，A 区域中的风险是我们最需要关注的风险。这些风险可能像是"我们无法及时找到足够的优秀程序员来雇用和培训"这样的。接下来，需要关心 B 区域中的风险。留在 C 区域中的风险通常可以忽略。它们不太可能成为现实，哪怕成真了，造成的影响也将是极小的。

有了这一系列按影响和概率排序的风险，就可以创建一个计划来管理它们。第 10 章将探讨如何创建这个计划。

尝试事前尸检

事前尸检（Brown S.，Macanufo J.，2010 年所创，也称"失败预演"）[1] 是指游戏刚开始开发时就虚拟复盘。参与者坐上时光机，想象他们在游戏上市一个月后聚在一起。然后，他们描述游戏以及开发过程中出现的种种问题。这些场景用于填写风险矩阵图并在这些潜在问题发生前就提前做好预案。

实践

一小群人（5 到 9 人）聚在一起为游戏做一张海报。在海报的一边写下游戏的目标（类型、市场定位和主要特性等）并制定计划（关键日期、成本和团队结构等）。海报的另一边留出来记下"什么出了差错"。团队把便笺贴在这个区域，每个便笺写一个游戏开发或发售后出现的问题。

团队完成上述步骤（用时 30 ~ 40 分钟）后，一名成员向其他团队或项目干系人介绍海报上的内容。

---

① 译者注：可以参见《游戏风暴》一书。

技巧 / 提示

这里有一些小技巧可以帮助进行事前尸检。

- 如果海报上贴有很多"什么出了差错"的便笺，就请团队选出最有影响力的三个。

- 识别出目标和计划部分中有差异的领域。对产品负责人来说，可以趁此机会创建和讨论游戏的目标与计划，大家达成共识。

评估知识

面对未知，要想加深理解，最好的方法是做实验。针对原型，可以选择更实用的工具技术预研（Spike），这种限时的 PBI 可以限制团队在固定时间内做出可以用来做评估的原型。举个例子，现在要在两周内做出原型，用它来确定物理引擎是否支持可破坏的几何体。如果初步预研结果表明实现系统和工具有价值而且其成本和风险不太高，那么产品负责人就更有可能提高 PBI 的排序，开发全部特性。

评估价值

了解玩家的想法，可能是一个挑战，尤其是还想尝试预测更长远的未来时。虽然实时游戏可以用关键绩效指标（KPI）和频繁发布的内容更新来引导短期价值，但特性在中长期内的价值可能并不明确。以下工具有助于对价值进行分类。

卡诺分析

卡诺分析（Kano Analysis）模型将特性划分为以下三种类型。

- 魅力型：这些特性在其他游戏中很少见，甚至前所未有。它们将在市场营销活动中得到大力推广，它们会让玩家感到兴奋。例如，持续存在 / 可破坏的大型 MMO 环境。

- 期望型：这些特性不会让玩家感到惊奇，但他们仍然会喜欢这些特性。竞争对手可能有所有这些特性，但也可能没有，例如，第一人称射击游戏中的团队作战僵尸地图。

- 基本型：这些特性不是用于宣传的，而是玩家默认必备的特性。而这些特性的缺失会让玩家感到不爽，例如，保存游戏进度的存盘点（checkpoint）。

蝙蝠侠水准一样的质量！

"产品 Backlog 对确定特性排序非常有用，但排序并不一定与质量挂钩。但我们发现了一种方法，可以通过添加更多维度（客户影响和质量目标），从而用 Backlog 来衡量质量。客户影响用于确定用户故事的实现对最终客户有多大的影响，质量目标用于为每个质量级别设置一些期望和一致性。可以在三个级别上衡量客户影响。

- Minimum：故事的最简可行版本。

- Awesome：把故事做好，使其超出竞争对手或用户的期望。

- Batman：指让人刮目相看的、了不起的，毕竟是蝙蝠侠的嘛。

每个人都有自己对完成的定义，定义中确立了质量目标。这些度量标准足以在特定质量级别下查看完成的故事及其数量，并根据客户的影响来完成一定质量级别的定量故事。如果所有都最小化，就可以有很好的视野来审视全局。

拥有可以使质量目标更清晰的用户故事，就可以进行竞争性市场分析并做出更明智的范围决策。任何项目都不可能实现每个最高级别的用户故事。但同时这也是不必要的。有了可以衡量低影响力项目的客户影响，就有可能安全实现最简的版本。

在添加这些度量之前，可以将所有用户故事视为具有相同的影响力和质量。在整个项目中，可以做 Backlog 报告；使用对特性的客户影响和完成质量的度量，看清目前的质量。然后，可以对客户影响较高的项目加以更高的权重并算出产品的质量得分。使用这个方法有利于更好地界定范围，至少有更好的机会在适当的位置提供正确的质量。"

——布莱恩·格拉罕（Brian Graham），Playful Corp 产品开发主管

MuSCoW 分析

MuSCoW 分析将特性划分为以下类别。

- **Must have**：必须有的特性。如果移除这些特性，游戏注定会失败，

例如，主机上第一人称射击游的在线内容。

- Should have：可以移除的特性，但如果真的移除，会对我们造成影响，例如，老虎机手游的粒子效果。

- Could have：希望保留的特性，但即使移除也不会对游戏造成太大的影响，例如，在 Facebook 上公布游戏进度。

- Won't have：不会保留的特性，例如，一个小小的游戏角色跟随玩家左右并不断给他们提建议。

MuSCoW 分析法尤其适用于识别具有最少特性集的实时游戏的初始特性集。与卡诺分析相比，它的优势是可以明确界定项目干系人不会涉及的特性。

价值 / 成本排序

图 7.2 中的矩阵还能以成本为横轴和价值为纵轴来对 PBI 进行排序，如图 7.3 所示。我们通过四个象限对 PBI 进行排序：

1. 高价值，低成本

2. 高价值，高成本

3. 低价值，低成本

4. 低价值，高成本（不要在这种类型上浪费时间！）

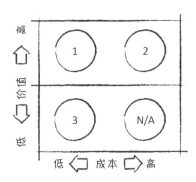

图 7.3　价值 - 成本矩阵

如何定义"完成"

团队承诺完成产品 Backlog 中的多个故事并在 Sprint 评审会议中证实它们已完成。然而，定义"完成"，也是一项难度比较大的挑战。针对"已完成"的含义，我们游戏行业有很多反面的例子，例如：

- "它在我的电脑上可以运行。"
- "在 Maya 中看着还可以。"
- "它可以编译。"
- "我注册了游戏资源。"

这些宽松的定义导致游戏开发过程中积累下不少的债务。让我们看看视频游戏中有哪些类型的债务、债务管理方式如何以及"完成的定义"可以提供哪些方面的帮助。

债务类型

《敏捷宣言》的作者之一沃德·坎宁安（Ward Cunningham）将技术问题（例如 bug 和可维护性差的代码）比作金融债务，两者的投资回报随时间的流逝而增加。[①]

债务导致游戏部署之前必须做完的工作持续增加。游戏开发过程中，有如下多种形式的债务。

- 技术债：bug 以及运行慢且难以维护的代码。
- 美术债：需要重做或改进的游戏资源，例如模型、贴图和音频。
- 设计债：未经验证的游戏机制正等着完全加入游戏以证明其价值。
- 制作债：游戏内容必须多到足以证明它有商业可行性（例如 12 到 20 个小时的游戏时间）。
- 优化债：为保证游戏目标平台上以可接受帧率运行而需要做的优化工作。

---

① http://wiki.c2.com/?WardExplainsDebtMetaphor

如果不加以管理，解决债务所需要的工作量将有无法预测的影响力，并会为了按计划上市而放弃关键的特性或游戏资源，造成员工密集加班和游戏质量下滑。

游戏研发债务

关于游戏研发债务，一个典型的例子是角色的创建。在真正知道我们希望角色要做什么之前或在知道角色预算之前，通常就已经开始对角色进行设计、建模、绑定和动画制作了。之所以这样做，是因为进度压力很大或者是有计划优化了在交付资源方面的专业分工。

结果呢，等到弄清楚希望角色做什么的时候，我们才意识到对绑定和动画的要求已经发生了变化，并且，不只是一个角色需要重新进行绑定和动画制作，而是有 20 个角色需要回炉重来。

在大量制作其余角色之前先演示其中一个，使其以我们希望的形式出现在游戏中，我们可以通过这种方式来避免类似的债务。如果角色制作进度是项目的关键路径，就优先考虑将它视为风险并传达指令，尽早消除角色预算和要求的不确定性。

管理债务

管理债务的好处是可以减少制作成本，避免密集加班，避免质量受到影响。说起来容易做起来难，交付时只看数量而不注重质量。在预估交付时间的时候，修复 bug、重构代码甚至迭代的间接费用，都不在我们的考虑范围内。必须将这项工作列为重要因素，留出管理债务的余地。

技巧／提示 我从来没有看到过有人会写这样的任务："下周三发现的 bug 需要花 5 个小时的时间来解决。

这项工作是新出现的，而且，还是开发团队和产品负责人之间建立并完善了质量标准之后才产生的。这个标准称为"完成定义（DoD）"。

每次 Sprint 后，产品负责人和开发团队都可以完善 DoD，这样的改进通常在回顾会中进行。

首次建立 DoD 时，先从基础入手。比如：

"此特性添加之后，不会导致游戏崩溃。"

> **技巧 / 提示** *不要在每个 Sprint 中都更改 DoD。每次更改都会影响开发实践，团队需要一段时间之后才能适应，探究完这些影响后，可能需要撤销某些 DoD。*

DoD 是根据不断增长的债务或新确定的债务领域而添加的。例如，如果添加新特性会周期性地降低帧率，那么团队可能会引入如下 DoD：

"游戏的帧率保持在每秒 20 帧以上。"

某些问题，例如帧率低，原因可能很难追查，但如果这个问题是在某项被引入之后马上出现的，我们就可以轻松找到原因。

> **说明** *我们的目标并不是消除所有债务。一定数量的债务是合理的。例如，原型不必预先就有产品级的代码或可部署的游戏资源，因为我们可能会将其中的大部分抛弃。你只是不希望 50% 的代码都是 "原型质量" 而已！*

开发团队的 DoD 和项目干系人的 DoD

DoD 是产品负责人和开发团队对努力和质量进行权衡和协商的结果。他们定义了两类 DoD，下面将对此进行介绍。

开发的 DoD

开发的 DoD 是开发团队的白盒（内部）标准，用于指导如何写代码和创建资源。示例如下。

- 所有特性都有足够的单元测试范围。
- 所有资源都符合命名标准和预算常规。

这些 DoD 由开发团队管理并在 Sprint 中对工作有指引作用。如果是多个团队共同开发游戏，请尝试统一开发 DoD，以确保整个游戏的质量始终如一。

> **说明** 开发的 DoD 在 Sprint 期间会带来额外的工作，与没有采用开发 DoD 之前相比，可能会导致引入游戏特性的速度明显减慢。然而从长期来看，这些额外的工作可以减少债务，因而也可以算是节省了时间（请参见第 12 章）。

项目干系人的 DoD

项目干系人的 DoD 是外部需求，通常称为"非特性需求"，其目的是满足市场和发行的需求。这些需求的例子如下：

- TRC / TCR 和应用商店的需求

- 平台需求

- 性能需求

QA（质量保证）和 DoD

开发团队负责确保 Sprint 中完成的每个 PBI 都符合 DoD。同时，团队也经常招募测试来帮忙确认，让他们在各种平台上跑游戏并在 Sprint 期间验证每一个 DoD。

我们就用这个方法来将共用的 QA 成员逐渐转为 Scrum 团队成员，更有效地帮助团队提高质量（请参见第 15 章）。

DoD 集

理想情况下，敏捷游戏项目在每个 Sprint 都应该是"潜在可部署"的。实时游戏确实可以部署。对于尚未进行首次部署的游戏，我们应该有一款可以玩的游戏，但有一些史诗级别的故事仍需改进的游戏在每个 Sprint 都向玩家展示价值。

因此，团队建立了 DoD 集，如图 7.4 所示。

	原型	内部演示	外部演示	上市
设计	故事板，受阻的关卡	第一遍	可上市的核心机制	整个游戏都可以玩
资源/UI	概念	代替资源，线框图	可上市的动画&纹理	UI流程
编码	抛弃	制作，单元测试完成	制作，单元测试完成	制作，单元测试完成

图 7.4 DoD 集合

每个集合都包含一组适用于史诗的成熟度 DoD。举个例子，我们可能有一组 DoD，需要原型史诗满足这样的验收条件，比如在 PC 上运行、不崩溃并且帧率合适。另一组 DO 包含史诗部署给玩家所需的 DoD。以下是一组简单的 DoD 示例。

- 原型已完成：验证潜在价值。资源的目的是演示，游戏也只在开发的 PC 上运行。

- 产品原型已完成：验证特性的价值并了解特性在载入前还需要如何完善。在目标调试平台上运行并低于可载入的帧率。

- 演示已完成：验证演示质量（90% 资源，不需要所有的 TRC/TCR）。目标帧速率和硬件资源预算要统一。

- 可载入已完成：准备载入。通过所有的 TRC/TCR 测试，并且没有内存泄漏。所有资源都已经打磨过。

在 Sprint 计划会期间，每个 PBI 可以分配不同的 DoD 集。例如，可能在对一个特性进行原型设计时着手准备另一个特性。

说明　将 DoD 发布给团队，让他们查看，可以在团队计划每个故事的目标时提醒他们。

面临的挑战

团队在产品 Backlog 中可能遇到下面这些典型的挑战。

- 包含任务：有时，产品 Backlog 看起来像是个大号的 Sprint Backlog，其中包含职能任务。产品 Backlog 旨在表现产品的商业价值，而不是开发工作。不然，产品负责人无法正确为它排序。

- 过多的 PBI：如果 Backlog 包含成千上万个 PBI，我们就不可能频繁地对其进行完善以跟上游戏开发的变化节奏。如果过早做出太多设计决策通常就会造成这样的后果。

- PBI 过于详细：PBI 只能作为对话的占位符。如果每个 PBI 都附有一个写满详细信息的大文件，可能就不会产生更多对话和交流。

失职的产品负责人

愿景，对产品负责人这个角色至关重要。无论使用哪种方法，如果愿景不适当或无法共享，大概率是做不出爆款游戏的。对任何项目来说，愿景都容易跑偏，敏捷项目也不例外。Scrum 团队的优势在于，产品负责人的远见卓识更加透明和明确。产品负责人的失职可以被迅速发现。团队需要沟通，Scrum Master 则让有远见的人员来负责促成沟通。

马特·达蒙呢，他人呢

　　我们的首批敏捷项目之一是《谍影重重》，改编自罗伯特·勒德伦（Robert Ludlum）的同名小说和马特·达蒙（Matt Damon）主演的同名系列电影。

　　我们的工作是根据第一部电影的情节制作一款游戏。这对我们来说是一个挑战，因为这款游戏要在发行下一部电影时使用以前从未用过的引擎在新一代游戏主机上发布。不仅如此，我们还从来没有做过任何第三人称动作冒险游戏。在我们看来，这个项目的风险相当大！

　　我们的项目干系人不懂 Scrum，因此，为了取得他们的信任，我们邀请他们的执行制作人之一担任游戏的首席产品负责人（请参阅第 21 章）。事实证明，这是一个重大的决策错误。

这位首席产品负责人并不经常来看我们团队是怎样开展工作的，所以，等他注意到产品Backlog的时候，描述了一款比《谍影重重》更接近于《分裂细胞》的游戏。然而，伯恩（Jason Bourne，剧中的主角）明明应该用他周围的物品（例如卷起来的杂志）来击败敌人，而不是用《分裂细胞》中的高科技小玩意儿。

不过呢，我们团队不以为然，只是不约而同地耸了耸肩，仍然埋头专注于搞定游戏技术和进度风险。

不幸的是，在游戏发行版中有一票否决权的勒德伦产业不会忽略这一点。事实证明，马特•达蒙也对参演这么一款游戏不感兴趣。

更不幸的是，我们的首席产品负责人并没有与这些重要的项目干系人进行过任何沟通。结果，勒德伦产业否了游戏，害得我们不得不重来，并且不得不争分夺秒物色新的主角。

错过了电影的发行，也没有马特•达蒙参演，最后关头的紧急改动影响到了质量，这几个因素扼杀了游戏有望取得成功的所有机会。从这位失职的产品负责人身上，我们得到了很多教训（本章稍后将介绍）。

在过去的十多年，我见过许多产品负责人的功能失调综合征。本节列出最常见的几种及其应对方案。

代理产品负责人

代理产品负责人是没有实权的，只是代表产品负责人而已。原因可能有很多，如下所示。

- 真正的产品负责人距离太远或太忙，无法做到每天与团队互动。

- 没有人能担当产品负责人的职权或责任，产品负责人只是挂了个名头而已。

- 产品负责人的角色由一组人来担当，而不是一个人，但他们只需要派一个代表与开发人员进行对话。

开发人员和决策者之间只要有额外的沟通障碍，就会影响到效率。产品负责人必须有决策权，并有义务确信自己的决定是正确的。代理产品负责人可能会导致团队因为缺乏共同愿景或决断力而表现出散漫的行为。

在业务方面，项目可能会缺乏透明度。不同的关注领域可能导致集成延迟和无法及时交流可能会影响到游戏好坏的各个因素。

代理产品负责人的问题可能很难解决，因为这个角色已经形成了文化，并且，如果转向单人负责游戏愿景和项目管理，会得到下面两个结果。

- 威胁到目前担任代理产品负责人的人。
- 产品负责人的岗位难补，因为很少有人既有远见，还具备项目管理能力。

产品负责人委员会

如果有多个平级的项目干系人希望合作参与 Backlog 的优先级排序，或没有人想出任游戏代言人时，可以考虑成立一个产品负责人委员会。

从团队的角度来看，这种安排极有可能导致功能失调。特性 PO 或团队通常不知道该去找谁，而且，委员会各个成员往往观点各异。在委员会制定的发布计划中，往往合并了委员会集体成员希望有的所有特性，这会导致发布周期很长。

示例：产品负责人委员会将徒手格斗列为游戏下一个发布的最高优先级史诗。开发团队邀请其中一名委员会 PO 参加团队的第一次 Backlog 梳理会议，并在会议中讨论了拆分史诗的设计方案。出席会议的委员会 PO 是艾米。艾米在讨论中强调，徒手格斗必须始终"看起来像电影"。接下来，团队就专注于避免动画衔接不流畅，添加了更多过渡。在第一次 Sprint 评审中，参加会议的是委员会 PO 丹，他抱怨说，战斗已经做得够好了，团队应该专注于动作机制，例如跳跃和奔跑。第三名委员会 PO 史蒂夫则认为，游戏的在线多人内容上需要多下功夫，团队应该多做做那方面的工作。

D12[①]

我和一款 MMO 游戏[②] 的 12 人产品负责人委员会合作过。委员会无法精简下一个扩展包的目标,因此,扩展包里必须要有所有他们想要的特性。结果,每个扩展包都得花一年时间才能发布,使游戏玩家大为失望。

解决方案是,开展"购买特性"这样的实践(Keith and Shonkwiler, 2018),通过这种方式减少扩展特性集,大约为六个月的工作量。

从"产品负责人委员会"过渡到"一个声音",首席产品负责人要解决的主要是消除多人负责制所带来的问题。如果看到一名成员的地位超然于其他成员,其他委员会成员可能会担心自己会失去影响力或威望。为了克服这些担忧,必须与委员会其他成员交流并说明首席产品负责人的职责(参见上文)。首席产品负责人经常需要接受培训,要包容,并且,委员会的其他成员也不会失去发言权。

筒仓产品负责人

筒仓 PO 与委员会 PO 的相似之处在于不是"一个声音",但筒仓 PO 更糟糕:这些 PO 甚至没有任何共同语言。他们着重于构建特性的基础设施,而非成果。筒仓 PO 通常是在筒仓或矩阵驱动的工作室引入 PO 的角色后产生的。这种工作室由策划、美术和技术分头领导。与产品负责人委员会一样,把产品负责人的头衔分配给现任的领导更容易,所以也很容易忽视"一个声音"的必要性。

筒仓 PO 的设置,会导致不同团队之间互掐,进而在游戏中留下很多坑。这可能会使不了解愿景的团队士气低落,因为无论是否共享愿景,如果优先级与愿景不匹配,也会造成工作成果与愿景不一致。

与委员会 PO 一样,筒仓 PO 也要推举出一个代言人。这也会引发对

---

① 译者注:原文 The Dirty Dozen,取意为 1967 年首映的同名战争片,中译《十二金刚》,俚语中指互不让步,不妥协。

② 译者注:指多人在线角色扮演游戏,比如《暗黑破坏神》《热血传奇》《魔兽世界》。

职位的担忧。

示例：手机游戏《齐柏林》有两个产品负责人，他们都是游戏工作室的创始人。其中一位是策划，另一位是程序。当时，有好几个团队在开发以第一次世界大战为主题的飞行模拟游戏，而《齐柏林》是这个小型工作室正在开发的唯一一款游戏。在策划和执行 Sprint 时，团队从两位产品负责人那里获得不同的优先级列表。策划 PO 希望尝试不同的机制并在 Sprint 计划期间将原型放在 Backlog 的顶部。面对邀请自己参加计划会议的团队，程序 PO 将减少技术风险的工作放在 Backlog 的顶部。

在这个例子中，两名创始人都在指导整个工作室具体工作的情况下，卸任 PO 角色的创始人可能会觉得自己受到了打压或威胁。作为教练，我提醒他注意，PO 必须与同事紧密协作，以保证对 Backlog 的优先次序做出最佳决策。假如设计师成为 PO，会忽视所有为降低风险而投入的技术性工作。这种情况表明，两位创始人之间的关系失调了。这是实例化"产品负责人"角色所暴露出来的真正的功能性失调。这个问题可能一直都存在，并从一开始就在威胁着工作室的游戏开发工作。教练可以让这两个人建立更好的信任和沟通并帮助他们解决导致问题的真正根源。

如果产品负责人有注意力缺陷……

我听有些 PO 声称："我们需要专注！"产品负责人有强烈的愿景是很棒的。然而，如果愿景每天都在变，就不那么棒了。一些著名的游戏策划因此而闻名。说什么有天晚上做了个梦，或者他们的猫做了什么有趣的事让他们灵光乍现，如此种种。接下来，他们开始在工作室中来回走动，新的想法让他们激动和兴奋，急不可耐，想要马上采取行动，让灵感照进现实。

充满热情是好事，尤其是这种热情还可以感染到别人的时候，但热情需要与专注于在游戏中体现出乐趣相结合。同时关注太多等到几个月后才集成的事情，会带来不该有的债务。

示例：差不多每个人都听说过《永远的毁灭公爵》[1]。它是热门游戏《毁灭的公爵 3D》的续集，由于一系列目标不断变化以及发行商也不断在变，导致这个游戏开发了 15 年之久。尽管这个项目没有采用 Scrum，当然，甚至也没有产品负责人，但这是一个很典型的极端案例，足以说明缺乏专注力会如何影响游戏的开发。迷途的团队浪费了大量金钱，最后项目干系人不得不取消了这个游戏项目。

重点不断在变，可能会对团队造成不良的影响。这可能导致团队成员之间脱离联系，因为无论参与程度如何，游戏的愿景总在变，干嘛要为它花太多心思呢？而且，改动所带来的紧迫感是不可持续的，会导致非常糟糕的决策（减少测试、重构、调整和改进）。

此外，在发布过程中及发布后，专注点的不断变化都会影响到团队的速率。

Scrum Master 需要介入，帮助产品负责人了解焦点不断变化对团队的影响。主要壁垒是，这种情况下产品负责人需要"有团队倾听"。他们可能将 Scrum Master 的干预视为对自己的权威发起挑战。因此，Scrum Master 必须注意，要确保自己了解产品负责人的想法，最好将其作为用户故事来认真对待。最好的时机是在 Backlog 梳理会议中。此时，产品负责人可以与一小群经验丰富的开发人员讨论见解以及开发影响和成本。还要在专注于当前 Sprint 目标的开发人员之间创建缓冲区，因为梳理会议期间做出的任何决定都只影响到下一个 Sprint。

如果这些不断在变的目标影响到了版本目标，就必须告知项目干系人。Scrum Master 必须确保让他们知道并和产品负责人讨论过。如此一来，参与决策过程的项目干系人就不太可能靠拍脑袋来做出项目决策。[2]

如果产品负责人目光短浅

据说，比尔·盖茨在 1981 年声称，640 Kb 内存足够任何人用了。没有一个愿景是完美的，但有时，恰恰是有远见的人最难信服。上市的

---

[1] 可以问任何参与制作《永远的毁灭公爵》的开发者。

[2] http://en.wikipedia.org/wiki/Development_of_Duke_Nukem_Forever

游戏很少与初始的详细策划案完全相似，因此，想象中同样详细和预设的愿景可能也反复无常。常见的结果是，由于没有考虑到游戏质量的不断变化，导致团队的参与度开始变低。

这种功能性障碍，我认为是"目光短浅"的产品负责人造成的。从依赖于策划案过渡到敏捷开发的游戏工作室，目光短浅的 PO 多得是。尽管有远见的人普遍承认繁复的策划案无助于共享愿景，但仍然无法适应敏捷的思维方式，这要求他们要做到下面几点。

- 经常与开发人员面对面交流。

- 团队要能够迭代不断发展，证实（或不证实）对愿景中的游戏进行迭代的能力。

- 产品负责人要能针对状况频发的游戏来评估愿景。

这导致了许多功能性障碍，如下面的例子所示。

示例：产品 Backlog 将成为实现愿景的必要组成部分和特性列表……总有一天。这让我联想到制造原型车所有零部件的事。先是制造化油器，然后是制造轮胎，等等。最后，所有零部件都造好之后，进入组装阶段。即使所有零部件都正确装配在一起，也很少能造出一辆功能强大的汽车。

游戏开发也会出现这样的功能性障碍。目光短浅的产品负责人，往往有以下症状。

- 下属（或职能）团队太多；例如：

  1. AI 团队

  2. 动画团队

  3. 策划团队

  4. 图形团队

  这并不是说下属团队全都很糟糕。它们通常是必要的，但如果游戏项目有太多职能化的小团队,通常会造成集成和知识的延迟(因而欠下债务）。

- 密集加班 Sprint（通常称为不太明显的冲刺），会出现大量的加班，速率低下，或者只是解决为了处理债务而创建的用户故事（重构，bug 修复，优化等）。如果大多数用户故事都不像是用户愿意花钱购买的特性，那么通常有充分的迹象表明 DoD 不到位、团队正在做大量的零散工作或者已经债台高筑。

- 没有明确愿景的团队或已经好几个月没有对齐愿景的团队，是很难全情投入工作的。大型游戏项目尤其如此。不清楚愿景，会大大降低团队的速率。

和所有文化问题一样，目光短浅是很难改善的。注重详细策划案的文化，很难一下子转变为频繁的交流和检查的文化。需要有一定的过渡。在缩减文档之前，产品负责人需要掌握沟通愿景的技巧和学习应对游戏新发状况的技能。首先，想办法改善 Sprint 计划、评审和回顾三大会议中的沟通问题。建立更好的 DoD，并以实际价值（例如"我们在 Sprint 结束时能玩到一款什么样的游戏？"）来描述 Sprint 目标以及设定好期望的游戏场景（在可以玩的游戏中）。Sprint 评审会上也可以传达这个信息。对团队来说，如果产品负责人能够优先参与交流游戏的玩法，他们做起游戏来也更简单。

有愿景总比没有愿景好，但必须根据实际情况及时做出调整。

如果产品负责人距离团队比较远

距离团队比较远的产品负责人可能有很好的游戏设想，而且还非常有创造力，但由于不在团队身边，所以对游戏的主导性不够强。对于分布式办公的大型游戏开发团队，这往往是最常见的一种功能失调。产品负责人分身乏术，只能在一个地方现身，不能亲自指导其他地方的团队。

示例：《谍影重重》的产品负责人就有这个问题。产品负责人遥不可及，团队陷入迷茫，项目干系人的声音也没有人可以明确传达。结果，双方只好依靠自己对游戏的揣测或者干脆不去想任何愿景。

如果游戏开发是由同一个工作室来完成的，那么另外任命一个产品负责人就可以解决这个功能性失调问题。这可能比较难，意味着现任这名远程产品负责人（尤其是对授权游戏而言）失去了影响力，但必须向远程产品负责人明确表示，他的影响力早已由于距离遥远而减弱了。还有一种解决方案是设一个开发端产品负责人，让他与远程产品负责人（我将其称为业务端产品负责人）密切合作。这样的关系适用于发行商和开发者，毕竟，许多营销和资金决策都是在远程的发行商那一端进行的。

开发端产品负责人负责产品 Backlog 并有决策权，但也能够与业务端产品负责人达成共同的愿景。业务端产品负责人有责任与本地的营销、授权经销商、销售、会计和执行项目干系人保持共同的愿景。

必须注意，开发端产品负责人不能成为代理产品负责人。

对于大型分布式团队，请参阅有关分布式开发的内容（第 21 章），了解如何避免远程产品负责人功能失调的建议。

成效或愿景

什么样的产品 Backlog 才算好呢？

- 任何团队成员都可以轻松查看

- 包含的 PBI 清楚阐述了工作的动机和价值

- 包含的 PBI 不超过 200 ～ 300 个

- 定期优化

- 由"一个声音"来排序：产品负责人

好的产品 Backlog 可以体现出项目干系人和开发团队等共有的游戏愿景。它是唯一一个有顺序的工作清单，不是从项目一开始就定下来的策划案衍生出来的多个分散到各个职能去完成的工作清单。

放弃产品负责人这个角色吧

CCP Games[①]是《星战前夜》的开发商和发行商，成立于1997年。2009年导入敏捷和 Scrum 之后，CCP 的《星战前夜》团队就有了一个相当成熟的组织结构。一个重大的调整是取消了产品负责人的角色，由团队自己来负责。《星战前夜》的前任执行制片人安迪·罗杰伦（Andie Nordgren）描述了这个转变过程。

人们普遍认为，敏捷实践不能改，而且工作流主要侧重于优化，而不是克服挑战后形成更好的工作流——和 Scrum 差不多，策划、开发和 QA 组成跨学科团队，在开发游戏的过程中齐心协力交付游戏价值，每月一次敏捷发布火车和中间穿插有补丁。

对跨学科团队进行投资，是我们想要始终坚持的方向，当时，领导和管理方式的问题对这些跨学科团队造成了很大的破坏。当时，团队已经跨职能工作很长一段时间了，但人员管理仍然采用的是按工作角色分配的矩阵结构，工程、制作、策划、美术和 QA 各部门都有自己的经理。每个专业方向都有一个主管，每个团队都有一个产品负责人，一个制作人往往要担任一到三个团队的产品负责人。团队的、专业方向的以及个人的实践，夹杂在一起，破坏性极大，阻碍着团队取得良好的表现，主要是因为这些团队中有太多人吩咐他们该做什么了。而且，产品负责人也很难找到合适的。

最后，产品负责人成为"斜杠的"制作人，能够轻松处理 Backlog 中涉及制作的工作，能够管理好和干系人之间的关系，但因为不了解用户和游戏而无法真正独立做出产品决策，或者，产品负责人成为策划，能很好地评论游戏特性，但就是没有时间做，因为他们（基本上）都在忙着管理 Backlog 和项目干系人。无论是制作人／产品负责人，还是策划／产品负责人，团队通常都会无端成为双重身份型主管的受害者，部门主管和产品负责人，因为按照 Scrum 的规定，这些人有权决定团队要按什么顺序完成哪些工作并在实践过程中充当团队的代言人参与许多重大的产品讨论，事实上，真正了解产品的就只有团队。挫败感无处不在。

在意识到我们需要一个结构来支持整个团队而非个人之后，我们进行了变动，新设立一个开发经理的角色来负责团队的人员配备、

---

① 译者注：位于冰岛，创始人为 Reynir Harðarson 和 Ívar Kristjánsson。

流程和工作实践以及团队承诺交付的工作成果。从用户价值的角度来看，这些开发经理的领导力体现在支持团队上，为团队提供合适的资源和流程，帮助团队实现他们想要交付的用户价值。

关于产品的所有权，我们决定整个儿移交给团队，让团队来担当起产品负责人的职责，我们要求每个成员都向上一步，负责各自的工作及工作流程，工程师、QA、策划还有美术，大家齐心协力，在开发经理的流程支持下定义和构建游戏特性。产品责任不再由团队以外的个人来承担，而是整个团队的责任。为了达成共同目标，团队中每个成员都不可或缺，都是向玩家交付价值的关键组成。比如在游戏机制特性团队中，以往负责主导游戏内容的策划，现在再也不会为管理 Backlog 发愁了，因为有开发经理为他们提供支持。

团队有了一种新的责任感，同时也被赋能，有了更高的自主权。一旦意识到可以真正自由地安排自己的时间并可以对其他团队做出承诺，一种崭新的团队协作油然而生。但是，不同团队之间的协调和合作也变得困难了，因为团队不想与其他团队产生太多依赖关系，因而不愿意要求其他团队为自己做事或主动为其他团队做事。最后，我们为此引入了一些更明确的跨团队规划和认领流程。还有一个要解决的问题是，团队中缺少合适的人选，所以大量任务通常还得由产品负责人来执行或者接管。要放弃产品负责人的角色，团队还需要有合适的人或有更强的数据分析和用户研究技能。

就娱乐产品来说，认识到用户喜好的不确定性，这样的转变再结合通常不能直接问玩家想要什么的事实，造成了一种产品开发环境，在这种环境下不太适合只让一个人为所有客户需求代言。在这种情况下，产品所有权从个人转移到合作交付用户价值的整个团队来负责，可能更合适。"

小结

采用产品 Backlog 之后，最大的文化挑战是从事先计划切换到随机应变，从事先写好详细的策划案，转为小步迭代根据更多的认知来解决问题。尽管项目干系人很高兴能从文档中看到所有游戏特性的详细说明及其实现细节和成本，但这些通常都只是猜测。面对不确定的特性，在缺乏认知的情况下，这样的猜测往往都是错误的。

已知的，我们可以记录在案，但未知的，不确定的，没有人可以妄下断言。不确定性只能通过行动来消除。我们需要聚焦于让团队向目标看齐并展开紧密的合作，齐心协力找到一条能够达到最佳效果的最佳路径。

拓展阅读

Cohn, Mike. 2006. *Agile Estimating and Planning.* Upper Saddle River, NJ: PrenticeHall. 中译本《敏捷估算与计划》

Gray, D., S. Brown, and J. Mancuso. 2010. *Gamestorming: a playbook for innovators,rulebreakers, and changemakers.* CA: OReilly. 中译本《游戏风暴：硅谷创新思维引导手册》

Keith, C., and G. Shonkwiler. 2018. *Gear Up!: 100+ Ways To Grow Your Studio Culture, Second Edition.*

第Ⅲ部分　敏捷游戏开发

第 8 章

用户故事

游戏开发最大的挑战是沟通，而沟通最大的问题是语言。项目干系人（stakeholder）往往在商言商，三句话不离本行。成本和客户价值往往影响着他们的世界观和沟通方式。

我们搞游戏开发的，说话的方式和内容则不一样。话里话外总离不开自己的专业。程序员讲得最多的是数学、代码和算法什么的；游戏策划开口闭口就是开发节奏和回报；美术挂在嘴边的多半是多边形的颜色、纹理和光照。这些的行话彼此间互不排斥，但如果游戏团队需要对游戏目标达成共识，用这样的行话进行沟通，无异于鸡同鸭讲。

解决方案是让参与开发的人像项目干系人那样说话。我们不能指望项目干系人能说开发人员那样的话（尽管许多项目干系人通常也熟悉这些行话）。就商业而言，客户语言必须是通用的开发语言。为此，我们必须确保项目干系人和开发之间——甚至不同学科的开发之间——都用这个通用的开发语言来进行关键的沟通。

这正是用户故事的妙用。用户故事简要描述了对用户有明显价值的游戏、工具或管线 [①] 的特性（feature）。如果这个特性指的是工具或管线，那么用户就是使用这个工具或管线来制作游戏。

---

① 译者注：pipeline，又可以称 "流水线"。比如渲染管线，一般的引擎流程是 CPU 把要渲染的东西整理好排序，然后交给 GPU 渲染，这个渲染就是用渲染管线来完成的。渲染管线内部有自己的流程，比如不同的 shader 在什么时候起作用。

在此之前，我们一直用特性、需求和 PBI 这样的术语来定义我们要开发的东西。本章引入用户故事来替代这些术语并描述如何创建优秀的用户故事。

语言障碍

许多年前，我们工作室负责把《生化危机》移植到 Nintendo 64。把这样一款有许多过场动画的 CD 游戏移植到更小的卡带上非常难，但更有挑战的是和卡普空 [①] 派来的日方项目干系人进行沟通。

首先，对他们来说非常重要的是玩家的操作必须得到即时响应。当手柄移动时，他们希望屏幕上的角色也能立刻移动。不知道为什么，我们当时误解了他们的需求，于是一直在添加动画融合什么的，导致响应速度略有降低。做了几个月的无用功之后，我们被一位卡普空制作人用日语吼了一通，而可怜的翻译一直在旁边试图跟上他的语速翻译给我们听。

交谈中发生的第二个也是最糟糕的错误是游戏的内测版本。这款预期圣诞季上市的游戏，时机很重要，而我们以为自己确实做到了。不幸的是，我们对内测版本的定义（游戏中的所有功能都在，但尚未完全调试和优化）与他们定义为完全调试和优化过的内测版本不同。显然，这两个定义在不同的文档中，并且实现从未进行过任何核对。结果，我们错过了圣诞节的发版，再一次被制作人用日语吼了一通。

本章提供的解决方案

本章介绍视频游戏开发中常见的沟通问题，并引入用户故事作为解决方案。虽然不能完全替代所有文档工作，但用户故事可以为沟通问题提供以下解决方案。

[①] 译者注：日本电子游戏开发商与发行商。创办于 1979 年，最开始制造街机。现在，日本、美国、欧洲和亚洲都设有事务所，公司目标是"通过游戏创造'游戏文化'，成为带给大众感动的'感性开发企业'"。

- 它可以传递商业价值，使项目干系人可以很好地和开发进行沟通。

- 它可以促进所有跨团队的保持对话，效果好于单纯的文档。

- 它是分层级的，可以对即时和需要加深理解的工作进行细化。

- 它允许特定标准下的测试。

什么是用户故事

用户故事（Beck 2000）的目的是向客户陈述特性的价值和引发相关的讨论。确定各个特性的价值并结合敏捷开发在整个项目过程中都演示特性价值这样的优势，可以得到强大的特性组合。用户故事从用户而非开发者的角度来表达游戏的需求。他们不需要完整描述设计细节。故事的目的是引发对需求细节的充分讨论。用户故事所遵循的模板是由团队和项目干系人共同决定的。Mike Cohn（2004）[①] 推荐的是下面这个模板：

作为一名 < 用户角色 >，我想 < 目标 >[以便 < 理由 >]。

这个模板包括以下内容。

- 用户角色：可以是游戏的玩家，也可以是工具的用户，等等，他们都是故事的受益人。

- 目标：故事的目标，可以是游戏、工具或管线的一个特性或功能。

- 理由：使用该特性或功能时，玩家或用户所获得的好处。

故事模板中最后的"[以便 < 理由 >]"是可选的，如果理由很清楚，我们往往也可以选择直接忽略。

下面是用户故事的一些例子。

- 作为一名玩家，我想要一个静音按钮，以免总是被其他在线玩家打扰。

---

① 译者注：中文版《敏捷软件开发：用户故事实战》，该书是敏捷开发的经典著作，是思特沃克（Thought Works）BA 岗面试的指定参考用书。

- 作为一名动画师，我想在不重启游戏的情况下直接修改动画，以便能够快速调整动画。
- 作为一名道具建模师，我想在导出道具模型的时候检查命名规范，以免道具模型名称有误而导致游戏崩溃。
- 作为一名玩家，我想看到自己的健康值。[①]

详细程度

团队在每个 Sprint 要完成一个或多个用户故事。这些用户故事必须小到足以安排到一个 Sprint 中全部完成。倘若我们在《走私者大赛车》开发过程中使用故事，最初就可能需要下面这样的故事：

> 作为一名玩家，我想看到一群动物在游戏场景中游荡，
> 使游戏看上去更真实、更生动。

随着优先级的提升并付诸实现，这个故事又被拆分为若干个更小的故事，如下所示：

> 作为游戏中的一个动物，我想跑，离车辆远远的。

我们不想在项目一开始就把每个大型特性统统拆分为适合 Sprint 大小的小故事。这样会产生太多太多小的故事，导致 PO 管理失控。我们要让优先级来决定每个特性的拆分时间。高优先级的故事更早细分，因而在计划会议上被细分为更小的故事。太大而无法在一个 Sprint 中全部完成的用户故事，可以称为"史诗"（epic），比如前面提到的一群动物的故事。有些时候，大量有关联的故事会集中在一起形成一个主题（theme）。主题对估算用户故事的总工作量是有好处的。

> **说明** 一些项目需要的范围级别甚至高于史诗，称为神话故事（Saga）！

用户故事、史诗和主题可以拆分为更小的用户故事。在图 8.1 展示的例子中，一个在线史诗被拆分为更小的故事。

---

① 我想看到自己的健康水平原因很明显，因而不必在此陈述理由。

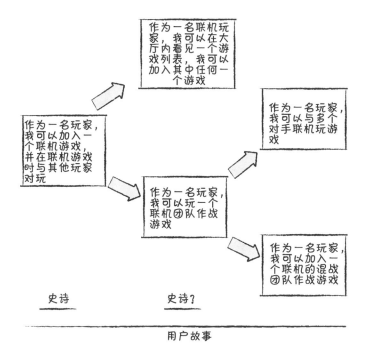

图 8.1　一个史诗被细分为更小的用户故事

在这个例子中，项目干系人确定了游戏大厅和联机游戏这两个联机史诗故事。他们把玩游戏这个故事进一步细分为多个团队作战故事（Death-Match Story），像这样的故事细分贯穿于整个项目。Product Backlog 可以视为一个可变的用户故事层次化结构。随着我们越来越清楚游戏的乐趣，分支会越来越详细或越来越精简。

接收条件（CoS）

有时候，我们希望在一个小故事中加入某些特定的细节。

让我们以下面的故事为例：

> 作为一名玩家，我想射击敌人并想看到他的反应，以便知道他是在什么时候被击中的。

如果这里还有一些细节有待确定，项目干系人和团队会将这个故事拆为更小的故事，如图 8.2 所示，以便加入更多细节。

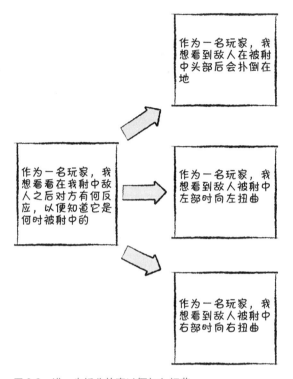

图 8.2　进一步拆分故事以便加入细节

但是，如果最初的故事已经小到足以在一个 Sprint 中全部完成，就没有必要像前面这样拆分。另一种方法是用 CoS 来列举更小的故事，如图 8.3 所示。

这种工具非常有用。CoS 可以帮助团队理解每个用户故事的最终目标，并且避免在 Sprint 评审会议中交付错误的特性。

CoS 必须可以测试。团队通过运行游戏来检验是否满足 CoS，并确保描述的行为都是存在的。

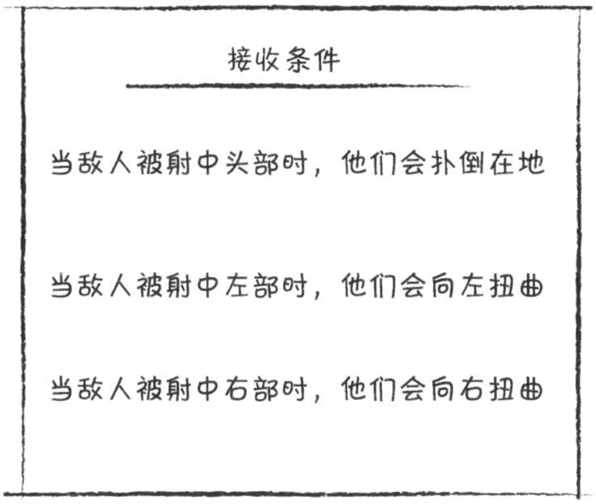

图 8.3　加入细节作为接收条件

为用户故事使用索引卡

作为一个一个的任务，用户故事通常以 3×5 大小的索引卡来体现。基于下面几个原因，这些卡片可以很好地处理用户故事。

- 卡片的尺寸制约着故事的细节程度。我们不想让故事成为一个庞大的文档，里面包含所有必需的设计细节。一张小卡片可以防止出现这种情况。

- 在各种合作模式下，比如如每日 Scrum 站会和计划会议，团队都可以方便地动手运用这些卡片来进行操作（分类、编辑、替换及通过）。

- 卡片背面的位置和大小都非常适合列出 CoS。卡片大小的限制再一次防止了 CoS 被详细列出，从而可以确保故事的可协商性。

亲身经历　遵守限制条件确实很难，即使是在受限于索引卡尺寸大小的情况下。一开始，我们用超小字号来打印索引卡或将 10 页文档装订到索引卡上，通过这种方式在卡片上补充大量文字信息。我们的教练最后不得不提出限制，要求我们只能使用马克笔在索引卡上写用户故事。

用户故事的 INVEST 原则

一个好故事是怎么写成的呢？ Mike Cohn and Bill Wake（2003）建议用 INVEST 原则，这几个字母代表一个好故事需要具备以下五个特征：

- Independent 独立的

- Negotiable 可协商的

- Valuable 有价值的

- Estimatable 可估算的

- Sized appropriately 大小合适的

- Testable 可测试的

独立的

为了便于实现，不同故事之间要相互独立。依赖关系会带来一些问题，使其很难区分优先级和进行评估。比如，假设有下面两个故事：

> 作为一名玩家，当我射中一扇门时，它会分裂成数百块木头。
>
> 作为一名玩家，当我射中一扇窗时，它会碎裂成数百块玻璃碎片。

实现这些故事的时候，如果还没有技术可以做出这样的特效，就需要先并行开发一些基础技术。因为两个故事看起来非常相似，所以工作实现上不会有太大的差异。实现的第一个故事中固有的依赖关系并不会使之变为可能。有两个步骤可以解决这个问题，第一步是将两个故事合并为一个大的故事：

> 作为一名玩家，我想射中某些物体，它们会分成很多块。

这样，门和窗都变成 CoS 中的两个条件，在合适的时候把这个大的故事安排到某个 Sprint 中完成。但如果这个故事在一个 Sprint 内完不成，我们就要拆分这个故事，首先，把它作为一项基础技术来开发：

> 作为一名策划，我想射中某些物体，它们会分成很多块。

其他两个故事为门和窗制作效果：

> 作为一名玩家，当我射中一扇门时，它会分裂成数百块木头。

> 作为一名玩家，当我射中一扇窗时，它会碎裂成数百块玻璃碎片。

在完成前面第一个策划的故事之前，这两个故事是不能实现的。不过，这种依赖关系现在没有了，它在这里已经被优先实现了。

> **说明** 需要注意一个关键的差别，第一个故事中的用户是策划，而第二个故事中的用户是玩家，但策划会在第一个故事的基础之上完成第二个故事。这就要求团队在实现第一个故事的时候就要聚焦于设计的需求，包括实现一个调整系统的界面，而玩家是不需要这些的。可以参考第 12 章对"车库地板上的零件"问题的描述。

可协商的

故事本身是并不能确定和详细描述需求，它是项目干系人和团队进行交流的工具。过于详细和明确的故事，无法引起有想象力的讨论，因为所有细节都已经明确，不需要进行任何交流。举个例子，考虑以下故事，我们来看图 8.4 中的故事。

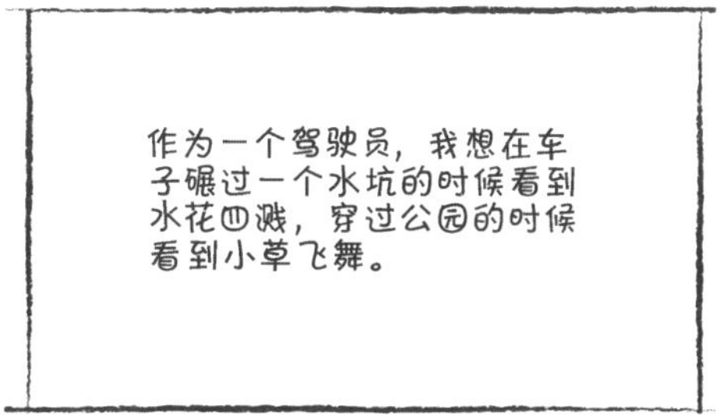

> 作为一个驾驶员，我想在车子碾过一个水坑的时候看到水花四溅，穿过公园的时候看到小草飞舞。

图 8.4 一个没有协商余地的故事

这个故事中的细节可能没有如此简单。客户似乎忘记了轮胎经过这些表面时产生的效果？他们是否希望未来要有更多的效果？他们是否愿意根据物体表面的属性来改变车轮的摩擦呢？图8.5是这个故事更好的版本。

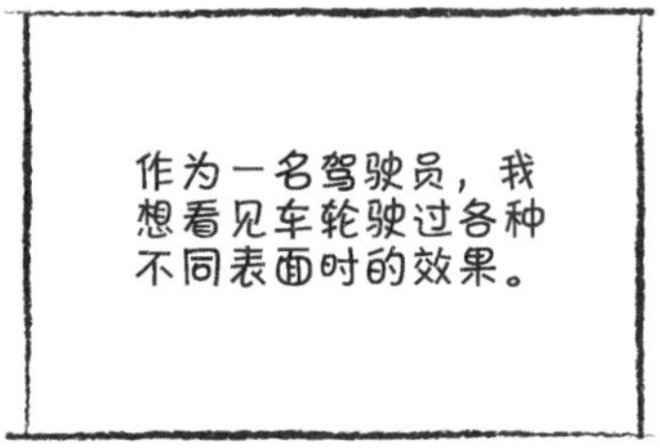

作为一名驾驶员，我想看见车轮驶过各种不同表面时的效果。

图8.5 一个更好的故事版本

这个故事更适合用来展开谈话。它可以引发谈话。如果项目干系人想要确保展示出这些效果，水的喷溅和草皮分离这两个要求就可以作为满足条件加到故事卡片的背面。

> **说明** 故事如果太详细但又有需求被遗漏，那么，只重视完成"规定任务"的团队是不会仔细检查是否会有遗漏的。可协商的故事可以使任务完成得更好，效果更好。

激发团队的创造力

可协商的故事使问题可以从需求上升到目的，使团队中的每个人都可以参与讨论需求。想到可能会有几百万人爱上自己想出来的特性，你会备受鼓舞的！

有价值的

故事不仅要和玩家交流价值，还要与开发和发行游戏的团队交流价值。价值，是PO对Product Backlog中用户故事优先级进行调整的依据。不能体现价值的故事很难判断优先级。考虑下面这个故事：

> 将环境中的刚体逐一进行分类，然后加入此类专属的对象池中。

虽然这个故事不具备能和玩家或者工具用户交流的价值，但它可能有很大的价值。在这个例子中，负责物理引擎程序员可能会要求实现这个故事，以保证游戏可以以每秒 30 帧的帧率运行，如果是事实，这个故事就可以写成能向玩家体现价值的方式：

> 将环境中的刚体逐一进行分类，然后加入此类专属的
> 对象池中，以达到 30fps 的帧率。

你可能会注意到这个故事中缺少用户，因为受益的是玩家和开发人员。的确，比起游戏只能在此一半的帧率下运行，30fps 的帧率显然体验更好。

可估算的

故事需要可以进行估算。这就需要了解我们要构建哪些内容，了解我们是如何构建的。如果了解的信息不够或故事的范围太广，我们就不能进行准确的估算。

故事还有助于拓宽我们的知识边界，不只是技术实现，还有需要的工作量。比如下面这个故事：

> 作为一名玩家，我想打翻一堆箱子，以便阻止 AI 玩家
> 向我靠近，让我可以逃离紧急状况。

这个故事对程序员来说存在下面两个问题。

- 物理引擎可能不支持堆得稳的物体。
- AI 导航系统可能"看不见"动态物体，比如环境中的箱子。

实现这个故事很简单，但也可能需要耗时几个月。为了减少风险，我们要引入一个故事来探究竟这些风险。为了保证我们没有开空头支票，这个故事必须有时间限制或投入这个故事的成本有限。这类技术预研故事的目的是进一步了解实现主要故事所涉及的成本。在技术预研之后，PO 和团队会进一步了解实现整个功能需要多少成本。

技术预研与曳光弹

技术预研（spike）对视频游戏开发很重要。这一类游戏故事有时间限制。之所以重要，是因为技术预研表述的是极不确定的场景，并且，它们的唯一目标就是创造知识来帮助 PO 评估其他故事需要多少成本。比如，PO 会如下定义技术预研：

> 作为一名 PO，我想看到实验模型视频，以便了解我们的飞行机制在 iPhone 上的表现。

PO 可能只愿意花一个 Sprint 或更少的团队时间来查验。在这个例子中，他们在开发 iPhone 飞行技术之前就想知道某一个机制在 iPhone 上的表现。技术预研结束时，团队分享新获得的知识。如果 PO 决定进一步查验，可以另外做一个技术预研。

技术预研也被称为"曳光弹"（tracer bullet）。在战事中，这是一种特殊的子弹，它们从枪中发射后会留下一条发光的痕迹。每隔 10 或 20 颗子弹，就有一颗曳光弹。这些曳光弹可以帮助枪手看清其他子弹的发射方向。技术预研之所以被称为"曳光弹"，是因为它们可以为随后的工作指明方向，或者发现方向不对，就不宜再继续。

大小合适的

故事到最后，要小得足以适合在一个 Sprint 中全部完成。如果太大，就需要进行拆分。

一组小故事可以合并为一个更大的故事，作为一个主题，更容易管理。比如最小的漏洞修补和完善 Product Backlog 中的任务。我们不需要追踪和预估限时一个小时完成的小故事。

技巧/提示 有个小窍门，在每个 Sprint，团队都可以将所有小任务集中为一个单独的技术预研并在一个固定且可预测的时间内专注于游戏。随着时间的推进，Sprint1 一开始时就把这些任务加进来，因而不再需要技术预研。

可测试的

写用户故事并在 Sprint 结束前进行检验。没有这个步骤，团队就不能确定是否满足了项目干系人的需要。最好用写在索引卡背面的满足场景来定义测试。一些故事的核对工作还需要审批。

看看下面这个故事：

> 原型枪法很有趣。
> 老板角色模型是完整的。

这两个故事都还有待解释，在这个例子中，团队要有主策划或主美分别宣布模型级别结束。CoS 确定了什么时候需要批准。有时，团队在任务板上"进展中"和"已完成"两列之间加入一列"待验证"。这对所有认为只有领导宣布结束才算是完成的故事来说，就是一个保持阶段。如果一个团队中有许多主题故事或任务，就可以采用这种较好的解决方案。

不可能的用户故事

有一次，我收到一个用户故事，内容是"作为一名玩家，我希望在按下跳转键之前的半秒钟将游戏视角切成侧面，以便可以看到自己跳跃的电影效果。"直到今天，我仍然不知道这个功能应该怎么实现！

用户角色

大多数游戏都为购买游戏的玩家提供了有难度的关卡，游戏中往往会设计几种不同难度的关卡来增加游戏的重复可玩性，也为玩家提供一个可以施展和提高技能的空间。难度等级是通过调整游戏内容来区分的，例如，敌人的数量或者武器的伤害值。

更广泛地考虑玩家并进一步强调他们的角色，可以为游戏带来很多好处。举个例子，想想热门游戏《战地》系列，玩家可以选择特定的角色。可以划分为下面的角色：

- 突击队：装备有近距离搏斗的突击武器和手榴弹。

- 狙击兵：装有高火力的狙击来复枪和瞄准器，可以用来进行精准攻击。

- 工程师：有火箭筒和地雷，还能修车。

- 特种部队：装有轻型自动武器和 C4 炸药，可以溜到敌后防线瓦解对手。

- 后援部队：手提重型自动武器和一部无线电，可以召集粉碎性攻击。

这些专业领域需要玩家有不同的动作。在项目收尾时再加进这些角色是很困难的。需要在产品原型开发期间就同步开发，因为这些角色设计对关卡设计有影响，所以要在项目开始之前就加。

有了用户故事，就可以明确定义了角色及其相关属性。最好用故事模板来区分用户角色。对于下面这个说法：

> 作为一名玩家，我想要一枚火箭筒，以便我可以炸坦克。

可以用下面这个故事来代替：

> 作为一名工程师，我想要一枚火箭筒，以便我可以炸坦克。

这有什么区别呢？虽然只是角色描述不同，但这是判断价值和优先级的一个重要条件。对于普通的玩家，反坦克火箭是一种很重要的武器。然而，对于工程兵，这恐怕是最重要的武器，因为他们的存在就是为了对抗坦克。没有什么事情比得上爽快地轰飞坦克。对于狙击手，反坦克火箭没有用，因为狙击手通常是在反坦克火箭射程以外的地方进行攻击，况且，火箭弹长长的烟雾轨迹会暴露狙击手的位置。

即使游戏不涉及这些专业领域，在开发早期对不同类型的玩家进行自由讨论仍然会有很多价值。哪些人会来买你的游戏呢？你希望游戏不仅能吸引核心玩家还能吸引普通玩家吗？如果是，它会帮助你在一些用户故事中认清"普通玩家"角色，它会引导你得出许多小决定，比如，提供选项来简化控制或加入更多关卡，使随意而来的普通玩家不至于很失落。

用户角色还适用于管线和工具的用户。管线故事和工具故事必须能体现价值和游戏故事。它可以帮助 PO 更好地排列故事的优先级。比如，如果动画制作是项目的瓶颈，PO 就可以提升表达动画管线这个故事的优先级。最理想的方式是让这些故事的开头采用"作为一名动画师，……"这样的句式。有一个例子：

> 作为一名动画师，我想让动画输出最优化，以便我可以创造和测试更多的动画。

什么时候对用户故事说"不"

虽然用户故事在某些方面很好用，但也不要滥用。将用户故事用于修复 bug 或更改资源，这样做没有意义。还有，我们真的有必要定义哪些用户不希望游戏崩溃吗？

收集故事

在 Product Backlog 中收集故事是一个贯穿于整个开发阶段的持续过程。在敏捷项目开始时，团队和项目干系人收集足够多的故事，包含所有已了解的主要需求（"史诗"）和足够详细的故事让团队开始迭代。

对于敏捷项目，故事的收集不只是几位领导的责任。有很多方法可以用来收集故事，包括市场研究和焦点小组问卷，但对游戏开发来说，最好的方法是故事收集研讨会。

故事收集研讨会可以使项目干系人和团队聚在一起自由讨论游戏的用户故事。PO 负责引导研讨会并邀请每个可以提供想法的人。

参会者探讨游戏的目标和约束，第一次研讨会尤为重要。如果游戏名称要与许可证绑定，代表许可授权的客户就要描述哪些东西可以在游戏中出现，比如不要让一辆有牌的车着火。发行商分享游戏的主要目标，包括产品在他们投资组合中的位置、发行日期选择和目标用户统计。还需要探究用户角色。领域专家讨论风险和机遇，比如，主策划可能会发现关卡设计团队的优势与不足，这些关卡设计团队往往需要和其他的团队互动。

> **说明** 这些要点中，很多都不会帮助你直接产生用户故事，而是放在一个"停车场"中，有时间的时候再进行详细的讨论。

在第一次研讨会上，大的"史诗"故事都将被识别出来。有个第一人称射击游戏的"史诗"故事如图8.6所示。

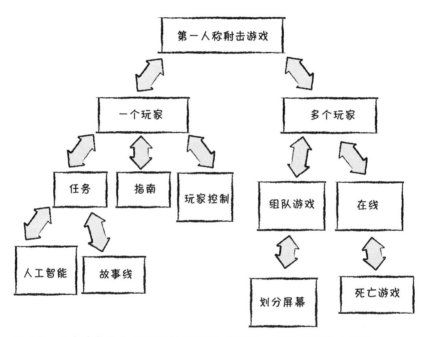

图8.6 在交流游戏全景时确定"史诗"的层次，这是非常有价值的

故事收集研讨会需要为下一个发布收集足够的故事细节，这就要求PO确定故事的优先级并围绕着团队的工作量和能力展开讨论。针对我们的FPS游戏，PO确定在未来3个月中重点聚焦于两个最有价值的领域，分别是玩家控制和AI这两个史诗。如果团队也确定有必要完成这两个领域的工作，那么研讨会将集中精力将故事拆分为足够小的故事，甚至细化到任务级别。研讨会上被拆分得更小的史诗，分支上的故事也逐渐变得可以在一个 Sprint 内完成。图 8.7 展示了如何将玩家控制拆分为更小的史诗。

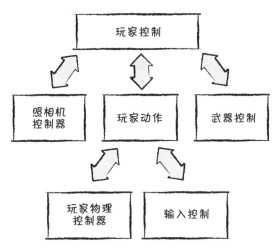

图 8.7　小型"史诗"

团队和领域专家要在研讨会上说出自己的想法，这一点非常关键。比如物理引擎会引发玩家控制器的开发，这样的问题就应该在研讨会上讨论，以便引发对物理实现问题的讨论。

徒手格斗系统

我做过两个徒手格斗项目。第一个游戏是一个非常受欢迎的格斗游戏的续集，是另一个工作室开发的。徒手格斗游戏项目所遭遇的困境——四年多非人的开发岁月——就是徒手格斗系统的复杂性所造成的。

徒手格斗系统的挑战是，做出响应的玩家控制器和平稳的无缝动画进行恰当的融合。最开始，选择游戏方法的时候，基本上只考虑了物理因素。动画带动动作，直到发生碰撞。碰撞所产生的力量再控制角色的动作。这是一个非常有雄心的系统，允许做出弹性变动和较大程度的玩家控制。不幸的是，它没有考虑到好看的角色动作。在花大量心血让这个系统能够工作后，团队又重新开发了这个系统，最终用一种完全基于动画的方法解决了问题。发行商希望在续集中继续实现物理机制，但经过几个月的实验，我们无法提供更好的方法，这个项目只好取消了。

　　基于先前的经历，我在另一个有徒手格斗系统的游戏项目中参加故事研讨会时，发表了一些关于技术方法的意见。PO介绍了游戏功能并告诉我们这项功能最重要的价值就是有趣和好看。讨论到最后，稍微提了一下物理驱动的方法。根据我从上个项目中吸取到的教训，我能详细描述可能产生的问题。动画、程序和PO听过之后，认为风险和成本都不足以证明物理方法的正确性，于是便将关注点转移到动画驱动方法上。

　　这个小小的例子说明了一点：在故事研讨会上，跨学科团队阐述每项功能的想法和潜在设计所带来的的影响是很有帮助的。大多数情况下，项目团队都不会讨论这种影响，因而可能导致项目最终误入歧途。

拆分故事

将史诗拆分成较小的故事，是一种艺术。刚刚接触敏捷的团队一般倾向于将故事拆分为需求或开发任务，或者过早地拆分故事。

每次将较大的故事拆分为较小的故事，其实都是在做设计决策。我们希望这样的设计决策"恰到好处"或"在能力范围内越晚决策越好"的，因为等的时间越长，我们就能了解更多，从而做出更好的决策。

过度拆分

　　我在一个做网游的工作室见过一个让人望而生畏的产品Backlog。我受邀参观他们的产品Backlog屋，这个说法我以前从未听说过。他们把我带到一间没有窗户的大房间，墙上贴得满满的，有1000多个相当详细的索引卡。我感到望而生畏，就像《闪灵》里的女主角读到丈夫写的草稿时对书中的详细描述感到深深的恐惧那样。我立刻离开房间，和客户谈了谈过早拆分故事的危险性。墙上的上千个索引卡和庞大的策划案一样糟糕！

针对如何拆分故事，本节列出一些有用的策略和技巧。

根据研究或原型来拆分

在确定如何进一步拆分史诗之前，通常需要做一些探索。首先拆分研究或原型故事。

示例史诗：作为一名玩家，我想对碰撞做出反应。

示例拆分：

* 作为一名策划，我想知道在哪里发生碰撞。
* 作为一名玩家，我想根据碰撞位置做出反应。

推理：第一个故事让我们对碰撞物理进行研究，并帮助团队和策划尝试不同的策略。例如，具有高，中和低碰撞量的简单策略够用了，还是需要更复杂的策略？

示例史诗：作为一名玩家，我想用我的 PayPal 或信用卡账户购买武器。

示例拆分：

* 作为一名货币化产品经理，我需要一个系统来安全地处理和记录付款情况。
  * 验收标准：玩家可以使用 PayPal 购买武器。
* 作为一名玩家，我可以用信用卡购买武器。

推理：通常需要适当的基础结构或架构，这需要先实现相关的故事。

根据连词来拆分

如果史诗中含有连词（例如，和，如果，但是），通常表明可以从任何一侧开始拆分故事。

示例史诗：作为一名玩家，我想砸碎木板箱和门。

示例拆分：

- 作为一名玩家，我想砸碎木板箱。

- 作为一名玩家，我想砸开木门。

推理：先做最简单或最重要的事。另外要注意，刚开始的成本通常都比较昂贵，因此，通过单独调整这些故事的大小，可以更轻松地计算成本。

按进度或价值划分

有时，我们将史诗分成几个阶段并按照它们对玩家的价值排序。

示例史诗：作为一名玩家，我想了解扑克牌的规则并且可以在指导下提高游戏水平。

拆分示例：

- 作为一名玩家，我希望游戏可以为新手提供一些指导（FTUE）。

- 作为一名玩家，我希望游戏能给我一些提示来提升我的游戏水平。

- 作为一名玩家，我希望游戏评估我的手牌并提出下一步的建议。

推理：这种拆分详述了一些玩家可以随具体故事情节的发展而得到提高的一些方法，从第一次接触游戏到后来变得更擅长游戏。

其他拆分技巧

还可以尝试其他一些拆分方法。

- 按验收标准划分。验收标准本身就可以做出完美的故事。

- 按职能划分。例如，如果没有足够的动画支持，则可能需要拆分给下个 Sprint 中的故事"向……添加优美的动画"（尽量避免这种情况）。

- 确保拆分后的故事仍然符合 INVEST 原则，并且不在任务级别。

用户故事的优势

与传统产品需求的实践相比，用户故事有很多优势。这一小节着重讨论面对面交流的优势。

面对面交流

本章一开始，我讲了游戏《走私者大赛车》中有个特性被误解的故事。这种误解主要是策划和团队其他人员之间缺乏持续交流而造成的。通过用户故事，不在一起办公的跨学科团队成员可以持续进行面对面的交谈。

考虑下面的要求：

> 作为一名驱车玩家，我想要一个后视镜，以便看清楚车后面的状况。

表面上看，这项要求似乎很清楚。然而，交付给玩家后可能存在下面几个问题。

- 我们要不要用第三人称照相机的角度来显示一面镜子呢？浮在车上的一面镜子看起来是不是有点奇怪呢？

- 如果对手想用"橡皮筋"^①机制或其他手段靠欺骗 AI 来赶上玩家，那么镜子是否可以揭露这些诡计呢？

- 环境中的第二视角是否可以降低整体渲染预算？

在实现过程中，这些问题经常会突然冒出来，需要在项目中新增一些计划之外的工作，从而对完成项目造成影响。如果每次 Sprint 开始的时候都及时交流，我们就可以在不知道它们的更多直接价值之前找机会阐述清楚这类问题。

① 译者注：2020 年 1 月，游戏开发商 343 Industries 正式对《光环：致远星》的一些玩家采取行动，因为他们通过作弊的方式来人为提高经验值。在游戏的时候，玩家用橡皮筋或其他物体来操纵手柄，使其在配对游戏（尤其是 Grifball）时不断旋转，从而在游戏中躲避 AFK（挂机）保护系统，获得完成（不参加比赛）的经验，这种行为显然破坏了许多只想参加正常比赛的玩家的游戏体验。

每个人都能理解用户故事

迈克·科恩（Mike Cohn）在他的《敏捷软件开发：用户故事实战》一书中说道："故事简明扼要并且常常可以用来展示客户或用户的价值，所以很容易被发行商和游戏开发人员理解。"看看我的亲身经历：

> 作为一名程序员，我想在发声物体菜单中加入一个复选框：使用布尔变量来控制。

尽管这个故事是照着模板写的，但无法用来交流价值。这是一项任务，不是一个故事。程序员可以从中获益了吗？或许，他们不必写独立的环绕发声物体代码，但这里并没有表明。更可能的是，音效师想在游戏中使用环绕音效。如果是这样，故事就应该像下面这样写：

> 作为一名音效师，我想在一个发声物体上设置一个布尔标志，以便可以控制游戏中的环形环境音效。

这个故事表达了 PO 可以理解的真实价值。我们还可以选择从玩家的角度来写故事。一般的玩家并不理解环绕音效，但如果音频师不在背景中加入环绕音效（如潺潺的小溪或远距离格斗的声音）时，他们肯定会想念声音环境的深度。

策划案怎么办？

产品 Backlog 收集用户故事，旨在取代大多数策划案。然而，外部项目干系人（如发行方）会要求看一看传统形式的策划案，有很多管理产品 Backlog 的工具可以将 Backlog 输出到一个单独的文档中。

就我个人而言，我还在沿用期中列有技术风险及其对策的技术策划案，但是，我是用来帮助排列产品 Backlog 优先级的，Backlog 优先级是团队所有工作的起点。

成效或愿景

用户故事不是团队书面文档的唯一形式。如前所述，它们主要用于引导对话，但也用于其他形式的交流，如下所示。

- 授权的游戏，包含大量文档，其中描述了知识产权的特定要求
- 故事板和其他美术
- 参考美术

团队要探索，分清哪些需要写下来以及哪些需要探究和进行频繁的沟通。底线是不可以无视不确定性。

小结

本章介绍如何写用户故事，解释了项目干系人和开发团队如何通过用户故事来进行交流。用户故事包含功能、PBI 和需求。有了这个强大的工具，我们将检验如何将它用于长期规划。

拓展阅读

Cohn, Mike. 2004. *User Stories Applied. Boston*, MA: Addison-Wesley. 中译本《敏捷软件开发：用户故事实战》中增加了一个全彩的不干胶手册，包含与敏捷开发相关的更多真知灼见。

第 9 章

敏捷与发布计划

"在备战的过程中，我总是发现，虽然最后的计划并没有派上用场，但做计划的整个过程却是绝对必要的。（In preparing for battle I have always found that plans are useless, but planning is indispensable）"

——德怀特·D. 艾森豪威尔[1]

敏捷项目管理中，敏捷规划（planning，做计划）[2]往往是最容易被误解的。许多人都认为，"敏捷计划"是一种矛盾的修饰法，因为很少看到敏捷团队制定计划（plan），而且看起来他们总是在迭代，迭代，还是迭代。

敏捷规划不需要早早地就做好整个计划，而是将制定计划的工作分散并贯穿到整个项目过程中。事实上，敏捷团队在发布[3]计划上所花的时间比传统团队更多，只不过没有集中在项目开头而已。

---

[1] 译者注：Dwight D. Eisenhower（1890—1969），美国政治人物和陆军将领。在 1953 至 1961 年间任美国第 34 任总统，美国历史上九位五星上将之一。在二战期间，担任盟军在欧洲的最高指挥官。1951 年出任北大西洋公约组织部队最高司令。

[2] 译者注：对于 plan 和 planning，在有些文献或著述中分别用"计划"和"规划"来指代。

[3] 译者注：Release，也称技术指要交付给最终用户和客户的一组封装的迭代结果。每个版本交付的工作软件希望是高度稳定的。我们在翻译中根据上下文更多处理为动词"发布"，指将迭代所产生的软件交付给客户。与此相关的有发布计划，团队回顾产品 Backlog，把用户故事整理成特定的版本和迭代，最后把产品交付给客户。在敏捷方法中，一个版本可以跨多个迭代。

本章提供的解决方案

本章根据以下原则来探讨可以用来避免典型规划陷阱的实践。

- 应用一种层级上略高于 Sprint 的规划方式：发布计划可以覆盖更长的时段。

- 建立对游戏的共同愿景：确保每个游戏开发人员都明白要制作什么样的游戏以及为什么要这么做。

- 随着了解的信息更多，团队对每个特性的估算可以得到持续优化：没有确定下来的特性无法获得精确的估算。估算的精确度随着游戏特性要求的改进而提高。

- 持续更新计划：项目初期制定的计划中不太容易看出项目会在什么情况下失控。敏捷规划则是在项目过程中持续调整，以免落入陷阱而及时应对并更加重视有价值的实践和特性。这种方式下制定的计划可以帮助团队取得成功。

- 工作目标更加明确：团队与项目干系人始终保持沟通，有助于建立明确的目标。

- 优先顺序的界定可以做到在预算范围内如期交付：许多项目在遇到麻烦的时候，首选的往往是增加人手或推迟交付。之所以这样做，通常是因为许多关键的特性都是并行开发的，需要持续开发才可以产生价值。Sprint 和发布规划则是按价值顺序来实现特性，保证按期发售，因为项目干系人可以决定取舍并拿出价值最高的一整套特性来交付游戏。

敏捷可以用于固定发售日期的项目吗？

对于敏捷，一个常见的顾虑是"不能用于固定日期发售的游戏。"然而，我过去十五年的工作经验表明，事实并非如此。与我合作的许多工作室都如期发布了 AAA 体育类游戏。这些游戏的发布日期如果错过赛季初期，会显著影响到销量。

在管理债务和风险的同时，运用敏捷方式按价值排序来开发游戏的特性，这是能够赶上截止日期最好的办法。对于体育类游戏，最关键的是确保每年更新适当的球队资源（队服、徽标、名册和体育场馆），任何新特性都要以规避风险的方式进行管理。例如，有难度的特性通常提前一个多赛季之前就开始做，以排除赶不上下一个赛季的风险。

此外，这些团队通常都有出色的自动化测试和缺陷控制来管理债务。

什么是发布计划

第 3 章将发布（release）描述为每隔几个月就要完成的主要目标，完善程度要足以达到里程碑或 E3 或营销演示这样的水平。

发布计划不同于 Sprint 计划。事实证明，发布计划可以更灵活地体现出现在不同 Sprint 中的特性。

发布计划开始于计划会议，会上确立主要的发布目标、一个发布计划、潜在 Sprint 目标和完成日期。发布随着一系列 Sprint 不断取得进展。每个 Sprint 实现的产品待办事项（PBI）和游戏所取得的进展，都将体现在发布计划中。发布日期也可以同时改动。

预测与预估

在做发布计划的时候，我们经常用"预测"这个词而不是"预估"，因为这个词意味着预测的是不确定性。天气预报用的也是"预测"。你永远听不到他们"预估明天的天气"。

发布计划会

发布计划会的步骤如图 9.1 所示。

PO、项目干系人、团队成员和领域专家（domain expert）参加会议。首先，回顾前一个发布和产品 Backlog。随后，团队商讨这个发布的主要目标。这些目标通常是指"胆大包天的目标"（Big Hairy Audacious Goal，BHAG），代表对整个团队的挑战并建立有助于故事优先级排列的愿景。比如，一个"与其他玩家联机搏斗"的 BHAG 可能会提升技术预研（Spike）的优先级来证明动画系统可以在联机设备上工作。

技巧 / 提示　发布计划会议要花几乎一整天的时间。找一个
干扰最小的地点非常重要。最好选择当地酒店的会议室。

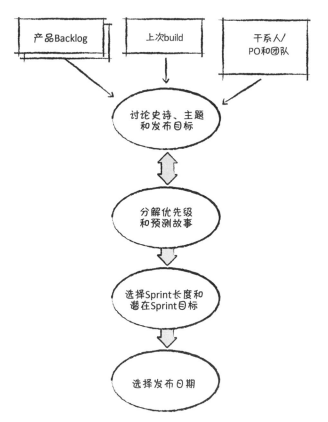

图 9.1　发布计划会的流程图

商定发布计划的 BHAG 之后，对需要实现这些 BHAG 的用户故事进行
确定、排优先级和估故事点。各团队依据前几个 Sprint 的速率来预估
故事大小和优先级并在此基础上制定发布计划和安排 Sprint 目标，这
称为"发布计划"。

确立一个共同愿景

游戏要想取得成功，最关键的莫过于所有游戏开发人员都需要拥有一
个共同的愿景。

大型游戏开发团队无数次抱怨说他们"不知道自己负责的部分如何集成到游戏中"或者表示他们并不真的在乎游戏，因为他们只知道一些粗略的营销计划。游戏开发人员需要有共同的愿景，一方面可以让他们觉得参与游戏是有意义的，另一方面可以帮助他们在日常工作中做出更好的小决定，这些细节也决定着游戏的质量。

敏捷注重响应变化，因此，随着时间的推进，愿景会根据游戏特性的变化而产生变化。因此，产品负责人必须保持更新愿景，不仅在自己的心中，还要在每个开发人员的心中。发布迭代（release cycle）最适合用来回顾游戏愿景，因为我们要通过发布迭代来确立BHAG。

团队可以定期通过很多有用的实践来界定愿景（chartering a vision）。我将在下面列出几个这样的实践[①]。

电梯简报

电梯简报（Elevator Statement）通常指用简短的一两句话向高层项目干系人或团队中的成员总结游戏项目。我以前做过的一款游戏就有这样的电梯简报："当《光环》遇上《侠盗猎车手 III》[②]，街头帮派从此成为对抗外星人入侵的英雄。"短短一句话，在每个开发人员的脑海中创造出一个画面，从而引发人们对愿景的热烈讨论。

游戏盒

每三个发布，我们都会模拟一个蓝光游戏盒，其中包含游戏发行发布的封面原画设计[③]。每个发布的史诗目标（采用的是用户故事的形式）听起来就像包装盒背面营销重点一样，示例如下。

[①] 我在 Luke Hohmann 的《创新游戏》一书中找到了这些实践的有用资料。（中文版由清华大学出版社引进，关于书中介绍的一些游戏，可以访问 https://zhuanlan.zhihu.com/p/145145394）

[②] 译者注：DMA Design 制作的电视与电脑动作游戏，由 R 星于 2001 年 10 月在游戏机 PlayStation 2 上发行，2002 年 5 月发售基于 Microsoft Windows 电脑的版本，2011 年发售支持 IOS 及 Android 操作系统的移动平台版。

[③] 在线游戏可以模拟一个网站。

- 用滑板跳过大型物体时使用惊人的技巧。

- 在胡佛水坝等现实中不允许进入的地方使用滑板。

- 与朋友线上聚会并开始比赛。

将游戏盒与原画相结合，传达出一个愿景，有力推动着人们保持讨论如何达成愿景。

游戏定位图

游戏定位图是一维或二维的，用于将与当前游戏类似的其他游戏定位在细分市场的图表上。游戏开发人员应该多用这样的标准营销工具。图 9.2[①] 是一个赛车游戏定位图的简单示例，基于物理真实感（模拟与街机）和环境真实感（真实与幻想）的象限。

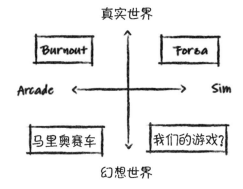

图 9.2 游戏定位图

我们会在发布规划会议中从头开始创建游戏定位图，并把团队对过去或当下发售的同类游戏的建议补充到其中。在补充过程中，我们会对维度的意义展开更多的辩论。例如，虽然《马里奥赛车》比其他游戏更像"街机游戏"，但游戏中的轮胎摩擦相当真实。与负责物理的程序员讨论这个主题就很有好处。

但是，有人提出"我们的游戏属于哪个象限？"这个问题时，辩论才

---

① 译者注：图中 Arcade 是苹果在 2019 年秋推出的游戏订阅计划，首月免费，之后每月 5 美元，家庭组 5 个 Apple ID 共享。收入 Arcade 计划的游戏不会在 Apple Store 上架。截至 2020 年 1 月，共有 100 多款游戏。

算真正开始。这也是对我们的假设提出质疑。例如，如果我们在幻想世界中制作街机赛车游戏，可能会看到市场上到处都是这类游戏，但"幻想世界中的模拟赛车游戏"这个象限中的游戏较少，这可能代表有市场机会。

其他方法

还可以通过以下方法来探索游戏愿景的制定：

- 模拟杂志评论

- 精益画布

- 产品演示（乔布斯风格）

建立共享愿景的好处主要来自于开发人员和项目干系人之间的讨论。这不是"委员会设计"会议，做的决定也并不是每个人都会认可，但大家可以趁此机会就这些决定的原因达成共识。

估算特性的大小

如第 7 章所述，产品 Backlog 的特性排序取决于特性各自的价值和成本。预测特性的成本有些棘手，因为它可能是个以前从未做过的特性，并且，谁来做也对成本有决定性的影响。本节探讨如何进行这一类预测。

速率

敏捷团队使用的大多数估算技术使用的方法都不同于传统的项目管理方法。敏捷团队不估要花多少工作时间来实现特性，而是预测相对大小，利用之前 Sprint 中实现的各个特性的平均大小。这个平均值通常称为"团队的速率"。

生活中，我们经常用到速率。为了测（行驶的车辆或航行的船只）速率，需要测量一段时间内的数值（如每小时行驶的英里数或每天航行的海里数）。类似，我们使用每个 Sprint 完成的用户故事来衡量一个敏捷项目的速率。

十多年来，对项目特性的大小进行测量一直是个产品管理难题。项目经理尝试过测代码行数，事实上，它与项目的真实进展却没有太大的关系。[①] 敏捷方法测量的是完成的特性，它对用户是有价值的。

本节介绍一个行之有效的方法，通过估算用户故事的大小来测速率。

> **说明** 因为大多数已出版的文献使用"故事点"这个词，而不是"PBI点"，所以本章将把PBI称为用户故事或简称为故事，如上一章所述。

估故事点需要花费多少精力

对故事的大小进行预测，应该花多少时间呢？短短几分钟到几小时不等。在几分钟时间内，我们可以讨论一个大纲，提出一个猜想。在几小时的时间内，我们可以将一个故事拆分为可以在一个 Sprint 内完成的详细任务。

我们希望合理应用计划时间。一个常见的误区是，花越多时间做计划，计划就会越准确。事实上，这是不正确的。图 9.3 显示，超出一定的投入后，准确性反而是下降的（Cohn，2006）。

我们可以不费吹灰之力准确计划一个初期的技术预研（Spike）。但随着投入更多的精力，事实上，预测的准确率开始下降！初一看，着实让人吃惊，但很有意义。试想，如果花一整天的时间来估一个故事，我们完全可以用这段时间来最终确定详细到足以在一个的技术预研内完成的任务。这些详细任务定义了创建类和函数的工作，开发美术资源的工作，甚至包含调整变量的工作。事实证明，这样的细节变数太大了。到最后，最开始定义的函数和变量可能根本用不上或在实现过程中发生了变化。

> **说明** "大致正确"比"肯定错误"要好。准确性的范围不能超出确定性的范围。

---

① 事实上，它只会导致代码行数更多。

故事估算的目的旨在提高效率，如图 9.3 中左侧的曲线所示。这是一种快速的、低投入的估算实践，可以为预测提供足够有价值的准确性，但不足以支持团队做出承诺。

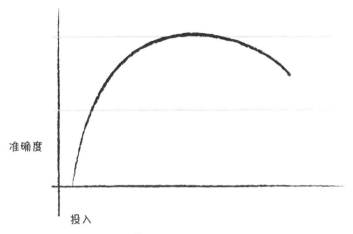

图 9.3　准确度与估算工作 [1]

在什么场景下估算故事大小

第 8 章描述了一个故事工作坊，徒手格斗系统就是在这样的活动中展开辩论的。辩论内容不仅包括我的技术观点和经验，还包括动画师和主策划的意见。因此，在对故事所涉及的工作进行估算之前，我们就已经综合跨学科的意见达成了共识。

这就是故事工作坊的好处。团队在估故事大小的时候，会连带讨论故事愿景、设计假设和实现过程中可能会遇到的挑战。正如一位同事所言："大家最后要商定一个数字，所以说，这样的讨论有助于消除模糊性和随意性。"

这样的跨职能讨论可以使团队进一步理解大家要努力达成什么目标。故事的估算要体现这一价值是基于跨学科的理解和不考虑实现时技术需求的前提下提出的，是每个团队成员都认同的。为所有故事确定一

---

① 来源：Cohn, M. 2006. Agile Estimating and Planning. Upper Saddle River, NJ: Prentice Hall.

个通用的量化价值，难度相当大。比如，过程物理特效和角色动画，这两个故事就很难直接进行比较。然而，随着时间的推移，团队有更多估过的故事和实现故事的经验之后，很容易发现不同故事有哪些可比性。

对故事进行估算可以是一个很快的过程，包含下面几个步骤。

- 专家意见：邀请领域专家参加故事工作坊，请他们根据自己熟悉的专业方向来帮助团队注意到实现故事过程中可能出现的问题以及需要在哪些地方发力。例如，如果一个故事包含一个联机组件，那么网络程序员就可以在工作坊的讨论中给出宝贵的意见。

- 类比：类比可以用来估故事的大小。通过同时对比不同的故事，所得到的准确度高于单独估每个故事。使用三角剖分法，一个故事与一个复杂程度或规模更大的故事和一个更小的故事进行比较，从而得到最佳结果。为了提供最佳结果，故事需要特别具体，比如，武器创建故事最好与其他的武器创建故事相比较。

- 拆分：大的用户故事比小的故事更难估得准，因而经常需要把这些故事拆分成更小的故事，以便估得更准一些。但也不要拆分成一堆很小的故事，我们往往会对细节产生错觉，正如前面所描述的那样。

故事点

用户故事一般都用故事点（story point）来估，故事点是对特性的大小或复杂性的相对量化。比如，两辆车的建模工作量比一辆车的建模工作量估计会多出一倍的故事点，一个角色的建模可能也如此。这种故事点的相对量化可以得到更准确的大小估计，后文将做进一步的解释。

估故事点，并不是在承诺故事完成时间。理由有两点。第一，估故事点只需要花几分钟的时间，团队要做出完成故事的承诺，却需要一个更准确和耗时的预测过程，这是在 Sprint 计划会议将故事拆分为多个独立任务的时候发生的。第二，不同的团队有不同的速率，如果基于各自的人数和经验，一个团队做 10 点故事的速度可能是另一个团队的两倍。

说明 尽管故事点并不是期限，但在估故事点的时候不可能不联想到故事点对应着一段起止时间。比如，我经常骑车上山，但下山非常慢。我有时会和 Shonny Vanlandingham 一起骑行，她以前得过美国山地车比赛的冠军，也是我的邻居。她经常以两倍于我的速度连蹦带跳地经过这些崎岖不平的地方。而我则可能及时预测两条不同的下山路，指出第一段要花 20 分钟，第二段要花 40 分钟。我的这位前冠军朋友争论说第一段 10 分钟，第二段 20 分钟。我们俩在时间上从来没有统一过，但都同意一段是另一段一半的"大小"或长度。只要我们各自保留自己估的时间，就可以达成一致。

说明 估故事点，有点像一辆车的估价为 5000 到 10000 美元之间。不需要知道一辆保时捷的准确价格，我也知道自己买不起，但如果知道装得下冲浪板的小卡车售价约 20000 美元，我就希望能够了解更多。

规划扑克

估故事大小，我们最喜欢的技术是规划扑克游戏（Grenning，2002）。规划扑克将专家意见、分类和类比结合在一个有趣而有效的实践中。规划扑克是发布规划会和故事工作坊的一部分。只要有引入的新的故事需要估大小，就会用到规划扑克。

在规划扑克游戏中，参与者先一起讨论的打算要估的故事。故事讨论完之后，每个人都估出自己认为应该分配给这个故事的点，同时举起上面写有点数的卡片，让其他人都能看到。第一次投票通常会暴露出巨大的差异。接下来，分小组讨论估值范围，首先要求估得过高和过低的人讲讲他们的思路。这可以暴露出故事的不确定性和假设。最后，大家一起讨论和完善愿景、设计和实施细节。经过这些讨论，通常会增加故事的接受标准或定义以前没有考虑过的新的故事。

这个实践不断重复，直到大家得到同一个结果。如果有一两个的估值不同但很接近，可能也会同意小组估的故事点，然后继续估下一个故事的大小。

> **说明**　不要简单地取平均值。故事点的不同通常意味着有隐藏的需求需要讨论！取平均值并不能解决故事可能存在的问题。

对整个发布规划中的故事做估算，可能需要四到八个小时。通常，团队并不会一口气处理完发布规划中的所有故事。他们会对优先级最高的那些故事进行拆分和预测，然后每个 Sprint 开一次会，对要放入后续一个或多个 Sprint 中的低优先级或新的故事进行预测。

故事点大小和斐波那契数

故事点可以为故事的大小和复杂性提供一个快速的、相对的预判。故事点本身并不完全精确，但如果有多个故事，那么取平均值足以用来制定计划。

对故事进行预测的时候，会用到一系列数字来表示故事点。选择故事点数有两个黄金法则：第一，整个数值范围在两个数量级范围内，如 1～100 或 1000～10 万范围内；第二，选取的数字应当靠近较小端，远离较高端，因为不同的人判断不同故事差异的能力（如大小为 20 和 21 个点间的差异与 1 和 2 个点间的差异）不同。

有一个很有用的遵循这两个原则的故事点数列从斐波那契数列衍生而来。一个斐波那契数列中，每个数字都是前面两个数字之和。下面是一组适用于预测故事点的斐波那契数列：

0，1，2，3，5，8，13，20，40，100

该数列中，两头的数字都不是斐波那契数。不需要什么投入的故事，比如改变用户界面（user interface，UI）的字体颜色，我们估的故事点是 0[1]。数列中的最大的几个数字，比如 20，40，100 违背斐波那契数列规则，但它们之所以存在，是希望可以用来表示需要投入更多的更大的故事。

---

① 注意，不要积累太多零点故事。这些零点都是要汇总的！

技巧 / 提示 如果规划扑克碰到的故事太大，无法用现有最大的数字来表示，最好把它拆分为小故事，然后再单独进行预测。

团队要限定只用指定数列中的数字，不要笼统地取平均值或折中选取一个差不多的数字。这样做，不仅会使人对故事点估算的准确性产生错觉，还会放慢计划扑克会议的进度！

故事点的不足

用故事点作为速率，就像汽车的里程表。如果是长途旅行，以小时为基础计量的里程表不是特别精确。一个小时，你可能会停车午餐，车都不怎么动。又一个小时，你可能行驶在乡村公路上，行程很长。但是，里程表对以天为基础计量的平均速率非常有用，有了它，就可以优化出行计划，以合理的时间和速度到达目的地的。故事点也如此。细看，它们肯定是不精确的，但如果用于制定发布计划，是个理想的预测工具。

理想人天

故事点的概念，团队不太容易接受。习惯于用时间来估工作量的团队往往都觉得故事点太抽象，他们用理想人天（ideal day）作为估算工作量的基准。理想人天指的是在没有任何干扰（电话、疑问和碎片化 build 等）的情况下一天内能完成的工作量。因为与现实有关联，所以团队更容易接受理想人天。

理想人天仍然只是对故事大小的量化。一个故事，如果预测工作量为一个理想人天，并不意味着完成这个故事真正要花一整天的时间。我们希望能够避免将"理想人天"转为"真正工作一天"。理想人天和故事点一样，都是用于快速相对地预测工作量的有效方法，但不够精确，不可以直接当作是承诺照此完成故事。

滥用故事点

如果按照最初的意图使用故事点，效果会非常好。想当年，英国统治印度期间，政府官员对德里眼镜蛇的数量忧心忡忡，于是悬赏，杀死并上交眼镜蛇的每个人都可以获得丰厚的赏金。结果呢，眼镜蛇的数量非但没有减少，反而增多了，因为重赏之下，必有勇夫，有人开始大量繁殖眼镜蛇。

关于故事点，我经常看到这样的眼镜蛇效应。如果用故事点来推动团队做出承诺，而不是用来衡量和预测工作量，反而会激励团队夸大故事点，以求看起来更好看。

遗憾的是，由于管理压力或习惯性要求需要更强的可预测性和确定性，许多游戏工作室最后不得不滥用故事点，正如下面所描述的一样。

速率的优势和不足

速率的量化，有一个主要的好处是量化改变是否有效。如果工作实践发生积极的转变，就可以提升速率。比如，经常坐在一起的团队常常有高达 20% 的速率提升。这主要是因为团队中的交流有改进。大多数转变都可以使速率得到小幅提升，但其影响是随时间积累而成的。如果不测速率，许多小的转变可能会被忽略。德鲁克（Peter Drucker）有句话说得好："无法量化，就无法管理。"

不幸的是，有事实证明，速率已经被"武器化"并以背离其初衷的方式被滥用于团队身上。

- 用于对团队进行横向比较：团队由技能和经验不同的不同个体组成，负责的工作往往各不相同。所以，横向比较他们的速率，没有任何实质性的意义。

- 用于让团队对完成未来的工作做出承诺：一个例子是，团队承诺要在每个 Sprint 完成多少个故事点。速率只是一种帮助预测未来的输出，但单用故事点来预测未来，绝对是不精确的（请参见前面的里程表类比）。

如果将速率作为输入，团队通常可以通过差异化交付质量的方式来做出调整，以适应新涌现出来的不确定性。有人甚至建议用"产能"（capacity）之类的字眼来规避这些不足，但这是个文化问题，不是文字的问题。

将故事点转换为估工作时间

故事点是用来快速预测发布计划和未来目标的方法之一。但是，短短
5 分钟的计划扑克讨论过程无法精确估出工作量。遗憾的是，有些游
戏工作室认为，故事点是一种便宜而精确的估算方法。到头来，甚至
有人套用每故事点 / 小时的公式，要求团队每个 Sprint 需要完成"多
少个任务点"。这种做法简直错得离谱。

团队承诺 Sprint 目标时使用更大的故事

与此类似，有的团队在承诺完成 Sprint 目标的时候，会用更大的故事，
而这些大的故事在一个 Sprint 内无法完成，必须拆分为更小的故事，
以便更容易得到精确的预测。如前所述，这样粗略的故事点不精确，
对预测没有帮助。

有些团队在拆分大的故事时，会进行充分的讨论，这样的团队往往
能够成功地承诺完成一些被拆分得更小的故事（比如只有一两个故
事点）。

故事点的替代方案

关于故事点，团队已经探索出许多适用于自己的行之有效的替代方案。

T 恤尺码估算法

T 恤尺码估算法，要求团队用"小号""中号"或"大号"标签来量
化 Backlog 上各待办事项的大小。团队首先从 Backlog 顶部开始对故
事进行排序（稍后再讨论），然后将 Backlog 分为三个尺码。确定
尺码后，团队拉取一定数量的采用 T 恤尺码来估的事项来预测初始
Sprint 目标。尽管预测的 T 恤尺码不依赖于故事点的大小，但团队通
常会建立一种点转换机制（例如，小号等于 1 点，中号等于 2 点，大
号等于 4 点）。

这种方法还有以下变换形式。

• 团队还用 XL，XXL，XS 来扩大尺码范围。

- 团队将所有大于"中号"的故事拆分为"小号"故事或"中号"故事，然后再将这些小一些的故事拉取到 Sprint 计划会议中进行估算。

排优先次序 / 量化

排优先次序是一种可视化的映射实践，着重于相对比较，具体的游戏特性或资产相对于其他的，需要投入多少工作量。最后确定它们的故事点。具体的做法是这样的。

1. 把特性写在卡上（每张卡一个特性），然后随机分发给每个小组，以便他们一边写一边看。

2. 把卡片收集起来，摆成一堆儿。

3. 从顶部抽出一张卡片，把它放在桌子或墙上的正中间。

4. 每个成员一次从卡片堆中取出一张卡，然后从所需要的工作角度把它和其他卡片上的特性进行对比，把它放到另外的位置上。

   示例：如果特性 A 比特性 B 更容易实现，就把它放到左侧。如果难度较大，就放到右侧，如果相当，就放在特性 B 的上方或下方。

   如果成员不认可卡片的位置，可以交换两张卡片的位置，不要放新的卡。

   每一个动作，团队成员都要向其他成员做出解释。

5. 然后，团队返回到步骤 4，直到所有卡片都被放入合适的位置。

6. 然后，这个排好次序的列表就可以按故事点或 T 恤尺码进行拆分了。

#NoEstimates

2012 年，伍迪·祖尔（Woody Zuill）在推特（Twitter）上发起一个话题，用的是有争议的主题标签＃NoEstimates，他讨论了传统估算技术的替代方法。这引发了一场有价值的热议，主题是对含有不确定因素的事物进行预测是否有用，会不会构成对估算的滥用。甚至还有人针对这个主题出了一本书。

　　尽管我不认为所有的估算方法都不好，但可以肯定，我见过很多出于对确定性（其实几乎没有或根本不存在）的执念而得出的非常投机和详尽的估算，这种估算又以某种方式转变为一个雷打不动的"不做就死 do-or-die"截止日期。发生这种情况时，我们经常会看到赶工所带来的压力，对游戏质量和开发人员的生活造成了极大的负面影响。

　　尽管讨论一直持续到了今天，但最重要的是，团队在估故事上面所花的时间以及这样做是否有用，围绕这个话题所展开的持续对话是很有价值的，帮助了我们持续改进时间的使用方式。

用故事点做发布计划

发布计划明确指定了当前发布各个 Sprint 的目标。有了过去的成果，团队可以用 Product Backlog（规模用故事点来量化）来预测这些 Sprint 目标。

图 9.4 展示了一个发布规划，它采取的是每个 Sprint 15 个故事点的历史速率。Sprint 1 ～ 3 的目标每个都包含总数为 15 个点的故事。发布规划中更远期的 Sprint 中所有故事被合并到一起。在这个例子中，PO 在发布计划中安排了 6 个 Sprint，因为发布计划和项目速率表明就需要这么多个 Sprint（比如，共有 89 个故事点，速率为每个 Sprint 完成 15 故事点，那就说明需要 6 个 Sprint）。[①]

Sprint 结束后，需要为后续的 Sprint 优化目标和故事。比如，Sprint 1 完成后，明确了 Sprint 4 的目标。

会议上确定下来的 Sprint 目标用于预测这些工作团队是否能完成，理解这一点很重要，因为这并不意味着他们承诺要完成这些工作。它们只是用来量化工作进展的基线。

---

① 我们总会四舍五入。

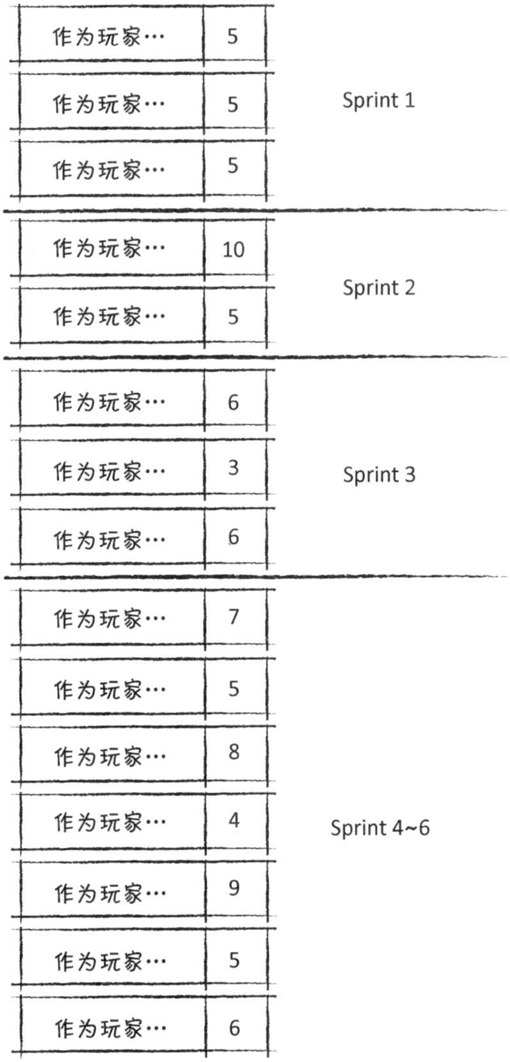

作为玩家⋯	5	Sprint 1
作为玩家⋯	5	
作为玩家⋯	5	
作为玩家⋯	10	Sprint 2
作为玩家⋯	5	
作为玩家⋯	6	Sprint 3
作为玩家⋯	3	
作为玩家⋯	6	
作为玩家⋯	7	
作为玩家⋯	5	
作为玩家⋯	8	
作为玩家⋯	4	Sprint 4~6
作为玩家⋯	9	
作为玩家⋯	5	
作为玩家⋯	6	

图 9.4　将发布计划分别列入未来的几个 Sprint 中

为什么要创建发布 Backlog ？

人们通常用发布 Backlog 来代替发布计划。最好不要为发布额外再创建一个不同的 backlog。发布计划是产品 Backlog 的子集。让 Backlog 各自独立会徒然增加很多工作，还会让我们搞不清楚是在讨论哪个 Backlog。

更新发布计划

每个 Sprint 评审会之后，要回查发布计划。有时，Sprint 过程中识别出来的新故事必须加入 Backlog 中。这些故事在发布计划会议中不是被忽视了，就是没能预见到。有时，则需要删除一些故事。这些故事被认为是可有可无的或者优先级低到完全可以推迟到未来的发布规划中。就像对待产品 Backlog 一样，PO 对发布计划中所有故事的增加、删除或优先级具有最终决定权。

发布计划也许还需要根据团队的实际速率来优化。在图 9.5 中，左侧展示的是最初的发布计划，预测速率是每个 Sprint 完成 16 个故事点。但是，第一个 Sprint 只完成了 13 个故事点。结果，PO 更新了发布计划，如图 9.5 右侧所示，删掉了最后两个低优先级的故事。PO 还可以选择增加 Sprint，如果他们不想删掉任何故事的话。

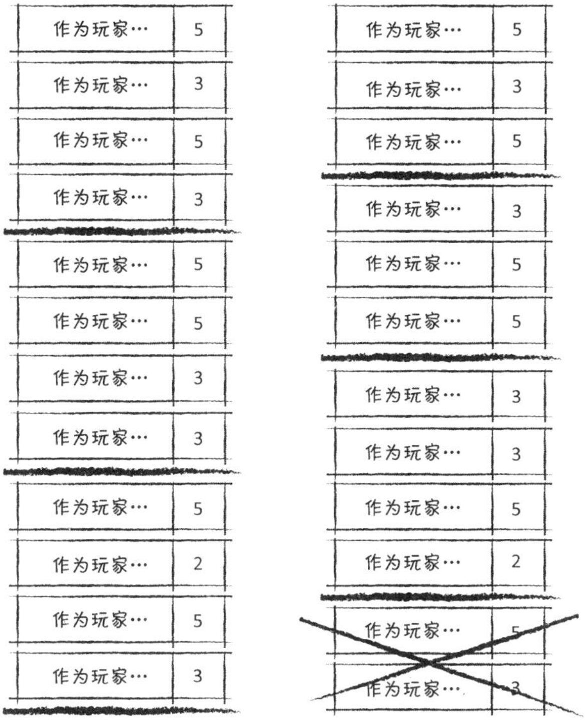

图 9.5　根据速率更新发布计划

在实践中，发布计划并不依赖于单独一个 Sprint 所得到的结果。用于预测发布计划的 Sprint 目标是否能完成的速率，通常取决于过去几个 Sprint 的平均速率。

营销演示与集成 Sprint

Scrum 将 Sprint 描述为每个 Sprint 结束时交付一个潜在可以部署的游戏版本，并允许 PO 决定短时间内发售产品。这个目标对许多大型游戏来说都是很难的，原因有三点。

- 如果距离游戏部署还有好几个月甚至好几年的时间，很容易懈怠债务问题。

- 许多特性和资源需要好多个 Sprint 来实现（比如制作关卡）。

- 为了做到可以部署，游戏必须经常做严格的硬件和兼容性测试。这些测试需要花几周的时间，不能每个 Sprint 都做。

不管怎样，Sprint 都要达到最低标准的 DoD，后者是产品负责人和开发团队一起定义的，详情可以参见第 7 章。

发布 build 要非常接近于潜在可部署的目标。它的 DoD 要高于 Sprint 的 DoD。而且，不要总是期望发布 build 会满足所有的发售条件，除非是游戏的最终发布。对前面所有的发布而言，DoD 的典型例子是营销演示（marketing demo）。

营销演示要包含以下要素。

- 不会有重大的内存泄露会导致游戏被中断一两个小时。

- 没有遗漏主要的游戏资源，所有替代性的资源都有明确的说明。

- 游戏有清晰和可用的用户界面。

- 玩家有清楚的目标，能体验到游戏的乐趣。

所有游戏的演示都有这些典型的要求，因而很容易理解。

发布（release）和 Sprint 有不同的完成准则，所以，发布 build 要求对每个 Sprint 测过的特性进行额外的测试。如果这个测试发现了 Sprint 测试中未发现的游戏问题，还需要做额外的工作来解决这些问题，这就需要在当前发布的最后关头增加一个特殊的 Sprint，称为"集成 Sprint"（Hardening Sprint）[1]。

集成 Sprint 的工作内容是从不同的 Sprint build 和发布 build 之间存在的 DoD 差异衍生而来。如果两者的 DoD 一样，就没有理由增加一个集成 Sprint。

> **说明**　很多情况下，之所以需要集成 Sprint，是因为每个 Sprint 都做测试太花时间了。例如，如果你要测试一个营销推广用的演示，往往需要好几个小时的烧机（burn-in）测试，以确保不会有明显的内存泄漏。

需要修复的缺陷和需要进一步完成的打磨任务，一般需要用到集成 Sprint。集成 Sprint 不是用来完成产品 Backlog 中的故事的（参见下文补充材料）。

高月工作室是怎么做 Sprint 的

在高月工作室，我们为集成 Sprint 的工作规划和管理创建了一些简单的实践。

集成 Sprint 比典型的三周 Sprint 时间短，通常为一周时间。Sprint 计划会从一种简单的优先分配开始。Sprint Backlog 产生于通关玩游戏的过程，同时出席会议的人有团队、项目干系人和产品负责人。通关玩游戏的过程中，房间里的任何人都可以找出 Sprint 的潜在修复点。如果 PO 认同有修补的价值，就把它写在白板上。

简单复盘后，PO 对缺陷进行大致排序，包括将每个缺陷标记为 A、B 或 C 三个等级。A 级是最需要修补的，B 级是中等优先级的，C 级的修补不是很重要。排优先级的时候，引发了很多讨论，人们认为一些 A 不太可能在一周内修补完成，所以优先级得降；一些 C 级的缺陷被判定为小修小补即可，因而可以升级。

---

[1] 译者注：类似于 Sprint 0，是一种特殊的 Sprint，一般安排在产品部署之前，通常为多团队协作，需要做产品集成以及执行非功能测试和集成测试，同时执行一些发布管理活动，确保产品可以签署发布。这个 Sprint 是集成各个 Sprint 的成果，按需执行。

随后，团队确定和预测可以在下一周内完成的任务，目标是修补所有 A 级缺陷和尽可能多补 B 级缺陷。

不同于普通的 Sprint，集成 Sprint 的优先级是可以变动的。对 PO 来说，在集成 Sprint 中参与评估每日构建，非常重要。有时，新的缺陷会使 PO 改变缺陷列表上的条目或优先级。其结果是，团队无法承诺完成之前就定下来的一系列任务。

并不是 Backlog 上所有缺陷修复都得在集成 Sprint 中完成，但优先次序可以帮助团队按最理想的顺序完成工作。对我们来说，集成 Sprint 更像是一系列用来改进游戏的每日 Sprint 活动。

成效或愿景

虽然不同团队规划和执行发布计划的方式千差万别，但通常都有下面这样的模式。

- 贯穿于整个发布周期，整个团队都会参与拆分史诗故事，这些故事持续划分到发布计划中，用来预测是否能完成。

- 随着项目干系人的参与优化，发布计划将随之而得以进一步优化。

- 故事点和其他故事大小估算实践，只能用来作为一种粗略的预测，不能用来强制推动项目的进度。成功的团队和项目干系人都知道，对不确定的工作只能进行有限的预估，因而会根据眼前的现实来调整计划，而不是责怪团队。

小结

敏捷规划不是一个自相矛盾的字眼儿。敏捷团队以迭代、透明和变更的方式来做规划。他们根据实际情况来调整计划，而不是想法改变事实去遵循计划。

按相对大小来预估的故事，可以用来度量每个 Sprint 所完成的工作，这就是速率。速率用于检查开发的效率和预测未来可以取得的进展。在面临多个选项的时候，更早、更频繁地度量速率，可以帮助团队更好地控制项目的进展。

发布迭代使主要的目标在较长的时间窗内能够得以完成。由于时间窗较长，所以发布会因为不在 Sprint 计划中而不可确定。发布计划可以在一段持续时间或一个范围内变更。发布同样也需要更精确的"完成"定义（参见第 5 章）以帮助游戏接近于发布前的完善、稳定性和调整工作，而不是推迟游戏到接近项目结束。

对许多项目来说，发布迭代能在时间窗内完成就够了。发布迭代能够向消费者定期发布产品已经很好了。大多数视频游戏项目并没有这种奢侈的机会。他们的原型和制作阶段有不同的重点和挑战。下一章将描述这些阶段，谈在整个开发生命周期中如何结合 Scrum、敏捷计划和精益实践来做计划。

拓展阅读

Bockman, Steve. 2015. *Practical Estimation: A Pocket Guide to Making Dependable Project Schedules.*

Cohn, Mike. 2006. *Agile Estimating and Planning.* Upper Saddle River, NJ: Prentice Hall.

Duarte, Vasco, 2016. *No Estimates: How to Measure Project Progress Without Estimating.* OikosofySeries.

Hohmann L. *Innovation Games: Creating Breakthrough Products Through Collaborative play.* 2007. Boston, MA: Addison-Wesley. 中文版《创新游戏，一起玩，协同共创突破性产品》

第 10 章

视频游戏项目管理

第 2 章提到，我们在采用敏捷方法来开发游戏的时候，最大的挑战是，不足以贯穿到整个阶段的敏捷实践如何适应整个游戏项目各个阶段（如开发前期 ① 和开发阶段）的需求。

典型的 Scrum 项目总是保持着接近于可部署的状态。过去分散在多个阶段的工作（设计、编码、测试和优化），如今都放在一个 Sprint 中。这样可以有效最小化敏捷项目后期需要做的工作（如漏洞修补）。

敏捷游戏开发遵循着同样的模式，将所有阶段都纳入每个 Sprint 中。然而，游戏项目阶段也有一些不同形式的债务或者说必须完成的重要工作（比如制作资源），需要引入一些新的敏捷实践到整个项目过程中。

本章阐述游戏项目各个阶段的需求及其带来的挑战，主要聚焦于游戏开发阶段——这个曾经让许多 Scrum 团队突然中止敏捷的最昂贵的阶段。通过引入精益的概念，Scrum 团队可以在管理复杂资源制作流程的同时，不失提前计划这种传统方式所带来的好处。

---

① 译者注：Pre-production，也称"设计阶段""前期制作""原型阶段"，包括游戏概念的设计、游戏策划的设计、程序里程的设计、美术设计以及美术风格的走向。Production，也称"开发阶段""制作阶段"，在这个阶段，我们需要知道游戏大概需要怎么做，程序也知道哪些技术可以做并知道用什么引擎来量产游戏的关卡内容。Post-Production，"制作后期"，这个阶段主要是除掉游戏中的错误。[感谢网易游戏林尚靖的指点]

《海岸午夜俱乐部》的故事

在我参与开发的游戏中，只有一部分游戏能够做到在预算范围内准时发布。其中，《海岸午夜俱乐部》算是最成功的。它是一个 PlayStation 2（PS2）游戏，玩家在伦敦和纽约这些空旷的大城市中飙车。这个游戏项目是在新平台和新发行方经历了 18 个月的煎熬之后才诞生的。

游戏最初的设计包含六个城市。我们认为，在主机平台上按时发布一个好的游戏有两大风险。第一，PS2 开发中的不确定性。早期，它的性能可以与超级计算机相比，但随着时间的推移，我们了解到这是一个具有挑战性的平台，它有一些非常显著的性能瓶颈。第二，我们不确定在游戏发售前是否有精力做完六个大城市。

开发前期，我们集中精力做了一个可以在 PS2 上运行良好的城市场景。花的时间是预期的四倍。因此，我们被迫把计划缩减为三个城市。我们的发行方 R 星 ① 很宽容，答应了删掉其他游戏内容。他们知道我们工作得很辛苦。

到了开发阶段，我们逐渐意识到必须做一个至关重要的决定。完善一个达到可发布品质的城市，花的时间大大超出了计划，我们必须在发布三个低质量的城市还是两个完善的城市之中做出选择。在纠结了一段时间之后，R 星决定发布两个城市。

最终证明，这是一个最佳的决定并且使这个最终卖出数百万份的 PS2 游戏得以顺利发布。持续关注创造和完善城市场景所需的产品成本是保证进度的主要原因。对于许多游戏项目，特别是有固定发布日期的游戏，制作费用和进度压力是最大的风险。

---

① 译者注：Rockstar Games，隶属于游戏发行方 Take-Two。之前是 BMG Entertainment 旗下的游戏发行部门 BMG Interactive。1997 年，以 1400 万美元的价格被卖给 Take-Two。R 星的代表作有《侠盗猎车手》《荒野大镖客》《文明》系列。

本章提供的解决方案

本章探讨使用敏捷和精益原则来管理游戏项目所面临的挑战，如下所示。

- 管理固定发售日期。

- 管理风险。

- 管理项目限制条件，例如成本、进度和规模。

- 细化内容制作债。

- 选择何时以及如何采用看板实践进行内容制作。

- 使用精益原则优化和改进内容制作的工作流程。

定义：项目

项目管理协会的《项目管理知识体系指南》（PMI，2013）将项目定义为"项目是为创造独特的产品、服务或成果而进行的临时性工作。"

因为项目是临时的，所以项目有开始和结束，有诸如成本、进度和范围之类的限制。十年前，大多数游戏开发工作只是项目。发售后，团队转而开发下一个游戏项目，只为已发售的游戏提供一些持续的用户支持。

现在，由于移动和数字市场的发展，许多游戏的发展超出了首发的范围。用于项目固定限制的实践也发生了改变。

本章重点介绍用于项目管理的实践。第 22 章重点介绍实时游戏首次发布后持续进行开发的方法。

最小可行的游戏

游戏产业之外的许多项目都面临着从开始就得交付一定期望值的挑战。比如，处理软件必须具有撤销、打印和字体管理等特性。即使最小可行的游戏（Minimum Viable Game，MVG），可能也需要在产品发行的前一年甚至更早的时间就开始投入。

类似，视频游戏也面临着以下最低需求组合。

- 游戏内容：关卡和角色等。

- 固定发布日期，如节假日或电影同步发行日期。

- 刚需特性集，如第一人称射击游戏所要求的在线多人特性，必须与游戏一起发布。

这些要求需要长期的预算和人员规划，早在计划发行之前就进行。比如，要对制作供玩家花 8 ～ 12 小时体验的游戏内容进行预算，需要多少个人（内容制作者）花多少时间，是通过优化原型开发花费的成本来预估的。

刚需特性集也得有类似的长期计划。对于第一人称射击游戏，得有一个刚需特性集：

- 单人游戏

- AI

- 武器

- 在线多人游戏

这些特性对应的是工作债务，像内容制作债，需要做多个发布（release）才能交付。通常，老板会要求建立一个资源管理计划来保证这些特性的预定发行日期。

"资源"

一听到我们人被称为"资源"，我总是觉得不舒服。这听起来像是我们在谈论石油或铝土等矿产一样。这种称呼反映了一百多年前随着装配线出现而建立的古老的科学管理方法，即如果把工厂里的工人视为机器的低成本可互换零件，就可以提高产品开发的效率。尽管这个理论已经被证明是错误的，但我们仍然将人力成为"资源"。我在本书中用这个词来指代开发成本和所需职能的范围，而不是人力。

资源管理计划如何与敏捷计划结合呢？有一个已经过验证的方法，即找出执行"史诗"关卡故事所需要的资源，通过 Sprint 和发布过程持续改进。

这意味着要平衡成本与价值。假设你要为自己买一台新电脑，你只有 2000 美元，一分不多。你就得开始详细分析电脑各个组件及其价格：

组件	价格（美元）
CPU，主板，内存	800
显卡	500
显示器	400
机箱，鼠标，键盘	200
硬盘驱动器	100

你稍后可能决定购买需要多花 100 多美元的显卡。这部分钱需要从电脑其他组件那里省出来。这就是长期计划与用户故事共存的方法。大型用户故事是通过耗用的时间和资源来定义的。如果任何预算条款出现错误，时间就必须从其他事项挤出来。这样的决定必须经过深思熟虑后公开。

对于每个事项，第一次预估在很大程度上基于之前开发游戏的经验，通常并不是非常准确。对于第一人称射击游戏的例子，PO 定义为一个大型的在线多人用户故事，需要一个 8 人的团队用 6 ～ 8 个月内完成。一些用户故事直到了解更深之后才被分解。制作有 AI 的联网互动游戏玩法的任务在未深入了解之前，可能无法预估，甚至不能确定是否能在这个计划中完成，因此包含这一特性的用户故事在了解更多并确定有团队可以开始相关工作之前，不需要分解。

随着游戏开发的进展，越来越多关于联网特性的挑战、开发速率和产品机会被发现，这需要计划有一定的灵活性。它不能确保每一个最低要求特性集都能在预算和进度范围内完成——没有任何一个计划过程能确保做到——但它可以让团队更早做出决定，从而帮助项目在正确的方向上取得进展。

合同

典型的游戏开发合同有一系列定义清晰的项目里程碑。每个里程碑都有规定的时间点以及特定时间点需要交付的游戏特性。开发方如果能够按时发布约定的特性，就可以领到里程碑奖金。对绝大多数独立制作人来说，这笔奖金可是他们的生活支柱，所以他们会不惜一切地避免项目延期，甚至包括为改善游戏品质而投入更多的开发工作。这能怪谁呢？许多开发方错过一个里程碑就可能分文不得，这对他们来说是难以接受的。游戏开发合同需要改。

从另一方面来讲，发行方发现如果做出变动对游戏更有好处，却完全没有自由添加新的特性或修改项目里程碑的定义。合同妨碍着他们与开发方共同提升游戏品质。

固定节点交付导致开发方与发行方之间产生了敌对关系。双方都认识到需要改善游戏变动的情况，但受制于缺少必要的信任。

开发团队与发行方之间紧密协作比固定的合同更为重要。但很少有发行方在没有详细合同约束下让开发方进行工作。在我们的游戏行业外，许多敏捷环境下的合同会包含客户支付最近一次迭代费用的时间和产出物清单。这种形式的合同需要合作双方高度互信。客户必须信任开发方会合理地使用这笔钱；开发方必须信任客户不会无缘无故就提前中止合同。

尽管大多数欧美的发行方不支持这个模型，但许多发行方已制订更为灵活的里程碑定义，从而允许与开发方之间每隔几个月就有一定程度的协作。随着敏捷的日益普及，我们将看到更多合作带来互信程度更高的协作式商业行为。

商定固定发售日期

项目管理界有一句话是老生常谈了："时间，预算，规模，三者只能择其二。"，这三者本质上来讲不可能共存。项目总是需要在这些变量之间权衡取舍，并且变量彼此之间息息相关。

举个例子，我们通常认为，如果游戏的开发进度落后或者开发过程遇到麻烦，只要往里面砸钱就可以解决问题。实际上，这意味着要让新的开发人员加入团队，通常导致游戏开发陷入更大的危机，因为新的开发人员需要老司机求带和耐心培养而导致游戏开发进一步被拖延。

大多数新游戏的开发策划都考虑了发行日期。但是，实际因为错过原定发行日期而遭到失败的项目极少。发行日期是项目干系人为确保团队有目标而施加的主要限制之一。但是，在过去的十年中，我合作的一些游戏团队确实有严格的发行日期。通常都是体育赛事类游戏，必须在新赛季开始之初发行。

对于这些游戏，要严格运用敏捷让他们得到最好的工具，以便按时发行游戏。

- 通过对完成的自动化测试和坚实的技术实践的可靠定义来管理债务。

- 在开发前期就尽早通过即时反馈来完善对内容制作的预测。

- 以有序的方式管理游戏开发，以确保交付有价值的游戏，同时不要冒险超出时限去做不必要的事。

- 与项目干系人对游戏开发的权衡取舍进行密切的交流。

早期失败是好事

作为独立咨询顾问，我最开始的时候服务过一个 AAA 游戏开发团队，和他们一起启动一个新的主机游戏项目。当时有人领我参观一个大房间，里面有一堆开发人员在做游戏。有人告诉我未来几个月计划把开发人员增加到 200 人以上。该项目的目标是在 18 个月内用一个还没怎么用过的引擎发行游戏。

显然，这个项目没有机会按时上市，但项目主管坚信 Scrum 可以解决这个问题。问到我的意见时，我的建议是，就算用对了 Scrum，也只能迅速得到数据的实锤证据，表明当前的时间安排无法保证项目能够取得成功。

做了一次发布后，他们就确信我说对了。就这样，项目干系人同意放慢团队成员的增长并延期发行。

我总能发现，相比事到临头才传出坏消息，项目干系人更欢迎能够有人勇敢地早点说出来，这对开发人员也更人道。

管理风险

和国防行业以外的任何其他行业相比，游戏行业承担的风险更多。我们的尖端技术发展得极为迅猛，发行日期却通常是固定的，以便赶上体育赛事、电影发行或销售旺季。市场风向的改变也总是那么猝不及防。这就导致许多游戏没有达到预期或者让开发做根本不可能做到的事。如果项目能够认清"黑天鹅"这样的意外在所难免并能接纳风险而不是规避风险，就不会有太多这样的问题。

我最糟糕的一份工作

大学毕业后，我的第一份工作是在一家小型软件咨询公司工作。我们接的很多单子都很有趣，例如在纽约证券交易所交易大厅安装新的显示器或在工厂安装新的小工具。

我们接的有个单子简直是场噩梦，要求我们对 F-15 战斗机[①] 投放核弹软件进行独立验证和验收，我们的目标是帮助消除 bug 带来的风险，因为 bug 会导致核武器在不当的时机掉落。

这个软件的测试可真不容易。它是用非常底层的汇编语言编写的，并且打印出来都有好几百页。

我的工作是，在打印出来的代码上用五色铅笔来追踪代码流。五种颜色分别用在代码可能分支的地方。这项工作非常无聊，并最终导致了我的辞职。不知道为什么，我在检查控制核武器的代码时总是昏昏然，感到非常不舒服。

几年后，我得知测试完成且软件被确认为安全时，有一名 F-15 飞行员指出，这种"安全"软件无法阻止行为异常的飞行员通过机械手柄投下他不应该投的核武器。就这样，武器投放计划立刻被取消了。

我听到并见过很多这样无法消除复杂武器系统风险的故事。尽管通常不如核武器火控系统复杂，但显然，游戏产品的故障并没有那么大的"影响力"。

---

① 译者注：F-15 鹰式战斗机在很长一段时间内都是最佳战机，战绩惊人，可以达到 104∶0。也是最快的制空战斗机。

将风险纳入产品 Backlog

游戏发行经验丰富的人很容易识别出许多潜在的风险。难点在于将风险管理纳入计划中。虽然项目干系人通常都不希望在产品 Backlog 中看到没有答案的问题,但不确定性是注定无法消除的。

要想更好地管理风险,只有保持警惕并制定计划以防风险出现。[①] 我发现了一种成功的方法,改编自《与熊共舞》(DeMarco,Lister,2003)。

方法如下。

1. 创建可能出现的风险清单。

2. 根据影响和概率确定风险的优先级(请参阅第 7 章的优先矩阵实践)。

3. 找出影响力最大和发生概率最大的风险,并确定触发日期或条件(也称为"风险转移")。

   示例:如果这个关键中间件没有在 10 月之前移植到我们游戏的硬件平台上……

4. 为每个风险创建缓解策略(包括消除风险的计划和成本)。

   示例:从 11 月开始,六个工程师花两个月来移植中间件。

5. 与所有项目干系人沟通这个风险策略计划。

6. 定期(每 Sprint 一次)重新审查计划。

在我们发现的潜在风险中,大约 20% 会成为现实。尽管无法确定会遇到的每个问题,但我们的确避免了很多问题。我们的项目干系人很欣赏这种主动方法,这样一来,我们不仅可以发现潜在的问题,还可以提前制定解决方案。

---

① 译者注:有关风险识别和管理的更多详情,也可以参见《敏捷文化》。

技巧 / 提示 以用第 19 章中参与式决策的钻石模型来建立风险清单，这个方法很好。首先确定完整集（请参阅步骤 1），然后再对它们进行优先级排序（步骤 2 和 3）。排好序后，制定缓解策略（步骤 4 和 5）。

需要有阶段划分

即使用敏捷方法来开发游戏，仍然需要分离一些开发行为。主要有以下三大理由。

- 发行方要求有游戏概念：为了获得发行方的批准（包括市场营销和特许经营权或授权负责人批准），开发方需要在项目开始时提供详细的概念设计。在整个项目中，他们都不能偏离这个愿景太远。

- 游戏需要交付 8 小时以上的游戏内容：游戏一般要交付 8 ～ 12 小时长度的单人游戏内容。通常在原型制作中确定游戏玩法，通过这些玩法创造游戏要讲述的含有大量产品内容的故事。

- 只有一个发布日期：对于大型游戏而言，在超过 24 个月的开发周期之后只能有一个发布日期。密集的硬件性能测试经常被延到最后。

实时游戏

大型多人在线游戏（Massively multiplayer online games，MMO）如《魔兽世界》或《星战前夜》，定期为活跃用户交付扩展包来平衡计划和能力范围的压力，从而以一种"持续发布"的方式确定部署日期。其他游戏，如 iPhone 或休闲网游，也采用类似的部署方式。这些游戏上线后，可以更轻松地以流水线的方式安排它们的开发阶段（请参阅第 22 章）。

制作阶段

创意、策划（设计）、编码、资源制作、优化和调试等活动进一步平均分布在敏捷游戏项目的开发过程之中，但这并不表示项目阶段等同于 Sprint。

大多数游戏开发项目，不管有没有用敏捷，都有好几个阶段。这些阶段改变着团队开发游戏的方式。

- 创意（设计阶段）：这个阶段在原型阶段之前。创意开发可以说纯粹是迭代的。想法不断涌现，可能开发出原型或者放弃。这个阶段通常是限时交付一个或多个创意开发计划，直到通过发行方或版权方的正式批准。

- 原型阶段：团队对游戏玩法进行探索，了解资源需要怎样做才能在开发阶段完成。团队还要创建关卡和其他体现产品质量的资源。这一阶段是完全迭代和增量的。团队通过迭代发现游戏的玩法机制以及持续了解了更多信息，在此基础上再调整开发计划。

- 制作（开发）阶段[①]：团队使用制作前期中发现的核心玩法和流程，集中精力创作 8～12 小时的游戏体验。这一阶段专注于效率和持续改进。团队在对核心玩法的迭代越来越少，因为他们正在基于这些玩法建立大量的资源。大多数情况下，在开发阶段改变这些玩法都属于浪费，要付出很大的代价。比如，处于开发阶段的平台类游戏团队，平台类游戏通常会挑战玩家发展在恶劣环境中穿行的技能（如任天堂的《马里奥》系列游戏）。制作团队根据角色动作标准如"角色可以跳多高"或"玩家蹲下的最低高度"等创造出数百种资源。如果这些标准在开发阶段中发生变化，会带来严重必须得重新改正的破坏。比如，如果设计师改变角色的跳跃高度，就涉及到数百个凸出岩壁或障碍物，这会消耗开发团队相当大的精力。进入开发阶段，前期必须发现和锁定这些标准。

- 后期制作：随着游戏内容达到可部署的质量，团队需要集中精力完善整整 8～12 小时的游戏体验。这个阶段持续改进游戏。然后，游戏移交给硬件测试。尽管大多数这种测试是贯穿于整个项目中，但仍然有一些例外，比如，微软和索尼的硬件测试就非常昂贵，而且只在发行游戏的前几个月进行测试。

---

① 译者注：原书中 production 和 develop 来指代游戏制作。我们在后面的行文中，会根据上下文换用"开发"和"制作"。

混合阶段

各个阶段并不是孤立存在于不同的时间段。比如，尽管大量概念工作很早就完成了，但随着游戏在整个项目中逐渐成形，概念开发也需要不断优化。

图 10.1 展示了一个敏捷游戏项目典型的工作分布状况。需要说明的是，尽管大多数设计和概念最开始完成，多次校准、调试和优化在最后完成，但许多阶段仍然是相互重叠的。举个例子，相对一个正式的"制作开始日期"，团队在项目中间还是可以看到制作活动不断增多，原型工作不断减少。

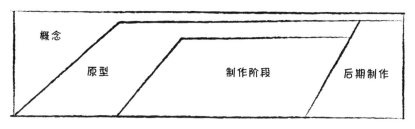

图 10.1　重叠的游戏制作阶段

用一系列发布来管理各个阶段

为交付主要特性和资源而串在一起的一系列 Sprint，就构成了一系列发布。类似的，为交付一个完整游戏给客户而串在一起的一系列发布，就构成了游戏项目。图 10.2 是一系列典型的 2 ～ 3 个月的发布，它们组成了一个为期两年的游戏项目。

实时游戏的阶段划分　实时游戏的各个阶段是通过周数甚至天数来划分，而非通过版本发布来划分。第 22 章将详细探讨这个主题。

在实践过程中，每个阶段有不同的重点。不同阶段间（如原型向制作阶段）的转变可以是逐步的，不同资源类型在不同时间转换到下一个阶段。

实践之所以发生变化，原因如图 10.3 中一个增强版 Stacey 图所示，随着游戏从概念阶段进展到后期开发阶段，技术和要求的不确定性都在下降。正如图中所示，实践要能体现出不确定性。

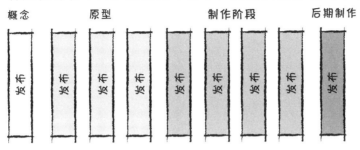

图 10.2　一个跨年项目的一系列发布

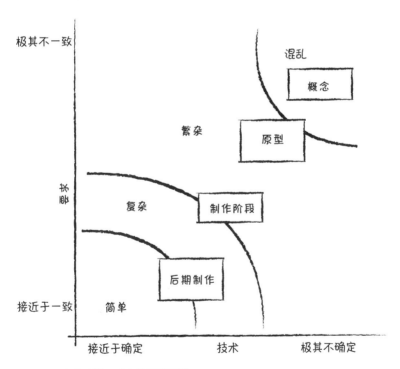

图 10.3　各个阶段不确定性逐渐下降

来源：Schwaber, K., and M. Beedle. 2002. *Agile Software Development with Scrum.* Upper Saddle River, NJ: Prentice Hall. Reprinted by permission of Pearson Education, Inc.

虽然用的仍然是 Scrum，但团队会根据目前所处的阶段调整实施重点。

- 开发前（pre-production），也就是概念阶段：相比之下，这个阶段的 Sprint 比较短，在这个非常小的 Backlog 里，大多数用户故事都是"试探性的 Spike 故事"。概念阶段的主要目标是为团队和项目干系人建立认知，而不是对客户产生价值。发布目标是概念的实现方式或可能是演示给老板看的原型。

- 原型：Scrum 用来发现游戏的趣味性并以增量和迭代方式了解制作成本和游戏的价值。通过 Sprint 和 release，游戏开发过程逐步取得进展。发布目标为主要的特性。

- 开发中（production）：团队创建开发前确定下来的资源，并增量改进资源流程。尽管还是用 Sprint 和 release，但资源开发的速度成为了测量开发速度的标准。

- 开发后（post-production，也称后期）：团队集中完成日常的调试、完善和漏洞修补的任务。尽管在做 Sprint 和发布评审，但本阶段的目标更多是由分配到每天来完成的 Backlog（包括漏洞修补和对特性进行打磨或美化）和接下来的提交日期等关键日期驱动的。这个内测日期开始，包括公测和发行日期。

精益开发

开发阶段（也称"制作阶段"）最有挑战，也最昂贵。意味着庞大的工作量，具体取决于与开发前（pre-production）[①] 的决策和时间限制。

对于 Scrum 团队来说，资源制作的复杂流程不是很适合在一个 Sprint 内以迭代工作流的方式来完成。因此，许多团队在进入开发后就会放弃 Scrum，回到原来的瀑布式实践。这样做有问题，因为相当于同时也放弃了敏捷带来的许多好处。

---

① 译者注：游戏开发一般分为四个阶段。首先是设计阶段（pre-production）包括游戏概念、游戏策划、程序里程、美术及美术风格的设计。其次是开发阶段（production，在本文的描述中，"开发"与"制作"同义，经常会换用，以便切合上下文语境）具体开始制作游戏，比如程序可以用哪些技术以及关卡内容用什么引擎来量产。最后是后期阶段（post-production）主要是消灭游戏中的 bug。

这一小节将阐述敏捷团队在开发阶段的问题，介绍精益的一些概念，团队可以通过它来持续改进制作资源这个阶段的生产率（production rate）[①] 和提升资源的质量。

开发债

随便选一天来作为开发阶段的开始？你可曾见过哪个游戏项目是这样计划安排的？日期很早就确定了，大约提前一年左右，团队就要计划什么时候开始制作资源（通常是关卡）。

这个开始日期从何而来？怎么知道原型和开发阶段需要多长时间？如何判断给定的时间是否够？还记得你曾经多次在一个持续 9 个月的开发阶段塞入 12 个月的工作量吗？许多游戏之所以太早进入开发阶段，就是因为项目计划要求他们早点开始做。之所以出现问题，是因为开发阶段所依赖的核心玩法和预算还在迭代中。大多数游戏时长为 8 ~ 12 小时的游戏内容，都要安排到开发阶段完成，统称为"开发债（任务）"。

开发前衡量开发任务

开发前期的一个目标是衡量和进一步了解开发债（任务）的规模。在前几次发布中，开发债并不确定。例如一个项目正处于开发初期，预估开发债为 1000 人月，上下波动幅度为 20%。特性集的改动可能也会影响到开发债的规模。开发前期将要结束时，对开发债的估计会更准确，例如 1 050 人 / 月，上下波动幅度为 5%。

图 10.4 显示了预估范围是如何随时间变化的。尽管估算永远不是完美的，但肯定都比项目开始时的第一次估算更精确。

[①] 译者注：生产率是指每单位劳动生产的产品或服务的速率或指投入和产出的比率，可以用公式表述为生产率 = 产出 / 投入。可以按照生产要素的种类分为劳动生产率、资本生产率、原材料生产率和能源生产率；按照生产要素的数量可以分为单要素、多要素和全要素生产率；按照测定方式分为静态生产率和动态生产率。在敏捷精益方式中，采用速率来代替人、时间和价值的投入产出比。——MBA 智库百科

这些预估通过 Sprint 来完善并发布一些所需资源质量越来越高的目标。通过开发这些资源，团队可以进一步了解开发这些资源需要多少实际成本。这些估算在制作中并不是固定不变的。在开发期间，团队要想办法改善资源制作方式，以便进一步降低成本。

做游戏好比造汽车

游戏开发的许多问题和解决方案与汽车的设计和生产颇为相似。在设计普锐斯[①]这样的车时，丰田不仅得设计出环保节能车，还需要以绿色市场支付得起的价格量产。换句话说，丰田在设计汽车的同时，还必须设计工厂（Liker，2004）。

为什么要度量开发债？

在原型阶段度量得出成本非常重要，有助于对影响成本的特性进行决策。如果 PO 不了解这类特性对成本的影响（图 10.4），就会倾向于以其表面的价值接受它们。

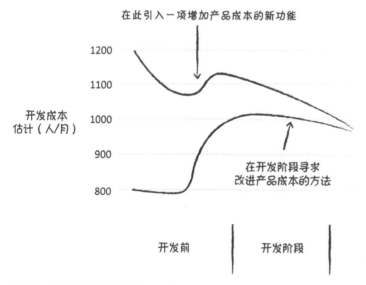

图 10.4　开发阶段的成本估算随时间而变化

① 译者注：官方数据显示，其中的 Prius Prime 作为一款省油的电动车，即使在电力枯竭的状态下，仍然拥有 54 mpg 的官方平均油耗数据，是丰田寻求提供更高性能和更长距离的新一代电动汽车。官方最大巡航距离为 1 030 公里，以纯电动模式行驶，行驶里程大约可以达到 40 公里。

假设你正在做一个第一人称射击游戏，计划用 12 个月的时间制作 10 个游戏关卡。在开发过程中，团队实现了让游戏世界中的每一个地方可以被摧毁或者是可以在上面轰出一个洞。这是个非常好的创意，但会使制作一个关卡的工作量成倍地增加。

如果 PO 了解，就可以早早地做决定。选项如下。

- 放弃这项特性，因为项目无法承担。

- 砍掉一半的关卡。

- 提前开发。

- 延长开发阶段，推迟发布日期。

- 增加对开发资源的投入。

虽然其中一些选项优于其他的选项，但都胜于不了解开发工作量时采用的方式：想方设法把需要 24 个月的游戏内容开发任务压缩到 12 个月的计划中完成。

Scrum 在开发阶段会面临哪些挑战

开发阶段受制于由一些特定步骤组成的流水线式的资源制作流程。这些资源制作流程很容易被不同的障碍卡住或者在不同的地方缺少人手。

当 Scrum 团队尝试在资源制作流程使用 Sprint 时，会发现开发前期的好处（如专有迭代和透明度）没有了。

Scrum 任务板和开发流程

在 Sprint 开始时，团队承诺完成任务板上所列的预估可以在 Sprint 结束时完成的任务。这些任务列在任务板上，每天都要进行审查。许多任务不是按顺序或平行开展的。如果某个人要等另一项任务完成后才能继续工作，就先安排做其他的一些事情。这种任务执行流程充分鼓励团队之间的交流，也可以防止他们无事可做。Scrum 任务板可以很好地支持这种需求。

但是，对于很长一系列必须按顺序完成的资源制作步骤，团队就享受不到这样的好处。各个任务必须按顺序按部就班地稳步完成，以保证制作团队中的专业人员不会闲着等活儿干。Scrum 任务板无法清楚地显示这个流程。以图 10.5 显示的一个 Sprint 中某角色资源的制作为例，团队估计他们可以在这个 Sprint 结束前完成。每个任务在被移交到下个环节前必须按顺序完成。

Sprint
开始

Sprint
结束

图 10.5　Sprint 中的开发流程

如果把这样的工作流放到任务板上，会得到图 10.6 所示的结果。

任务板显示，角色模型要先创建。在任务板上显示流程有个问题，即流程的进展并不是充分可见的，无法提醒团队留意一些问题。

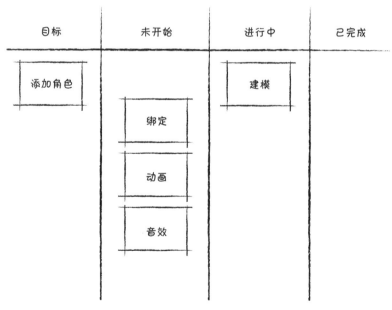

图 10.6　任务板上制作某个角色的可视化流程

比如，如果建模花的时间超出了预期怎么办？图 10.7 显示了可能的结果。建模、骨骼绑定和动画都完成了各自的工作，但环节中的最后一个人音效，没有足够的时间在 Sprint 之前完成自己的工作。

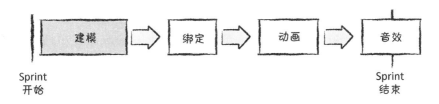

图 10.7　建模拖延的后果

团队需要看到任何时间出现的流程延迟会带来哪些影响。

让所有人都忙起来

运用 Sprint 来进行资源制作，会使所有专业人员都忙起来。这是个新问题。在前面角色制作流程的例子中，动画在完成工作之前，音效做什么呢？

对此，Scrum 团队有选择几种方式。一种方式是，与另一个需要音效的团队共用音效。另一种方式是，所有音效专门组成一个团队，让他们拥有自己的 Backlog。第三是，把多个角色的音效工作攒在一起，直到 Sprint 中有音效师加入团队。这些方法都不是最理想的，因为每种方法都使游戏资源的制作独立于游戏资源的整合。比如，假设建模师一口气提前做好一打角色。如果某个角色在第一次整合到游戏中时暴露出了问题，那么这 12 个角色可能统统需要重做，从而造成相当大的工作浪费。缩短建模和集成的时间可以创造更多一次"通过"的机会。

迭代次数更少

资源制作的流程类似于流水线。在这个意义上看，Scrum 团队在每个 Sprint 结束时都完全清空了流水线上的所有工作，传统的流水线做不到这个程度。它们必须持续不断地填充，因为流水线上的每个步骤都是在完成前序工作的基础上完成的。如果采用 Sprint，流水线上就会有许多空，导致有些团队成员不得不停下来等活儿。

这就是许多 Scrum 团队进入开发阶段后放弃敏捷的原因。然而，开发阶段从来没有实现过 100% 的高效。团队无法预见潜在的每个问题。在游戏发行之前，需要持续探索并改进流程。因此，开发阶段也要沿用敏捷。如果开发阶段必须遵循固定的计划安排和时间点，那么团队优先考虑的是赶时间，但是，未被纳入计划的问题不断涌现并威胁到计划。所以，要继续用敏捷实践——预见变动、鼓励持续提升效率并集中精力——并在资源开发过程中进行持续改进。

这就是我们认为精益可以派上用场的地方。精益涉及与开发环境相关的一系列原则。这些原则在确保资源制作的同时持续改进开发环境。本章剩余部分将描述精益的概念，谈谈它和看板之类的实践是如何帮助团队在开发阶段保持敏捷的。

看板与精益开发

从探索复杂的开发前期过渡到繁复的开发流程之后，团队更适合使用看板这样的精益开发工具。

通过看板来体现可视化流程

团队使用看板来可视化资源制作流程和提供 Scrum 任务板无法提供的透明度。

我们接下来要示范看板和精益思想如何应用于开发阶段。图 10.8 显示了从概念到调试的基本开发流程。

图 10.8　关卡开发流程的简化版

首先，需要在看板上展示开发流程，每一列代表不同的工作流程和产能。图 10.9 是一个开发流程的简化版看板。

这六列分别代表开发流程中的步骤，包括产品 Backlog。列中的卡片代表开发的各个阶段。完成一个关卡每个步骤的工作后，如果下一个关卡已经准备就绪，就立刻把它挪到左边这一列。

开发流程的平准化

现在，有了可视化关卡开发流程的看板，团队成员就可以开始用精益工具来保持稳定的开发节律。这样一来，团队就可以以一种更持续、可预测的速率进行资源开发。

有两种基本的开发流程平准化[①]工具。第一种是为开发流程的每个步骤建立时间限制（timeboxing）。此后，通过平衡每个步骤需要的资源来实现开发流程的平准化。

时间限制

每个 Scrum 开发方都会发现，Sprint 实际上是一个 2 ~ 4 周的时间盒。团队不能改动时间盒。这样做有一个好处，那就是对加入游戏中的价值建立一种可量化的节律。

在精益开发过程中，时间盒的限制更严格。开发流程中的每个步骤通常都有时限。比如，一个关卡的音效设计可能被控制在 10 之天内完成。这不同于开发前期音效设计师独立估算和提交 Scrum 任务的情形。这种改变是因为团队已经在开发前期为一个关卡的音效设计确立了一个理想的时间限制.这个时间限制的依据是兼顾 PD 期望的时间（成本）和质量要求。

时间限制并不是说做游戏内容的人必须在固定时间满足特定的质量要求。做游戏内容的，要在这个时间限制内尽可能满足质量要求。

以时间限制的方式来开发资源，重点在于以量化时间的方式来平衡质量和成本。如果选定的时间段太短，资源的质量就会比较低下。比如，如果将一个高清关卡场景的多边形工作限制在一天时间内完成，那么一个美术师可能就只能做一部分完全没有贴图的立方体！从另一方面来说，如果时间窗选定为两个月，美术交付的多边形又可能细节太多。

---

① 译者注：平准化（leveling）是指按照加工时间、数量和品种，对即将拉入生产系统的工件进行合理的搭配和排序，使得生产系统中的工件流在加工工时上是平稳的。

效果可能很美，但在老板看来，相对于向玩家提供的价值，这样做成本太高了。

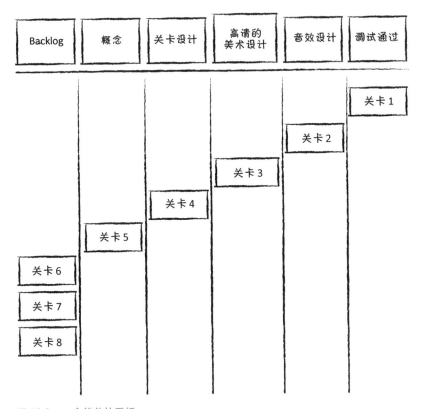

图 10.9　一个简单的看板

兼顾游戏资源的质量和成本，这是 PO 的职责。他们必须判断玩家最看重哪些价值。图 10.10 中的概念曲线显示了如何兼顾成本及其对玩家的价值。

注意，它并不是一条直线，因为回报逐渐在减少，玩家在驾驶通过一个消防栓的时候，一个有 200 个多边形的消防栓和一个有一万个多边形的消防栓，玩家获得的价值并不会有 50 倍的差异。

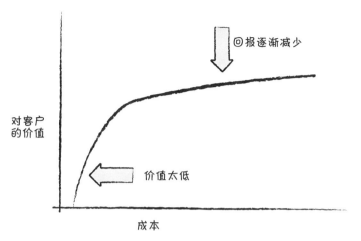

图 10.10 游戏资源的成本回报曲线

说明 作为一款赛车游戏的 PO，我让美术做过"95 英里/小时的东西"。质量标准取决于玩家玩游戏的时候有哪些关注点，他们才不会不关心以时速 95 迈驾驶经过的消火栓是不是高精度的！

图 10.11 显示了回报曲线中选定时间盒的区域。开发前期为开发阶段优化了这条曲线，得出最适合的时间段。

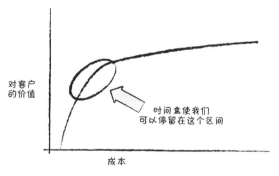

图 10.11 为资源选择时间盒

时间限制并不是绝对精确的。相比之下，一些关卡花的时间更多一些。选择的时限是对最优和最差时间取平均值。团队允许一些小偏差（见后文描述）以免可能的工作不够多或者工作太多（图 10.12）。

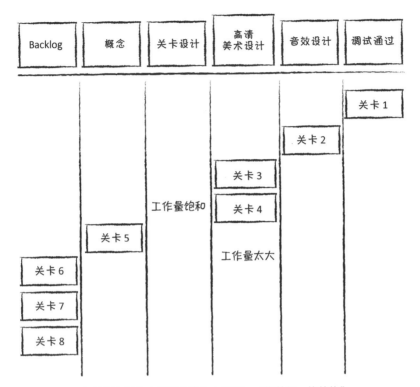

图 10.12　看板的任务板上表明工作流失去平衡，"饥的饥，饱的饱"

　在开发阶段，时间盒这个曲线会变，因为团队的持续优化，它会更准并且向左，看起来没有这么弯。

不同工作的均衡化

开发流程中，每个步骤都要求有不同的时间限制。这会导致有人没活儿干和活儿堆太多没人干的后果。这两种情况都需要避免。举个例子，如图 10.12 所示，如果关卡设计需要一周时间，而高精度关卡场景的多边形工作需要两个星期，那么，已经完成的关卡设计工作就会堆积起来。相反，如果每个关卡的概念需要两个星期，那么负责关卡设计的也没活儿，只能干等着。

工作流需要保持均衡，好让每个人总是有活儿可以干，不至于使 WiP（进展中的工作，在制品）的数量大到堆在任何两个步骤之间。为此，需要使得每个步骤所花的时间（称为"周期时间"，cycle time）保持平衡。

例如，如果团队希望每个步骤有 10 天的周期时间，就要着手检查开发流程中每个人的时间盒（参见表 10.1）。

表 10.1　最开始的周期时间（开发流不钧衡）

步骤	每个人的时间盒
原画设计	10 天
关卡设计	20 天
高清美术资源 *	30 天
音效设计	10 天
调试通过	7 天

* 高清美术资源是指细节丰富的模型、贴图和光照。

原画设计和音效设计都是 10 天的周期时间。然而，其他步骤的周期时间各不相同。举个例子来说，每个关卡的调整时间少于 10 天。这意味着调整关卡的设计师会经常性地没有活儿干，因而不得不找些其他事情来做，比如帮助其他的团队、关卡设计或 QA。

针对每个关卡中要求 10 天以上周期时间的步骤，团队需要增加人手或者想法改进工作过程。例如，既然高清美术每个关卡需要 30 天时间，团队就可以投入三个高清美术的人力来平衡工作流。美术可以采用多种合作方式，但每种方式都有下面这些挑战。

- 让所有负责高清美术资源的人做同一个关卡的工作。如果编辑工具不支持对同一个关卡进行同时编辑，就不要考虑这个选项。

- 把高清美术资源这个步骤的工作拿出来，分解成一个特殊的流程（例如贴图美术、道具美术和静态建模美术）。具体怎么平衡，则可能比较难。

- 让负责高清美术资源的人同时做若干个关卡。这种方法可能会造成质量和开发节律不一致。

团队中每个成员都加大了工作量，体现在每列的 WiP 限额上（图 10.13）。WiP 定义了每列中最多可以留下多少卡片（关卡）。

如果一列中的卡片达到 WiP 限额，就不能再拉入更多卡片。

现在，我们的看板如图 10.13 所示。

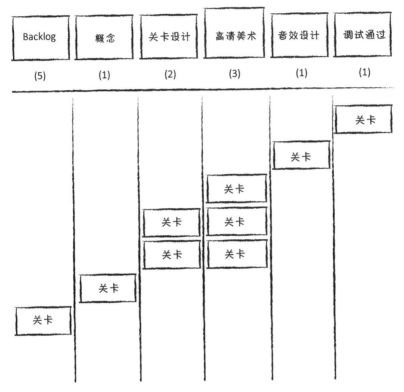

图 10.13　看板任务板上显示平衡工作流程

在制品限制

限制 WiP 是改善流动和质量的重要组成部分。只是提高每个步骤的生产力是不够的。

一个形象的类比是披萨店。假设你饿了，想吃披萨。本地商店卖的披萨美味又快捷，20 分钟就能烤好一个。你走进商店，但发现前面排了很长的队，没办法 20 分钟内就拿到披萨，因为你前面还有很多人在排队。

排队的队列就是披萨店的 WiP。延迟是由它造成的。在游戏开发中，这种延迟将导致以下结果。

- 更少的迭代，因而质量降低，可以尝试改善制作流程的机会也减少了。

- 更多的浪费，因为如果我们发现一个资源最终投入游戏时产生了问题，意味着在制作流程中还产生了一堆其他的问题，因为 WiP 的数量太高。这是需要调整的。

团队将在工作流程的每个阶段持续探索哪些方法可以用来减少 WiP 限额。

团队现在已经使关卡制作流程实现了均衡化，并确定了关卡的完成速度，称为"耗时"（也是 10 天）。他们应用精益工具来稳定甚至减少耗时，从而不断改善关卡的成本和质量。

耗时和周期时间

针对资源制作流程，精益使用两种时间度量指标，一是耗时(take time)，即外部要求按照什么样的速度来交付制作完成的资源。对于视频游戏的制作，这是由开发前期制定的计划来决定的。精益实践的一个目标是，通过改进生产流水线（pipelline）的方式来持续施压，以减少耗时——按更高的速率交付已已完成的资源。

二是周期时间，用来度量一个步骤或整个流程从开始到结束所经历的时间，是一个时段的概念。

理想情况下，每个步骤的周期时间小于或等于耗时。这是关卡流程的目标。在关卡创建流程的例子中，高清美术步骤需要一个 15 天的时间。只是简单改进流水线怎么也不可能减少到耗时 5 天就可以完成。解决方法就是投入三个高清美术岗位并行工作，以达到每隔 5 天完成一个关卡的高清美术制作要求。

持续改进

应用精益生产之后，一个主要的好处是，团队有动力持续改进产品（质量和价值）和做产品的方式。这个好处很明显，尤其是相对于按计划生产——团队一方面要集中精力赶最后期限，但另一方面，解决计划外的突发问题又会造成进度拖延。

在开发阶段，团队仍然用敏捷规划方式中的速率来衡量实现目标需要保持怎样的节奏。有了这样的度量，就可以对修正和改进做出快速的评估。

这一小节用关卡制作的例子来描述精益思想的一些方法，有了它们，团队可以持续改进协作方式，以此来改进游戏资源的质量和资源制作的节奏。

看板对制作阶段的好处

- "针对进度和哪些部分需要开工，有更多的可见度和更高的清晰度。"

- "总体项目安排以及任务是否可以按时完成，可以一目了然。为了实现项目目标，我们曾经多次借助于看板来重新分配资源。"

- "在 Scrum 框架下工作的看板团队，做计划的时候更容易，更方便。"

- "看板可以使我们察觉到流程和工作交接上可以改进的地方。具体说来，就是尽快做出可以暂时用到游戏中的节点 blockout 动画和 proxy 代理模型，让大家都有事干。"

——丹特 • 法尔科（Dante Falcone），游戏制作人兼工程师

改进周期时间

迭代的节奏对产品质量有着直接的影响。比如，如果希望改动贴图并在游戏中见到效果从原来的 10 分钟降到 10 秒钟，美术就要对贴图做多轮迭代，让游戏看上去更好一些。

这个原则同样适用于资源制作流程。我们希望缩短一个流程的迭代时间以尽快着手进行改进。具体包括对流水线（pipeline）、工具、工作流和团队内部协作的改进。缩短迭代时间，可以使得这些改进更容易实施，更容易见到成效。

在精益开发中，我们重点聚焦于改进整个流程而非个别步骤的迭代时间或周期时间。下面这些因素会影响一个流程的周期时间。

- 游戏资源的大小：大型的游戏资源，比如完整的关卡，周期时间都很长。如果团队选择分步完成大型游戏资源的各个部分，也能减少游戏资源的周期时间。

- 批次大小（batch size）：指任何单一步骤单批次要处理多少游戏资源。批次大小越大，周期时间越长。比如角色模型，做完一打就移交给骨骼绑定环节，而不是等全部完成之后才一起移交。把 WiP 设得更小一些，就有这个好处。

- 浪费：指花时间和精力做的事情最后并没有为游戏资源增加价值。比如花时间等待审批，这就属于不增值的时间浪费。

- 知识、技能和赋能：周期时间最大的决定性因素是流水线上每个为游戏增加价值的人所具备的知识和技能及其对变动的影响能力。比如，知道什么时候在哪里可以重用游戏资源（而不是从头构建）就对周期时间的长短有很大的影响。

游戏资源可以拆得更小一些

把大的游戏资源分解为更小的资源，以便团队可以更快得到反馈。反馈类型有下面三种。

- 对游戏玩法的反馈：大的游戏资源，比如关卡，周期时间可以长达一个月，而且，不管设计得多么详细，在交付的时候，游戏机制仍然会有不确定性。周期时间太长，以至于基本上没有什么机会可以得到反馈，更别说还可以根据反馈来影响资源的后续开发了。到最后游戏上市的时候，游戏关卡的设计依据仍然是最初的假设。通过对大的游戏关卡进行分解，团队可以得到与游戏机制相关的有价值的反馈，然后再用这些反馈来影响关卡的后续开发。

- 对制作内容的反馈：如果缩短周期时间，我们可以更快、更低成本地改进开发流动情况。比如，如果团队在当前关卡的第一个场景就发现了静态几何体中位与角色的动作有冲突，就可以马上修复并改动工作标准，使其可以应用于后续的各个部分。这可以节省大量的时间。

- 对速率的反馈：如果按月来衡量周期时间，很难衡量单个实践改变或工具改进所带来的效率变化。如果按周来衡量周期时间，改进之后能带来更明显的工作节奏的变化。

我合作过的有个关卡制作团队就是这样做的。他们把关卡分解为 7 个小的"区"（zone）[1]。

着手开始建区之后，团队的周期时间就缩短为原来的七分之一。每隔几周就完成几个区，并且，每个区在质量和开发方式上都有改进并体现到建后面的区当中。最后，该团队把周期时间缩减为不到一半。

更小批次

传统的生产流水线聚焦于人力资源的高效利用，精益思想关注的则是游戏资源制作的流动情况。考虑到不同学科之间的不平衡，项目经理通常会均衡化生产线上的各类工作，以免有人闲着没事儿干。"不同学科的均衡"，这样的预测绝对不可能很精确，所以，在不同的步骤之间，通常需要插入大量未完成的工作。

举个例子，如果一个游戏项目要做一打关卡，团队可能会在开发前（pre-production）就开始批量制作原画或关卡道具。这样做虽然没错，而且也有必要，但通常又会陷入过犹之不及的困境。比如，还没有完全理解游戏玩法就已经做好了六七个关卡的原画，如果事后发现不得不重做（甚至更糟，连带基于这些被作废的原画而做出来的关卡），岂不是会造成巨大的浪费？！

借助于精益思想，团队可以努力减少或消除批量的工作。由于每个步骤的时间盒内部存在不确定性，所以团队通常都需要在游戏资源制作流水线相邻的两个步骤之间留出一些时间比较短的缓冲区。团队要选择尽可能最小的缓冲，因为缓冲是会增加周期时间的。缓冲的设置，要避免有人处于等待状态，但也不至于相邻两个工作阶段之间堆积着太多的活儿等着要人做。

图 10.14 显示了一个有缓冲区的看板。缓冲也有 WiP 限制，就像别的任何一个步骤一样，过剩或不足都会发出信号。

减少浪费

开发阶段的大部分时间都花在并没有为最终产品增加价值的工作或活动上。例如，等待导出、等待资源审批或者与最新的资源同步，等等。

---

[1] 译者注：指的是玩家在移动的时候载入和移出内存的那部分关卡。

减少这些浪费可以极大地改善生产力和周期时间。

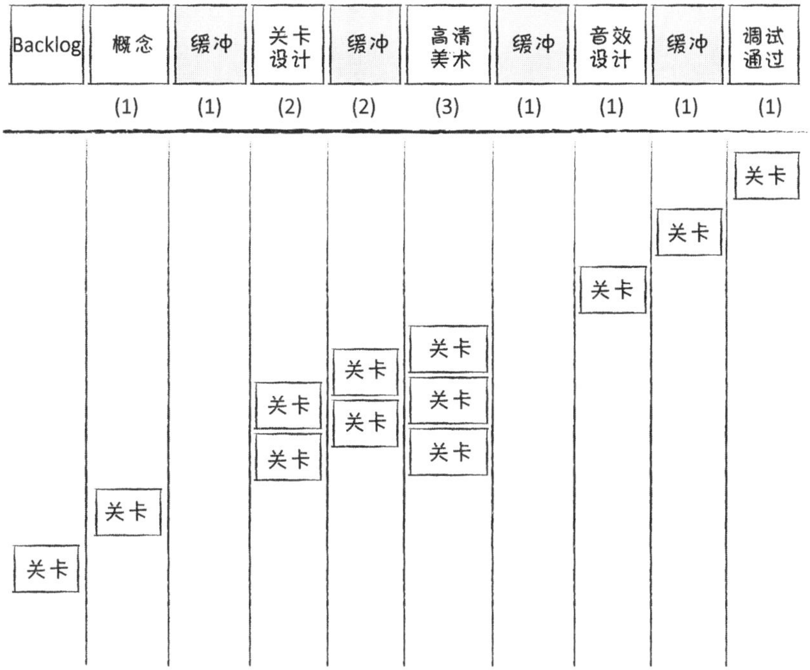

Backlog	概念	缓冲	关卡设计	缓冲	高清美术	缓冲	音效设计	缓冲	调试通过
	(1)	(1)	(2)	(2)	(3)	(1)	(1)	(1)	(1)

图 10.14　有着缓冲区的看板

这样的浪费，大部分都可以由团队自己来识别和消除。耗时（take time）和时间限制会在无形中形成一种压力，从而有力地推动团队去重视浪费，消除浪费。时间限制为负责内容制作的带来压力，让他们知道要合理使用时间，因而鼓励人们寻求更有效的工作方式，并在时间充裕的情况下去发现可能不太明显的潜在问题。

限制创造力了吗？

关于精益，人们普遍有一个顾虑，认为它限制了美术在开发阶段发挥他们的创造力。根据我的发现，结果却相反。这里可以引用 T. S. 艾略特的话："只有限定在一个严格的框架下工作，才能使想象力达到峰值，激发出无穷尽的创意。完全自由散漫的工作很有可能进展缓慢。"

我以前有个制作团队，关卡部分的耗时是 10 天。这个节奏有挑战，暴露出工作流中的许多问题。最大的问题是原画设计这一步。团队只有一个原画美术，他与其他原画美术坐在工作室的另一端。为每个 section[①] 做一打原画通常要花 10 多天时间。团队认为这是个瓶颈。

经过讨论，团队最后得出结论，关卡策划和高清美术实际上并不需要先做好所有的原画。原画美术独立于团队，所以大部分原画都是基于对关卡和游戏机制的有限假设下完成的。举个例子来说，游戏玩法是线性的，但大部分原画表现的是开放区域。因此，难怪原画美术在听说自己的大部分工作都白做了的时候，会感到很震惊。团队的创造性解决方案是，把原画美术搬到关卡策划和高清美术旁边，让他们在一个地方工作。这样一来，他们讨论关卡的设计时，原画师也在一旁做原画。到最后，需要做的原画少多了，但关卡的质量也提升了。

这个例子说明的是减少交接所带来的浪费。通过应用这项实践到其他工作交接的场景，团队在整个生产流水线中都能得到类似的改进。

团队做出了许多类似的转变，这只是其中的一个例子。到开发阶段接近尾声时，团队已经将耗时减少了 50%，与此同时，质量也得到了显著的提升。

知识、技能和授权

就像 Scrum 实践一样，精益实践创造了生产流水线的透明度，使得质量、速率和浪费清晰可见。首先反映出来的问题是，不同团队之间存在着质量和速率上的差异。这种可见性可以让主管了解哪里需要进行集中指导。在很多情况下，只需要帮助一个纠结的美术正确使用工具来做游戏内容或者帮助他了解如何重用资源来提升效率。

精益思想聚焦于最终产品所需的技能，而不是单个步骤所需要的。第 IV 部分将对此进行更详细的讨论。

许多精益工具都要求赋能于团队，使他们有决策权，能自主选用具体的工作实践。在前面的例子中，团队做出的决定是，让原画师搬到新

---

① 译者注：游戏中，动态生成的内容形成一个又一个的 section，不同的多个 section（小场景）构成的一个 zone（大区域）。

的工作区域，和团队其他成员在一起工作。在许多游戏工作室，团队都不可以做出类似的决定。这反过来印证了透明度的缺乏。有了透明度，就相当于信任团队可以做出越来越好的决定，因为绩效考核指标证明团队的决策有效提升了生产力和质量。随着大家的责任心越来越感，改进的数量、质量和频率都有明显的提升。各专业的主管可能技高一筹而且富有洞察力，但他们不可能随时随地都在。他们要赋能于团队，让他们在日常中发现问题和解决问题。

外包

外包对资源制作很有用。然而，许多工作室发现，如果选择外包关键角色或关卡这样大型游戏资源的制作，其迭代次数非常有限。迭代次数如果有限，会影响到质量或者导致高昂的返工，使得外包的成效比有限。

放眼游戏之外的其他行业，精益思想已经发展到与外部供应商合作。供应商如果要向精益的客户公司供货，自己也需要变得精益起来，成为精益的供应商，交付更小批量的零部件给大的生产线。这样一来，质量的改进在频率上可以更频繁，在成本上可以更低。

精益思想怎样转换应用于游戏资源制作呢？我们不希望外包整个关卡制作流程。不需要更大迭代循环的部件，可以外包，但工作室内部应该保留整个资源制作流程。比如关卡制作，工作室团队内部保留大的任务（比如场景布局），其中要用到的部分游戏资源可以考虑外包出去。一个典型的例子是通常贯穿于整个关卡流程的环境集合或资源集合。如果一个游戏项目需要一个大的城市关卡，就外包所有的小道具（比如灯柱子、邮箱、车辆、建筑物和环境音效等）。这些环境子集都要进入场景布局步骤（高清美术和音效布局）。这样一来，由工作室内部对这些布局进行持续的迭代。

图 10.15 显示的制作流程中，环境美术资源是外包的。

要发外包的游戏资源，在关卡的概念和设计阶段中确定，以便留出足够的准备时间（lead time）。这些资源开发完成后就交付，而不是攒一批一起交付。

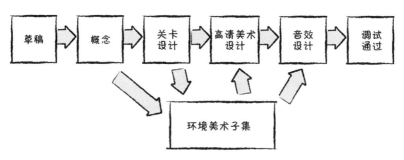

图 10.15　外包流程中的一部分

> **说明**　许多布局工具支持后期导入外包制作的游戏资源，例
> 如 UE 3（Unreal Engine 3）。有了 packaging 系统，就可以进
> 行关卡的场景布置，将系统中的 proxy 代理资源自动替换为外
> 包完成后交付的高品质游戏资源。例如，工作室的美术可以
> 用蓝色矩形来代替门，等收到外包交付的门之后，一个简单
> 的实例改动，就可以把所有蓝色矩形全部替换为门。

怎么用好 Scrum

当游戏项目进入开发阶段后，资源开发团队可能不会用 Sprint 计划和
追踪这样的实践。但是，其他团队仍然在用这些实践来对特性进行持
续创新。

Sprint 在开发阶段仍然有价值。资源开发团队要演示上次 Sprint 回顾
会议之后所完成的资源。开发团队不规划 Sprint，他们的做法是定期
在缓冲加入接下来要做的一系列已经排好优先顺序的游戏资源。团队
选定 Backlog 缓冲的限额之后，一旦 Backlog 空了，就根据这个限额
来及时补入待办事项。

团队可能还要混合制作和特性开发这两类工作。举个例子来说，如
果一个关卡制作团队只有少数几个程序员负责效果、增强 AI 和改善
工具，这几个程序员就要用用户故事和 Sprint Backlog 来规划典型的
Sprint，与此同时，负责做关卡的人则用看板来管理工作流。图 10.16
展示了如何向看板的任务板添加 Scrum 泳道，从而实现这两种任务
板的结合使用。

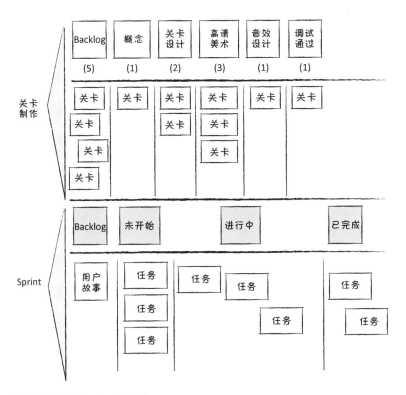

图 10.16　看板和 Sprint 泳道

回顾（Retro）会议和每日 Scrum 站会仍然是制作团队不可或缺的基本实践，可以用来排除障碍和改善团队内部的协作。

转为 Scrum 团队

在开发前期探索游戏玩法的 Scrum 团队，通常不会一夜之间就将工作流程转变为资源制作流程。他们采用渐进的方式来制作资源，在每个阶段或工作流程中对游戏资源进行迭代和优化，使其逐渐接近游戏的成品质量。每个团队以各自不同的方式来实现这种转变，但一般都会经历下面几个步骤。

1. 探索什么是正确的（乐趣在哪里和成本）。

2. 优化时间盒。

3. 了解需要多少游戏内容以及做这些内容需要多少人，优化开发预算。

4. 建立游戏资源流程。

5. 开始在看板限定下的任务板上添加列。

6. 设立流程节点，以便对团队进行调整。

团队设立资源流程节点后，团队规模可能会超出 10 个人。一些团队可能会选择拆为两个，但更常见的情况是仍然维持一个团队的现状，以便能够"从整体上"把资源开发流程视为单独的一个流程。缺点是，团队会议，比如每日 Scrum 站会和回顾会议，效率不太高，因为沟通成本变高了。

成效或愿景

把一个游戏工作室变成一个可以按时按预算出品大批量产爆款游戏的工厂，没有哪个项目管理方法能够做到。有些目标是不可能实现的，至少在指定条件有限的情况下。在这些约束条件下，项目管理方法最多只能发现尽量少花钱、尽早看清这一事实。

20 世纪 90 年代，我从任天堂的开发前期中学会了"找到乐趣"和"快速失败"，但也发现了一个事实：相比迭代方法，管理风险和内容开发需要做更多的规划。毕竟，谋定而后动，胜于没有准备就轻率上手。这是游戏项目管理与软件项目管理的分水岭。

在游戏开发行业，如果项目计划本身高度不确定而且风险极大，但又偏偏列出了非常具体的目标，那么，在这样的压力下工作，最好能够管理风险、保护好开发人员和确保游戏内容的质量。

小结

游戏项目中特有的开发阶段虽然带来了额外的挑战，但这样的挑战并没有减少敏捷的价值或特别需要复杂的计划或项目管理结构。它需要

PO 留心游戏特性对开发成本和团队的影响，并在进入开发阶段之后及时调整工作实践。

拓展阅读

DeMarco T., and T. Lister. 2003. *Waltzing With Bears: Managing Risk On Software Projects*. Dorset House Pub.

Ladas, C. 2009. *Scrumban: Essays on Kanban Systems for Lean Software Development*. Seattle: Modus Cooperandi Press.

Liker, J.K. 2004. *The Toyota Way: 14 Management Principles From The World'S Greatest Manufacturer*. New York: McGraw-Hill,

PMI. 2013. *A Guide to the Project Management Body of Knowledge*. Pennsylvania: Project Management Institute.

Poppendieck, M., and T. Poppendieck. 2007. *Implementing Lean Software Development: From Concept to Cash*. Boston, MA: Addison-Wesley.

第 11 章

快速迭代

> "别因强求完美而使好事难成。（Don't let perfect be the enemy of the good）"
>
> ——伏尔泰

在敏捷开发中，迭代（iteration）是指在固定时限内对产品进行增量开发。在 Scrum 场景下，迭代指的是 Sprint。在游戏开发项目中，迭代这个术语的含义更多，指代创建（初始版本的原型、美术资源、代码或设计）、检查和打磨一系列具体的实践。

遗憾的是，迭代并不是免费的。重新对做好的资源、代码、设计、音效或其他游戏元素进行调整和优化，是需要花时间的。如何减少迭代开销呢？几乎所有团队都面临这个难题。减少迭代开销，团队可以得到两个好处：一是可以更频繁地迭代游戏内容；二是可以以更高的频次做迭代，最终达到提升速率的目的。

Scrum 可以使开发团队随时关注迭代时间的改进。跨学科团队的日常跟进以及对 Sprint 速率的度量，都有助于改进迭代过程和迭代的频率。正如第 9 章所述，速率指的是每个 Sprint 完成多少故事点。PBI 不仅要求写代码和制作资源，还需要调试、调优和打磨，这些额外的要求需要做更多轮次的迭代，进而导致迭代时间进一步延长，团队速率进一步降低。因此，如果能够加快迭代，则有望从源头上提升团队的速率。

本章探究对代码、资源和调优进行迭代涉及哪些开销，以及团队和项目如何降低这些开销来达到显著提升速率的目的。

海的故事

在涉足游戏行业之前，我的工作是开发水下无人机，这类设备用于执行一些危险的操作，比如勘测深海的水下矿产资源。启动后，这些价值好几百万美元的交通工具就会如期执行任务并返回。

尽管在执行任务之前已经对软件和硬件进行过充分测试，但最后总有一些问题会浮出水面（此处没有双关语的意思）。通常，这些问题会导致水下交通工具无法在预定的时间或地点正常返回。一旦发生这种情况，你才会真正见识到海的威力。

任何需求改动，都需要花几个星期的时间进行充分而周密的测试。即使是最微不足道的问题，我们在海上也得耗上一整天的时间。长时间的迭代周期是造成开发进展缓慢的根源。

本章提供的解决方案

本章探讨如何在控制迭代开销的同时兼顾质量。

- 对影响迭代开销的因素进行度量和减少。

- 通过快速发现缺陷或根本不产生缺陷来降低相关的迭代开销。

- 通过自动化和更有战略意义的质量保证（QA）来提升测试工作的速度和有效性。

影响迭代开销的因素

迭代开销有下面几个来源。

- 编译和链接时间：做代码变更并使其体现到游戏中，需要花多长时间？

- 优化变更：改动校准参数（比如子弹的杀伤力），需要花多长时间？

- 资源变更：改动画并让它在游戏中可见，需要多少个步骤？

- 审批：改个贴图需要美术主管（主美）审批，期间有哪些事情会被耽误？

- 集成其他团队提交的变更：其他团队所做的变更（新特性和修复 bug）共享给团队，需要花多长时间？

- 除错 [1]：崩溃后恢复运行或尝试做个稳定的 build，需要花多长时间？

不同迭代之间的这些时间延迟持续时间从几秒钟到几周时间不等。一般来说，间隔时间越长，浪费的时间更多，在可以进入下一个迭代之前，团队只能等或找些低优先级的工作来做。

对迭代时间进行度量和显示

游戏、资源数据库、build 环境和管线的复杂度可谓与日俱增。一旦如此，迭代时间就会延长，因为需要执行的代码更多以及数据库中需要排序的资源更多。项目刚开始的时候，迭代速度往往非常快，但随着时间的推移，迭代时间会逐渐变长，甚至到让人无法忍受的地步。一天当中，几乎有一半的时间是在等待编译、导出、烘焙 [2] 或游戏载入。

要想减少迭代开销，关键在于持续度量、显示和想方设法去缩短迭代时间。

度量迭代时间

迭代时间的度量要频繁。可以选择自动化方式。可以在服务器上安装一个简单的自动化工具 [3]，用来自动化 build 测试资源。通常，还可以为这个工具增加一个定时提醒的贴心功能。

---

① 译者注：关于 defect，指的是测试人员在测试过程中发现的不符合预期结果的错误，这一类错误需要汇报给开发人员。bug，开发人员确认由测试团队汇报的 defect 真的是问题。issue，泛指各类问题，不一定是程序代码产生的错误。failure，产品出货后由用户发现的错误。error，开发阶段因为人因素而埋在原始代码里的错误，是产生 Bug 的原因。

② 译者注：原英文 baking，指的是将输出资源转为特殊平台上本地格式的过程。

③ 如果不自动化，很容易被忽略或遗忘。

> **说明**　有一次，一个 bug 险些让某个游戏的"烘焙"时间翻
> 了一番，在一周的每日 Scrum 站会上，竟然没有人报告过这
> 个问题。变得对长时间迭代免疫，这比 bug 本身更让人担心。

显示迭代时间

迭代时间曲线图显示单轮迭代时间，比如导出（build）时间及其随
时间而变化的趋势。和 Sprint 燃尽图一样，迭代时间曲线图也显示一
个度量标准及其近期趋势。图 11.1 是迭代时间曲线图的一个例子。

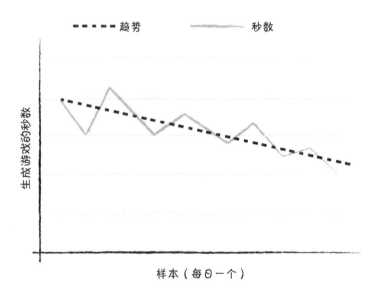

图 11.1　近期迭代时间和趋势

显示迭代时间的长期趋势非常重要，尽管它经常被淹没在日常杂务
中。图表更新频率取决于某个特定迭代时间多久测一次以及是否需要
更新。重要的迭代度量（基于多少人多久执行一次迭代）要按天进行
计算，趋势图要按周进行更新。

> **说明**　有个可以自动度量迭代时间的工具还可以到点立即
> 提醒。

PS3 美术资源烘焙

在做美术资源迭代的时候，如果有改动，最消耗时间的莫过于"烘焙"或把资源导出为目标平台的本地格式。我以前做过一个 PS3 游戏项目，每次资源变更之后都需要花 30 分钟烘焙。这个过程需要实际运行游戏，所以随着特性的增加，我们花的时间更多。到最后，每个用 PS3 的人竟然都要花上半天时间！

就这样，团队开始每天做资源迭代时间图。随着时间的推移，还在 Sprint Backlog 中定义任务来优化烘焙工具和过程。在整个 build 期间，团队逐渐觉察到烘焙时间趋势线在走低（三个月下降了 33%）。

如果不这样定期度量和显示，团队很容易看不到整体趋势。如果不留意度量结果，烘焙时间会逐步上升。同等重要而且有价值的是引入了大量看似微不足道的优化措施以及看见了日积月累的成效。大修？一般不存在，因为很少有真正有用的大修，我们用不着迷信什么立竿见影的神器。然尽图足以证明"小修小补"也有大的价值。

个人迭代和 build 迭代

有三种迭代非常有用。一种是个人迭代，指的是每个开发人员在自己的开发平台进行迭代。一种是 build 迭代，只要有代码和资源变动，就有贯穿于整个项目的 build 迭代。这两种迭代都离不开持续监测和改进。第三种迭代是部署迭代，相关详情将在第 22 章介绍。

对个人迭代进行改进，主要是指对工具和技能进行改进。build 迭代不仅需要对工具进行改进，还要注意不同团队之间的共享实践，以减少开发在共享变更过程中固有的开销。

个人迭代

个人迭代时间主要体现在下面几个方面。

- 开发人员把迭代时间花在把资源导出为目标平台格式并烘焙。
- 更改设计参数（如子弹的杀伤力）并在游戏中做试验。

- 更改一行代码并在游戏中测试。

这些迭代时间虽然看似很不起眼，但因为发生的频率最高，所以在迭代开销中占有很大的比重。想想看，如果一天要用 12 次的资源导出过程可以每次减少 5 分钟，是不是可以显著提升速率 20% 呢？

下面几个常用的改进措施可以加速个人迭代时间。

- 升级开发用的机器：内存容量更大、CPU 速度更快和多核，可以加快工具的运行速度。当然，这通常也只是一个能解决眼下问题的权宜之计，并不能真正彻底解决延迟。

- 分布式编译工具：分布式代码编译工具包，可以通过许多 PC 编译大量代码来减少编码迭代时间。工具同样也适用于分布式资源烘焙。

- 游戏中的参数编辑：许多开发人员会在游戏中做一个简单的开发界面，如果需要迭代，就在这个界面上更改相应的参数。

- 资源动态加载：有变动的资源可以直接载入正在运行的游戏，不需要游戏重启或重新载入关卡。

> **说明** 在理想情况下，迭代可以分分钟就完成！但是，一旦游戏引擎已经做好，就很难达到这种理想的状态。我的观点是，刚开始开发新的引擎时，必须考虑到零迭代时间和动态加载。

build 迭代

build 迭代，是指变动从一个开发人员传给团队中其他开发人员的过程。有些时候，这个周期可以长达好几个月，只不过由于团队成员在等新的 build 传来时手头上还有别的工作可以做，所以时间上的消耗看起来不如个人迭代时间那样明显。但是，团队的规模越大，build迭代对团队效率的影响也越大。最后往往会造成灾难性的后果，不得不着急忙慌地赶 Sprint 目标或者发布目标。如果所有人都在同时提交变更，瓶颈和资源冲突就在所难免了。解决方案是减少这样的迭代开销，让 build 迭代更频繁、更安全地进行。

图 11.2 展示了前面讨论的 build 迭代周期。

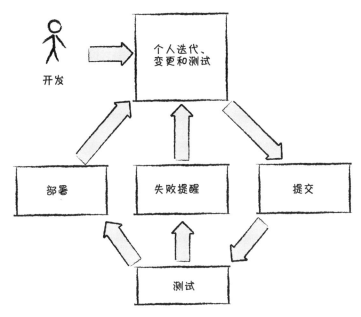

图 11.2　一个 build 迭代周期

个人迭代完成后，开发人员把变更提交到项目库或版本控制系统。随后是一系列测试。如果测试发现问题，就通知开发赶紧解决。如果测试通过，版本就开放给整个团队使用。[①]

提交

提交（commit）指的是对项目库所做的改动，是共享给整个团队使用的。例如，动画完成某角色的一套动画之后，提交到项目库，之后 build 中就用新增的动画来显示这个角色。

关于提交，需要注意下面两点。

- 提交必须考虑到安全，不要破坏 build。

- 保证 build 运行，出现任何失误，都可以找到最近提交的变更并

---

① 基于每天 4 ～ 5 小时的有效工作时间。

快速加以修复。

开发人员必须先同步最新的 build 并用它来测试变更。这样做的目的是避免与其他近期的提交产生冲突。如果最新的 build 被损坏，必须修复后再提交。

如果 build 经常失败，就会减缓提交频率，这往往意味着单次提交的内容更多了，因为大的提交更容易损坏 build，就这样进入恶性循环，会严重影响到团队的速率。

> **说明** 第 12 章将讨论如何通过持续集成的策略来最小化代码变动的提交。

测试

提交了变更之后，需要进行广泛的测试，确保提交的变更不至于损坏 build。有两个对立的因素需要考虑：一方面我们希望确保 build 发布给团队之前已经进行过充分测试；另一方面全套测试做下来，通常需要差不多一整天的时间，时间又太长。我们需要平衡测试需求和 build 变更快速迭代的需求。

测试策略

最好有一个涉及多个方面的测试方法。结合使用自动测试和 QA 运行测试，可以捕捉到更多错误和缺陷。

图 11.3 显示了一个自下而上的测试金字塔。金字塔底部的测试运行快，可以检测出最常见的错误。每一遍测试之后，进入更高一级测试，最后到达顶部，QA 最后对 build 进行审定。

测试步骤如下。

- build 配置：这类测试简单，只是为每个平台新建一个 build（可执行文件和游戏资源）。这一类测试可以帮助发现是否可以在所有目标平台上运用若干 build 配置（如调试公测版和最终版）进行编译。如果是手游，可能要覆盖几十个目标平台。

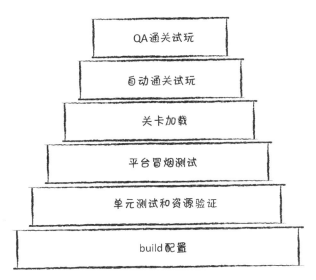

图 11.3 测试金字塔

- 单元测试和资源验证：包括一些单元测试（如果有的话）和所有资源验证测试。资源验证测试针对的是要烘焙到游戏或者载入游戏的单独的资源。下面是资源验证工具的几个例子：

  - 命名规范检查
  - 结构检查，如退化三角的测试
  - 平台资源预算检查（如多边形的数量或内存大小）

  > **说明** 单元测试将在第 12 章详细描述。

发现问题后，要建一个确认测试清单。

- 平台冒烟测试：这类测试可以确保 build 在所有平台上的加载和运行都不至于崩溃。
- 关卡加载：加载一个或多个关卡，确保它们可以在所有的平台上运行并且保持在资源预算范围内。通常情况下，虽然加载的只是受到变更影响的关卡，但所有关卡都需要测试。
- 自动通关试玩：游戏如果可以通过脚本化或录像功能来"自己玩"，对测试就太友好了。事实上，在游戏开发中，一开始就投资这种方面的游戏特性是值得的。如果全程试玩结束后达不到期望（比如一个赛车游戏中所有的 AI 车在预先规定的时间内通过终点线），就标记为错误。

- QA 通关试玩：如果 build 顺利通过所有前面的测试，就会进入 QA 全程试玩。QA 不仅要查找前面测试中遗漏的问题，还要发现测试检测不出来的问题，如几何体中有无灯光部分或 AI 角色是否行为怪异等。

手机界面自动化测试

手游的 QA，需要对各种手机所有型号的界面进行测试，这方面的开销也是惊人的。这个人工过程非常慢。据我所知，有些公司已经开始引入自动化机制了。[①]

测试频率

随着开发的进展，运行所有这些测试需要的时间越来越多，甚至达到跟不上每次提交的地步。这个时候，就需要对 build 的审批范围进行分级。build 测试可以分为 4 层，可以用来对测试进行分级。

- 持续 build 测试：已经通过单元测试和资源测试的 build。这类测试只需要几分钟的时间。

- 每小时一次的 build 测试：这类版本已经通过前面的所有测试，即将进入关卡加载测试。

- 半天一次的 build 测试：一天进行两三次，QA 选择最近的每小时一次的版本，30 分钟内完成试玩。

- 每日 build 测试：这一类 build 是全部重建（编码和资源烘焙）且已经运行过每一种自动测试的。完成这一类测试需要好几个小时，通常是通宵。

每个 build 审核通过之后，会有标记（或重命名等），表明它通过了哪一层测试，以便团队知道 build 测试的覆盖程度和可信程度。

> **说明** Sprint 评审 build 要通过所有每日 build 测试！

[①] https://www.youtube.com/watch?v=mv69ZxKOFSw

失败通知

如果测试显示提交破坏了 build，就必须采取行动。

- 必须马上通知完成这次提交的人。可以采用对话框的形式，在他的电脑上弹出对话框，置顶。

- 通知团队其他人 build 已被损坏，在问题没有得到解决之前不要取用最新的资源和代码。这种通知不需要特别明显。一个例子是让系统托盘上显示一个红色的通知图标即可。

> **说明** 在高月工作室，无论何时，只要 build 被损坏，开发人员的每台机器上都会收到语音提示。有一次是我损坏了 build，当时 100 台电脑开始播放《大青蛙布偶秀》的主题曲《瑞典厨师》……

"新鲜度可疑的面包"

在大多情况下，提交的变更之所以会损坏 build，是因为有人没有遵守测试实践的相关规定。因此，团队经常发明一些工具来帮助大家遵守这些良好的实践。

举个例子来说吧。20 世纪 90 年代后期，天使工作室的《疯狂城市赛车》团队就发生过这样的事。当时，我们的 build 测试还没有普遍自动化。每次提交的变更，都要在一台专用电脑（代号 build 猴）上进行隔离测试。在 build 猴上验证 build，不是一般的枯燥。某人偶尔总能找到借口跳过测试，有些时候会给团队造成损失。

过后不久，我想到一个办法。我买了一条"奇迹"牌面包。我们开始执行一条新的规定，如果有人损坏了 build 猴，就得把这条面包放在自己的显示器上（当时每个人的显示器都有 CRT，顶部很热），直到下一个人破坏 build 猴后接管这条面包。

最开始的时候，没有什么变化，似乎没有人留意到自己显示器上有面包。然而，随着时间的推移，有变化了。面包开始变得不新鲜，随后还发霉了。团队中有人开始称它为"新鲜度可疑的面包"。到最后，大家都不想这条面包来到自己面前。就这样，build 规范了，版本猴正常了。最后，大家以非常隆重的仪式让这条新鲜度可疑的面包"入土为安"了。

技术发展推动了实践的变化（换句话说，我们无法再在 LCD 显示器顶部放面包了）。现在流行让测试工具自动播放令人尴尬的曲调或团队为损坏 build 的成员举行即兴庆典，比如等你回到工位，却发现位置上已经被保鲜膜封得严严实实的。这些小小的恶作剧对培养良好的工作习惯成效显著。

稳定的 build

build 迭代的最后一步是与开发人员共享同一个稳定的 build。这里有两个主要的考量：build 稳定性看得见和缩短传输时间。

稳定性看到见

标记好对 working build 执行的测试级别，借此来体现每个提交做过哪些测试。

我们以前有一个简单的本地开发工具，可以用来显示服务器上的所有 build 及其日期和测试状态。开发人员可以根据自己的需要选择下载一个 build。通常情况下，开发人员都会下载最新经过全面测试（通常是每日 build）的 build。如果想要最新改动过的，开发人员通常会选择按小时测试的 build。

> **说明**　保留最近几周的 build 历史记录，有的时候难免需要对某个不容易察觉的 bug 进行回归，以发现是哪个提交引入的。

缩短传输时间

缩短 build 从服务器传到个人开发计算机的时间。

游戏需要好几个 GB 的空间，100 个开发人员传输每日 build，对公司网络是一个挑战。从服务器传到个人计算机，新的 build 传输时间一般都会超过 30 分钟。缩短传输时间至关重要。有很多方法可以解决这个问题。

- 服务器 / 客户端压缩 / 解压缩：有很多工具可以用来提升网络传输速度。

- 部分传输：每个人都需要传输每个资源吗？有些开发人员是否只需要一个新的可执行文件？提供选择性传输的可能。

- 隔夜传输：设置工具，夜间将每日 build（如果是 working build）推送给所有人的开发机器上。

- 升级网络：移到更高带宽的交换机和镜像服务器。花钱，但简单计算下投资回报率，通常就可以知道，共享 build 和资源的时间缩短了，生产力也得到了显著的提升。

团队专注于 build 迭代

在我还是小孩子的时候，总是想方设法逃避整理房间。稍微大一些之后，我妈妈告诉我："我生来并不是跟在你后面帮着你打扫卫生的。"想象一下我当时是多么诧异！不过，一旦意识到整理房间只能靠自己之后，我很快发现了一个窍门，最好一开始就不要把房间弄得一团糟。就这样，我最终学会了及时清理地毯上的污渍，趁它在干结之前。

改进 build 迭代和调试是每个团队的责任。让它成为特定人群的责任会削弱个人对它的责任感。不过呢，新建一个更好的 build 系统来捕捉问题和部署 build，单靠一个团队的专家和专业知识是不够的。再说，让每个团队自己建系统也没有效率。最好用由工作室来维护的系统，让团队只专注于游戏开发。

新建和维护 build 系统通常是引擎或工具团队的责任。这些团队有 Sprint 目标，但同时也会安排一定比例的时间来处理日常问题。团队成员清楚失败规律，所以会堵住每一个漏洞来解决问题。额外增加几台测试服务器是最方便的补救措施，但团队经常都需要改进实践以免提交失败。这里有个例子说明每个人应该如何写更好的单元测试或加大单元测试覆盖率或者与美术协作以免使用不符合标准的贴图大小或格式。

负责支持 build 服务器和工具的团队也需要一个显示其进度的指标。一个非常有用的用来度量 build 稳定性和有效性的方法是记录某个 working build 对团队中每个人可用的时间占比。理想状态下应当是 100%。稳定程度不会一直保持在最佳水平，但它是一个很有用的目标。

> **说明**　刚开始的时候，某个团队的"working build 可用时间占比"只有 25%。团队每天都记录这个占比并以燃尽图的方式来体现。一年后，平均约为 95%。大版本中间件集成几周后，这个占比下降到接近于 0，但燃尽图能使团队看清长期目标并逐渐改进趋势。

关于版本控制的一句话

本书不考虑详细讨论版本控制 [①]。可以参考另外一篇很好的文章，网址为 https://www.gamasutra.com/blogs/AshDavis/20161011/283058/Version_control_Effective_use_issues_and_thoughts_from_a_gamedev_perspective.php。

成效或愿景

在拜访游戏团队的时候，我一般很关注负责游戏质量的人。高效的团队，一般都是自己负责，而不是让另一栋建筑中的测试组来负责。帮助团队竖立起质量意识，是 DoD（完成的定义）的主要目的，也是持续渐进提高"完成"标准的原因，它可以推动文化和实践发生变化，产生潜移默化的影响，让开发人员开始更加关注质量，而不只是完成任务。

小结

有很多因素会影响到迭代的开销，我们必须要持续跟踪和减少这些"元凶"。如果我们长期熟视无睹，任由它们持续发酵，到最后，它们会吞噬掉我们更多的时间，大大降低团队速率。

更快迭代是终极目标。它能使团队对特性和资源做更多轮次的迭代，从而改善速率和质量。更快迭代可以改善开发人员的生活和游戏的质

---

① 译者注：版本控制是指对软件开发过程中各种程序代码、配置文件及说明文档等文件变更的管理，是软件配置管理的核心思想之一。具体包括：检入/检出机制、分支/合并以及历史记录。一般流程为创建、修改、技术评审/领导审批、正式发布和变更。

量。想想看，如果游戏策划需要等10分钟才能测试车轮摩擦系数的效果，或许他们就会先找一个类似"还可以"的系数试试看。如果迭代能够做到短平快，开发人员就会锁定这个系数直到完全做好。

拓展阅读

Crispen, L., and J. Gregory. 2009. *Agile Testing: A Practical Guide for Testers and Agile Teams*. Boston: Addison-Wesley.

Lakos, J. 1996. *Large-Scale C++ Software Design*, Reading, MA: Addison-Wesley.

第 IV 部分　敏捷规范

第 12 章

敏捷与技术实践

自从第一个程序问世以后，开发人员就一直面临着软件项目越来越复杂的难题。[1] 早在计算机萌芽初期，用简陋的工具来编程，难度相当大，因此对人的要求非常高。20 世纪 60 年代，软件项目管理的奠基之作《人月神话》所阐述的诸多挑战，延续到现在。

> 复杂性是常态，不新鲜哟！

> 阿波罗登月计划[2] 非常复杂，差一点儿就失败，在进行历史性着陆的前一瞬间，登月舱的制导电脑意外地发生了故障。当时，那台电脑只能储存 4000 字符[3]（相当于普通台式机的一百万分之一）。

本章首先介绍游戏技术创新所面临的一些大问题，然后讨论哪些敏捷实践可以解决这些问题，包括极限编程（XP）。

为了避免讨论低级技术，我在本章中有意使用了范例代码，旨在交流问题和解决方案，方便各个专业的人都能理解。

---

[1] http://en.wikipedia.org/wiki/Bernoulli_number

[2] 译者注：阿波罗计划（Project Apollo）是美国国家航空暨太空总署（NASA）在 1961—1972 年间完成的登月计划，是世界航天史上具有划时代意义的成就之一。历时约 11 年，耗资 255 亿美元，包括 11 次载人任务，成功登陆月球五次，失败一次。在项目巅峰时期，参加的企业有 2 万家、大学 200 多所和科研机构 80 多个，总人数达到 30 万人。

[3] http://en.wikipedia.org/wiki/Apollo_Guidance_computer

本章提供的解决方案

对于许多视频游戏项目，技术创新的风险无疑是最大的。视频游戏的竞争建立在游戏设置和视觉品质之上，同时也建立在技术实力的基础上。消费者希望体验最新的图像、物理技术、音效和人工智能等。即使游戏没有用得上下一代硬件，也会把当前这一代硬件推向新的极限。

本节阐述影响游戏行业发展的典型技术问题。这些问题影响着所有的学科，并把游戏开发项目引入困境。

问题

常见的游戏开发问题包括目标不确定、变更成本高以及设计过度。

不确定性

2002 年，我以首席工具程序员（lead tools programmer）的身份加入飒美工作室 ①。这家工作室的视觉技术让我着迷。它使美术和策划有机会运用专门的工具来控制游戏，而且引擎技术在很大程度上依赖于中间件。这与我之前的工作形成鲜明的对比，以前的工作重点是引擎技术，对美术和策划有帮助的工具也远远没有那么重要。

我受命开发的第一个工具用来调整角色动作和动画。这个工具的目的是集成动画和物理行为，允许动画师直接创建和调整角色动作。借助于动画师写的 80 页需求文档，我们开始开发工具。这份文档包括对用户界面模型和各个控件的详细描述，便于必要时全面控制系统。在此之前的工具设计中，我从来没有见过如此详细的描述，尤其在美术所设计的工具中。在我前一家公司，程序员开发的是他们以为美术和策划都需要的程序，所以说开发出来的工具并不理想。

---

① 译者注：Sammy 工作室，前身为里见株式会社的娱乐器械制造和销售部门。1975 年独立为飒美工业株式会社，1997 年更名为 Sammy 工作室，开始经营街机。2004 年与世嘉合并为世嘉飒美控股，转为其全资子公司，大部分电子游戏业务转到世嘉旗下。

为了做好这个工具，我和另一个程序员一起工作了几个月，最后提交了动画师写的设计文件中所定义的东西。我期待着这个工具能够做出神奇的动画动作。

不幸的是，这些努力都是徒劳的。工具按照设定的程序工作，但显然，动画师实际上无法预测自己到底需要什么，也没有人真正理解基础技术最终能做什么样子。这样的结果实在是让人震惊。

为了做出更好的工具，我们认真思考了还需要做些什么。我们决定升级这个工具。我应该发布一个单一控制版本——或许一个连接两个动画动作（例如走路和跑步）的滑动器。根据动画师对需求的理解以及新兴的动画功能和物理技术的功能升级这个工具，我们或许能做出更好的工具。

我们明明是按计划来开发的，但做出来的工具却是错误的。这给我们的启示是，要想尽可能降低开发技术和进度风险，必须采用一种增量、迭代的方法。

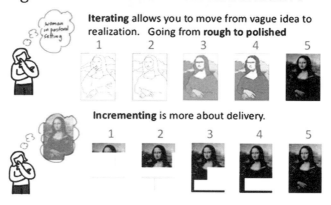

Agile is Both Incremental and Iterative

Iterating allows you to move from vague idea to realization. Going from **rough to polished**

Incrementing is more about delivery.

游戏目标游移不定

几年前，我们和日本一家发行商签了一个游戏项目。他们根本不想要任何策划案，只希望我们能够按照他们的想法来开发游戏。他们想要做一个 SWAT 题材的游戏[①]，以 AI（人工智能）为基础。团队花了六个月的时间来开发技术和游戏。后来，发行商却改主意了，想把游戏改成不需要团队行为的第一人称策略射击。为此，我们又花了几个月时间。之后，又有几次变更。最终，团队交付了牛仔题材的第三人称射击游戏。

在开发过程中，进展非常慢。进展慢的一个主要原因是代码库变来变去，越来越复杂。要想取得进展，必须依靠极少数程序员对大部分代码进行重构。

变更引发的问题

任何游戏的核心需求都是"发现乐趣"。单靠游戏策划案的设想是行不通的。同样，游戏策划案驱动下的技术设计和系统构架也不一定可以反映游戏的终极需要。如果希望游戏设计足够灵活，那么我们做的技术也需要足够灵活，但现实往往不是这样的。

后期变更成本

图 12.1 中的曲线表示项目变更成本与日俱增 （Boehm，1981）。项目后期变更的成本高于早期变更的成本。主要有下面几个原因。

* 当初写代码的程序员想不起设计细节。回想设计细节需要花时间，而且效果还不如刚完成代码时那样好。

* 需要改动的时候，可能找不到最初写代码的人。其他人不得不学习设计和架构。

* 如果游戏资源是根据最初代码的行为来制作的，那么在改动这些资源的时候，就会花相当多的时间和精力。

[①] 译者注：Special Weapons And Tactics，意为"特殊武器与战术"。SWAT 的装备包括战斗服、护目镜、套头帽、各种枪械、防弹盾牌和特警车等。

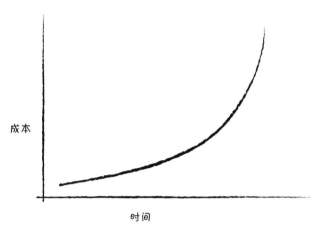

图 12.1　变更成本

- 很多代码可能都是基于原始设计和代码构建的。改动的时候，不只是原始代码，甚至基于原始代码预期行为来构建的其他代码也需要一起改动。

尽早识别和着手进行改动非常重要。

不确定性和变更成本都彰显出短期开发迭代的好处。短期迭代能够快速测试功能并减少这些功能的不确定性。不确定性意味着变更的可能性。因为随着时间的推移，变更成本会不断增加，在不确定的情况下向前发展也就意味着成本的增加。例如，在开发后期，一些项目执行在线功能的时候，发现许多核心技术（如动画和物理技术）在网络中无法运行。如果在项目早期发现，解决问题的成本相对来说就低得多。

> **说明**　这种潜在变更成本也称为"技术债务"。在本书中，债务的概念用于许多游戏开发元素。

预先设计的大架构

在解决技术问题的时候，为了应对变更需要，一种方法是"大架构"。意思是用一个其中包含所有可能方案的大型解决方案来解决问题。以一个游戏摄像机系统架构为例。最初的设计定位是第一人称射击游戏。为了应对后期变更，程序员也许会开发一个摄像机系统架构，期中包含通用的工具和相机管理（处理各种各样的相机，其中包括第三人称摄像机和其他相机）。如此一来，如果游戏策划改变想法（如从第一人称视角改成第三人称视角），通过这个系统架构改动相机设置就可以了。

不过，这种方法存在下面三个问题。

- 预先想好的新功能被延期引入：游戏开发一开始，策划就希望有一个简单的第一人称摄像机来做游戏玩法原型。但在系统架构引入这样的摄像机之前，只能等着新建基准架构系统（或从现有代码库引入）。

- 预先设计好的大架构往往都需要变更：在开发过程中，证明了先前内置于系统架构中的假设往往都是错误的，必须改动。相对于小的系统架构，对大型系统架构进行变更需要花更多的时间。

- 预先大架构的"沉没成本"通常有碍于游戏的良性发展：花好几个月时间设计架构和实施解决方案后，要想更改或重写使其更好，通常会遇到很多阻力，因为成本已经沉没到第一个解决方案中。

构建刚需，而不是认为自己以后可能会需要的

早在着手开发新的游戏之前，很多开发人员就会花好几个月时间琢磨下一款游戏中可以用上哪些技术。有时，有些技术到后来根本派不上用场！最实用的解决方案是就用手头上现有的技术。不过，如果需要定制技术，请尽量按需开发，只做最基本的。

许多开发人员都有一个思维陷阱：在接下来的 5 款游戏中，我们要用到这个功能，所以值得现在就投入很多时间。如果所有功能都这样，那么我们永远完不成第一款游戏，更别说接下来的 5 款游戏。我有一个经验法则，针对同一个问题，至少要解决很多次之后，才会有足够多的信息来得出一个通用的解决方案。

要达成这些目标，一个好的方式是采用敏捷开发实践。我们目前这个游戏采用的就是 Scrum 敏捷实践，可以使我们专注于创建一个恰到好处的基础架构来完成我们当前的 Sprint 目标 / 里程碑。

——阿里斯泰尔·都林（Alistair Doulin），Bane Games CTO

敏捷方法

本节描述可以用来解决这些问题的敏捷方案。这些方案依托迭代和增量方式来尽早传达价值和知识。

无力 Scrum

本章描述的技术实践不仅可以改进工程性能，还可以帮助克服团队敏捷转型过程中所遇到的常见问题。

马丁·福勒提出的"无力 Scrum"这个问题，指的是团队从架构先行过渡到以迭代方法创建技术这个过程中遇到的问题。

迭代方法要求持续重构，直到浮现出最理想的架构和可以根据玩家的需要进行变更。由于刚开始接触迭代开发的团队并不精通重构这样的技术实践，所以架构变得不太稳定和更笨拙，导致团队速率下降，进展举步维艰。

我们的第一个 Scrum 游戏开发项目就遭遇了无力 Scrum，为此，我们采用了本章描述的实践。

极限编程（XP）

在设计的时候，Scrum 没有提到任何工程实践。许多使用 Scrum 的团队很快发现原来的工程实践无法随着变更要求而改变。这些团队往往会求助于极限编程实践。

极限编程（XP）是继 Scrum 之后同时采用很多 Scrum 实践的敏捷方法之一。尽管 XP 迭代和客户评审稍微不同，但它们还是很难融入曾经用过这些概念的 Scrum 团队中。XP 为程序员导入了新的实践，其中包括 TDD 和结对编程。

详细阐述 XP 概念和实践不在本书的讨论范围之内。可以参阅很多优秀的著作（详见本章末尾的相关阅读）。有很多研究表明，XP 可以提升编程速率和代码质量（Jeffries and Melnik 2007）。

程序员结对完成任务。他们用 TDD 策略以小步快跑、功能增量的方式实现技术架构。这样能使功能以增量方式完成，同时在面对变更的时候又能保持稳定，其目的是创建可以降低变更成本的高品质代码。

测试驱动开发（TDD）

TDD 实践包括为导入的每个功能写大量单元测试。每个单元测试通过传入数据和测试函数返回的结果或做出的变更，来检查和验证函数的正确性。有个例子是在游戏中设置玩家健康度的函数。如果游戏设定 100 代表满血，0 代表死亡，那么单元测试所做的就是设置和测试合法值以及最小 / 最大参数，检查和确保赋给函数的值是合法的。其他单元测试则是千方百计尝试赋给函数非法值（大于 100 小于 0），然后测试确定该函数可以正确处理非法的值。

如果严格遵循 TDD 实践，就要在写出函数逻辑之前就写好这些测试，后面的测试是要根据这些逻辑来进行的，因此，刚开始的时候，这些测试其实是通不过的。

单元测试及其关联的代码是同时构建的。只有通过所有测试，才可以检入（check in）代码。团队如果采用 TDD 实践的话，这样的事情就会频繁发生，有时每一两个小时就有一次。这就要求有一台服务器可以在有代码检入的时候收集所有代码变更并运行全部单元测试，以确保它们不至于破坏代码。这个服务器就是持续集成服务器（Continuous Integration Server，CIS）。通过运行所有单元测试，持续集成服务器可以查出提交（commit）代码变更引起的大部分问题。一旦一个 build 通过全部单元测试，CIS 随后就会通知所有开发人员可以安全同步变更了。如果有代码提交破坏了单元测试，CIS 就会广而告之，指出单元测试已经被破坏。随后，解决问题就成为团队的首要任务。因为很容易找出是谁检入的错误，所以通常也很容易让他们来解决问题。

这对团队和项目大有好处。随着项目的发展，单元测试的数量也在增长，通常可以多达几千个。单元测试持续自动捕捉大量错误，如果留到后期被 QA 查出，只怕为时已晚。单元测试也为重构和其他大型变更（需要一个全新的设计）创建了一个安全网。

XP 的哲学基础之一，是程序员通过每个迭代创建最少、最基本的功能来满足客户的要求。例如，假设有个客户想要看到一个 AI 角色在游戏环境中走动。但很多程序员想到的却是做个大的架构，让一个 AI 管理系统来控制几十个 AI 角色，因为他们"知道在不久的将来游戏会有这样的需要。"如果是用 XP，就不需要这样做。因此，写代码的时候，只考虑只需要一个 AI 角色的用户故事怎么写。未来 Sprint 中的用户故事需要多个 AI 角色时，再引入一个简单的 AI 管理系统和重构原始代码也是可以的。这个 AI 管理系统更符合新的需求。

TDD 有个重要的好处是需要"持续重构"代码库来支持这一行为。原因很多，这里列举两个。

- 系统是重构而来的，结合实现最基本的要求，通常能够更紧密、更快捷地满足最终的要求。

- 重构后的代码质量更高。每次重构都是对原有代码的改进。

TDD 的推广有下面几个障碍。

- 直接减慢了引入新特性的速度。写单元测试需要花时间，而且很难保证它真的能显著缩短调试时间。

- 程序员的工作实践非常个性化。推行 TDD 这样的实践需要放慢速度，需要以清晰展示其价值的方式进行（详见第 16 章）。

> **说明** 说句老实话，我并不完全认同这样的纯粹：XP 程序员就该只做最基本的架构。我认为，知识和经验可以帮助我们知道需要事先规划多大的架构。稍不留神，就容易事先规划大多而导致架构过度。我相信，两个极端之间，肯定有一个最合适的点。

对程序员来说，TDD 好处多多，而且上手也不难。根据我的经验，程序员用过 TDD 一段时间后，很快就会养成写单元测试的习惯。重构呢，调整和适应的时间更长一些。所以，不到万不得已，程序员一般不会用重构。重构，强化了写代码"首先要找对方向"的思维模式，在这种模式下，会导致代码库更容易被破坏，无法轻松支持迭代。作为主程（程序主管），必须把重构作为最基本的工作内容。

重构

在 IMVU，我们的工程师文化中，非常注重对代码进行重构。最开始的时候，产品负责人质疑过工程师引入 Sprint 的重构实践，他问："我们真的需要干掉这个技术债吗？难道就没有更快的方式可以实现这个特性吗？"

很快就有几个具体的例子充分体现了重构带来的好处：一开始就正确进行工程设计是有价值的；花时间偿还技术债务之后，工程效能得到了提升。现在，产品负责人信任工程师所说的："我的工作延误了，因为我需要花一些时间来重构代码。"工程师也相信产品负责人会帮助确保团队有时间建立和维护稳定的工程基础架构和偿还技术债务。

不过，我们也有很多冲突。为了帮助解决这一问题，我们制定了一个简单的流程：如果团队的技术负责人和产品负责人不能商定如何处理问题，就把问题上报给管理团队。总体而言，我们的产品负责人一直都在报告中为我们的开发团队点赞，说在他们合作过的团队中，我们的开发生产力最高。

——詹姆斯·博切尔（James Birchler），IMVU 工程总监

结对编程

原则上，结对编程是一种很简单的实践。两个程序员坐在一起，面对同一台电脑。一个敲代码，另一个在旁边观察和提供建议，两个人一起解决任务中的问题。

这个实践通常会引起很多顾虑。

- 程序员只完成了一半的工作。
- 只有全神贯注和不受任何干扰，我才能出色地完成工作。
- 代码所有权被破坏，这可不是件好事。

改变个人工作地点和习惯会引起恐慌、不确定性和疑虑。本小节讨论结对编程所带来的好处是如何抵消这些疑虑的。

下面来看看结对编程的好处。

- 有利于知识的传播：结对编程并不是一个人敲代码，另一个人只是旁观，而是两个人结对，一起努力解决问题并找出最佳途径。两个独立工作的程序员解决问题的方式不同。如果比较一下两个人的结果，我们就会发现每个解决方案各有利弊。因为两个程序员的知识不是完全重合的。结对编程过程中发生的对话有助于全面、快速地分享知识和经验。得到的解决方案可以包含"两者的精华"。

  这对有经验的程序员来说，是好事。可以通过结对编程，带新人更快上手，因而快速提升代码实践。

- 确保可以充分受益于 TDD：TDD 对每个功能的覆盖率有要求，每个功能都要有广泛的测试。通过结对编程，很容易实现较高的功能覆盖率。首先，偶尔偷偷懒不写测试，是我们人的天性。有了结对编程，旁边的搭档随时可以提醒我们写出合适的测试或者在我们动力不足的时候接管键盘接着写。其次，常见的情形是，一位程序员写测试，另一位程序员写可以使测试通过的功能。两个人并不是竞争对手，通常都只有一个目标，确保测试覆盖率更高。如果一位程序员同时写测试和功能，可能会看不出出现在功能和测试的中同一个问题。俗话说得好，三个臭皮匠胜过一个诸葛亮，这句话绝对适合用来形容结对编程。

- 可以消除代码所有权带来的许多瓶颈：你是否总是担心某个重要的程序员会在项目中途离职或突然提前退休而被迫到处物色优秀的程序员？如果每个问题都有两个程序员结对，就可以在一定程度上解决这类问题。如果很幸运地留住了重要的程序员，他们通常就可以忙于快速解决其他任务中出现的关键问题。结对编程过程中所产生的共享知识可以解决这些问题。

- 自动建立良好的标准和实践：你是否碰到过这种让人头疼的问题？比如临近项目收尾，不得不用某个程序员写的成千上万行质量低下的代码，这些代码正在酿成重大问题。通常情况下，管理人员的做法是定义编码标准或开展同级评审来尝试解决这样的问题。

编码标准存在的问题是难以执行和随着时间推移被大家忽视。代码同级评审是个很不错的实践，但通常得不到长期的贯彻执行，也不能及时阻止问题的发生。

结对编程可以作为一种持续不间断的同级评审。它可以及时捕捉到大量糟糕的编码实践。新的编码标准可以通过结对编程涌现出来并得到持续改进。不需要记下来，因为已经被记入代码，深深烙印在每个程序员的脑海里。

- 可以使程序员专心编程：程序员刚开始结对编程的时候，需要花几天时间进行调整，以适应严格的节奏。因为他们一整天都得专注于解决问题，不可以分心。在结对编程的时候，他们不能看邮件，也不可以刷网页。如果要休息一下查看邮件，可以安装站内邮箱。电子邮件客户端和网络浏览器是导致程序员分心的主要根源，而编程需要的恰恰是专注，是心无旁骛。

> **亲身经历** 在高月工作室，我们并不强制要求结对编程。比如，程序员解决简单的问题时，就可以不结对。然而，养成习惯还是需要很长时间的。如果没有更多的好处吸引我换用别的实践，我是不会轻易放弃结对编程的。

结对编程的时候，要注意下面几个问题。

- 没有化学反应的结对：有些结对组合要尽量避免。如果配合不默契，就不要强求。自由结对的效果比较好。在极少数情况下，有些程序员不愿意和任何人结对。刚开始转为结对编程的时候，几乎所有团队都有一些程序员拒绝和别人结对。

  破例让这些程序员不结对编程也未尝不可，提交前让他们再做同级评审，这也是可以的。不知不觉中，他们有时也会结对，或可能转为结对编程。只需要给他们留出足够的时间，而不是要求他们必须结对。

- 悬殊太大的新手程序员和高手程序员结对：高级程序员和新手程序员结对编程，效果并不理想。到头来，高手程序员会按一定的工作速度做完所有的工作，新手程序员却从中得不到什么收获。

新手程序员和中级程序员结对比较好。

- 招聘时的问题：确保每个前来应聘的程序员都清楚自己面试的工作包括 XP 实践及其相应的工作形式。可以考虑让他们在面试后期做一个小时的结对编程练习。这样做有两个好处：第一，可以评估应聘者在结对过程中的表现，期间的交流也比较关键；第二，可以让应聘者身临其境地感受真实的工作情形。只有极少数人会承认自己不适应结对编程而主动放弃，这对双方都是好事。

XP 实践优于非 XP 实践吗？

刚开始采用 XP 实践的时候，团队很难对 XP 的好处进行衡量，因为引入新功能的速度明显放慢了。这也符合相关研究结果（Jeffries and Melnik 2007），使用 TDD 的结对程序员在引入新功能方面是独立程序员的 1.5 倍。使用 XP/TDD 还有我们看不到的好处，那就是可以补偿当初下降的生产力。

- 可以始终保持不同 build 之间的高稳定性：如果 build 不会连续崩溃或出现运行错误，XP/TDD 就能提高策划、美术和程序各人员的生产力。

- 可以大大减少后期制作阶段的调试：更多时间花在游戏玩法的优化和改进上，而不是修复 bug。

- Scrum 要求有更好的工作实践：Scrum 的迭代实践有更高层级的变动。TDD 有助于保持保持稳定。

- 可以少走弯路：通过有效避免在明确需求之前定义大的架构，项目可以少浪费时间对大的架构进行返工。

分支策略与持续集成

分支（branch）和合并（merge）提交策略的后果通常是按周提交，这样的提交往往是一次性汇总几百行代码变更，由此而造成的问题一般需要几天时间才能修复。

这就是持续集成的底层逻辑，通过持续集成，可以频繁提交（结合单元测试），确保变更可测、小而安全。此外，持续集成还能使提交过程快速而顺利（通常情况下）。

调试

敏捷游戏开发项目和传统游戏开发项目最大的差异是处理 bug 的方式。在很多项目中，只有 QA 关注到游戏时，最后才会有人开始发现和修复 bug。最后这样着急忙慌地纠错，通常会引发冲突。

敏捷游戏开发的一个想法是消除"后期内测修复危机"。通过在项目早期就增加QA，发现问题就马上解决，可以在项目的内测和公测阶段，显著缩短时间和降低风险。

敏捷项目中的调试

敏捷项目处理 bug 的方式不同。在每个 Sprint，在完成新的功能之前，必须要先修复 bug。在敏捷项目中，要努力控制债务，尤其是缺陷引起的债务，因为修复这些 bug 的成本会随着时间不断增加。尽管 QA 也是敏捷团队的成员，但不意味着其他开发人员对自己的工作没有测试责任。

确定 bug 之后，有两个选择：在 Sprint Backlog 中加入修复 bug 的任务；在产品 Backlog 中加入修复 bug 的用户故事。

在 Sprint Backlog 中加入修复 bug 的任务

如果发现一个 bug 与 Sprint 目标有关，而且小到可以在这个 Sprint 修复好，就在 Sprint Backlog 中加入修复这个 bug 的任务。修复 bug 会影响开发速率。采纳更好的实践来避免缺陷，就相当于提升了开发速率。

在某些情况下，如果 Sprint 期间出现 bug，团队可能会完不成所有用户故事。

在产品 Backlog 中加入故事

有些时候，问题还没有暴露出来，还不至于影响到 Sprint 目标，团队解决不了或者 bug 太大以至于无法在 Sprint 余下的时间里解决完。举个例子来说，一个没有程序员的关卡制作团队如果发现 AI 智能路径搜索在新的关卡有问题，就可以创建一个用来解决这个问题的用户故事，把它增加到产品 Backlog 中，由 PO 来确定优先顺序。如果 PO 决定需要加一个用户故事，往往就会把这一类 bug 安排在集成 Sprint 中解决（详见第 6 章）。

如果团队不确定 bug 要放入哪个待办事项，可以和 PO 一起商定。

对 bug 数据库的看法

我特别鼓励每个敏捷团队在"功能完成"目标（通常称为内测）实现之前避免使用 bug 跟踪工具和数据库。并不是因为工具不好，而是工具可以帮助识别错误并进入一个"目前足够好"的数据库。事实并非如此。在很多情况下，这是最终导致项目陷入危机的万恶之源。

团队进入内测阶段而且发行商开始增加外包 QA 之后，可能才有必要用到 bug 数据库。

优化

就像调试一样，优化往往也是留到项目快要结束的时候进行。在敏捷游戏开发项目中，优化分散到整个项目周期中。如果游戏制作阶段长而且是一次发布，大部分优化工作都会留到整个游戏可以玩的项目后期进行。

认知是决定早期优化和晚期优化的关键元素。在项目早期做优化可以获得如下认知。

- 游戏（功能和玩法等）好玩吗？刷新率 10 fps，很难想象这样玩游戏能有什么乐趣。必须想方设法避免债务（比如后期制作阶段还得返工的烂代码和粗制滥造的测试资源）。

- 游戏制作的技术和资源预算？在清楚了解引擎和工具的限制之前，不要急着进入制作阶段。了解这些限制可以大大降低返工所造成的浪费。下面是一些实例。

  - 在任意时间点，游戏场景中要有多少个 AI 角色？这通常取决于其他参数。例如，如果遇到更简单的场景，可以让玩家刷出更多 AI 角色，留出渲染 AI 的预算。

- 什么是静态几何预算？要尽早确定，同时也要非常保守。增加特效和纹理之后，游戏体验增强了，渲染预算往往也会随之而减少。在后期制作阶段，相对于删除，从游戏场景中增加静态几何体的高分辨率纹理更容易一些。

- 怎样才能让游戏可以在最差的平台上运行？最差的平台有时也是最难做迭代的。如果需要为另一个平台单独制作游戏资源，最好能够尽早知道。

- 图片分割技术好用吗？不要指望有什么"未来技术奇迹"能使内存能够流畅地载入大场面的关卡或还能保持可以接受的刷新率。要做多少工作才能把剔除系统用起来？确保美术和策划在做关卡之前就知道剔除系统是怎么工作的。

后期优化

如此说来，哪些优化可以留到后期进行呢？包括低风险的优化，比如制作阶段做来减少资源重复使用的游戏资源。这样的优化最好留在整个游戏完全可以玩之后再进行。在后期制作阶段，可以做下面这些优化。

- 读盘优化：整理硬盘和光盘上的数据，以便游戏能够流畅运行。在前期制作阶段做好的原型基础上做进一步的优化。

- AI 角色优化：玩家进入某个关卡或者场景的时候刷出 AI 角色的多少决定了对资源的调用。如果能对 AI 角色的载入和密集程度进行分散处理，就可以平衡 AI 角色对资源的使用。

- 移动 App 加载和服务器优化：优化移动 App 的加载时间，消除它与 App 服务器之间的瓶颈。

- 混音：简化音效，只要有可能，就可以预设，对多种声音或音效进行混音处理。

游戏项目可以受益于制作过程中对引擎所做的改进。但与此同时，也不能完全指望如此。具体如何，则是仁者见仁智者见智，属于主观判断。作为技术型的客户，我的做法是设定一个项目目标作为发布的 DoD（对完成的定义），完成制作的时候要达到的一个可衡量的性能指标。发布的 DoD 如下所示。

- 50% 达到 30 帧 / 秒（或更高）

- 48% 在 15 帧 / 秒到 30 帧 / 秒之间

- 2% 在 15 帧 / 秒以下

- 开发机的加载时间要少于 45 秒

这些标准都是可以测量的，而且可以通过自动化测试来进行。虽然可能不够严格，不满足交付标准，但足以用来演示说明游戏的质量。

亲身经历 尽早确定正在开发的手游计划在哪些手机型号上运行，并尽早在这些手机上频繁做测试。有些团队在开发过程中没有注意到这一点，只在最新款手机上进行测试，因而错失了一半的潜在市场。

整个项目过程中，要控制好技术和资源需要的预算

让游戏在制作期间始终以可交付的帧率来运行是大有好处的。如果游戏一直在"量力而为"地运行，我们就可以有更多真实的游戏体验。然而，我们在迭代发现和增量交付价值之间，总是不断地在做取舍。例如，在对一波 AI 角色进行测试的时候，开发人员可能想试验一下24 个 AI 角色一起攻击玩家是不是有趣。在试验过程中一定要优化整个 AI 系统来处理 24 个角色吗？当然不需要。如果实验表明这个功能会给游戏增加很多价值，那我们提升的只是我们对这个功能的认知，而不是游戏的价值。通过迭代，我们的认知提升了，并没有实现游戏的价值。

针对这样的场景，常见的做法是不做太多优化就把它加入游戏中。就这样，欠下日后必须得清偿的债。而且，代价可能很大，甚至可能大到不得不连同整个游戏机制一起删掉。这是由很多因素造成的。

- AI 角色模型太复杂，一个游戏场景无法支持 24 个 AI 角色。

- 一次生成 24 个 AI 角色会造成一秒钟的卡顿，违背了 TCR/TRC 和 Apple Store 等游戏发行平台的第一方技术要求。

这样的例子还有很多。我们怎样做才能在减少债务的同时增加游戏的价值呢？我们需要做一些技术预研 (Spike)[①] 来决定优化债务和影响。如果 Spike 揭示出这两个问题，我们就可以通过下面两个产品待办事项来解决。

- 针对这一波 AI 角色，计划用简单的模型，只用更少的骨骼来填充。
- 实现一个交错生成系统（如轮循）来生成 AI 角色，每帧一个而不是每秒。

通过这两个产品待办事项，产品负责人能够衡量这一波 AI 角色的成本与通过测试所了解到的价值。这样一来，成本和价值就成为决定性因素，而不是游戏的需求。

这样需要提早做决定的例子还有很多。如果不提早做决定，这样的优化债往往会如同滚雪球一般，最后变得让人不堪重负。这需要我们保持客观谨慎。我们往往只是从开发人员的角度来看游戏特性，看不到它们会使项目干系人感到沮丧。

成效或愿景

一旦开始在游戏项目中运用敏捷技术实践，我们的一个梦想是可以去掉游戏的内测和公测。在整个游戏项目中，这两个阶段往往是最糟糕的，我们经常都得迫于压力而高强度 996，同时还得降低对游戏质量的要求。

采用敏捷技术实践之后，我们虽然没有实现这个梦想，但高强度的加

---

① 译者注：用于探索／寻找潜在的技术性解决方案。XP 大师沃德·柯宁汉（Ward Cunningham）解释了这个词的由来："我经常问肯特（Kent），我们能做哪些最简单的事情让我们相信我们的方向是正确的？这种走出目前困境的做法常常可以使我们找到更简单和更有说服力的解决办法。这就是肯特所认为的技术预研（Spike）。我发现这种做法对维护大型的框架特别有用。"

班确实减少了，压力也有所缓解，不再专注于侦察测试 [①] 和调试整个游戏。整个游戏的质量和制作体验都有所改善。

小结

本章探讨了可以使敏捷游戏开发人员频繁受益的技术实践，因为这些实践可以使程序员告别传统开发过程中各自独立的设计、编码和测试阶段，开始在融合有各个阶段的日常迭代实践中展开跨专业的及时协作。依托于过硬的敏捷技术实践，程序员写的代码可以满足新出现的需求，维护起来更方便，质量更高。

接下来几章将继续探究游戏团队的其他工作实践以及如何进行调整以提升团队的敏捷性。

拓展阅读

Beck, K. 2004. *Extreme Programming Explained, Second Edition*. Boston: Addison-Wesley.

Brooks, F. 1995. *Mythical Man Month, Second Edition*. Boston: Addison-Wesley. 中译本《人月神话》

Kim G., P. Debois, J. Willis, J. Humble, and J. Allspaw.*The DevOps handbook: how to create world-class agility, reliability, and security in technology organizations.* Portland, OR: IT Revolution Press, LLC; 2016.

McConnell, S. 2004. *Code Complete, Second Edition*. Redmond, WA: Microsoft Press. 《代码大全2》（英文限量珍藏版）由清华大学出版社 2020 年出版发行

[①] 在这里，侦察测试指的是让公测版的测试员从头到尾地测试整个游戏。

第 13 章

敏捷与游戏美术和音效

有了计算机，艺术作品就开始呈现出动态演进的趋势。艺术风格的变化，推动着艺术家在他们的创作中探索新的意义。我们人类最早的艺术创作可以追溯到距今 1.6 万年的法国拉斯科洞窟壁画 [①]。然而，在最近几十年，电脑的性价比越来越高，艺术家所面对的艺术载体也在经历着巨大的变化。

有了赛璐珞动画（cell animation）[②] 和计算机图形预渲染技术，艺术家可以让自己的作品动起来。艺术家和故事家可以天马行空，在作品中充分展现自己非凡的想象力，打造出《幻想曲》这样的现象级电影作品。

视频游戏在此基础上增加了一个全新的维度。在今天，出现在游戏中的艺术元素（我们称之为"美术资源"）还需要有交互性，能够让玩

① 译者注：拉斯科（Lascaux），位于法国多尔多涅省。这个石灰岩溶洞中保存着史前旧石器时代的 500 多幅壁画和 1000 多件石刻，被誉为"史前卢浮宫""史前西斯廷"。重要的绘画遗迹都集中在主厅和两个主要洞道中。主厅面积为 138 平方米，洞壁上许多动物形象呈水平排列。发现于 1940 年，是四个十七八岁的青少年偶然间发现的。作者之所以选择拉斯科洞窟壁画作为比喻，是因为此处文化遗产代表了史前艺术的巅峰时刻，当时的艺术家们所面对的挑战堪比文艺复兴时期米开朗琪罗的西斯廷大教堂壁画，比如拱形屋顶，比如裂缝，比如可用的颜料灯等。

② 译者注：1915 年，伊尔赫德发现赛璐珞片可以取代动画纸，角色画在这种高度透明的塑料片上后上色。先画在纸上，换不同的背景，就可以合成其他场景下的完整画面，从而实现手工分层。赛璐珞动画有很多不确定性，生动的程度全靠动画师来调校。赛璐珞动画的代表作有《圣斗士星矢》《变形金刚》等。

家以游戏作者想象不到的方式使用这些美术资源。游戏作为一种特殊的艺术载体，其复杂性要求美术、策划和程序必须从艺术、设计和开发三个层面通力合作，共同打造有生命力的游戏作品。

本章将探讨美术（泛指负责建模、纹理、动画和音效等岗位的人员）加入跨专业敏捷团队的优势、注意事项和通用实践。后文将所有美术成员统称为"美术"（以下有些地方称为"美术师"）。

本章提供的解决方案

有位美术曾经问我："为什么我们美术也要敏捷呢？米开朗基罗当年在创作西斯廷教堂屋顶壁画的时候，也没有用什么敏捷呀。他只有一个要画完整个屋顶的计划。"

事实上，如果米开朗基罗能够用更敏捷的方式来画西斯廷教堂，或许可以做得更好。从一开始，他就经历了大量的尝试，出过不少纰漏和差错。比如，他不知道怎样在有裂缝的拱形穹顶上展示自己非凡的想象力。比如，他签的是一个到期交付十二门徒画像的一口价合同。实际上，在接下来的四年，他一共画了 300 多幅画。[1] 难怪他后来说这是他人生中最糟糕的经历之一。

在视频游戏中，美术也面临着类似的挑战。把想法变成现实，同样需要面对诸多挑战，不管是壁画还是图像处理器。只有成功克服这些挑战并透彻理解不同艺术载体的限制，才能最终打造出出色的作品。

美术经常遇到下面这些主要问题。本章将聚焦于这些问题的解决方案。

- 美术需要知道自己是否是在做正确的美术资源，知道自己并没有产生浪费：资源（asset，可以指资产）及其所依赖的技术，

---

[1] 译者注：在西斯廷教堂 540 平米的穹顶上绘画，当米开朗基罗在 1508 年签下合约的时候，还只是一个不懂色彩的雕塑家。到 1509 年定下计划，站到被称为"天桥"的自制脚手架上时，他才发现自己恐高。开工 7 天后，画面发霉，因为石灰加水太多。这些意外的挑战和挫折让他想打退堂鼓。然而，开弓没有回头箭。在随后的三年时间，他每天工作 17 个小时，最后终于完成巨幅壁画《创世纪》，由三部分组成的、人物多达 300 多人。

两者的开发同时进行，传统认为，这样的实践是造成浪费的"元凶"。比如，最开始开发引擎的时候，制定的是理想状态下的功能集、性能目标和计划。遗憾的是，现实很骨感，美术之前已经做好的资源不得不重来。迭代过程一旦涉及到技术，就需要技术与美术之间保持持续的对话和实验，共同取得最好的效果和性能。每个美术都知道，复杂的美术资源，其质量取决于综合考量若干因素之后得到的折衷方案，比如，关卡的质量就取决于如何权衡多边形的数量、纹理的质量、光照的复杂度和可用的特效调色板等。这些因素中，没有任何一个可以独立存在。相比之下，有些关卡需要的特效更多，因此也更需要权衡。在前期制作（pre-production）的引擎开发期间，就要明确如何综合考虑各种因素。这要求技术和美术需要频繁协作。

- 美术需要一个稳定的 working build：build 如果被破坏，最影响进度。比如，影响到视觉质量的图形缺陷会妨碍美术制作出最好的美术资源。如果指望独立的技术团队来解决这些问题，美术就只能等。然而，跨专业团队一般都有团队成员可以迅速解决这些问题或者可以找到合适的人交流这些问题。

- 美术需要更快的工具和流程（pipeline，一套生产游戏内容的流程）：由于迭代次数的限制，美术往往无法按照自己的意愿随时迭代。迭代周期越慢，意味着美术资源的质量越低。然而，一个常见的问题是程序员不会受到这类问题的影响，他们可以改进工具和流程，根本体会不到改变游戏中的纹理有多慢。他们只关心研发团队所注重的具体任务。跨专业团队一般目标一致。影响个人进度的问题，就是影响整个团队的问题。一旦出现这种情况，类似的问题会引起整个团队的注意。

对敏捷心存顾虑

对于敏捷和 Scrum，美术岗位的人员有下面这些共同的顾虑。

- Scrum 是程序员的事情。Scrum 在软件开发项目中得到了广泛的应用。但是，它并不是程序员的专属。事实上，不提供适用于任何一个学科的任何实践，正是 Scrum 的初衷。Scrum 适用于美术岗位的人员，如同适用于其他任何一个学科一样。

- 美术资源的制作有排期，我们不能迭代。视频游戏中，美术和技术需要结合游戏机制来打造娱乐体验。团队需要探索所有因素的最佳组合。一旦确定方案，就排期 10~12 小时进行游戏内容制作。然后是前期制作必不可少的探索。这一关，采用 Scrum 框架的跨专业团队可以幸存下来。进入制作期之后，许多实践都会发生变化，但敏捷要保留下来。产品方面的问题将继续带来新的挑战。这些挑战完全不在当初拟定的完美计划内。负责资源制作的美术仍然需要对技术问题做出快速响应。他们需要继续想办法和技术展开合作（相关详情，可参见第 10 章）。

- 跨专业团队？行不通。在大型项目中，美术一般都和同学科的成员一起共事，而且都已经习惯了这样的工作方式。一旦尝试过跨专业团队，每天都有队友可以及时帮助自己解决问题而使自己的工作能够得以顺利进行之后，很多人的想法都会发生变化。Scrum 并不会妨碍美术在 Sprint 外的沟通。他们可以成立实践团（详见第 21 章），继续与其他人分享的想法和实践。

就像任何一个开发一样，只有亲自实践和体会，才能认同。Scrum 到底好不好，美术需要先实践，再感受。保持适当的怀疑是正常的，但同时也要开放的心态，乐于接受好的东西。

美术决定加入

高月工作室刚开始采用 Scrum 的时候，美术岗位的人员表示高度的怀疑。有人认为这是一种"管理时尚"或隐性的微观管理。他们没有表现出任何兴趣，我们也没有强迫他们接受。

程序员决定试试看，于是开始组队。通过 Scrum 每日站会，他们很快确定了哪些障碍影响了工作进展。其中很多障碍表明他们缺少称手的美术资源。于是，以敏捷教练身份入队的制作人，花了大量的时间与美术软磨硬泡，请他们制作团队需要用的游戏资源。

美术看到制作人集中精力解决 Scrum 所暴露出来的障碍之后，也开始想要启用 Scrum 了。

主美：美术领导力

和对待其他领导角色一样，在敏捷游戏团队中，主美的责任从日常的命令与控制转向指导和引导。主美的岗位职责是提升团队制作的美术资源的质量，帮助美术提高艺术创作能力，这两个方面必须持续保持平衡。

为了提升美术资源的质量，主美（或艺术总监、美术主管）要审查新制作的游戏资源并提供反馈意见。这样一来，就有机会在 Sprint 中与美术一起共事。这会影响到一些日常实践。例如，美术资源需要主美的签字或者审批，所以，有些团队会在任务板上"完成"一栏的前面加入一栏"待审批"，指的就是通过审批之后才算是完成。

在敏捷开发环境下，许多游戏团队都面临一个挑战：如何才能避免美术审批成为取得工作进展的瓶颈？因为主美通常不属于任何一个团队，所以与全程参与 Sprint 并根据主美的反馈来调整的团队相比，他们对 Sprint 的参与度不如团队高。反馈滞后往往有碍于团队取得更多进展。为了解决这个问题，游戏工作室一般都会制定一些特殊的实践，比如高度可视化的审批 Backlog。

除了资源审批，主美术还必须指导经验不足的美术改进创作流程。成本和质量同等重要。如果缺乏经验和不熟悉所有这些工具，新手美术会浪费大把的时间以笨拙的方式制作美术资源。

在和美术一起提升质量与减少成本的过程中，主美会看出可以分享给所有美术的改进模式，或者看出改进的机会，团队可以借助于这些机会有与流程和工具支持团队展开合作。

> **亲身经历** 20 世纪 90 年代中期，许多 3D 游戏中，2D 和 3D 都有。在天使工作室，我参与开发了一个有户外场景的游戏（后来被砍掉了）。当时的户外场景中远处有树。由于渲染预算有限，广告牌（始终面对玩家的 2D 卡）上用的是树的图片。有个美术负责做好看的广告牌，不过做得很慢。就这样做了好几个月。直到有一天，主美偶然间发现这位美术是在用电脑建模

工具做 3D 效果的树，然后拍下来，将图片用在广告牌上。幸好被主美发现，之后他转变了工作方式。

美术与跨专业团队

跨专业团队中的美术面临着许多挑战。不仅要理解不同专业词汇，他们还要努力使别人也能够理解自己。每天都会有人提醒他们美术资源要怎么用以及如何怎么借助于美术来平衡技术的优势和劣势。

对跨专业团队的衡量，是看他们为游戏增加了多少价值。美术的角色转为"专攻美术的开发人员"。美术不只是为其他人创作可以加入游戏的资源和制造乐趣。他们还要参与创作游戏体验，在体验方面，他们可以创造同样的价值。通过参与讨论游戏内容，美术可以提升美术资源的价值，减少创作成本。

创造性张力

> "被迫在严格的框架下工作，想象力发挥到极致的时候，就会产生最丰富的想法。在完全自由散漫的环境下，工作会变得毫无章法。"

——T. S. 艾略特（T. S. Eliot）

在游戏中，创造性张力存在于我们能做什么和我们要做什么之间。创造性张力是好的。它能使我们在技术性限制、成本和进度的约束边界内提升游戏资源的质量。创造性张力还可以对工作进程、工具和实践施加压力，让我们想方设法消除浪费。

有一些好的点子就是在这些限制条件下迸发出来的。我们在开发《疯狂城市赛车》这个游戏时，由于缺关卡美术[①]，我们只能依赖于工具，这个工具可以从简单的平面地图逐渐画出整个城市。这个工具只用 1

---

① 译者注：关卡美术（LA，level aritist），负责整合所有美术资源，包括模型、灯光和特效等，搭建出整个游戏场景。《剑灵》和《子弹风暴》等 3D 游戏中的华丽场面，都是关卡美术的功劳。这个职位需要懂 3D 游戏制作、游戏引擎、特效制作和关卡搭建，在所有美术设计中涉及面最广。

个小时的时间就生成了整个城市，而且，一旦发现问题，我们还可以迭代，甚至可以迭代几百次。如果手工建模整个城市，我们就无法通过多轮迭代的方式来改进游戏。

Scrum 迫使团队每个 Sprint 都要有提升。在它的推动下，创造性张力油然而生。

时速 95 迈，美术

游戏艺术兼顾功能与形式。其目的在于指导游戏创作。艺术一旦脱离游戏，功能就不是特别明显。在开发城市赛车游戏《午夜俱乐部》的时候，美术团队是在一个独立的房间里做街景的。我们对他们的工作成果翘首以盼，因为我们游戏中的城市全是些灰突突的立方体。这一天终于来到了。城市中了新的几何体。真是美轮美奂，整个城市瞬间有了活力。于是，我们开始驱车逛城，结果发现一个大问题。这种新的高清几何体大部分都在街道上。我们建模的城市本来就有很多这样的细节，但对赛车游戏而言，这无疑是个可怕的问题。人行道上行驶的车不断被大厦外凸起的楼阻断。小花盆也能成为路障。游戏的乐趣荡然无存，取而代之的是沮丧。

最后，我们只好移除很多这样的高清几何体，从而消除街道上的路障。从那时起，我们每天念叨的咒语就变成了"时速 95 迈，美术"。对时速 95 迈在城市中飙车的玩家来说，形式美和功能强同等重要。这样的艺术显然不同于在 Maya 中看起来还不错的艺术。

美术 QA

整个团队天天都迭代游戏的话，可以避免许多问题。如果只是导出但并没有在目标平台上进行游戏验证，资源制作任务就不能算是已完成。验证不只是包括在游戏中看到了美术资源，还需要在确保功能正常的同时验证看起来不太明显的其他用途也是正常的。游戏资源验证工具可以帮助我们通过很多方式查看游戏资源的构建。

- 物理几何体视图：碰撞几何体是否匹配可见的几何体？是否正确对齐了？

- 纹理密度视图：纹理贴图合理吗？纹理大小合适吗？

- 线框视图：视线范围之外的几何图形是否正确挑选出来了？资源可见性标记设置正确吗？

- 音量视图：最小/最大音量值是否设置正确？声音是否在恰当的时间触发？

- 资源选择和高亮显示：游戏中的资源光照是否正确？玩家看得见吗？多久实例化？这不是让美术搜索资源，而是让他们从一系列资源中选择并突出显示相应物体的资源。

- 目标设备测试。在所有目标手机上，美术资源看上去好吗？在光照强的环境中玩游戏的人会不会觉得这样太暗？

美术需要能够在所有目标平台上测试自己的工作成果。有时，为团队的每个成员都配备平台开发包很昂贵。如果是这样，就在某个地方为整个小组配备一个开发包，所有成员可以共享。

QA 是团队中每个成员的责任，因此，每个人都需要检查美术资源是怎样使用的并确保不至于超出预算。

建立美术方面的认知

前期制作（pre-production）的目标是建立认知。我们需要了解游戏的趣味性如何、内容如何制作以及需要多少成本。建立这些认知需要迭代。遗憾的是，团队经常都厚此薄彼，重点关注游戏机制或者说游戏的趣味性，对游戏制作成本的关注不够。结果，许多项目都会超出预算或者计划失控。在前期制作阶段，需要充分调研制作成本。

通常情况下，关卡制作成本至少占制作总预算的 50%。项目团队需要在前期制作阶段充分了解关卡制作需要付出多少努力，以免游戏玩法导致制作成本大大超过预算。举个例子来说，一些枪手有个特异功能，可以轻易破坏场景中的任何一个目标。遗憾的是，这个功能会使关卡制作成本翻倍，因为生成容易被破坏的几何体需要付出更多人力。如果在前期制作中就认识到这个成本影响，产品负责人（PO）就可以更好地判断这个功能的投资回报。

了解制作成本是一个迭代的过程。它首先从现有认知（或许来源于以前的游戏作品）中的一系列数据估值开始，然后以迭代方式在前期制作中不断优化。优化来自两个方面：一是对玩法进行迭代；二是随着团队的认知增加，确立更多的游戏词汇或者更简单的关卡。

在确立游戏词汇之前就建好关卡，是一种明显的浪费。许多分期交付的游戏项目都存在这种浪费。游戏还没有构思好，团队就被迫向发行商演示打磨好的关卡。团队对游戏有了更多成熟的想法之后，这些打磨好的里程碑似的关卡最终会被扔掉或者需要返工。

克服"未完成"综合症

团队经常被要求用低成本的方式证明游戏玩法的潜在价值。这通常需要用到替代资源（如低成本的多边形模型或粗糙的合成动画），而不是精心打磨好的美术资源。这些演示用的资源很有用，可以为游戏发展动向提供方向性的指导。尽管最后抛弃不用，但它们的用途是在决定投入更多时间之前更深入地了解功能。

技巧 / 提示 关卡策划通常会制作一系列基本款的关卡，他们称之为乐高积木，一旦需要，他们可以迅速组建一个更大的关卡。基本款的关卡可以给人一种可以通过多次组合来制作产品级关卡的感觉。

对于公开展示替代资源，作为"专业颜控"的美术往往是抗拒的，因为他们觉得原型太粗糙，需要进一步打磨才能拿得出手。只要不至于对目标产生负面影响，这样做并没有错。然而，有些时候需要灵活处理。比如，有个项目团队发现他们的原型关卡运行得超级慢。经过一番调查，才发现原来是这个关卡中的几百个道具用的是动态光照。美术之所以这样做，是因为他们时间不够，做不了延迟渲染（pre-light），但为了看起来完美，他们也只好如此。

迭代往往需要显示概念验证的工作，表明已经知道了哪些知识。替代资源可以用，但要注意要让人明显感觉到它们是暂时性的。看起来像是"碰撞试验人偶"的糖果条纹状纹理或角色，可以让项目干系人理解测试资源以外的信息，从而帮助他们做出判断。

亲身经历 使用参考资源的时候要谨慎。因为它们看起来还好，往往让人意识不到可能会出问题。比如，有一次，有位美术居然在一个角色的眼球上贴了一张 1 MB 大小的图片！还有一次，在《疯狂城市赛车 2》中，有个美术在纹理中用了一张实物垃圾桶的图片。被垃圾桶上印有其标志的公司诉诸法律，最后游戏公司被判非法使用其标志。

预算

对美术来说，最让人沮丧的是看到自己的工作成果被浪费。评审创作的资源时发现资源过量，从而丢弃可以完成两个游戏的资源，这是屡见不鲜的。团队大部分是美术，因此，浪费 50% 的努力也是一项巨大的负担。

大部分浪费来源于没有能够充分理解资源的创作要求和预算。因为在制作一个游戏的过程中，美术所用的创作工具一般独立于游戏本身，他们处于项目的前端，创作资源的时候更多靠猜测或者以往的经验，而不是基于没有新游戏的限制。如此一来，资源的制作往往按进度或资源分配计划进行。项目进度可能会明确规定特定日期要做好特定数量的资源，这意味着项目要在此基础上及时配备人手。

例如，项目计划和进度中也许敲定了一组角色的完成日期。因此，角色建模师和动画师会提前几个月加入项目开始制作角色资源。此时，项目已经确认如下角色要求和预算。

- 骨骼预算，比如需要多少骨骼等。

- 多边形模型需求，比如，在任何一个时间点屏幕上需要出现多少个角色。

- 一套明确的动作，在此基础上制作动画。

- 角色动作要求，比如，是否所有动画在移动的时候都需要是"好看"的。

如果提出的角色动作需求不充分，就会导致浪费。对于技术早就应该确定好的角色动作需求，角色美术只能靠猜，因为他们一直都很忙，只能凑合用这些动作来制作角色资源。在很多时候，最后得到的角色资源都需要大量返工，或者更糟糕的是，只能"掩面"勉强用到游戏中。

跨专业团队在把迭代、改进具体的预算和要求看作找乐子和成本目标的一部分。随着前期制作的推进，预算和生产工具需求成为资源种类"完成"定义中不可或缺的部分。一旦这些要素变得"不和谐"时，团队迅速识别并改正此类问题（如变化团队成员或改变之后的 Sprint 目标）。

最惨的美术，惹不起的美术

如果优化和目标集成都放到后期进行，美术的遭遇往往是最惨的。

我们当年准备发售《午夜俱乐部》的时候，发现 PlayStation 的纹理缓存技术并不像广告中宣传的那样强大。于是，我们只好调整所有城市纹理，把它加载到内存中，纹理预算砍半。得知这个消息后，我们的美术很不开心，无奈之下不得不努力减少纹理的使用。但是，这对他们来说，是个非常艰难的选择，而且最后仍然达不到技术总监的要求。后来，我们这位技术总监心生一计，把所有城市纹理重新导入大概只有原有大小的 1/4（因为当时的引擎需要正方形纹理）。糟糕的是，这个小动作，他没有告诉任何人。甚至我们的美术，也只是在几个月后收到零售版拷贝的时候，才第一次看到这个结果。

看到游戏中纹理的质量后，美术毛了，就连我都开始担心这位技术总监的人身安全。我甚至认为，要是有一天看到他在停车场被数位板砸晕，我也不会觉得意外。

最后一步：音频

美术资源或游戏玩法机制做好之后，加音频往往是这一系列步骤中（详情参见第 10 章）甚至产品发布之前的最后一步。因此，负责音频或者音乐的美术在 Sprint 开始的时候往往闲得发慌，但在结束的时候又会忙得脚朝天。Scrum 团队经常都需要改变和调整对切换工作的假设，想办法交替做多个美术资源以及增强跨专业之间的协作。

切换到看板

第 10 章描述游戏开发转为 Sprint 开发节奏之后内容制作所面临的挑战。当一些实验性的探索工作从不太容易预测转为可预测的重复性批量生成资源工作流程之后，这种固定期限的 Sprint 就会变得不太有用。如果看到下面的征兆，团队要及时切换为看板实践。

- 游戏内容显然无法在一个 Sprint 内完成。

- Sprint 计划会议的用处不大，因为之前的几个 Sprint 已经为一种或者多种类型的美术资源建好了稳定的工作流程。

- 每天的新任务转换为稳定工作流程中一项重复性的工作。

一旦准备就绪，团队就可以迅速切换到看板实践。更多相关内容，可以参见第 6 章的具体介绍。

成效或愿景

第 10 章探究了精益实践，描述了跨专业团队如何协作以在减少浪费的同时持续改进产品品质和工作方式。这些精益实践的副作用是团队角色的界限越来越模糊。比如，原画美术从原来只关注草图转向越来越频繁地与关卡策划进行日常的对话，双方通过密切的合作逐渐了解彼此的角色和行话。当然，关卡策划不会开始涉足画草图，原画美术也不会开始编辑关卡，但他们对彼此的目标和工作方式都有了更多的了解。他们运用这些了解来调整自己的工作实践，从而达成更默契的合作。例如，在做巴黎赛车游戏的时候，原画美术了解巴黎的街景、地标和视觉风格，关卡策划关注的是赛车能做什么。这两个角色密切合作，一起发现最佳交叉区域（巴黎的地标和街景与赛车的活动完美配合），最后的结果是质量有了改进，浪费减少了。

> **亲身经历** 自从开始为美术和策划做工具以来，我变得脑洞大开，对整个游戏制作过程有了更深刻的理解。首先，我写代码的方式变了，然后，我的领导方式也有了变化。来自其

他学科的视角，可以使每个团队角色脑洞大开，这是跨专业团队自带的优势。

小结

面对敏捷开发团队，美术需要迎接很多挑战。他们往往受制于不确定的技术和不可能的开发进度，被迫超量制作美术资源，这是以牺牲质量为代价的。团队规模越大，面临的挑战也越多。

和其他专业一样，美术需要有这样的态度："游戏中，开发第一，美术第二。"如果美术的工作完全独立于其他团队，这种无形中建立起来的壁垒，会妨碍他们与其他专业团队的频繁交流。要知道，游戏玩家看中的并不只是好不好看，他们需要的是有娱乐性的美术资源。这要求游戏开发也需要以跨专业团队的方式来创造价值，这恰恰是Scrum 擅长的。

延伸阅读

Austin, R.D., and L. Devin. 2003. *Artful Making: What Managers Need to Know About How Artists Work.*

Catmull, E.E., and A. Wallace. 2014. *Creativity, Inc.: Overcoming The Unseen Forces That Stand In The Way Of True Inspiration*. New York: Random House. 简体中文版《创新公司：皮克斯的启示》

Goldscheider, L. 1953. *Michelangelo: Paintings, Sculpture, Architecture*. London: Phaidon Press.

第 14 章

敏捷与游戏策划

20 世纪 90 年代初，我刚开始涉足游戏行业的时候，整个行业才慢慢开始有了游戏策划 ① 这个角色的雏形。宫本茂和希德·梅尔等优秀的游戏策划被当作游戏的导演，他们都是很有想法的天才。游戏策划每天都要和团队进行面对面的沟通，而且也没有什么书面文档。

随着技术复杂程度、团队规模和项目时长的增加，游戏策划这个角色也变得更加重要。一些项目有不少策划团队，分别负责剧情、脚本、角色调整角色或音频创作等。人员结构有了新的变化，包括策划主管、高级策划和助理策划等。

大型团队的沟通开销和开发投入更多，由此而来的成本增加，导致游戏项目的干系人迫切需要有来自团队的确定性的反馈。于是，庞大而详细的策划案试图为项目提供一种确定的安全感，然而，它们实际上只是起到了"缓期执行大清算"的作用。

本章将要详细分析敏捷怎样帮助扭转这一趋势的。

① 译者注：策划的主管人员也称"首席策划"、"总策划"、"总设计师"或"设计总监"。游戏公司的人员结构如下：出品人（producer），侧重于限制，明确指定哪些不可以；监制（supervisor），侧重于逻辑和权衡，明确指定哪些可以；策划（设计师，designer），策划主管要负责系统、关卡、技能、数值、动画等的设计；程序员（Programmer 或 developer），程序主管负责游戏编程、引擎编程、工具编程、优化等；美术（artist），也称"艺术"，美术主管负责包括技术美术、概念美术或称原画、角色美术（建模、贴图和骨骼绑定）、场景美术（比如建模、贴图和地图编辑）、特效、动画、灯光、渲染、镜头、UI 和 UX 等。此外，还有编剧、音乐音效和 CG 动画以及质保和运营等部门。

> **观点** 策划是玩家的首席代言人。在二十多年的游戏开发史中，尽管头衔或角色有了变化，但策划仍然一直从玩家的角度去考虑游戏的机制和游戏的品质。
>
> 团队规模比较小的时候——10人以下——一切都好办，就是纹理和代码以及一系列的对话而已。策划案也是从团队的流动中自然形成的。中途换马的情况时有发生。例如，难的机制可以换成简单但游戏效果相同的简单机制。
>
> 然而，在过去的十年中，团队规模开始增大，20世纪90年代团队为30～50人，最后到2000年以后，有时升值多达几百人。一个策划应付不了所有必要的沟通（甚至几个策划也不够用）。于是，从整体上描述产品的文档应运而生，事无巨细，涵盖最高级到最小粒度的说明。尽管这样的文档描绘了游戏最初的愿景，但真的减少了对所有产品开发都很关键的一个方面，即沟通。
>
> Scrum可以解决沟通问题。5～10人的跨学科团队中，通常都有策划这个角色。每个策划都受到策划主管的信任，他们理解愿景的关键要素并能够和团队及时沟通。
>
> ——罗利·麦奎尔（Rory McGuire）[①]，游戏策划

本章提供的解决方案

在大型项目中，开发人员会面临哪些问题呢？两个最常见的问题是项目一开始时就洋洋洒洒制定详细的计划和在项目后期为了上市日期而七拼八凑地赶工。本章将探讨这些问题的解决方案。

策划并不会创造知识

最开始的时候，对于写策划案这样的要求，游戏策划是极力反对的。写策划案就像是为了安慰发行商或要策划立下军令状，要他们对尚未准备好做出任何决定的游戏做出承诺。随着时间的推移，人们对策划案的态

---

① 译者注：职业生涯开始于高月工作室，是第一人称射击视频游戏《西方诅咒》和《谍影重重》的策划。他在索尼互动娱乐在线工作了很多年，做过《行星边际2》和《DC超级英雄》等游戏。加入黑鸟工作室之后，他领导《家园：卡拉克沙漠》的策划工作。此后，他领导工作室业务开发工作，并监督所有BBI项目的策划，担任工作室创意总监。

度发生了转变，导致写策划案成为许多策划的重点任务。因为他们觉得，文档是项目干系人和大型项目团队沟通游戏愿景最容易的方式。

他们真的会读策划案吗？

有一个发行商曾经要求我们的策划案至少要有 300 页的篇幅。虽然这个需求让人费解，但为了通过审批，我们必须照做。为了测试这样的文档究竟有没有人看，我们插入一段内容，描述了如何让海绵宝宝[①] 出现在这个 M 级[②] 的游戏中。对于在游戏中加入这个没有使用许可的版权形象，我们的发行商没有发表任何意见，看来我们之前的怀疑是正确的，他们根本不会看策划案。

无独有偶，这样的试验并不是我们的首创。一些明星摇滚乐队的经理也会在商业演出合同中提出一些奇葩的要求[③]。

---

① 译者注：一部美国电视剧情动画系列，首播于 1999 年尼克儿童频道，比先前同为尼克儿童频道动画的《猫狗》集数还要多。作者史蒂芬·海伦伯格是一名海洋生物学家兼动画师，同时也是动画制作公司（United Plankton Pictures）的老板。《海绵宝宝》的剧情场景设定是太平洋中的比奇堡。虽然游戏设定的场景是太平洋，但剧情内容基本上与海洋知识无关，甚至夸张到完全不合乎科学与常识，比如海底生火、海底洗澡、海底有湖（酷乐湖）、鱼在湖里溺水、海底建筑物起火燃烧等。剧中讥嘲最多的是精致艺术和章鱼哥的劳工权益。

② 译者注：目前比较流行的游戏分级制度主要由娱乐软件分级委员会（Entertainment Software Rating Board）来主导，适用于美国、加拿大和墨西哥。游戏定级为 M 级，说明包含的内容可能被认为不适合 17 岁以下的未成年人。

③ 译者注：20 世纪 70 年代中期至 80 年代中期，范海伦这个传奇摇滚乐队创造了大量优秀的音乐作品，也安排了大量的巡回演出，单是 1984 年就超过 100 场。作者这里提到的正是这个重金属摇滚乐队。由于要深入到全国各地高校和二三级地区巡回演出，考虑到主办机构可能不够专业或者缺乏丰富的经验，该乐队在演出合同中往往有详细到近乎苛刻的条款，最有名的就是巧克力豆条款，也称"126 号条款"，具体规定"在后台不可以出现棕色的巧克力豆，对因违反此项约定而给演出造成损失的，责任（主办）方要给予充分的赔偿。"该条款隐藏在数不清的技术规范中。主唱根据这个细节来测试主办方是否仔细研读合同并按照具体条款办事。每到达一个新的场馆，他都会查看后台。一旦发现棕色的巧克力豆，就立刻要求对舞台进行线路检测。"绝对能找出技术上的错误，"他说，"因为他们肯定没有认真看合同……有时，这可能会毁掉整场表演。"
事实上，还真有不看合同细则的主办方。在某大学体育场举办演唱会的时候，主唱在后台发现了棕色巧克力豆。他一气之下砸了后台的化妆室，直接造成约 1.2 万美元的财物损坏。更糟糕的是，主办方确实没有好好看演出场地的承重要求，导致整个舞台压垮体育场的地面，又造成了约 8 万美元的经济损失。
除了这个看似奇葩的条款，范海伦乐队为了保证专业性和安全性，还有大量条款严格要求演出主办方按照专业要求把场地和器材等搭建好，甚至还有"在 6 米的空间均匀安装 15 个电源插座，提供 19 安培的电流"这样的细节条款。

设计师需要建一个愿景，但策划案并不止于此，它更是对未来游戏的深入思考。我参与过一个奇幻射击游戏的开发，当时的游戏策划很奇葩地在策划案中指定了所有的武器，玩家手持几个弹夹，每个弹夹包含几枚子弹！这种细节对团队没有帮助。事实上，在相当长的一段时间里，这样的文档反而使团队误入了歧途。

最后一刻，策划才能见到游戏的真面目

在典型的游戏项目中，后期在集成、优化和调试所有特性的时候，游戏策划才看到整个游戏的全貌。这是他们第一次体验预期就要上市发行的游戏。这时，他们看到的通常与策划案中规定的不太一致，但现在已经来不及细想了。市场营销和 QA 部门正在蓄势待发，市场推广和营销战的集结号已经开始吹响。

技术表现如何呢？通常都不如原来计划的那样好。这样一来，就需要削减预算。比如，浩浩荡荡的敌军，改为散兵游勇，高清的纹理细节，打些折扣吧，有一些道具，甚至直接给砍掉了。

考虑到"死限"（最后期限，DDL），哪怕是完成度为 90% 的重要特性，不管价值如何，都一律砍掉。到最后，当初策划案中那些具体又炫酷的特性减的减，砍的砍，进入公测阶段的游戏中，只剩下大概还过得去的特性和玩法。但上市在即，不管三七二十一，先赶紧打磨吧。

Scrum 游戏策划

成功的游戏策划都具备较强的跨学科合作能力。如果资源（asset，也称"资产"）和游戏玩法不符，他们就会和美术合作解决这个问题。如果缺调优参数，他们就会找到程序添加。此外，他们还会随时接受团队中任何一个成员提出的想法。当然，这并不意味着每个想法都有用。游戏策划负责设计愿景的一致性，这就要求他们对这些想法进行筛选或调整。

警匪故事

　　20 世纪 90 年代后期，当时我们在开发《疯狂城市赛车》，我负责《军团要塞》游戏后期的"抢旗"。有一天，我突然想到在我们的城市进行"抢旗"的赛车比赛或许更有意思。我对游戏策划提出了自己的想法，他也提出了一个富有创意的变化称为"警察和强盗"。在这个游戏里面，一组玩家是强盗，另一组玩家是警察。强盗试图抢银行的金子，然后开车狂奔返回他们的藏身之处。而警察努力制止强盗，夺回金子。这个特性受到线上玩家的热捧，甚至比赛车更受欢迎！由此可见，好的想法可以来自任何地方。

每个团队都要有策划吗

每个负责某个核心玩法的跨学科团队中，都要有自己的策划。策划的选择以游戏玩法及其技能为基础。例如，如果是第一人称射击游戏，高级策划就应该归入负责射击机制的团队。如果团队负责头显（HUD），那么精通使用性的策划就应该加入这个团队。

文档的作用

游戏策划最开始用 Scrum 的时候，经常把 Sprint 当作小瀑布，比如用 Sprint 四分之一的时间写书面计划，其中列出剩下四分之三的时间要做的工作。随着时间的推移，这种小瀑布会慢慢变为团队一起围绕新的目标来进行日常的对话和沟通，越来越有效率。

这并不意味着游戏策划得去考虑 Sprint 以外的事情以及此后用不着写任何文档。策划案要限制在对游戏的已知范围内，确定哪些是未知的（而不是试图直接给出答案）。将设计思路形成文档，可以使游戏策划谋定而后动，想清楚要做一个什么样的游戏之后再展示给其他团队成员看。然而，游戏运行没问题，才是解决未知问题的最佳方式。

策划案的目标是与团队和干系人建立同一个游戏愿景。如果单纯依赖于文档来进行这样的分享，会存在以下不足。

- **文档不是最好的沟通方式**：写文档的人和读文档的人之间，会遗漏大量的信息。有时，我发现有些项目干系人从来不读任何文档，文档只是用来应付检查的，只限于交付。

- **对游戏的愿景会随时变化**：文档并不能准确体现变动。不要指望团队成员会重新翻开策划案，查看有改动的地方。想想第 7 章提到的《走私者大赛车》游戏中动物需求的故事，这就是一个没有能够及时沟通游戏设想有变更的案例。

日常沟通、有意义的 Sprint、发布计划会和评审会都可以用来分享愿景。找出策划案与沟通和合作之间的平衡，对敏捷团队中的每个策划而言，都是一个挑战。

对话能力，很重要

对话能力很重要，是游戏策划安身立命的根本。要学会如何提问、如何以开放的心态倾听以及如何考虑周全之后再给出有理有据的答案。另外，要留出余地让所有人都参与。声音太大，有没有留心，这些都会妨碍大家积极参与对话。

——詹姆斯·埃弗雷特（James Everett），维塔工作室[①]制作人

"不要让%#＆$来打扰我"

高月工作室有个策划最开始加入 Scrum 团队时，发现自己很难改掉不依赖于文档的老习惯。在每个为期 4 周的 Sprint 开始时，整个星期，他都把自己锁在办公室里写 Sprint 目标。团队不愿意等，所以在这期间总是一有问题就去找他。这位不堪其扰的游戏策划最后不得不在门上贴上纸条："不要用%#＆$打扰我！我在写文档。"最后，团队使尽浑身解数"干扰"他，才使他改掉了受困于文档的陋习！

车库地板上的零部件

敏捷规划，这项实践创建了一个有优先级排序的特性 Backlog，并且可以随着游戏项目的进展不断修改。新增特性的价值在每个 Sprint 都

---

① 译者注：Weta Gameshop，新西兰最大的游戏开发工作室，成立于 2018 年，主要开发混合现实娱乐应用和内容。2020 年 5 月裁掉了整个音效团队和一半的 QA 团队以及若干开发人员。

要进行评估。然而，许多核心机制要花多个 Sprint 才能显示其最基本的市场价值。到最后，团队和 PO 需要对机制有信心。然而，过分执着于某个游戏设想，会使团队走上漫长而充满未知的道路，进而产生一堆不太搭的特性部件。这种特性失调就是我所说的"车库地板上的零部件"。

在做《谍影重重》这个游戏的时候，我们碰到过这样的问题。在这个第三人称动作冒险游戏中，玩家得三不五时地前往警卫活动的区域"踩点儿"，警卫一发现玩家，马上就会报警。通常的结局是玩家被警卫干掉。在这些区域，游戏策划放置了玩家可以打开的门。有时，产品 Backlog 中的史诗（Epic）用户故事会这样写：

> 作为玩家，我想拥有解开门锁的能力以便穿过这些被锁住的门。

这个用户故事的结构写得不错。问题在于根本就没有被锁住的门。于是，就有了另外一个故事：

> 作为关卡策划，我想拥有把门锁起来的能力以便玩家只有打开锁之后才能用到这些门。

这个用户故事让人心生疑惑。它体现了开发人员的价值，但没有把最终价值传给玩家。这类故事很普遍，但可以认为是零部件增加这一特殊债务的症状。

随着 Sprint 的推进，这样的零部件逐渐堆积起来：

> 作为玩家，我想在 HUD 上看到倒计时计时器，显示解锁剩余多少时间。
> 作为玩家，我想在打开锁时听到开锁的声音。
> 作为玩家，我想在我开锁时看到角色开锁的动画。

这样的用户故事在一个又一个的 Sprint 中越积越多，工作都加到开锁机制上。在每次评审会上，看上去都被打磨得越来越好。

和开锁有关的所有这些用户故事都是要生成一个还有几个月才能被证

明有用的零部件。问题在于开锁这个动作没有任何意义。除了开锁，玩家别无选择。游戏中没有任何信息可以指引玩家在开锁和较长的路径之间做出选择。最后，这个游戏设想被证明是错误的，开锁完全从游戏中被砍掉，不管之前已经做了多少工作。

图 14.1 说明了这个"车库地板上的零部件"问题。

图中展示了许多"零部件"，花了三个 Sprint 的时间，最后终于在第四个 Sprint 集成到一起。这样的债务如果不清偿，会使大量工作被浪费。它还妨碍了在一个发布周期内对这个游戏机制进行多轮迭代，因为各个"零部件"到最后一个 Sprint 才集成到一起。

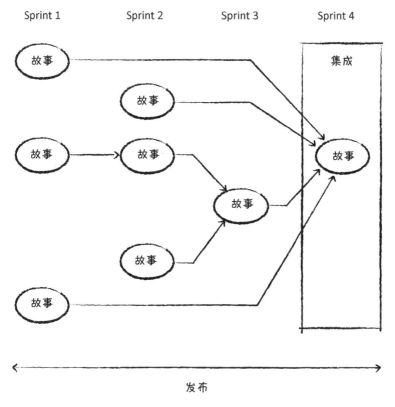

图 14.1　临近版本发布时才集成游戏的一个机制

在理想状态下，每个 Sprint 都要迭代一个可以玩的游戏机制①的价值。图 14.2 显示了每一个或两个 Sprint 与游戏机制进行集成的部件。

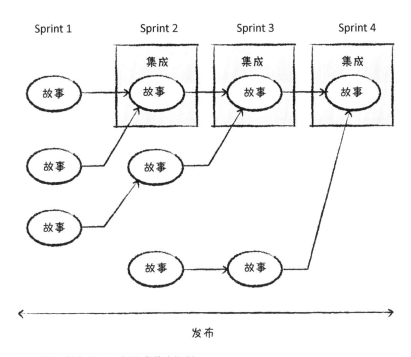

图 14.2　每个 Sprint 都集成游戏机制

这种方式改变了产品 Backlog 中的故事：

> 作为游戏策划，我希望门被打开前有一小段延迟。这些门使玩家有一段可调整的时间来模拟开锁之后危险有所增加。

注意，这个用户故事向玩家传达了某种基本的价值，也向项目干系人和开发人员传达了游戏包含什么样的机制。

> 作为游戏策划，我希望警卫在锁着的门前定期巡逻，以便玩家只有很短的开锁时间。
>
> 作为玩家，我希望在武装警卫巡逻间隔期间把锁打开，以便进入目标区域。

---

① 译者注：Game Mechanics，指一些使游戏受欢迎又好玩的机制或规则，这些规则是游戏策划在设计游戏时要评估和考虑的重点。这些规则也可以用于工作设计和教学设计当中。

刚开始的几个故事属于基础故事，但描述了游戏的走向。它们不断增加玩家的体验并解释原因。价值很快体现出来了，使产品 Backlog 可以调整到进一步增加价值。这与瞄准远期目标假设来构建"零部件"资源形成鲜明的对比。对固定计划做迭代，这种做法并不敏捷。

技巧 / 提示 迭代和发现并不局限于 Sprint 的固定期限迭代。在团队合作、实践和工具支持的情况下，团队可以集成、探索甚至进行每日部署。

以迭代方式创造乐趣和自然协作

有一年，我们全家人到科罗拉多州中的小木屋过圣诞节。一场暴风雪之后，我的儿子们想在小山坡上滑雪橇。于是，我前往当地一家五金店，结果只发现几个廉价的塑料雪橇。刚开始的时候，雪太厚，山太小，并不适合玩雪橇，所以我们在上坡路上铲开一条路，建了一个加速坡道。雪橇老是脱离轨道，于是乎，我们就把雪堆在轨道两边。为了增加速度，我们把水倒在轨道上，让它结成冰——真的很像是雪橇轨道！

几个小时过去了，我们都玩得很开心。男孩子们想让雪橇减速，于是就在轨道上设了一些跳跃障碍和弯道，甚至还设了一些岔道。

老大说："您能买到这样完美的雪橇，真是太幸运了！"由于以前从未做过这样的事情，所以我们几个都很兴奋，絮絮叨叨地说个不停。其实呢，雪橇谈不上完美，我们只不过迭代了轨道使其更适合我们的雪橇。我加了一些因素，比如在轨道边弥补了雪橇缺乏控制力的不足。同时，我还增加了其他特性，比如坡度和轨道冰来克服雪厚和山低的不足。雪橇是唯一不可以变的东西。

由此，我联想到了游戏开发。能控制的，我们就通过迭代来营造一种新的体验；不能控制的，我们就适应。就游戏而言，策划受限于关卡（轨道），而不是玩家控制（雪橇），也是可以从中"找到乐趣"的。

基于集合的设计 [1]

项目刚开始的时候，我们想象中的游戏华丽而惊艳。玩家会体验到让人惊叹的机制，探索神奇的世界，每一关都有意外的惊喜。然而，在开发游戏的过程中，我们开始妥协。技术、成本、技能和时间，限制着我们的想象力，迫使我们不得不做出痛苦的决定。制作任何一个有创意的产品，都不得不这样。

制定计划的过程，就是一个确定和删减种种可能性的过程。例如，在计划开发即时战略游戏的时候，显然不会考虑到其他类型游戏中的诸多特性（参见图 14.3 ～图 14.6）。

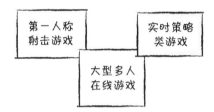

图 14.3　将游戏删减到某个特定的类型

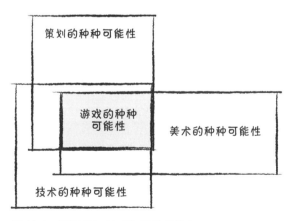

图 14.4　项目开始时各种可能性的组合

---

① 译者注：集合设计（set-based design），指的是先识别出一组包含多个选项的设计方案，在后续的研发阶段甚至进入市场后再逐步确定最终的方案。

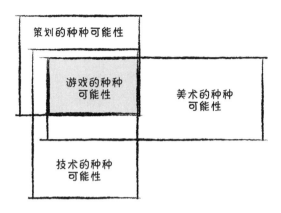

图 14.5　项目进展过程中各种可能性的组合

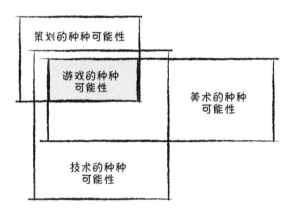

图 14.6　迅速收窄的游戏设计方案

通过计划会，继续收窄各种可能的特性。在概要设计之后，许多程序员开始优化以学科为中心的设计方案。策划对各种可能性进行规划，程序开始对技术设计的可能性进行规划，美术开始对美术设计的可能性进行设计。这些可能性不会完美地重叠。例如，策划可能希望有人数多达几千人的大城市，但技术预算有限，在线性关卡中只允许有一打人。图 14.4 展示了策划、美术和技术可能性的交集，所有学科达成一致之后，就开始共同创建特性集。

就像前面提到的那样，项目一开始的做法是"广撒网"，规模比较大。随着时间的推移，项目团队对可行性的了解逐渐增多，可能性将会逐渐收窄，如图 14.5 所示。

项目规模的优化是通过迭代和发现过程来进行的。它需要跨学科人员的协作，大家一起发现共识并以此为基础开发出丰富的特性。

不同学科之间如果各干各的，而且做计划的时候不通气，就会出问题。如果他们太早或者在不通气的情况下优化本学科所涉及的可能性方案，就会大幅度减少重叠的游戏方案。这就是所谓的基于单点的设计（point-based design）[1]，采用基于单点的设计方案的时候是独立进行优化的（游戏设计通常是这样）。这套设计选项经过高度精简，已经删除了重叠的游戏特性，如图 14.6 所示。

这就是要做跨学科规划的原因。选项更多，特性组合更广，从而信息越多，项目的选择余地更广。

基于单点的设计会有哪些问题呢？我们用《黑暗标靶》游戏来举例说明。项目早期就决定采用动态载入关卡方案。游戏开发初期，策划决定在玩游戏期间从游戏光盘后台动态载入关卡，让玩家觉得游戏发生在一个大的世界中。虽然还没有这样的动态载入技术或美术工具，但假设后期会有，因此早期的方案就这么定了。

整个关卡设计基于这样的假设：技术和工具集会有的，同时美术也能高效做好可以动态载入的关卡。遗憾的是，这些假设后来被证明是错误的。全部动态载入关卡方案所需的技术没有时间做好工具，好让美术可以处理好关卡。结果，美术做好的关卡被拆成小块，玩家只有等它们载入之后才能玩。这对游戏体验造成了很大的负面影响。

另一种精简跨学科设计选项的方法称为基于集合的设计（set-based design），它用于保持设计选项的开放性和灵活性，通过探索尝试大量的方法，最后集中到最好的设计方案上。事实证明，基于集合的设计可以在最短的时间内得到最好的解决方案（Poppendieck and Poppendieck 2003）。

基于集合的设计对动态载入关卡这个问题的处理方式不同于典型的基于单点的设计，它会探索多个选项：

---

[1] 译者注：指的是在设计流程的每个阶段都在做选择，试图以此来改善设计。

- 全用动态载入的方案

- 只对关卡的某些部分采用动态载入的方案（道具和纹理）

- 根本不用动态加入关卡

随着每个选项的完善，根据获得的知识使我们能够制作关卡之前做出更好的决定。一旦了解到的成本、风险和价值证明备选的方案不可行，就要果断放弃它们。虽然开发三个方案听起来比较浪费，但这是减少项目成本最好的方式。

很多代价高昂的错误都是过早做决策所引起的。之所以难对付，是因为这些决策通常被认为可以缓解风险和减少不确定性。事实上，过早做决策并没有能够缓解风险和减少不确定性。再基于集合的设计中，推迟决定关卡设计就是尽可能延迟决策到最后关键时候的例子。基于集合的设计，就具备这样的本质特点。

快速试错，了解更多

想象我们在玩一个游戏，我有一个数字，范围在 1 到 100 之间，要想发现这个数字，你只能靠猜，然后让我告诉你猜的数字和我的数字相比是大还是小。

通常情况下，你会先猜哪个数字？一般都是 50。50 以下的数字猜多少次可以猜对？答案是不可能！既然如此，为什么还要猜呢？你会猜 50，是因为对于我选中的数字，50 包含的信息最多。猜一次，就能消除一半的数字。只有这种猜法消掉的数字最多。

继续猜下去，很好玩的。我们的目标不是正确答案，而是能让我们了解更多。我们做实验的目的是尽可能获得更多知识。一开始就做大量细节设计就好比花十分钟时间分析 1 到 100 之间哪一个数字才对并宣布 38 是正确答案一样。这样做显然不对，而且和先猜 50 相比，并不能给我们提供更多知识。

策划主管的角色

策划主管的角色类似于其他领导角色，他们要指导经验不足的策划，确保这个角色在跨学科 Scrum 团队中的一致性。策划主管定期和（通常是一周一次）其他项目的策划碰头，并与其他团队（详见第 8 章了解实践社区）讨论新出现的设计问题。

通过 Sprint 交付成果，Scrum 体现了策划是否人手不够。Scrum 团队对沟通能力差的策划来说是一种挑战。Scrum 的好处是可以暴露这些问题，让主管指导团队中缺乏经验的策划。

策划是 PO 吗

许多采用 Scrum 方式的游戏开发工作室指定策划主管为游戏的 PO。通常情况下，这样设置是很合适的，因为 PO 的角色是打造愿景，而且，一提到有远见的人，我们会想到像宫本茂、谢弗、赖特和梅尔等成功的游戏策划。策划主管之所以能够成为出色的 PO，主要有以下几个原因。

- 相比其他岗位的成员，策划更能代表玩家。
- 产品愿景基本上由策划来推动。
- 策划需要有高度合作精神。经验丰富的策划在与所有学科交流愿景方面有丰富的经验。

另一方面，策划往往也缺乏一些 PO 职业经验。

- 对投资回报负责：我认识的大多数策划，经常都需要有人提醒他们要注意成本的影响！PO 需要认真评估每个特性的价值和成本。
- 项目管理经验：过去，团队要负责完成项目经理分配的大部分任务。很多需求或资源有很长的前置时间（lead time），需要具有长期管理视角。
- 不要有偏见：PO 需要了解所有岗位存在的问题和限制。他们不能认为策划以外的事情"得由其他人来解决"。

基于这些原因，最好能有一位高级制作人或项目经理辅助支持"策划作为 PO"。这个支持性的角色代表理性，要负责成本管理。

成效或愿景

和宫本茂一起工作的时候，我学到一点，最优秀的设计师总是质疑自己的设计，而且能够客观地判断玩家会看中哪些方面的娱乐性。他们心胸开阔会主动鼓励其他学科的人员结合自己对各自专业领域的机会和限制的深入了解来提供创意和反馈。

我最开始学 Scrum 的时候，就觉得这个框架适合来自各个学科的人，可以帮助他们产生这样的行为改变。虽然组织文化和固定的工作模式会减缓 Scrum 的实施，但拥抱其底层的原则之后，我们逐渐采纳了游戏策划的思维方式，学会了深入思考玩家如何从我们的游戏中获得乐趣。

小结

敏捷反转了各个专业各自为阵的趋势。以往，游戏策划更多倾向于通过长期计划和文档来实现与规模日益增长的团队进行沟通。Scrum 实践则要求他们要和与小型的跨学科团队进行面对面的沟通。

敏捷在扭转这种趋势的同时，需要游戏策划认可和拥抱逐步形成设计方案所带来的好处。游戏策划没有可以用来预测任何游戏机制的水晶球，因为限制实在太多了。他们需要确保与团队沟通，虚心听取他们的想法。

拓展阅读

McGuire, R. 2006. *Paper Burns: Game Design With Agile Methodologies*，www.gamasutra.com/view/feature/2742/paper_burns_game_design_with_.php.

第 15 章

敏捷 QA 与制作

在游戏 QA（quality assurance）和游戏制作的职位描述中，都有对跨学科沟通能力的要求。敏捷游戏团队有一个原则要求是，培养一种通用的跨专业语言，因而，在接纳敏捷的时候，QA 和制作有一定的优势。

与此同时，导入敏捷实践之后，QA 和制作的变化最大。幸运的是，这种转变是好的。本章要指出这些改变以及 QA 和制作怎样适应敏捷团队和组织。

敏捷 QA

每年，我都会应邀参加儿子学校的父母职业日，这个活动挺有意思的。对小学生来说，"视频游戏制作"是可以想象到的最酷的职业。我可能站在穿着太空服的"宇航员 / 特工"爸爸旁边，然而，孩子们会绕过他们，跑来问我一些问题。

有一个问题必然是"我怎样才能成为一名游戏测试工程师呢？"他们幻想着测试的任务跟自己平常玩游戏那样爽，每天能玩足足八个小时。还有什么能比这更好呢？不幸的是，我得让他们消除这样的幻想。我描述了与那些时不时会崩溃的游戏相伴的实际工作状况。描述了测试工程师经常都很郁闷，因为他们对测试的游戏有一定的理解却苦于很难对它的发展方向产生影响。我并不是想阻止下一代游戏测试工程师的成长，我只是不想给他们这么个印象，以为这是一份等着他们这些"擅长玩游戏"的人有所作为的好工作。

正如你猜想的那样，QA 这个职位吸引了许多都热爱游戏的人。应聘这一职位的绝对数量为该行业提供了优中选优的机会。我们需要更大程度地运用他们的热情和工作体验。

本章提供的解决方案

本节中，我们将学习具体做法。我们会探索游戏开发项目中 QA 的职责及在敏捷团队中又是怎么改变的。

QA 的问题

传统上，QA 会安排在项目后期由专门的 QA 团队来集中执行。图 15.1 表示大部分错误都在项目内测阶段后发现的，此时所有特性都已经完成但还没有完成调试。

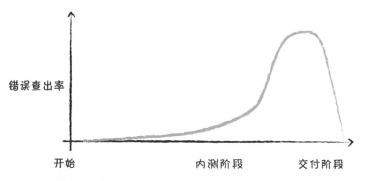

图 15.1　传统项目中的错误查出率

这样做的原因很简单，潜在可交付的游戏才进行测试。因为一般的游戏项目到后期制作时才会达到这个状态，所以大部分测试被压缩在内测阶段和交付日期之间。结果，希望交付日期完成正常运行的游戏而招募测试大军。迅速招募和正确培训一个测试小组几乎是不可能的，因此，每个游戏的测试都只是简单地培训一下。

这样的 QA 并非总能保证最高的质量。截至内测阶段，游戏的很多重大决策都已经制定，而 QA 的工作只是发现和报告一些小缺陷。大多数大的缺陷在游戏设计或架构中已经根深蒂固，无法得到彻底的处理。例如，如果关卡节奏没有意思，很可能就已经来不及修改了。这肯定会损害最终游戏的质量。

传统测试方法存在的另一个问题是，质量变成远程 [①] 协作的 QA 的责任，而不是开发人员的。以特性实现或内容创作速度来做员工绩效评估的工作室文化使这个问题变得更严重。在内测阶段之前，只要是不影响开发进度的缺陷，都可以容忍，当作游戏制作过程不可避免的"痛"。在这个期间增加 QA 实践短期内会减缓创建特性和内容的速度，所以要推迟引入 QA 实践。

黑盒测试与白盒测试

测试可以分为两种类型：黑盒测试和白盒测试。黑盒测试采用玩家视角从最高层次测试游戏。测试会拿到一份包含预期行为和引发这些行为的条件或输入的列表。接着测试确保它们正确出现。同时确保节奏和机制好玩有趣（详见本章后面的"游戏测试"小节）。

白盒测试采用内部视角来测试游戏。根据相应标准和功能规范仔细检查和测试游戏的构成要素，包括代码到内容。这个需要具备创建这些代码或内容的专业中相应的一些技能或经验。

大多数 QA 都只是 QC

在过去的十年中，在我看来，QA 做得到位的工作室屈指可数。做得好的 QA，更侧重于改进现有的实践来减少质量问题。这与质量控制（QC，quality control，品控）相反，后者是发现了已经引入的质量问题。

我见过下面这些典型的 QA 实践。

- 白盒测试，用来确保单元测试的覆盖率。
- 编写和管理测试脚本，用来对游戏机制进行自动化测试。

---

① 譬如其他地方的发行商的 QA 部门或某种 QA 服务。

- 找到自动执行手动测试任务的方法

有些时候，QA 也被称为"产品保证工程师""品控工程师"。显然，这个职位比传统的 QA 角色更强调技能和经验，有下面两个优势。

- 少数几个 QA，就可以抵过一大批 QC 测试工程师。
- 相比想方设法避免一开始就留下 bug，修复 bug 的成本要高出很多。

敏捷测试并不是一个独立的阶段

敏捷项目中的 QA 与传统项目中的 QA 有许多不同。

- 测试贯穿敏捷项目的整个生命周期：这是每个 Sprint 都在做潜在可交付游戏版本的主要好处。缺陷不会被推迟或容忍。
- 采用白盒测试：测试聚焦于游戏内部构成要素而不是整体。这需要更多熟练的"产品分析师"专门负责特定的区域，如代码评审和自动化测试。
- QA 是每个人的责任：每个开发人员在日常工作中都要有 QA 意识。全职 QA 更不例外，要主动捕捉容易被忽视的问题，帮助改进团队的实践，使类似的问题以后更有可能被开发人员发现。

采用这种方法可以使整个开发过程中的错误查出率保持一致，用不着特别设置 QA。

> **定义**　游戏行业传统上把 QA 小组的成员称为"测试员"（tester）。随着游戏工作室开始采用敏捷，这个称谓也开始过时了。测试成为大家的一项工作内容，QA 职能进一步细分并与其他专业相重合。但是，因为大家都用"测试"这个说法，所以我这里也用它来指代 QA 的职责，而非独立的个体。

敏捷游戏团队中 QA 的职责

与传统方法相比，敏捷项目从测试中得到的价值更多。大部分价值来自于每个团队的目标，即每个 Sprint 提交一个可玩的、潜在可交付的游戏版本。QA 的职责转向充分利用这一优势。

- 测试是团队成员，而不是聚集在一起的独立的 QA 团队。这样可以更快对开发人员的缺陷做出反馈。

- 在认可开发团队完成故事之前需要 QA 验收同意。[①] 这样可以确立真正的开发节奏，既包含缺陷修复，又减少了成本和日后修复缺陷而引发的风险。

- QA 的声音贯穿于整个开发阶段，而不只是在项目后期。QA 提出的反馈如果有价值，可以对游戏的发展方向产生影响。

敏捷团队中 QA 的职责逐渐扩大和超越其传统职责。QA 一开始就参与 Sprint 计划。讨论每个故事时，QA 都需要在预估任务前理解怎样对故事进行验收。这个通常采用故事和验收标准（Conditions of Satisfaction，CoS）的描述形式。

考虑下面的故事：

> 作为玩家，当我按跳跃按钮时，我的角色会跳起来。

团队讨论这个问题时或许会提出以下问题。

- 角色有跳跃动画吗？需要流畅地过渡吗？
- 角色可以跳到一个更高的关卡吗？
- 角色可以从移动平台上起跳吗？
- 角色走路或跑步时可以跳吗？

这些问题有助于团队理解要完成的必要任务，测试故事以确保它符合完成的定义。例如，以上问题的答案可能会定义以下的 CoS。

- 这个角色有一个简单的替身动画，不会被混合。
- 这个角色可以往上跳到台阶上或往下跳到较低的地方。
- 不要期望这个角色从移动平台上正确起跳。

---

① 不过，PO 有最终决定权。

- 这个角色可以用任意动作起跳，但会忽略其动力。它只可以跳固定的距离和高度。

QA 和开发人员都能利用这些 CoS 在 Sprint 结束之前验证故事已完成。

QA 还要定位不属于具体 CoS 而属于开发过程中的问题。例如，如果测试关卡漏掉一些物理几何体而使玩家"掉出世界"[1]，QA 应该把它确定为 Bug。

测试会帮助确保该团队不影响其他团队。包括如下工作。

- 对团队正在工作的可能影响到游戏其他地方的部分进行回归测试：例如，如果正在做角色跳跃控制的工作，就要留意其他角色动作，确保变更产生的副作用不至于破坏它们。又如，如果每次玩家死亡时他们的角色都呈现跳跃的姿势，就说明跳跃部分的工作可能已经被破坏了。

- 对需要发布给内容创作者的工具和流水线变更进行测试：这包括和内容创作者一起测试某个工具的公测版本，验证变更并没有破坏工作流。

- 寻找测试改进方法：如果糟糕的纹理常常导致游戏崩溃，QA 就要申请对纹理导出工具进行改进以便找出问题。

QA 的一些时间花在验证游戏机制和提供某些方面的改进建议上。这需要与团队成员之间持续沟通。因为 QA 代表部分消费者的声音，他们需要从"消费者的视角"来看待游戏。他们会指出消费者会注意到的任何问题（如进度阻碍）。

QA 在这一新角色上受到挑战。要求他们与每个专业沟通，了解测试工具，学会发声和倾听。传统上，在游戏开发中 QA 都扮演着其他角色的"网关"，因此，在游戏开发中培养这些技能对他们的职业发展是必要而恰当的。

---

① 译者注：指 3D 游戏场景中因缺陷而导致玩家没有落在地面上，而是落入地底，屏幕上显示出一片灰黑的界面。

QA，融入团队还是共享

测试以怎样的程度分布在团队中或单独从属于一个测试团队？除了"视情况而定"就没有其他简单的答案了。它取决于团队和项目的需要，确保质量。它取决于测试的技能水平和他们能完成多少白盒测试。它还取决于可用的测试工具、测试装置和远程测试技术。

游戏处于开发初期时，游戏机制深度和有限的内容不需要太多的单独测试，所以几个团队可以共用测试。随着项目的进展，更多东西需要测试。游戏可能需要在若干平台上运行。不断增加的复杂程度不仅要求更多对新增特性的测试，还要求更多回归测试以确保没有不小心破坏以前添加的特性。单独的测试资源甚至是脱离工作流程的，只在必要时协助团队中的测试。随着交付日期临近，QA 可能集中到一个单独的共用资源池或分散到针对各类平台的单独的资源池。

测试融入团队后，他们的职责更多。他们协助团队解决障碍，完成任务。例如，如果一位美术需要测试 PS3 的内容，内部测试就会帮他们创建 PS 3 版本、启动它并在可用时通知美术。内部测试鼓励他们培养自己的白盒测试技能和知识，以更好地配合团队其他开发人员的工作。

每个团队有多少名测试

人们经常提到一个问题："每个 Scrum 团队需要多少名测试以及什么时候增加？"这就像问一个团队需要多少名动画或音频一样，答案是"需要多少就有多少！"

测试的人数取决于团队的测试需要。具体如下。

- DoD（对"完成"的定义）：Sprint 完成的定义越接近最终交付形态，就需要越多测试。例如，如果"完成"的定义是要求游戏在不崩溃的情况下自始至终都能在每个平台上完全可玩，那么，相比开发初期只是每次在开发 PC 上运行那么几分钟而言，需要更多的测试。

- 团队测试的实践：如果团队采用支持更高质量水平的实践，比如测试驱动开发（TDD）或全面导出测试，那么，需要 QA 发现的问题就更少。

- 自动化测试：这取决于自动化测试工具的覆盖水平，从简单的冒烟测试到复杂的让游戏自行运行并免除手工测试的脚本功能。

- 需要测试可玩性测试：游戏需要从玩家的角度亲自深入测试。QA 需要评估易用性、节奏和难度级别，并给团队提供相应的反馈。

在大多数项目中，通常每个团队一名测试就足够了，但是团队的需求最终由 Sprint 的结果驱动。随着项目干系人完善对"完成"的定义，这或许会给团队施加压力，进而招募更多测试帮助他们完成目标。

使用错误数据库

如第 7 章所述，内测阶段后的调试阶段对许多团队来说都是不可避免的。这些项目会扩充 QA 成员，之后从头到尾测试整个游戏。

团队过多依赖于后期制作测试并且在制作阶段允许忽略重大缺陷，这对项目来说是十分危险的。当这类缺陷在内测阶段后暴露出来之后，可以使前面的大部分工作作废。例如，在后期制作才发现预算超出 50% 就非常糟糕。

在理想情况下，后期制作应该将精力聚焦于每日识别并排好优先级的调优和打磨任务上。即使没有大的缺点（缺陷），跟进打磨、调优和修补小的错误等任务也会多得无法用 Sprint 任务看板来管理。

一个团队只有一个产品 Backlog，这一点很重要。PO 对单一的工作清单进行优先级排序，使团队可以在每个 Sprint 从中提取，这也是很重要的。在进入内测阶段之前，处理的任何错误只能来自当前 Sprint 的团队或产品 Backlog。如果内测阶段之前就维护一个错误数据库，那么，任何要处理的错误就可以由 PO 从数据库挪出放入产品 Backlog 中，并进行优先级排序。

在内测阶段，产品 Backlog 上所有没有完成的故事都要清理（它们或许成为下个游戏版本中产品 Backlog 的一部分）。自此以后，只有错误修复和调优工作可以放入产品 Backlog。产品 Backlog 甚至可由错误（bug）数据库取代。

通过频繁的类选会议，PO 与 QA 一起管理各个错误的优先级。通过第 6 章描述的集成 Sprint，团队每天从中提取任务出来进行处理，并没有具体的 Sprint 目标。新目标是燃尽所有高优先级的错误修复和调优工作。

高阶实践："完成'完成'"（done done）栏

尽管 QA 是每个开发人员的职责，但游戏开发所涉及的深度、复杂程度以及错综复杂的关联，意味着他们实际也可以受益于每个 Sprint 中参与玩游戏的人，从他们身上捕捉到非预期的交互和行为。

"完成'完成'"（done done）这一栏添加到 Sprint 任务板的右侧，放在传统的"完成"（done）这一栏之后。当 Sprint 目标中的 PBI 满足 DoD（完成的定义）之后，就可以放入这一列。这样一来，Sprint 目标中哪些事项已经完成更具体、更透明。

试玩

每个 Sprint 制作一个潜在可交付版本或发布版的一个主要好处是游戏可以尽早交给潜在消费者测试。试玩是在游戏开发过程中吸引消费者来体验游戏的一种做法——通常提供免费的比萨饼——同时对游戏机制体验提供有用的反馈。

试玩可以像交谈那样随意，也可以采用更科学的方法，记录进展情况或受访者对精心设计的调查问卷提供答案。

试玩虽然有一些看得见的优势，但较为有限。

- 它强化了 DoD（对"完成"的定义）：每天对着游戏的开发人员会忽略大的缺陷和不足。通过试玩的玩家观察到这些问题怎样影响真实的消费者时，他们经常会感到震惊。例如：一些遗漏的碰撞几何体基本都是被试玩的玩家发现的。

- 它不会产生任何突破性的想法：别指望试玩的玩家能提供原创的想法。这是开发人员的任务。他们最多只能提供一些有助于改进 Backlog 优先级的反馈。

- 它让我们了解到易用性和挑战：是否见过玩家就只是从开发人员煞费苦心做出来的老王身边路过？这样的事能让我们清醒过来。更沮丧的是看到玩家对着墙壁走了几分钟，结果却发现他们是在努力看清模糊的导航地图。

> **亲身经历** 让游戏可以进入试玩阶段，可以让团队聚焦于"完成"。我们经常把试玩阶段安排到 Sprint 结束时。这使团队可以用不同的眼光看待游戏，发现许多以前原本没有注意到的问题，并调整优先级。

试玩由 QA 或易用性专家来组织和管理。包含如下职责。

- 招募试玩人员：本地大学、游戏零售店都是试玩人员聚集的地方。确保招募人员涵盖所有级别的群体特征和技能水平。例如，铁杆玩家不会像休闲玩家那样提供教程级别的反馈。维护一个玩家数据库，回头再次邀请更有价值的人参与试玩。

- 组织和管理试玩阶段：缺乏组织和管理的试玩，不能从试玩人员那里得到任何有价值的反馈意见。请不要浪费试玩人员的时间。

- 包括开发人员：对开发人员来说，看到玩家用非预期的方式与游戏互动是十分有益的。这样有助于改进界面和可用性（详见下面的补充内容。

- 让试玩人员与其他开发人员见面：许多测试对游戏开发十分好奇，渴望在测试结束时与团队其他成员讨论。鼓励这种做法。这样的交谈非常有好处。

- 公布结果：QA 对游戏效果的观察可以提供不少见解。但是必须注意，不要"过度解释"这些结果，引入 QA 的主观偏见。简单汇总的答案有助于团队理解结果。把结论留给读者或与他们共同讨论。

维持游戏的可玩性能够使每个人都可以参与评价正在开发的游戏。

QA 的未来

随着游戏行业持续改进敏捷实践，QA 的角色也在不断转变。随着白盒测试的日益普及，测试员也需要具备更多开发知识，同时，测试专家的人数也在增长。例如：许多行业的测试工程师都开始注重程序员的代码质量。这些测试专家运行代码质量扫描工具和度量单元测试覆盖率，以此来保证编码实践能够保持较高的标准。这个角色到底是测试还是代码？两者都有，这表示敏捷环境中典型的角色演变和模糊化。

敏捷游戏项目中，测试员的地位、技能和价值的提升，都将改善这个角色的地位并使其成为一个真正炙手可热的职业。

用仪表来表示损坏程度

在开发《疯狂都市》期间，我们需要找到一种合适的方式来表达玩家赛车的损坏程度。这个很重要，因为如果玩家的赛车累计损坏程度达到 100%，就会抛锚，玩家会输掉比赛。

首先，我们画了一个仪表，读数随损坏程度而增加。在试玩期间，我们发现有一半的玩家可以迅速直观地明白仪表读数增加表示损坏程度加深，但另一半玩家不理解。

然后，我们用健康计，一旦车子受损就收缩，也就是"失去健康"。试玩结果再次显示，一半玩家很快就明白是怎么回事，另一半还是不理解。

于是乎，我们回到制图板上。思考怎样才能让玩家立刻明白赛车的损坏程度。有人建议采用较大范围的车身损坏。想法不错。我们有一些车身损坏效果，只不过还不够。因此，我们增加了摇晃的轮胎、破碎的侧镜、破的车窗以及随着赛车接近毁灭而越发浓黑的烟。有一次，甚至还加上了火焰，但这个特效被车辆品牌授权方否决了！

在接下来的试玩中，所有玩家都能理解赛车的损坏程度了。

敏捷制作

尽管制作人（producer）对敏捷的接受度高于其他任何人，但往往也有胆怯的时候。他们最先预见到 Scrum 的优势，但也最担心敏捷游戏项目对制作人的影响。主要是担心团队自组织和自管理之后，再也不需要制作人了。其实，制作人通常是持续采用敏捷的引擎。如同学科决定岗位一样，敏捷使制作人摆脱了大量琐事，比如跟进工时估算和解决跨学科团队自己就能独立解决的无数的小问题。取而代之的是，敏捷游戏项目中的制作人可以在关注全局的同时，协助团队在游戏制作过程中保持持续改进的势头。

下面阐述传统游戏制作人在 Scrum 项目中的职责变化，谈谈他们怎样履行 Scrum Master、PO 或 PO 助理等角色。

敏捷项目中，游戏制作人的职责

传统观点认为，制作人要负责确保游戏制作的顺利完成。但是，在 Scrum 项目中，绝对不是这样的。每个 Sprint 要完成的具体工作由 Scrum 团队自行负责，使得制作人可以从以下项目管理日常工作中解脱出来。

- 建立和维护详细的日程：Scrum 团队自己的任务自己建，自己估。
- 跟进每个开发成员的日常任务：由团队通过每日 Scrum 站会来管理。
- 管理依赖性：通过选定目标和没有外部依赖关系的成员，跨学科团队可以管理日常和 Sprint 计划会中涉及的依赖关系。

制作人则重点聚焦于更大的项目管理挑战。

- 跟进外部依赖关系：比如外包视频制作是否可以按时交付？
- 发行商合作关系：如果不能参加项目评审，项目干系人会试玩正在开发的游戏吗？
- 外包支持：关卡美术外包团队需要哪些支持才能完工？

- 第一方（平台）支持：我们计划什么时候进行验收测试？有什么要求？

- 风险管理：在获得授权许可和游戏资源（asset）方面，有什么外在的日程安排和资源风险？

- 关键链式管理：制作的游戏资产还有哪些资源（asset）安排要求？

以上大多数职责在不少优秀的游戏制作书籍都有描述，详情参见本章结尾的"拓展阅读"。

制作人担任 Scrum Master

采用敏捷方式之后，很多游戏工作室都很难物色到合适的人选来担任 Scrum Master。一般都认为制作人是最合适的人选，而且很多时候也确实如此。制作人担任 Scrum Master，既有好处，也有潜在的弊端。

制作人担任 Scrum Master，一个常见的优势是，他往往能和所有学科的成员进行平等的沟通。这个能力对跨学科团队来说非常关键。制作人在履行 Scrum Master 的职责时，可以不带任何专业偏见地看待问题。例如，如果是程序员转任 Scrum Master，那么在看问题的时候往往可能带有偏见，先入为主地认为大多数问题最好都能用代码来解决。这会让其他学科的团队成员觉得自己不受尊重或者说自己的意见没有人重视。

另一个好处是，制作人在每个 Sprint 需要负责的任务通常变得更少了。如此一来，他们就用不着纠结于是该完成关键任务还是该支持团队。根据不同团队的情况，Scrum Master 这个角色要占用一个人 33% ～ 100% 的时间，具体取决于不同的团队。

制作人如果担任 Scrum Master，最常见的弊端是积习难改，仍然像以往做项目一样强调计划性，会带团队一起完成任务。然而，导入 Scrum 实践之后，团队自主管理每个 Sprint 目标要求完成的任务。Scrum Master 不得干涉团队，确定、估算、安排和跟进任务，这些都由团队自己来完成。遗憾的是，一些制作人出于习惯，认为 Scrum

Master 仍然需要关注具体任务。这会妨碍团队获得自管理所带来的所有好处。任务管理型的制作人，不太容易转为团队的教练，但从管理到教练的角色转换，过程更有意思，会让人更有成就感。第 19 章将探究这个教练模型。

QA 担任 Scrum Master

我们经常发现，从测试岗位中招人并加上适当的培训，可以培养出非常优秀的 Scrum Master。我的理论是，对于测试人员，几乎所有学科的人员都没有偏见，而且，团队不会觉得他们是让人望而生畏或敬而远之的管理人员或什么权威。

制作人作为 PO 助理

在大型游戏项目中，对 PO 有不同的时间需求，因而也就有一个相应的 PO 层次模型（详见第 11 章）。同样，对制作规划、资源需求、市场营销、授权许可和第一方（first-party）[①] 硬件支持的长期需要，都使 PO 不得不积极地寻求来自制作人的支持。

如此一来，最常见的就是经验丰富的制作人和 PO 结对。PO 管理游戏愿景，经验丰富的制作人参与诸多项目管理细节。这样的辅助支持使得 PO 可以基于授权许可、专营权、预算和日程限制做出更好的决策。

授权许可和专营权的相关细节通常由 PO 进行管理，但很多细节的处理是都是放到日常事务中进行的。例如，提供样本美术资源或申请品牌使用许可等，都是相当花时间的。

最重要的日程和预算限制涉及到定义制作要求和制作日期。前制期产

---

① 译者注：第一方、第二方和第三方，是相对的，针对于特定的游戏平台。游戏厂商和主机厂商有从属关系或同属于一家母公司，就说明它是该主机平台的第一方游戏厂商，比如《光环》系列的开发商 343 工作室就是 Xbox 平台的第一方厂商。第三方游戏厂商，则和主机厂商没有从属关系，可以自主开发甚至发行游戏，比如《生化危机》系列的开发商卡普空。介于两者之间的，则是第二方游戏厂商，比如今也有许多人开始使用第二方（second-party）的概念。第二方厂商的性质介于第一方和第三方之间，它和特定主机厂商没有完全意义上的从属关系，但在人员构成、过往历史上又和主机厂商有联系，往往有深度的合作，例如《精灵宝贝》系列的开发商 Game Freak。

生的成本及计划债务留到制作过程中偿还。产品负责人需要监控这些债务以确保它不至于超出项目干系人定义的日程和成本限制。例如，在确定角色的数量前，需要先知道做一个有市场的角色需要多少成本。

PO 和经验丰富的制作人组成高效率的搭档，联手在成本和期限的合理制约下打造出最好的游戏。

制作人担任 PO

很多成功的游戏的幕后，都有一名经验丰富的制作人，一手抓项目管理，一手抓游戏愿景。就像项目管理经验丰富的设计总监一样，对市场需求有超强洞察力的制作人也是稀缺无价的。

如果游戏工作室有这样的制作人，那么 PO 的角色将非他莫属。PO 可以充分协调好游戏愿景与项目管理之间的关系（详见第 3 章）。

具体什么头衔，真的无所谓啦

我经常去 EA（艺电）旗下的工作室，传统制作人角色的头衔是"开发总监"，而"制作人"这个头衔对应的具体职责则类似于 PO。

具体什么头衔，倒不是特别重要。相比之下，更有用的反而是确定这些工作职责与 Scrum 框架下的哪些角色最匹配。很多游戏团队都发现，在改用 Scrum 之后，制作人的工作职责并没有完全消失，仍然有大量的工作等着他去做。

游戏制作人的未来

随着游戏行业变得越来越敏捷，制作人的角色将包括专业角色和团队角色。

团队不再需要什么都懂点儿皮毛的通才，而是需要以下专业人才的支持：

- 外包 / 内包
- 版权许可

- 特许经营管理
- 制作规划和支持
- 技术制作（包括与第一方硬件厂商沟通与交流）

制作人也可以是 Scrum Master 和 PO 这两个角色的理想人选。制作人不会从敏捷游戏工作室消亡，反而会发展得更好。

成效或愿景

角色的转变需要时间。需要花时间进行充分的尝试和探索，需要假以时日才能适应和过渡到新的角色。QA 部门的经理不太容易臣服于团队成员中的测试，制作人一般也不会把跟进任务这样的事情移交给团队。思维的转变，需要一定的时间。

通过任务管理和详细的流程规则来掌控项目，很少能够得到最理想的结果，充其量只是团队的顺从，而不是主动参与。

转为名副其实（"资格"）质保后的 QA 以及勇于直面"一切尽在掌控中"的幻象并从任务管理型转向教练指导型的制作人，他们是敏捷团队不可或缺的灵魂。

小结

具备以下核心优势的人仍然是敏捷 QA 和制作的理想人选。

- 对视频游戏有深厚的感情。
- 有出色的组织技巧。
- 有出色的沟通技巧。

各行各业都需要这些核心优势，游戏行业得和其他行业竞争以高薪聘请这些优秀人才。依托这些优秀的人才，敏捷组织可以从 QA 和制作获得显著的好处。与此同时，这也对沿袭传统方式的测试员和制作人提出了新的挑战。

拓展阅读

Chandler, H. 2008. *The Game Production Handbook, Second Edition. Sudbury*, MA: Jones and Bartlett Publishers.

Crispen, L., and J. Gregory. 2009. *Agile Testing: A Practical Guide for Testers and Agile Teams*. Boston: Addison-Wesley.

Hight, J., and J. Novak. 2007. *Game Development Essentials: Game Project Management*. Clifton Park, NY: Delmar Cengage Learning.

Irish, D. 2005. *The Game Producer's Handbook*. Boston: Course Technology PTR.

Isbister, K., and N. Schaffer. 2008. *Game Usability*. San Diego: Morgan Kaufmann.

Laramee, F. D. 2003. *Secrets of the Game Business*. Boston: Charles River Media.

第 V 部分　启动敏捷

第 16 章

Scrum 的神话与挑战

游戏工作室的开发流程是工作室文化的一面镜子。文化的转变相当慢。虽然通常需要克服重重的阻力，但好在文化的转变确确实实在发生，尤其是在游戏行业，不管我们是否喜欢，文化的转变都是大势所趋。

文化的转变需要工作室的参与。既要避免太灵活的应急方案，也要避免太死板的生搬硬套。随着敏捷的广泛采用，出现了两种很常见的极端。有些人对敏捷的价值和原则一见钟情，带着敏捷必胜的幻象投身于轰轰烈烈的敏捷运动中。另一些人一开始就高调唱衰敏捷，他们到处说敏捷没用的"都市传闻"或给敏捷贴上"最新管理时尚"的标签。就这样，在真真假假的传言中，敏捷成为 FUB（"惧惑疑"心理战术，Fear，Uncertain & Doubt）的代名词。本章稍后要谈一谈如何破除这些迷思。

本章提供的解决方案

许多迷思都有一个作为核心的真理。本章要识别出其中最主要的几个，看破迷思，探究种种幻象背后的真相和谬误。此外，还要探究成功导入 Scrum 需要先移除哪些障碍。通过揭露这些事实，游戏工作室能够对敏捷的价值进行更客观的判断，因为理解每个实践底层的逻辑及同时少留一些信徒般的执念，是成功导入 Scrum 的最佳途径。经验系统带给我们的好处是，立足于已知，而不是固守理论或猜想。

银弹的迷思

吸血鬼杀手的故事，大家都不陌生。银弹魔力非凡，在面对特定灾难的时候，总是能帮助英雄力挽狂澜，在关键时刻占有先机。

很多游戏工作室之所以会导入 Scrum，往往是因为现有的项目出问题了。工作室正打算发行新的游戏，但预算、进度或质量出现了问题，面临资金或者项目被喊停的危机。一旦出现这种情况，工作室的管理层就有些病急乱投医，愿意接受任何改变。这不一定是坏事，只不过在绝望之下，他们往往急于用银弹来解决项目管理问题，比如 Scrum。

问题是，Scrum 本身并不会产生奇迹，也没有什么魔力。如果要借助于 Scrum 来改进开发过程，需要深刻理解 Scrum 的基本原则，而不是靠盲目崇拜。Scrum 是一个框架，用来建立一种流程，对有才华的、优秀的团队和领导提供充分的支持。Scrum 本身并不能取代人。

通过避免以下银弹迷思，可以避免掉入陷阱，误以为一个过程足以解决所有的问题。

> **亲身经历** 我之前在加州一家游戏工作室工作，他们是在一个游戏项目失败之后才开始启用 Scrum 的。一开始，每日 Scrum 站会成为吐槽会，人们对工作室的日常运营怨声载道。管理层很快认为 Scrum 是引起这些问题的根源，因而马上停用了 Scrum。果然，抱怨少了，管理层觉得他们及时避免了一场灾难。
>
> Scrum 最大的好处是，可以通过引导来找出问题和充分暴露问题。至于暴露到什么程度，取决于游戏工作室的文化。一些工作室之所以会倒闭，是因为看不到已经潜伏了很多年的顽疾。

Scrum 可以为我们解决所有问题

有时，我们对流程抱有相当大的幻想。一度认为，只要充分制定好合适的规则，并且让每个人都遵守，所有问题都会自动迎刃而解。事实上，如果真的底层有问题，Scrum 所能做的也只是暴露出这些问题。Scrum 本身并不能解决问题。

FUD(惧惑疑心理战术)

有一些迷思可以归类为 FUD 心理战术（Fear，Uncertain，and Doubt，恐惧、迷惑和怀疑）。[1]FUD 迷思就像都市传说一样，往往故事情节扑朔迷离，说得跟真的一样。

人们之所以用 FUD 来诋毁敏捷，原因有很多。其中最主要的原因是，单单提到改变，往往就足以让人联想到 FUD。改变，会威胁到现状进而威胁到个人，让人感觉到不安全。有时，以往成功的记忆容易让人相信之前行之有效的实践同样适用于未来。事实证明，工作流程本身没有问题，有问题的是现在使用流程的人碰到了问题。

本节要破除关于敏捷的一些 FUD 迷思。第 17 章将介绍一些可以用来搞定当前状态 [2] 的一些策略，为顺利导入敏捷做好准备。

没有尽头的开发

> 敏捷团队从来不做计划。他们没有目标，就只是迭代、迭代、迭代。

有些时候，刚开始用 Scrum 的团队认为，敏捷意味着不需要做任何计划。所以，一开始就只是迭代，借此发现游戏该怎么做，最后却由于时间紧迫而不得不仓促行动，这并不是真正的敏捷，只是不断重复、增量的死亡之旅而已。对敏捷团队来说，计划不充分，是非常危险的。

不管敏不敏捷，任何一个项目都必须要有一个共同的愿景。如果 Scrum 团队中的 PO 不提供一个清晰、正确的愿景，团队成员就无法确定他们的工作是否能够为项目干系人创造最大的价值。

---

① http://en.wikipedia.org/wiki/Fear,_uncertainty_and_doubt

② 译者注：作者特别用了 statur quo 一词，特指有很强的主观性，更强调不同主体在不同的环境下会有不同的理解。

亲身经历 据我所知，有一个团队就没有自己的PO。当时，他们正在开发一款第一人称射击游戏。主程（也称首席程序员或者主管程序员）负责确定产品Backlog的优先级。他关注的焦点是物理，所以每个Sprint的物理效应都给人留下了深刻的印象。游戏首次发布的时候，浮力布娃娃在玩家面前顺流而下。当我们问起如何射杀敌人并使其掉入河里时，却被告知射击功能还没有实现呢。

几个月后，项目干系人取消了这个项目。

管理热词

> 又来了，Scrum是最新流行的管理热词[①]，指不定下月又会变成别的什么热词。

当我们探查敏捷的时候，会遇到而很多标签，比如Scrum、极限编程（Extreme Programming）、演进式项目管理EPM（Evolutionary Project Management）、统一软件开发RUP（Rational Unified Process）、#型Scrum（Scrum-#）、C型Scrum（Scrum Type-C）、精益（Lean）、特性驱动开发（Feature-Driven Development）、看板（Kanban）等。《敏捷宣言》的初衷来源于此。几十年来对更优工作流程（如何通过最理想的协作方式来打造新产品）的研究发现，总结得出了敏捷的原则和价值观。敏捷，成为拥抱这些原则和价值观的大多数流程和框架的统称，成为"一把伞"或一个"全家桶套餐"。

当越来越多的方法被贴上敏捷的标签后，敏捷的外延也在不断扩大。同时，这也表明敏捷的普及程度越来越高，得到了人们广泛的认可。本书在游戏开发场景下介绍敏捷的实践，超出了Scrum的核心定义。我们或许可以称之为G型Scrum（游戏Scrum），但问题是每个游戏工作室必须得采用最适合自己的方案。世界上本来就没有也不存在可以普遍适用于大多数游戏类型和工作室的大一统开发流程。

---

① 译者注：management fad，用于描述企业或机构实施的理念或运营方式所发生的变化。这个术语主观性强，多用于贬义，暗示只是因为管理界"流行"而已，未必就能真正满足组织变革的任何实际需求。更深层的意思是，一旦有更新的管理理念流行起来，就会被嫌弃，成为明日黄花。

Scrum 是一个伟大的起点。近二十年来，迈克·科恩（Mike Cohn）和肯·施瓦伯（Ken Schwaber）等人孜孜以求，极力保持着 Scrum 框架的简洁性，使其可以满足每个团队的具体产品需要：

> 将来，敏捷会像我们现在面向对象的开发过程中淡化面向对象开发的优点一样，最终成为我们做事的普遍方式，这也正是我们期待的结果。同样的方式，没人会说："快跑，我要迟到了，面向对象的设计会议要开始了"（他们只说"设计会议"），我们会停止谈论敏捷开发，但那只是在它已经内化为我们的日常行为之后。

双标

> 关于 Scrum，我们听说过两件事。一是 Scrum 成功了，二是即使使用 Scrum 的项目失败了，也是因为团队用 Scrum 的"姿势"不对。

项目失败不能归咎于 Scrum，甚至成功也不能归功于 Scrum。影响团队成败的因素很多，技术、能力、愿景、沟通、协作、人才，甚至游戏本身的基本设想。Scrum 所做的就只是以可测量的方式增强透明度，使诸多因素能够更有效地协同工作。至于游戏不好玩或者团队效率低下，Scrum 并没有明确指定具体应该如何解决这些问题。

好好的，变啥呢

> 我们的流程一直好好的。如果变，只会变得不好，变得糟。

在游戏开发过程中，工作室有一些抵触变化，这未必是件坏事。工作室的工作流程经过多年的演变，有很多优势和成功案例。

然而，这样的工作流程也自带一定的文化弱点。例如，许多工作室在某个里程碑前会设立一个一周或两周的"锁定"。这种锁定可以保证在调试和打磨阶段避免新增一些酷炫的内容。在游戏开发过程中允许诸多缺陷合并入发布版本，是对这种不良开发文化的妥协。

锁定降低了产品开发速率，因为修 bug 的代价是延长了等待时间。

此外，修 bug 时，通常并不是整个项目的所有工作人员都参与，所以有一些人只好无所事事。而且，锁定会变成按照假设检查错误码和未打磨资源的垃圾场，后期必须进行清理。就这样形成恶性循环，锁定的时间进一步延长了。

改变核心实践，比如引入单元测试来提升代码质量，就比使用锁定的权宜之计更有挑战。问题是，凑合着解决问题，游戏开发行业早就在采用这样的普遍做法了。

随着时间的流逝，总有临时补救方法。每个临时性的权宜之计都是游戏开发的障碍。如果不是灾难性的失败（比如因为成本过高或进展缓慢而造成项目被取消），他们会一直抵触变化，拒绝改进。

异常常态化 有两个因忽视问题而引发悲剧的例子是挑战者号和哥伦比亚号空难，一共有 14 名宇航员丧生。两起事件都涉及众所周知的、有档案记录的太空舱系统问题。这些问题虽然频繁发生，但在当时并没有造成损失。直到后来，发生重大事故之后，这些问题才得到根本性的解决。

在挑战者号事故调查报告中，"异常常态化"（Vaughan 1996）① 这一术语用来描述对待缺陷的态度是如何造成空难损失的。遗憾的是，多年以后，此前已经"被确诊为"有"异常常态化"问题的 NASA 文化再一次"控制不住自己"，为哥伦比亚号悲剧做出了"贡献"。

没完没了的会议

Scrum 就是一轮又一轮的会议！

如前所述，Scrum 定义的 Sprint 会议如下：

* Scrum 每日站会

---

① 译者注：normalization of deviance，社会学家黛安娜·沃恩（Diane Vaughan）在《挑战者号发射决策》中，首次用这个名称来描述企业文化中异常或非正确的操作或实践因为暂时没有造成重大失误或事故而被视为常态化的过程。事实上，在事发之前的（或长或短）潜伏期内，已经有被误解、被忽略或被完全遗漏的预警信号。对应于注重结果的墨菲定律，异常常态化指的是过程。

- Sprint 评审会议

- Sprint 计划会议

- Sprint 回顾会议

所有这些会议除了每日站会，其他的每个 Sprint 开一次。许多团队发现，一个为期 4 周的 Sprint，这些会议可以安排在一天内进行。这意味着为期 20 个工作日的 Sprint 中，这四种会议占用的时间为总时长的 5%。Scrum 每日站会的时间是 15 分钟，属于每日定时会议，这相当于工作时间的 3%，团队时间的 8%，即平均每周开会三个多小时。

干掉每日 Scrum 站会？

敏捷导入失败，一个信号是团队参与每日 Scrum 站会开始变得不那么积极。典型原因是他们看不到会议中彼此交谈的价值，或者认为开这样的会议效率太低，比如就只是一个汇报任务的常规操作。

然而，我注意到，一些效率特别高的团队也开始抛弃每日 Scrum 站会，原因又不同，团队成员上班时间都在一起，整天都在交流，所以没有必要通过这种仪式感十足的活动来增强沟通

Scrum 的四种会议搭建了广阔的沟通平台。15 分钟的每日站会可以识别出容易解决的小问题。如果这些问题没有识别出来，可能会成为日后浪费几个小时会议讨论并花费多天时间来解决的大问题。

本书中的细节将帮助团队有效地管理这些会议，以免造成任何损失。如果某个会议的出席率达不到 100%，则说明还有提升的空间。

> **说明** 短期 Sprint 的会议时间占比高。例如，一个为期 2 周的 Sprint，Sprint 评审会议、Sprint 计划会议和 Sprints 回顾会议或许就需要 6 个小时，相比之下，为期 4 周的 Sprint，只需要 8 个小时的会议时间。详情参见第 4 章。

Scrum 的挑战

"世上唯一比开头更难的事，是放弃旧的。"

——罗素·L. 阿科夫

Scrum 并不适合所有的开发人员。采用 Scrum 的一个目标是形成一个持续改进可以根据工作室文化、人和游戏的需求来个性化的、无限循环。实现这个目标之前，工作室或团队必须开始实践 Scrum 的基本原则，迎接早期挑战。本节描述一些挑战以及战胜这些挑战的方法。

Scrum 作为流程和文化转变的工具

任何流程都可以用来制作游戏，同时也没有什么完美的方法。即使我们想找到完美的方法，但游戏行业的不断发展很快也会使其变为明日黄花。同时，这也是使用 Scrum 的一个主要动机。Scrum 不仅是一套方法，更是一个用于创建和改进流程的框架。它有助于提升所有组织的透明度，从而引发常识的转变。

Scrum 会影响到工作室的方方面面。Scrum 会迫使管理人员把工作重点放在督导和教练上；它还包括吸收其他部门（比如人力资源）的意见，让他们把绩效考核放到团队上，而非考核个人。Scrum 要求人们对以前不负责的领域负起责任来，在自己以前擅长的领域让出所有权。它挑战市场尽早在项目早期参与开发。它甚至给行政造成压力，要求有开放的团队空间、有墙面以及注重隐私的共享办公空间。

采取 Scrum 之后，透明度开始增加，文化的劣势和优势暴露无遗。表现之一是，工作室由技术主导，使得游戏成为一个炫技的平台。用于提高美术和策划生产力的工具和生产线并不重要，因为程序员总是在努力完成几乎不可能完成的挑战。这样的 build 很少能够运行起来，因为到处都是 bug，对资源变动做迭代需要花很长的时间。

Scrum 是如何影响变化的呢？首先，它使高迭代成本清晰可见。每隔两三周，游戏就要有一个潜在可部署的版本，这会暴露出很多问题。最开始，团队花半个迭代的时间来创建一个可运行的版本。由于速率是按游戏中可运行的特性来衡量的，所以最开始的速率很低。

这种简单的速率测量非常重要。团队需要有明确的绩效来进行自我评估，并做出相应的改动来提升绩效。我们的模范团队就是这样做的。他们开始想办法提高 build 的可靠性。因为速率是从游戏的价值（从游戏中所见的审美和玩法）而来的，来自不同专业的团队。他们集中在一起办公，以减少沟通开销。程序员集中精力改进工具与管线。所有这些事情都有助于提升团队的速率。

在采用 Scrum 之前，他们认为这种变化只有通过强大的技术来实现。Scrum 带来观念的改变，从而进一步产生了意想不到的收益。

敏捷软件开发的优势

深入研究方法论之后，我们的注意力被带到敏捷软件开发的优势上，于是决定采取 Scrum。在开发《野兽传奇》的最初几个月，团队开始用 Scrum，起初的回报也给人留下了深刻的印象。由于 Scrum 强调特性胜过整个系统、所以它强调快速原型和迭代、强调跨专业团队、强调以人为本以及强调开发潜在可部署的软件，每个 Sprint/ 里程碑交付都使游戏在开发初期很早就是可玩的。

——卡罗琳·艾斯默多克（Caroline Esmurdoc）、Double Fine[1]执行策划兼首席运营官

Scrum 的目的是增加价值，而非任务跟踪

每天的 Scrum 活动很容易做到。功能特性的优先顺序直观明了。建任务板和燃尽图也花不了几分钟时间。为什么有些团队还是很难适应 Scrum 呢？

原因之一，采用 Scrum 的许多工作室都是任务文化。进展是以评估个人完成的工作有多么出色来衡量的。尽管任务跟踪在 Scrum 中是一个重要的工具，但其核心仍然是创造价值。如果价值没有达到最大化，就说明任务是错误的。

你是否有过这样的经历呢？有人说"特性 X 的所有任务都已经完成"，你一看，却发现特性 X 的这些任务都仅仅只是接近于完成而非真正

---

① 译者注：2019 年 3 月，微软将其收为第一方工作室，随后发行了《疯狂世界》《脑航员》续作。其他代表作还有《破碎时光》《套娃大冒险》《万圣节大作战》等。

的完成。对 Scrum 来说，重点是要转移到功能所提供的价值以及对功能有影响的任务。如果没有实现这种转移，Scrum 的实施价值就会大打折扣。例如，在以任务为中心的文化中，每日 Scrum 站会往往被当作任务报告会。而在以价值和团队协作为中心的文化中，每日 Scrum 站会就显得尤为重要。

改变文化非常难，残酷的现状通常会让人举步维艰。虽然 Scrum 是一个可以用来实现这种转变的框架，但文化的转变来源于真正的掌权人（领导力），而不是书本或固定的一套实践。

> **亲身经历** 我刚开始和现在的团队共事的时候，第一件事情就是尝试 Scrum。我们计划从 Scrum 开始，但最后的目标是找到适合我们团队和工作的方法。我从不反对团队提议的任何改变，但我坚持一点。在对 Scrum 进行任何调整之前，必须至少按照书本坚持做两个 Sprint：一是为了了解流程；二是为了弄清楚我们为什么不喜欢）。从第一天开始，称之为"他们的流程"。我们是从原样照搬 Scrum 模板开始的。
>
> ——布鲁斯·雷尼（Bruce Rennie），独立游戏开发

保持现状与持续改进的对比

构建"持续改进"的文化环境，是 Scrum 的最终目标之一。Scrum 实践者使用经验测量标准来评估所有实践的好处。例如，如果实践提升了速率，就说明这样改进带来了好的转变。

引人想法很简单，但要想使其深入到工作室文化，成为工作室的文化基因，却有挑战。对持续改进而言，保持现状或无根据地抵制变化，通常是一个很难逾越的障碍。

害怕改变并不是没有依据的。管理层害怕把工作室的未来押注在深刻的变革上。变革需要勇气。拿 PS 2 平台游戏的开发流程来说，改变流程的人，肯定会成为众矢之的，因为改平台面临很多风险，会导致人们在面对变化时犹豫不决。

因此，项目濒临失败和陷入危机的时候，总是会迎来重大的改变。但也并不总是这样，因为这会让人联想到无往不利的银弹。在理想状态下，任何想要引进变革的方式都要具备以下特点。

- 可以采取小而灵活的步骤。

- 可以量化，以确保任何明显的改进都是真实可见的。

Scrum 以这种方式来支持改变。敏捷实践所引起的变化充其量只影响一个 Sprint（为期 2 ～ 4 周）而已。一些量化工具（比如任务燃尽图、用户故事点速率或团队使用的任何其他度量）都可以用来频繁度量变化所带来的的价值。

文化的转变不是自下而上的，必须要得到公司领导的支持。管理人员需要理解 Scrum 所提供的工具是用来跟踪团队进展以及保存管理、愿景和承诺的。

Scrum 太难了?

　　传统的项目管理对我来说似乎有些落伍。首先，得聘请一批优秀的多样化人才，然后组建团队，给他们讲清楚要做什么。我觉得，不妨尝试一下填鸭式指导，这样可能更容易。

　　我深信，人是力量之源，我也一直在寻求答案。《敏捷宣言》（特别是 Scrum 的价值观）为我们提供了我们孜孜以求的、一劳永逸的答案。

　　这并不意味着我跨出了这个门槛，这意味着角色的转变，我和团队共同协作而不是单纯为团队工作。这会始终有效吗？答案是否定的。Scrum 并不容易。一些人只看到了大的框架，一些人只是学会了按部就班，并不理解 Scrum 同时还需要自管理、努力工作、信任和具体的思路。

——森塔·雅各布森（Senta Jakobsen），艺电戴斯工作室首席运营官

管理人员对 Scrum 和敏捷原则缺乏理解，是大多数计划导入 Scrum 的工作室所面临的主要挑战。压力之下，管理人员可能发现让团队改变中期 Sprint 目标更容易，因为让团队完成承诺的 Sprint 目标真的太

难了。教育管理人员，让他们理解 Scrum 的好处——尤其对他们的好处——是一项长期的任务。

盲目崇拜 Scrum

团队刚开始用 Scrum 的时候，要鼓励他们"跳出书本"，放手去实践。这有助于他们深刻理解这些原则并习惯于这些实践。一旦团队获得最初的成功，就会在这些成功的基础上改变实践，但重要的是改变实践的同时也遵守背后的原则。

然而，一些团队虽然坚持"脱离书本"的做法，同时抵制任何改变。这些团队重复这些做法，也就是我们所称的盲目崇拜 Scrum。这里指的是臭名昭著的太平洋货物崇拜。

二战以前，许多太平洋岛的居民从来没有接触过西方人或他们的技术。战争期间海军到达并占领这些岛屿，在岛上建机场，使当地发生了巨大的变化。机场建成后，货运飞机可以着陆，可以带来物资。这些货运飞机可以带来很多东西，其中包含简单的小饰品，为了表示友好，他们把这些小饰品送给当地岛民，并深受岛民喜爱（尤其是不锈钢刀具和镜子）。因此，每到货物飞机降落时，他们就聚在周围等着收礼物。

战争结束后，大部分机场变成了废墟，货机也不再着陆。岛民们意识到自己再次与西方世界隔离，但他们还是忘不了那些货机和宝贝，甚至希望这些货机重新回来。绝望之余，他们重复着自己在战争期间看到飞机时的做法，试图让这些货机再次飞回来。

他们建竹塔，当地的岛民头戴着椰子做的耳机对着菠萝做的麦克风讲话。他们还建了小的飞机模型，在跑道旁边点火，甚至还在空中挥动布旗，但不见有任何飞机回来。再怎么做，也无法重现当时那些往事。

盲目崇拜 Scrum 的团队是不是也有类似的做法呢？不断重复这些无法为高效团队带来最大化利益的做法。团队需要理解这些实践背后的原则并不断加以优化以适应其产品、人才和文化。

一致性和猴子

一致性是硬编码到基因中的生存法则。抵触变化是生物的本能。在看到以下这个实验（Stephenson 1967）[1] 之后，我才醍醐灌顶，前所未有地大彻大悟。

房间里面有五只猴子，房子中间有一棵香蕉树。只要有猴子试图爬上树摘香蕉，自动洒水系统就会向所有的猴子喷水，直到这只爬树的猴子从树上下来。此后不断反复实验，直到所有猴子都得到教训，学会了远离香蕉树。

实验的下一个阶段是换入一只还没有被喷过水的猴子。很快，新来的这只猴子也想靠近香蕉树。然而，等它还没有接近香蕉树，其他猴子就迅速采取行动攻击它，直到它离开香蕉树，回到群体中。实验不断重复，直到这只新来的猴子也学乖了，再也不靠近香蕉树。

研究人员继续用新猴子换掉之前被喷过水的猴子。到最后，房间里再也没有因为爬树而被水喷的猴子。猴子们仍然会继续攻击任何一只想要接近香蕉树的猴子。但是，没有猴子知道原因。它们只知道不可以这样。

有时，我们开发人员也会表现出类似的行为。公司的文化经常与（毫无疑问且绝不会遭到质疑的）最佳实践交织在一起。拿我来说吧，我花很多年研究和实践瀑布方法。我为许多项目写文档，定计划，认真详述每一个细节。即使这些项目已经取得圆满成功，我在接下来的几个月还是感到遗憾，觉得还可以做得更好。但是，一开始启动新的项目，我又控制不住自己，会故伎重演。

Scrum 并非普遍适用于所有人

采用 Scrum 时，需要注意，Scrum 并非适合所有人。有些人不喜欢在敏捷环境下工作而选择离开。其中不乏一些优秀人才，他们之所以离开，是因为他们不适应职位的变化。

一些开发拒绝参与任何团队活动（比如每日 Scrum 例会）。这些人

---

[1] 关于这项研究的真伪，存在一些争论。但无论如何，这个隐喻都是有用的隐喻，可以说明我们也是这么采用方法论的。

善于在相对独立的环境中工作或在关键时刻被称为英雄，另外一些人喜欢在管理相对宽松的环境中工作，他们认为这样有更多的自由开发技术 / 资源。加入 Scrum 团队，每天面对同龄的团队，承诺完成这样那样妨碍了个人的自由。

大多数工作室都会想方设法满足这些个人需求，甚至可能为他们安排一个特殊的"研发"的角色，但在大多数情况下，他们还是会选择离开。因为强调透明度的 Scrum 文化使这些职位显得有些格格不入，但也并非完全合理。

终归利大于弊。Scrum 可以帮助领导和有突出贡献的人快速成长，且收益远远高于损失。

加班加点

Scrum 并不限制团队每周必须工作 40 个小时。它的工作方法可以使团队找到适合自己的工作节奏。这个节奏基于承诺 Sprint 目标和实现多少任务才能完成各个 Sprint，同时又不至于使自己过度劳累。

> **说明** 按照日常的说法，Sprint 是不可持续的。把它称为 jog（慢跑）可能更准确，但不那么吸引人。

Sprint 可能存在很多不确定的因素。没有预料到的问题或没有预见到的工作会减慢进程。一旦出现这种情况，团队有时只能通过加班来完成预期目标。

Scrum 团队的加班时间要多长呢？这由他们自己决定。如果发现自己加班太频繁，就需要解决一下是什么问题造成了加班。最常见的例子是提交延误或 Sprint 收尾阶段的交接，或者承诺在发布前最后一个 Sprint 要做额外的打磨以及调试工作。

如果管理层并不要求团队加班，他们的态度就不一样。当团队自己决定加班时，他们会表现得更像是一个团队。偶尔一起并肩加班是一种宝贵的团建体验。

完成工作

　　我的显示器上贴有一张便利贴来提醒自己稳步加快工作进度。我相信，在游戏行业中，这正是 Scrum 要倡导的。游戏是一个充满激情的行业。而且还有一个观念是，富有激情的工作才是真正的工作。其实并非如此。尽管激情的工作开始容易，但真正的工作需要我们花时间解决"怎样快速取得工作进展"这个问题。Scrum 提供的基本框架可以帮助我们认识到这一点。

　　　　　　　　——森塔·雅各布森（Senta Jakobsen），艺电戴斯工作室首席运营官

压榨

强制长期 996 或者 007，就是所谓的压榨。刚开始接触 Scrum 的时候，很多游戏工作室都会这样持续加班，直到有经验速率测量证明这样做是徒劳的。

研究表明，压榨会影响生产力和生活质量。[①] 以高月工作室为例。刚开始采用 Scrum 的时候，经常要求全员加班。为了完成当前这个棘手的项目，团队被要求每周工作 6 天，每天 10 个小时。一系列的燃尽图更有意思，图 16-1 选自他们的 Sprint Backlog，显示的是团队每周的工作时间。

第一周是加班前正常工作的一周。第二周至第五周每周工作时间达到 60 小时，属于压榨工作周。在第 1 个压榨周（第二周），速率确实大幅提高，完成了更多的工作，因为 50% 是加班时间。然而，几周过去了，直到第 5 周，速率竟然低于正常速率！

这怎么可能呢？其实原因很简单。大家都累了，工作时无法集中精力，导致工作中经常出错。

---

① https://igda.org/resources-archive/quality-of-life-in-the-game-industry-challenges-and-bestpractices-2004/

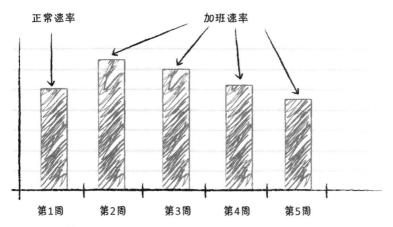

图 16.1 压榨期的燃尽图

Scrum 以经验实例说明了什么有效和什么无效，这对高月工作室来说，是一个巨大的收获。这是 Scrum 规则中不提加班的原因。其实，这本身也没必要成为规定。如果团队通过运用 Scrum 找到了最好的工作方式，很快就会发现加过几个星期班之后，不会再有任何好处。维持适当的工作速率成为了一种常识。

> **说明** 虽然术语"速率"（velocity）通常指每个 Sprint 完成的故事点数，但一个 Sprint 内每天或每周保持的速率或变化可以为团队提供反馈，只不过有时不太稳定。

数一数停车场停着多少车

2003 年，我们开始在飒美工作室启用 Scrum。飒美工作室最早由日本弹球游戏制作公司飒美株式会社控股。尽管刚开始的时候进展缓慢，但 Scrum 的确帮助我们回到正轨并表现出良好的发展势头。然而对飒美来说，良好的进展是远远不够的。他们之所以盯得紧，是因为他们认为美国游戏开发人员不像日本开发人员那样愿意加班。他们认为，加班少意味着缺少责任心，对工作室的成功不关心。

为了加速过渡到游戏开发和发行，飒美最终与士嘉合并。在此期间，他们一直在为要不要保留飒美工作室而争论不休。为了找证据，他们让人晚上开车路过工作室，数一数停车场里面还停着多少车，对他们来说，总数少，就说明我们越不愿意努力取得成功。几周之后，他们通知我们关闭工作室。正因为如此，我们当地的管理层才有机会得到这间工作室，后来改名为高月工作室。

管理人员经常把加班和责任心混为一谈。他们认为，强迫人加班就表明是对项目成功做出承诺。这种做法不亚于用强言欢笑来证明自己很开心。然而，事实并非如此。

成效或愿景

采用敏捷最成功的项目中，有一些共同点。其中之一是有一个知识渊博并且对方法论、领导力、团队合作以及各种项目管理方法都始终保持好奇心的领导。换句话说，敏捷要想取得成功，必须要有一个痴迷于开发过程的书呆子领导。

我是高月工作室的书呆子。刚开始决定用敏捷的时候，我就阅读了有关方法论的书籍，以期找到一个完美的方法论，但过了一段时间之后，我才意识到下面两点。

- 敏捷不是什么时髦的"热词"，而是几十年来积累变化而来的演变结果，它脱胎于 100 多年前问世的名声不太好的科学方法（至今还在广泛使用的"瀑布"）。
- 方法论的焦点已经从过程和实践转移到了人。人、团队和文化的成长现在被认为是决定项目成功的最主要的因素。

绝望和自我生存的本能 [1] 使我成为一个过程书呆子，但是在蓬勃发展的工作室有这样的境遇，让我意识到这个职位的重要性。

小结

导入 Scrum 最好的办法是放开眼界。建立有用的指标（如速率），建立具体的工作实践（如每日 Scrum 站会），从而迅速反馈和展示 Scrum 的价值。

---

① 这个求变的动机来源于世嘉，详情可以参见第 20 章。

Scrum 是一个框架。它不包括优化代码、做出更好的美术资源或优化游戏机制等。这些实践来自每个工作室的开发实践和文化。如此一来，Scrum 引入的变化就不那么让人望而生畏了。

本章介绍了启动 Scrum 的迷思和挑战，下一章将继续介绍挑战并描述如何应对这些挑战，以及工作室如何坚持 Scrum 原则。

拓展阅读

Heath, C., and D. Heath. 2007. *Made to Stick: Why Some Ideas Survive and Others Die*. New York: Random House.

Pascale, R. T., M. Milleman, and L. Gioja. 2001. *Surfing the Edge of Chaos: The Laws of Nature and the New Laws of Business*. New York: Three Rivers Press.

第 17 章

与干系人合作

20 世纪 90 年代中期，作为任天堂 Ultra-64[①] 梦之队的成员，天使工作室进入了一种强调高度协作的发行模式。任天堂和天使工作室共同商定好一个游戏思路后，要求我们找出可玩、好玩的游戏机制。任天堂先筹 3 个月的项目资金，然后到工作室来看结果。偶尔甚至还有大人物来访，比如宫本茂，他是《马里奥》《大金刚》《塞尔达传说》《任天狗》等热门游戏的总设计师。

对于我们精心准备的所有文件，任天堂没有表现出任何兴趣，他们只想看看游戏。如果游戏取得了进展而且演示证明很好玩，任天堂就再筹三个月的资金，让我们接着"开发更多的乐趣"。如果没有进展或者不好玩，就放弃这个游戏，接着讨论下一个。

这种单纯基于游戏本身来衡量进展的迭代方式，是非常敏捷的，但很少有发行方要求用这种敏捷方式来开发游戏。事实上，游戏发行这个圈子对敏捷（如 Scrum）的看法也呈现出两极分化的态势。有些发行方规定所有第一方游戏厂商只能用 Scrum，而另外一些发行方却禁止用。允许采用 Scrum 的发行方在建立高水平的协作时遇到了一些挑战。

干系人和开发团队之间，很难建立起敏捷的关系。发行方并不会把钱交给只承诺尝试"找到乐趣"的开发团队。双方通常都必须有一个正式的协议。在其他行业，有不少涉及不同干系人（比如发行和开发）

---

① 这是 Nintendo 64 的代号。

的敏捷合同可以作为游戏行业的范本。

本章阐述当前发行方 / 开发团队之间的关系以及建立更敏捷的模式所要面临的挑战及其对策。

本章提供的解决方案

与干系人合作的时候,要注意哪些典型问题呢?建立更敏捷的模型要面临哪些挑战?如何通过一系列解决方案来变得更敏捷呢?本章将针对这些问题给出一些解决方案。

哪些人是干系人

干系人是指与游戏有利害关系或者关心游戏结果的人。Scrum 明确区分 Scrum 团队和干系人,重点强调 Sprint 内外的沟通和透明。Scrum 团队和干系人进行高度透明的沟通。但在 Sprint 期间,Scrum 团队专注于完成事先达成一致的 Sprint 目标,干系人不得干预。

干系人分为两类。

- 内部干系人:各部门的主管、总监、制作人、工作室执行主管等,通常都是正在开发当前游戏的工作室成员。

- 外部干系人:远程的干系人,一般是指发行方的员工,比如发行方的制作人、市场、销售或者游戏的出资人。

考虑到距离所带来的挑战,本章将主要介绍外部干系人。第 20 章将着重介绍内部干系人。为了描述方便,下文要把外部干系人统称为发行方。

> **技巧 / 提示**　关于干系人,我所知道的一个法则是越长时间没有听到消息或者看到进展,他们越会觉得事情进展不妙。关键在于及时沟通,让进展看得见。

典型的挑战

我在国防行业工作期间，深刻体会到什么是文档为王。打个比方吧，每周的实际开发工作，写代码和测试什么的，我们就要花两个星期的时间来写材料。每个人的格子间都有一个书架，上面堆放着大量的项目文档。而且，我们的业绩考核也主要是看写了多少文档。

我做的最后一个国防项目是为新式战斗机设计航电架构。这个项目耗资几亿美元，我们公司必须全力保障它的安全性。

我的工作是在几个月内将几百个需求和详细策划案编成一个完整的文件，然后上交给空军部。几个星期后，我发现，这些零散的文档无法整理成为一个全面的、有条理的、容易理解的文档。于是，我找到项目经理，向他反映我的疑虑，他说："哦，哦，哦，不用担心，空军部只看这些文件的份量，他们是不会真正看内容的！"

这样直白的话让我感到非常震惊，但也只好按照目测重量最大化的原则编完了主要的文件。完成后，打印好的文档重约 20 磅，刚好可以放入装复印纸的箱子里，满满一箱，份量确实不轻。文件寄出后不久，我甚至还收到一封表扬信，背面附着"工作很出色"的字样。但之后不久，我提出了辞职申请。

游戏开发已经变得不太容易迭代，一个主要原因是，发行方在原本就很详细的计划上一直在提新的要求。这样一来，项目一旦完蛋，成本就更高了。发行方迫切希望来自开发团队的"定心丸"，不确定的因素越少越好，甚至还希望开发团队完全考虑清楚之后才动手写代码和制作美术资源。发行方鼓励自己这一方的制作人，让他们要求开发团队制定一个详细的计划和排期并严格按合同执行，因为项目中但凡不确定的因素，都可以甩锅给开发团队。

受到鼓励后，开发团队写好文档，拟定计划，因为发行方让他们产生了错误的安全感，觉得自己有时间探索游戏的乐趣，工作室可以拿到资金，而且理想情况下发行方还可以为他们提供长期的资金支持。

虽然策划案不像军事武器系统那样复杂，但大多数发行方和开发团队都意识到策划案的多寡与游戏的成功并没有太大关系。这种确定性幻象必须及时破除，隐藏于这些糟糕实践幕后的推手必须要喊停。商业模式最终证明，这种过于看重文档合同的做法是不可持续的。

关注得太晚

大多数游戏经过内测（alpha）之后，可玩性都可以得到显著的提升。这时，集成、调试、优化和打磨也开始拉开帷幕。在这个阶段，发行方和开发团队通常都很有压力，因为发行方最后要对游戏是否可以部署反馈自己的意见，但是，根据内测的定义，往往意味着所有游戏特性都已经实现，发行方提出的大部分建议都已经来不及考虑了。

增加这些临时性的改动，往往意味着"压力山大"。但团队往往又不得不从，因为游戏中不能没有这些特性，而且他们也不希望自己的心血之作被沦为一个烂游戏。遗憾的是，交付日期不会因为临时增加的改动而更改，或者即便是改了交付日期，也会影响到工作室的声誉或与发行方的关系。

里程碑付款与合作关系

在游戏开发合同中，发行方往往占主导地位。合同条款中通常也允许他们终止合同，只要他们愿意。有了这样的话语权，他们可以强行要求增加新的特性，最终引发"特性蔓延"。

里程碑付款超期，威胁着要终止合同，这些对开发团队不管用，反而会使他们迫于压力而勉强交付里程碑 build，这些 build 不好玩，和游戏愿景还不一致。到最后，团队确实按照合同条款完成了里程碑交付，但保证不了游戏可以成为爆款。

发行与开发之间的合同谈判，一般贯穿于整个游戏开发周期，从游戏概念一直到最终的母版（gold master）。作为发行方，更倾向于让开发提供一些保障。这就有了里程碑付款这种合作方式。每三个月一次，里程碑（阶段性目标）中要包含具体可测试的条件。下面是一些例子。

- 三个可以玩的关卡。

- 游戏 AI 角色可以在场景中走动并向玩家发起攻击。

- 如果是网游，玩家可以加入其他玩家一起游戏。

以上里程碑看似合理，但有下面几个明显的问题。

- 质量无法在合同中定义：工作室高度依赖于里程碑付款，所以，如果要让他们在两个出色的关卡和三个一般的关卡之间选，他们可能会选择后者，因为后者满足里程碑付款条件。质量无法在合同中定义，除非开发团队一时疏忽让发行方钻了空子，让他们对质量做主观的判断。

- 合作是不受鼓励的：改动游戏，使其更好，开发或发行方难免会有这样的需求，但这些会影响到未来里程碑交付的改动，很难写到合同中，尤其是这样的改动还可能影响到预算或发行日期的时候。方方面面都抑制着变更，尽管这样的变更可以大大提升游戏的品质。

- 问题避而不谈，信任被破坏：开发团队想通过早期的里程碑从发行方那里拿到开发费用，所以，在定义里程碑交付的时候，习惯于隐藏问题，直到项目后期，终于纸包不住火，问题被暴露出来。这个时候如果取消项目，成本就太高了。

- 开发团队不想太早暴露问题，因为他们认为发行方会反应过度而取消项目：发行方认为开发团队不会坦诚说出坏消息，所以总是先做最坏的打算。这些态度会破坏彼此的信任。

哪些里程碑定义中潜伏着问题

我在合同中见过下面这些里程碑定义，这些定义可以帮助开发团队避免发行方的刁难。

- "AI 完成 60%"：我不知道"完成 60%"是什么意思。这可能意味着场景被破坏，而 AI 什么也做不了。

- "主角模型首次通过的数量"：一共通过多少？两个还是一百个？

迭代限制

许多发行方觉得，规划和开发也要迭代。一个常用的实践是滚动式里程碑定义，也就是说，里程碑定义比前一个阶段更具体。虽然细节更多，但主要的交付日期不得改动。就像奥利奥夹心饼干，两块饼干是固定的，但中间的夹心可以很灵活。

第一方问题

工作室被发行方收购，成为第一方厂商，合同和支付问题大概率会不复存在。这对困境中的工作室来说，犹如绝处逢生，但也要面对一些不同的挑战。

如果发行方自己有工作室，就会有更多的管理权。例如，项目延期，他们会调动其他项目的开发人员帮忙，只不过这种情况很少发生（详见本章后面讨论的"布鲁克斯法则"）。或许，他们不信任开发团队的一些设计而远程下达指令，这会挫伤开发团队的士气。

为了避免这些问题，一些已经获得连续成功的工作室与合作发行方会设置壁垒，限制他们过多干预开发团队。

也不能让发行方完全不知情，因为他们对游戏的成功也起着一定的作用。例如，成功不仅取决于游戏的质量，还取决于发行方的市场能力。高素质的营销团队可以帮助开发团队根据市场需求来及时调整游戏。

发布日期受制于投资组合

迫于诸多市场力量（market force）的综合 ① 考量，发行方往往不得不对游戏发行日期甚至预售表现立下军令状。大型连锁店的种种要求、授权许可期限、长期性的投资组合计划以及讨好投资方的意愿，如此种种的压力，发行方只能破釜沉舟，"定死"高度不确定的制作流程

① 译者注：市场力量，是指企业有能力成功将其价格提高到竞争水平以上但同时又不至于被竞争对手的反击竞争策略击垮。

和严格的交付日期。

压力之下，发行方向开发团队提出不切实际的要求，对明摆着的不可行置若罔闻。显然，并不是发行方不明白游戏开发的现实情况，而是他们也挡不住零售商和投资方的压力。

或许，随着市场的变化和出现新的发行渠道，这个问题可能有所缓解，但还需要假以时日。一个办法是增强发行方和开发团队之间的合作，使他们成为共同实现游戏目标的合伙人。这要求双方花时间增强互信，一起克服由来已久的恐惧。

索伦之眼

游戏发行领域，营销往往是最难实施敏捷的，因为他们一般都习惯于只关注两个时间点：刚开始进入游戏开发的时候和临近交付日期的时候。所以，难怪他们会惊讶于工作室最后的交付以及提出那么多后期变更要求，这些如果不协调好，肯定会错过交付日期。

我们把他们这种行为比作"索伦之眼"。电影《指环王》中，但凡每个最最糟糕的时刻，都有邪恶的索伦和他那巨大而魔幻般的火焰之眼投向可怜的霍比特人。当我们在竭尽全力完成游戏的时候，一旦营销团队开始把注意力转向我们，我们的感觉就和诚惶诚恐的霍比特人一样。

如果希望营销团队全程参与敏捷团队的游戏制作过程，创造更多机会共同打造爆款游戏，可以考虑采用《创新游戏》（Hohmann，2015）[1] 一书中描述的实践，这些游戏化的方式着重强调了如何通过高度参与，让营销人员提供他们对市场和玩家需求的洞察力。

建立信任，减轻恐惧

所有这些问题，都可以归根于开发团队和发行方之间缺乏信任与合作。建立信任，需要一个漫长的过程，仰赖于迭代、透明与合作这些敏捷原则。

---

① 译者注：https://zhuanlan.zhihu.com/p/146500319，可以在这里看到对其中一个创新游戏的介绍"产品包装盒"。

第一步是定期交付价值。发行方可以从收到的 Sprint build 中明显看出游戏的增量改进，从而对游戏产生信心，对开发团队产生信任。

第二步是以开放的心态与发行方合作。发行方的观察结果中包含他们对游戏市场价值的重要反馈。如果这些反馈能够在接下来几个 Sprint 中体现出来，就表明开发团队开始重视发行商的意见了。如此一来，发行方和开发团队就会变成真正的合作者，而不是试图压倒对方而相互角力。

这些步骤能够使发行商越发信任开发团队的能力和决策。当项目出现其他大多数项目都无法避免的目标、进度和成本冲突的时候，这样的信任可以使双方能够开诚布公地进行商讨。越早展开这样的讨论，解决问题的选项越多，这对双方的关系和最后的游戏都有好处。

首先，发行方必须要克服对"敏捷精灵"的恐惧。

恐惧

发行方对敏捷有很多恐惧，其中一些如下所示。

- "我们不清楚项目进展情况如何。开发团队总是在一遍又一遍地迭代，迭代，没有终点。"
- "如果范围太灵活，开发团队工作起来就不会特别卖力。我们花了钱，却只能得到一半的游戏内容！"

开发团队也担心与发行方的关系太敏捷了。

- "发行方总是对产品 Backlog 进行微观管理，这会影响我们发挥创造性。"
- "发行方要是总是改变项目范围，会让我们陷入'死亡行军'的困境。"

这些恐惧并非空穴来风。对敏捷或 Scrum 实践和原则的任何误解都会使这些问题成为现实。

把所有这些跟 Scrum 沾边儿的东西都从墙上拿走

动视（Activision）[1] 合并维旺迪（Vivendi）[2] 的时候，对每家工作室都进行了评估，看哪些要保留，哪些要关闭。就在评估我们工作室之前，动视有位经理要求我们"把所有这些跟 Scrum 沾边儿的东西都从墙上拿走"，因为他们家的 CEO 不喜欢 Scrum。当我们要求他们给个说法时，他告诉我们另一家工作室因为用了 Scrum 而导致游戏未能准时上市。有人觉得 Scrum 给人的印象它是成功的代名词，而不只是增加透明度和暴露了问题。

这位经理的警告让我心里咯噔了一下："是不是可以考虑走人了呢？"还好，我们高月工作室通过了评估。而且，自那以后，我还在动视各个工作室教大家怎么用 Scrum。显然，在见过高月工作室之后，CEO 的态度肯定已经发生了转变。

理解敏捷

团队在迭代过程中逐步消化和吸收敏捷开发原则，交付可以演示出游戏价值的可玩的 working build，同时采纳干系人和客户的反馈意见。发行方则不一样，他们没有天天面对敏捷实践，无法很快理解敏捷的原则。所以，他们可能不太理解 Scrum 实践的重要性及其作为项目干系人需要履行哪些职责，因而可能有以下不合适的行为。

* 不玩 Sprint build。

* 不出席 Scrum 评审会或计划会。

* 对产品 Backlog 视而不见。

* 要求事先提供详细的进度安排和相关文件，却又从来不根据实际进展回头查看这些计划性文档。

* 在 Sprint 进行到一半的时候，突然提出新的需求。

---

[1] 译者注：动视是一家电子游戏开发商、发行商（主要是第三方）和经销商，成立于 1979 年 10 月 1 日。1980 年 7 月，在美国发布了第一款产品，可以在雅达利 2600 游戏机上玩。

[2] 译者注：维旺迪是一家总部位于巴黎的法国媒体综合公司，在音乐、电视、电影、电子游戏、图书出版、电讯、演出门票及视频托管服务等方面均有业务。

以上都是发行方的典型行为，因为他们习惯了传统项目的做法，不确定性隐秘不可见，直到完全做好才通过演示看到游戏的价值。敏捷开发团队需要向发行方反复灌输敏捷开发的原则和优势。一种方法是在发行方中设一个 Scrum 布道师，甚至一个 PO。

发行方的 PO

PO 通常是项目开发团队中的一员。视频游戏 PO 需要提供频繁而主观的反馈。玩家的操作感觉如何？游戏机制是否足够好玩？这些反馈来自于和团队的日常接触。PO 是所有客户和项目干系人的唯一代表。

不幸的是，很多干系人和发行方相距千里。PO 必须要有一些本事才能让他们对游戏愿景达成共识。有一个方案是设一个发行方 PO 来行使一部分 PO 的职责。对开发团队来说，他是发行方所有干系人的代言人。图 17.1 显示了开发和发行双方如何安排 PO。

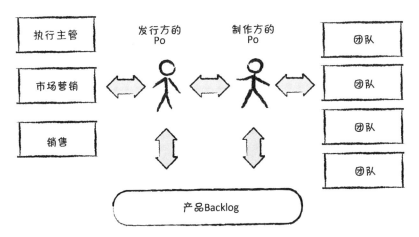

图 17.1 PO 角色

发行方 PO 要根据需要尽可能和开发方 PO 进行频繁的沟通。

发行方 PO 有以下职责。

- 评审每个 Sprint build。

- 尽可能多参加 Sprint 评审会和 Sprint 计划会。

- 出席发布（release）规划会和评审会。

- 面对第一方开发团队，确保开发方 PO 在跟踪投资回报率（ROI）
  和常见的项目成本依赖关系。

- 代表发行方干系人（比如执行主管、市场营销和销售）和开发方
  PO 打交道。

- 确保发行方所有的干系人都了解游戏的当前进展。

两个 PO 要对游戏的方方面面进行沟通，并明确定义各自的权限。例如，
发行方 PO 全权负责发布目标（史诗 - 关卡故事），开发方 PO 全权
负责发布计划（安排到计划中完成的故事）。对此，每个工作室、发
行方和游戏都不一样。例如，一些外部授权游戏，大部分所有权在发
行方 PO，工作室内部开发的 IP，大部分所有权在开发方 PO。

第三方（独立）开发团队通常保留更多的所有权，因为他们的财务是
独立的。

两个 PO 共同管理产品 Backlog。包括特性的增加、删除和特性的优
先级。发行方 PO 必须理解，产品 Backlog 可以加入新的特性，但
产品 Backlog 本身并不承诺最后游戏要部署哪些内容。发行方 PO
还必须知道速率意味着什么、怎样用速率来避免特性蔓延（feature
creep）和如何帮助发行方和开发团队实现合作。

尽早面临项目挑战

速率（靠经验来度量）和产品 Backlog（公开透明），开发和发行双
方可以依托 Scrum 的这两大优势，对特性范围（scope）和进度安排
持续进行开诚布公的讨论。通过每个 Sprint 开发一系列潜在可部署的、
有优先级的特性，开发团队和发行方可以控制好下面三点。

- 控制 release 日期：引入的特性如果开发速率与预期不同，可以考
  虑适当提前或推后发布日期。

- 控制范围：范围是最好控制的，只要开发过程中能够持续体现商
  业价值就行。传统项目方式往往是内测之后发行方才看整个游戏

的价值和质量。

- 控制预算：PO 以价值、速率和成本为基准，不断量化投资回报率（ROI）。这有助于更清晰地看到花在项目上的预算是否在产生足够的价值回报。

大多数发行方都习惯于前期不闻不问，直到进入内测才开始关注游戏的质量，此时如果再从这三个方面进行干预，会付出很高的代价。敏捷项目，可以使更多干系人对项目有更多的了解和控制。

正如第 9 章所描述的，就好比越野驾驶，有经验的老司机不会只依赖于地图或计划来作为途中的信息来源。他们会根据实际路况来调整计划，比如每天开多少公里，或（如果时间允许的话）停下来看看沿途的风景。

管理制作计划

第 10 章描述前期制作（pre-production）中所做的决策如何影响制作债（production debt）以及如何持续优化对类似债务的估算。

制作计划（production plan）对发行方和开发团队至关重要。它们代表大致的成本和资源安排。开始日期释放出一个信号，表明游戏机制更确定，正式进入制作阶段。不幸的是，渴望进入制作状态的意愿，往往掩盖了游戏和团队并未准备就绪的事实。在准备进入制作阶段之前，开发团队和发行方需要先确定好相关资源已准备就绪的具体日期。

开发团队和发行方要明确建立一系列目标，只有满足这些目标，才能进入正式制作阶段。比如，在前期制作中就要建好度量指标，以表明制作计划是可行的。这些指标，比如人天（制作每个关卡需要多少个人天[①]），用于持续度量前期制作中就在完成的那些资源的成本。没有具体指标，制作计划会看上去很好，实际上却风险暗藏。

[①] 译者注：people-day，对应于人月 people-month，更多详情可以参见软件工程经典《人月神话》。

每个发布交付物中，要包含预估和度量指标。有了它们，发行方和开发团队才可以计划后续的一系列发布，从而确定具体的制作日期或根据实际情况来更新计划。

减轻恐惧

有了前面提到的工具，开发团队和发行方可以开始减轻前面提到的恐惧。

> "我们不清楚项目进展情况如何。开发团队总是在一遍又一遍地迭代，迭代，没有终点。"

敏捷方法要求干系人和开发团队要定期密切交流。如果没有共同愿景，游戏很容易偏离轨道，变成发行方不希望看到的样子。

现在的游戏项目，动辄就是 4 千万美元的成本投入，因此，发行方希望能够随时看到游戏的价值。Scrum 框架所带来的紧密合作和迭代，为此提供了可能。

> 如果范围太灵活，开发团队工作起来就不会特别卖力。我们花了钱，却只能得到一半的游戏内容！

对于 Scrum 开发团队引入的特性速率，发行方要有深刻的印象。如果没有，项目就会被取消。通过敏捷合同，双方有机会商量是游戏方案欠佳还是团队与项目不匹配。双方都不至于等上两年或花上 4000 万才发现所有辛劳都换不来足够多的回报。

> 发行方总是对产品 Backlog 进行微观管理，这会影响我们发挥创造性。
>
> 发行方要是总是改变项目范围，会让我们陷入"死亡行军"的困境！

碰到这样的情况，第一方开发团队如果不设立 PO 的话，最容易陷入困境。开发团队需要设立专人来负责双方的责任。每个 Sprint 的 Scrum 实践都在强调这一点。

敏捷合同

随着手游和数字发行平台的涌现，也有了许多灵活而有附加条款的敏捷合同。这样一来，委托方和开发方可以按一系列短期合同展开合作。不同于一次性表态要在未来几年投入多少精力和资金，这些短期合同各自对应于游戏的每一个增量发布版本，因而确定性更高，风险更小。

敏捷游戏开发提供的是增量价值交付，方便发行方和工作室在此过程中逐步建立起信任关系，定期度量项目进展，共同确定项目是否值得进一步投入，就像任天堂和宫本茂对天使工作室那样。现在，开发人员可以通过早期演示和"最小可玩游戏"来"试水"，从玩家那里获得宝贵的反馈。

这种合同方式有明显的好处。并非所有创意都能做出好游戏。说真的，有些团队与他们要开发的游戏就是调性不和，不匹配。与其花好几年时间在错误的方向上艰难行进，还不如尽早放弃。

尽管乍一看觉得恐怖，但事实上，相比最后才宣布失败，尽早失败反而象征着项目的成功。其一，尽早失败，意味着不至于进一步伤害到发行方和开发团队之间的关系。其二，花 1000 万做出来的游戏最后却上不了架，发行方肯定会觉得糟透了，甚至认为自己的职业生涯也会被断送。其三，没有一个开发人员愿意花很多年的时间来开发一款平庸的游戏。

许多 AAA 游戏仍然采用一次性大型部署再追加少量补丁的范式。为这些大型项目提供资金的风险更大，因而合同中难免会有详细而严格的条款和规定。

尽管开发人员可能更喜欢长期合同所带来的安全性，但现实是，大多数合同都有"可随意终止合同"这样的霸王条款，也就是说，项目可以在任何时间因为任何原因取消。

合同中没有提到墨西哥卷饼

在开发《疯狂都市》的过程中，都快要接近项目结束了，我才接到微软制作人打来的电话。"我有个好消息要告诉你！"他大声说道。这让我心里一惊，因为这不会是什么好事情，只表示他想要见缝插针，加入新的特性。

他继续说："我们刚刚与塔克贝尔①达成了一笔交易，我们希望您在游戏中加入几个他们的连锁店。玩家可以开车到外卖窗口订购他们家的墨西哥卷饼。"

"开什么玩笑？！那些玩家不是在飙车，就是在逃避警察追捕，我们为什么要让他们那样做呢？"我问。

"因为这样的话，游戏就会给他们提供一次性优惠券，让他们在塔克贝尔的任何一家实体店免费消费墨西哥卷饼！"他吼了起来。

我一口回绝了他的请求，不是因为这个想法不好，而是因为我当时一心只想完成游戏。因为他提出的特性不在原始策划案中，我有理由不做。

但是，我后来感到很遗憾，肠子都悔青了，因为我意识到向目标人群提供免费的墨西哥卷饼可能是他们想要的一个特性。

这说明了合同不灵活的问题，这样的合同，一不利于改动，二不利于开发团队与干系人之间的协作。

不按计划迭代

海量的策划案和计划，好比下雨天披着羊毛安全毯，的确可以让我们获得一时的慰藉。不管事先规划多么糟，发行方和项目经理还是离不开它，因为这是他们唯一的选择，如果不做任何计划，肯定会陷入一片混乱。对计划的执念，并不是他们的错。

---

① 译者注：塔可钟或塔可贝尔，旧称"特科贝尔"，是美国百胜旗下公司之一，成立于1962年，属连锁式快餐店，出售美国化的墨西哥食品。2003年以普通餐厅形式进军中国大陆市场，三家店分布在深圳和上海。但在2007年，全面退出中国大陆市场。2017年1月重返中国市场，改名为塔可贝尔，在上海陆家嘴开了第一家店。

真正的固定上市日期

　　有些游戏如果无法在预定日期上市，肯定会失败，例如，有些游戏需要在同名电影上市首映的时候发布，有些体育游戏需要在赛季一开始就上市。前面的第 10 章详细讨论了如何对这一类游戏进行管理。

面对这种情况，敏捷开发团队面临的挑战是逐步引进敏捷规划这样的实践，找出以往 big-bang 过程固有的不足——如滚动式里程碑定义。

当发行方要求提供所有策划案和计划的时候，敏捷团队应该怎样做呢？首先，确定发行方希望的开发过程有大的灵活性。很少有发行方会不同意前面提到的滚动式里程碑付款。如果允许，管理这些滚动式里程碑就和管理发布一样。当发行方要求提供下一个里程碑定义的时候，就为此召开一个发布规划会，邀请发行方派一个代表来参与决策。

随着时间的推移，通过接受来自发行方提出的某些变更，开发团队可以逐步赢得他们的信任。但记住，这不是说他们从此就可以任性提出任何变更。如果有固定的项目范围列表，而不是一个 Backlog，那么每个变更肯定都会造成其他工作的延迟。

大多数长期交付物往往都和最基本的刚需特性集紧密相关。正如第 10 章所述，对于日程安排和资源，最大的威胁莫过于对这些特性的细节事先进行大量的推断和假设。这些细节会把团队逼入死亡行军的绝境。

假设（最糟糕的情况）没有灵活性或者缺乏信任，而且开发团队也不可以拒绝工作，还可以做些什么呢？尽管 Sprint 和每日 Scrum 站会这些敏捷实践能够给团队如虎添翼，但在面对还没有完全成形的游戏时，团队难免经验不足。需要努力在原定计划中插入一些会议，要求干系人来审查一下项目进展，并在项目过程中做出相关的决策。另一个有用的工具是列举出所有已知风险和潜在的风险，并确定相应的解决方案。另外，公开透明，也是要提倡的，因为，隐藏问题只会使团队欠下债务，最后不得不以死亡行军的方式来完成项目。

亲身经历 我们在为最新的 PS 做第一个游戏的时候，回忆了之在前 PS 上遇到的所有问题并把它们整理为一个风险列表（参见第 7 章）[1]。表中包含被破坏的工具、bug 数据库、质量很差的文档以及迟迟不到位的测试设备。如果意识到其中任何一个问题，我们就会着重强调它对生产力和计划安排的所有潜在影响。果然，虽然我们没有能减轻它们对项目的影响，但发行方开始和我们一起解决问题了。到最后，他们成为伙伴，和我们一起解决问题，而且，我们也不会因为自己无法控制的风险而受到他们的责难。

固定发行日期

对于敏捷，留给人们一个普遍的印象是，采用敏捷方式的游戏不会按固定的排期完成交付。这种印象从何而来呢？主要基于这样的认识：敏捷团队从来不做计划，只做短期迭代，他们不知道项目何时结束。

虽然很多游戏都有一个交付日期，而且大多数都很"严格"，而非"固定的"。严格的交付日期由发行方根据投资组合和预算来确定。严格的交付日期有助于推动项目的进展，但如果确实还需要大约一个月才能得到更好的结果，延期也未见得会带来什么灾难性的后果。另一方面，固定的交付日期对某些游戏日期来说，是决定游戏成功与否的关键，比如，有些游戏的固定交付日期就是同名电影的首映期，而《劲爆美式足球》这样的体育类游戏，必须在每个 NFL 赛季拉开序幕的时候上架。如果错过这些日期，游戏的销量会受到很大的影响。

有固定交付日期的项目和没有固定交付日期的项目，两种项目在管理上有什么不同呢？主要是处理风险的方式不同。团队制作的游戏有不确定性风险，也不确定怎样面对风险。例如，如果想把项目预算的 20% 用来做一套 AI 对手，从而为游戏创建一个联机合作的死亡竞技模式，就可能面临下面这些不确定性：

---

[1] 译者注：关于风险管理，也可以参见《敏捷文化》。

- AI 联机吗？

- 20% 的预算足够创建一套有趣和完整的游戏体验吗？

- 其他专业领域的问题耽误工作吗？或有没有人被调走？

这还没完呢！其中任何一个风险都足以威胁到项目计划，花掉 20% 的项目预算不说，甚至游戏特性还可能大幅缩水。

那么，如何应对风险呢？开发团队通常的做法是制定计划和做安排，制定一个超级详细的计划，试图为每一个可预见的风险问题给出具体的解决方案。不幸的是，危险常常隐藏在团队不知道的地方，可以肯定的是，需要克服的风险并不局限于事先能够想到的那些。要想应对风险，最好的方式莫过于关注未知，换而言之，通过建立新的认知，来消除未知。

建立认知和创造价值，对任何项目都重要。有确定交付日期的项目，要优先降低风险。例如，如果一款基于同名电影的射击类游戏，它有固定的发行日期，就得决定是在电影发行后六个月内发行还是放弃联机对战玩法。没有类似授权关联的游戏，即使有严格发行日期，也可以保留原来的游戏机制，延期发行。

现在，让我们回到最初的问题："敏捷到底是在助力还是阻碍项目按期完成？"如果执行得当，敏捷项目相比其他方法，显然有明显的优势。优势背后有以下两大核心原则作为支撑。

- 优先建立认知，减少风险：聚焦于交付更高的价值和尽早解决风险问题。如果是固定交付日期，就调整项目人员或者目标。项目出现问题，增加人手通常没有多大帮助。布鲁克斯法则[1]提到"为延期项目增加人手只会加剧项目超期。"这一法则同样适用于游戏开发。最好的选择是调整项目目标或特性集。确定进度安排中最有价值的特性，这对有固定交付日期的游戏至关重要。

- 不拖欠债务：频繁集成、及时纠错和保持目标性能（例如，让游戏保持潜在可部署状态），可以避免后期出现意外（会导致返工而延期）。有固定交付日期的项目，如果把重要的工作推迟到后

---

[1] http://en.wikipedia.org/wiki/Brooks%27s_law

期制作（post-production）阶段，往往会导致灾难性的后果。

有两个工具应用的就是以上原则，那就是产品 Backlog 和 DoD。有固定部署日期的项目，通常要优先解决有进度风险的故事，其他的稍后考虑。对此，一个例子是对整个关卡原型做一个技术预研（Spike）。通过这个过程，可以尽早获得关卡维度的相关认知，尽早确定计划和风险。这样做虽然有碍于得到更多游戏机制选项，但最好是早点儿知道这些信息。

完善 DoD（参见第 5 章）有助于尽早消除风险。例如，如果一个游戏计划要在所有平台上部署，PO 可能会在项目早期就要求提前在所有平台上运行用户故事（Story）。尽管这个新增的 DoD 可能会降低团队的速率，尤其是平台技术不是完全成熟的情况下，但事实上，它会加速改进，也能尽早建立认知，让开发团队知道这些平台可能会有哪些风险。

正如第 7 章所述，敏捷方法不提倡用大量的文档来排除不确定性，但这并不意味着它们不重视确定性。它们根据实际情况随时对不同程度的不确定性采取不同的措施。短期目标计划（如 Sprint 目标）要详细。中期目标计划（如发布计划）虽然不需要太详细，但会持续细化。长期计划（如交付日期和制作进度等），也要持续细化，并且要在短期规划中体现出具体的影响。例如，敏捷计划中不会提前一年宣布"9月14号开始制作"。这样的细节是在前期制作阶段内不断具体化的。因为我们不仅可以在前期制作阶段获得制作方面的认知，而债务本身也会发生变化。通过承认不确定性以及不断消除未知，敏捷规划方式可以使项目越来越贴近现实，而不是按照项目初期的大量策划案越来越脱离现实。

很多时候，固定交付日期会导致游戏最后缺乏新意或来不及适当修饰就勉强上市。一直以来，和电影发行同期发布的游戏，没有一个不背负品质低下的名声。这种情况需要避免。这种现象是可以改变的。最好的做法是把游戏时长控制在 11 个小时以内，多余的特性删掉，从而消除浪费，用不着继续奋战好几个月。

有时，固定交付日期根本就不可能做到。基于风险开发方法来完成游戏的所有特性，不但不会创造奇迹，反而会出问题，迟早的事。

敏捷的前期制作阶段

发行方不会对敏捷充耳不闻。他们也理解，游戏乐趣是无法在文档中定义的。他们也见过太多有详细计划和日程安排的项目最后都以失败告终。然而，绝大多数发行方作为上市公司，都必须有能力确定游戏的预算和发售日期。为此，一个折中的办法是，发行方逐步介入开发团队，在前期制作阶段就逐渐敏捷起来。这牵涉到更少投入人力花更长时间迭代探索潜在的特性、了解制作成本以及定义游戏的质量和乐趣。相比进入制作阶段之后再来调整，这样做显然成本更低，发售日期更靠谱一些。

> **说明**　第 10 章描述了精益和敏捷对制作阶段的思与行有哪些好处。

阶段门模型

在"一次性发布"（big-bang release）模型中，合同涵盖的是整个开发周期，更像是一场大的赌博，原创性的游戏构想尤其如此。针对这样的游戏，发行方通常需要有两个决策点（称为"绿灯"，在两个阶段的衔接点）来决定是否继续投钱开发游戏。下面是两个最常见的绿灯决策点。

- 概念绿灯（concept green light）：在评审完项目概念、初步计划和原型之后，发行商要决定是否可以让游戏进入前期制作阶段。

- 制作绿灯（production green light）：在评审完游戏玩法（gameplay）、样品美术资源制作以各游戏资源制作计划和安排之后，发行商要决定是否可以让游戏进入制作阶段。

发行方为游戏想法筹款并用绿灯筛选出最好的一些想法。这就是所谓

的 "阶段门模型" (stage-gate model)[①]，用于筛选更多创新的游戏想法。

图 17.2 所示的阶段门模型用于筛选四个游戏，从中保留一个最有价值的。

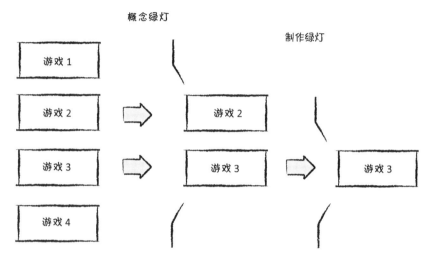

图 17.2　阶段性评审模式

阶段门和绿灯

一些大型游戏需要在不同阶段经过好几个关口。在这些关口，团队需要绿灯才能进入下一个阶段（比如从概念阶段到前期制作阶段）。尽管阶段门模型很适合用来和干系人一起讨论项目进展和风险，但也并非没有弊端。主要问题在于它把游戏概念这样的决策汇总为一个点，这个决策点决定着后续所有阶段的决策。

经验表明，游戏概念需要进行验证并以彼此依存的方式逐步成形。风险较小的方式是，在整个开发过程中，尽可能采用迭代和不同阶段叠加的方式。这就要求与干系人进行频繁的互动。显然，阶段门模型反而阻碍了这样的互动。

① 译者注：也称 SG 阶段管理系统，由库珀（Robert G.Cooper）于 20 世纪 80 年代创立，从新产品创意产生到商业化的整个过程分为 5 阶段，五个关卡。其基本思路有两点：把项目做正确——听取用户的意见，做好必要的前期准备工作，善用跨职能工作团队；做正确的项目——进行严格的项目筛选和组合管理。

阶段门模型还可以在一个较长的前期制作阶段（大部分属于探索性工作）和制作阶段（大部分属于预测性工作）之间建立一个明确的边界。

> **说明** 马克·塞尼（Mark Cerny）的方法（2002）是一个阶段性评审范例，强调在进入正式制作之前先重点探索游戏的价值。

成效与愿景

有效使用敏捷方法的开发团队和发行方都表现出以下特征。

- 开发团队和发行方经常频繁地交流。
- 开发团队和发行方共享产品 Backlog。
- 产品 Backlog 中，高风险的特性优先级前置，并在可能触发风险的事件旁边制定相应的风险缓解计划。
- 对于坏消息，不隐瞒，也不处罚。
- 每个 Sprint 的 build 都要给发行方评审并快速给出反馈意见。
- 发行方代表每个 release 至少要拜访开发团队一次。
- 尽早、尽可能让负责发行的市场营销、销售和 QA 等人员频繁参与，即使是在游戏制作阶段。

小结

虽然发行方可能并不认为自己是敏捷的，甚至会临阵退缩，但过去十几年来，他们一直在努力变得更敏捷。迭代实践已经渗入到他们和开发团队的商业模式中。通过应用敏捷原则，敏捷意识和信任都在不断增强，这种趋势会继续下去，使游戏开发和游戏发行保持双赢，共同维护一种可行甚至高回报的商业模式。

拓展阅读

Cook, D. Rockets, *Cars And Gardens: Visualizing Waterfall, Agile And Stage Gate*. https://lostgarden.home.blog/2007/02/19/rockets-cars-and-gardens-visualizingwaterfall-agile-and-stage-gate/.

Cooper, R. 2001. *Winning at New Products: Accelerating the Process from Idea to Launch, Third Edition*. Cambridge, MA: Basic Books.

Hohmann L. *Innovation Games: Creating Breakthrough Products Through Collaborative Play*. 2007. Boston, MA: Addison-Wesley. 中译本有《创新游戏：一起玩，协同共创突破性产品》

第 18 章

团队敏捷转型

敏捷实践虽然简单易学，但在实际采用过程中，要面对来自三个方面的挑战：组织、流程及文化。要想克服这些挑战，可能需要好几年的时间。尽管各个游戏工作室和团队转型的步调和面临很多挑战，但仍然可以基于足够多的共性勾勒出一个初略的转型路径图。

本章提供的解决方案

本章回顾敏捷转型过程中团队要面临哪些挑战，讨论哪些策略适合组织和团队采用，这些策略适用于所有敏捷团队，不管他们用的是 Scrum 还是看板。

团队敏捷转型的三个阶段

在电影《龙威小子》中，有个小男孩想要拜师学艺。师傅答应了他的要求，但提出一个条件，无论怎样，都必须严格按照师傅的吩咐去做。师傅先是吩咐小男孩洗车打蜡、刷篱笆和刷地板。只有一个限制条件，那就是小男孩只能用规定的动作完成这些杂务。比如，在给汽车打蜡的时候，只能右手顺时针旋转，左手逆时针旋转。

几天辛苦下来，小男孩终于忍无可忍。因为他想要学真功夫，而不是做这些杂活儿。但就在他抱怨的时候，师傅让他重复做杂务时那些规定动作，然后对他发起攻击，拳脚相加。其实，做杂务的动作正是武术中用来抵挡这些招数的，杂务的目的是从行为上潜移默化，教他掌握基本功。

影片阐述了掌握武艺的第一个阶段：学徒阶段。这个阶段的学员注重正确的招式，换句话说，是练基本功。第二个阶段是熟练阶段。这个阶段的学员要调整动作，扬长避短。习武的第三个阶段是大师阶段。大师可以自己创新招数，创新武艺，因为他们已经掌握了基本原理。

> **说明** 　在武术中，这个过程称为"守、破、离"。

Scrum 的采用，过程与此类似。刚开始，团队做不到自组织和自我持续改进。他们需要通过学徒阶段的练习来建立肌肉记忆；然后在熟练阶段拓展、加强并改进技巧；最后在大师阶段完全掌握并达到最终目标。

图 18.1 展示了采用 Scrum 的三个阶段。

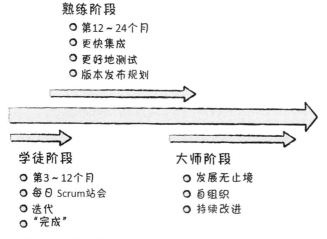

图 18.1　敏捷导入线路图

> **说明** 　学徒阶段、熟练阶段和大师阶段并不是一般准则，只是便于我们区分 Scrum 的几个典型使用阶段。不同的团队，步伐不一，因而顺序也不同于图中所示。

学徒阶段

在学徒阶段，团队逐步习惯于对产品特性进行迭代，以此来实现 Sprint 目标。团队以 2 ～ 4 周这样的节奏通过多个跨学科协作，完成对游戏版本的迭代和改进。作为团队成员，大家逐步学会每天努力实现 Sprint 目标，及时汇报阻碍项目进展的任何障碍。

团队需要和项目干系人共同商定 DoD（"完成"的定义）。这些挑战为构建过程、流水线和开发方式持续施加压力，推动其逐步改善。这些改善很快就能体现出 Scrum 的好处。

调整 Sprint 步调

许多传统开发团队不需要经常向项目干系人演示游戏。通常，每几个月里程碑期限到来时有一次展示。在里程碑前几周，通常需要集成自上个里程碑以来的所有变更，修 bug，优化游戏。

当团队转为 Scrum 团队后，向项目干系人展示可玩游戏的脚步会大大加快。现在，需要每 2 ～ 4 周就做一次展示。这样一来，当前的开发流程立刻就会出问题，发布一个可玩的 build 要花很多时间。团队大概要花 50% 的时间来维护和创建可玩的 build。这些开销对提交内容和测试游戏造成了一定的压力。然而，不能因为集成开销大就放弃敏捷开发，敏捷团队只能想方设法降低开销。详情可以参见第 9 章的讨论。

定义"完成"

传统项目管理并不要求开发人员来评价工作是否完成。他们只需要及时完成交付的任务即可。Scrum 要求团队和项目干系人对"完成"的定义达成共识，而且可以测试。对学徒期的团队来说，确定 DoD 是一个不小的挑战。

最开始，这个定义或许只要求游戏可以顺利运行，不崩溃就好。之后，要求某特性能在目标平台上运行并能达到 30 帧。定义 DoD 所面临的挑战是 Sprint 期间会有新的任务冒出来。刚开始的时候，团队可能会忽视这些任务。他们认为一个成功的 Sprint 是指按时完成所有预计的任务。他们惊讶地发现，考虑游戏的"完成"比考虑完成指定的任务更为重要。

随着 DoD 不断完善，不断得到大家的理解，团队逐渐开始在 Sprint 计划中考虑加入一些不确定的内容。如果过去的 Sprint 为欠考虑的工作增加了 20% 的时间，那么在未来的 Sprint 计划中就要留出相应的时间。

每日 Scrum 站会面临的挑战

每日 Scrum 站会是高效率 Scrum 团队的重要活动。没有它，团队会发现很难保证团队能以正确的方式得到正确的结果。每日 Scrum 站会中，同事之间进行简单的讨论，确保他们明白当前处于哪个位置，理解 Sprint 目标，明确下一步工作。

刚开始的时候，每日 Scrum 站会确实很难做得对。不理解或误解会议目的都不利于团队有效用好这个活动。本章叙述一些常见的不当做法以及一些相应的弥补措施。

向敏捷教练汇报

在每日 Scrum 站会上，当团队成员向敏捷教练汇报而不是面向整个团队时，表明他们把敏捷教练当成了经理。这会妨碍团队成员产生归属感和责任感。团队成员或许认为解决问题和发命令就是敏捷教练的工作。这对学徒期的团队来说很常见。因为成员还没有克服之前缺少归属感的职业习惯。他们还不了解并相信他们有权自主控制团队达到 Sprint 目标和自主选择其工作方式。

敏捷教练可以通过一系列的行为巧妙地避免这些现象。例如，在每日 Scrum 站会上尽量避开发言人的眼神。这意味发言人不得不向着整个团队说话。敏捷教练还可以提出一些关键的问题："如果要达到目标，我们还面临着哪些问题？"或"你认为我们的下一步在哪儿？"这些问题有助于推动成员自己去找答案。

敏捷教练可能会在无意中恶化这些不当行为。其中之一是在会议上做笔记。过多做笔记会给人留下报告被记录备查的印象。这会让人觉得不被信任，所以，要杜绝这一类现象。如果敏捷教练需要记录任务时间来做最新的燃尽图，需要先向团队解释清楚。

技巧 / 提示　有时，保持沉默是敏捷教练最好的技巧。偶尔短暂的沉默通常能换来团队成员建设性的意见。沉住气，从一数到十，留出让他们思考的机会。

会上不汇报问题

不汇报问题的团队要么真的没有问题，要么缺乏对 Sprint 目标的责任心和团队的归属感，后者的可能性往往更大。

在 Scrum 中，敏捷教练可以鼓励团队报告问题。例如，帮助团队了解如果前一天每日 Scrum 站会设立的目标没有达到，就要向团队汇报延期的原因。

一般情况下，最好能提出关键性的问题。例如，在每日 Scrum 站会上，偶尔增加第四个问题（比如"哪些因素威胁着我们实现目标？"）很有帮助。这时，当他们意识到自己的问题威胁到团队的成功时，就会开始为团队而非为自己毫无保留地报告问题。此时，他们也会意识到自己是属于这个团队的。

Scrum Sprint Backlog 的微观管理

处于学徒阶段的团队，最搞不定的一个常见领域是如何学会管理好自个儿的工作。团队需要克服的障碍是 Scrum Master 坚持用电子工具来完成这项工作。

这些工具有下面这些用途。

- 建立 Sprint Backlog。
- 在 Sprint 期间更新估算值。
- 在每日 Scrum 站会期间显示 Sprint Backlog 的详细信息。
- 产生 Sprint 燃尽图。

这些工具除了对分布式团队有好处，我很少见到它们能够给新团队带来积极的作用。工具本身没有什么问题，问题出在用法上。

Scrum 的主要好处之一是可以提高生产效率。对如何做 Sprint，团队有自主权。有自主权的团队有责任心，会承诺完成 Sprint 目标。他们越来越享受工作的乐趣，并愿意持续探索改进点和改进方式。

Sprint 跟踪工具的短板体现在以下几个方面。

* 不可以用"全力以赴"的方式来管理 Sprint Backlog：鼠标，一个键盘，一个操作员。

* 工具中的数据一天只能导一次，因为许可有限，开发人员不想学工具怎么用或者认为不值得花精力学这些工具。

* 限制了团队自定义工件（任务板和燃尽图等）的能力。

* 管理层可以监督 Sprint 的指标（Sprint 速率和燃尽）甚至个别开发人员的进展。猜猜看，当被问到燃尽图为什么不够陡的时候，开发人员或者团队会有什么反应？

* 通过关注个人这种方式，使每日 Scrum 站会成为状态报告会。

即使以善意的方式使用工具，团队也有可能产生怀疑。如果组织内部还处于信任关系的初建阶段，这可能会是一个微妙的障碍。

团队还需要把自己的 Sprint Backlog 导入工具中。工具把这些待办事项存储在云端或服务区。

谈起这一点，我经常听 Scrum Master 说这个工具让他们处理工作更容易了：跟踪 Sprint 和生成燃尽图。我提醒他们注意，他们的工作是帮助团队建立责任感和信任关系，而不是管理团队。

Sprint Backlog 归开发人员所有，用于帮助他们组织和管理共同的承诺和预测，以实现 Sprint 目标。它没有服务于团队外部的用途。

技巧 / 提示 同样的建议也适用于看板的任务板（请参见第 6 章）。如果是集中办公的团队，相比使用电子版的看板和卡，实物的效果通常更好一些。

对目标缺乏关注

有时，团队太关注他们在 Sprint 计划会上确立的任务，对 Sprint 目标则关注不够。结果，在 Sprint 结束时会完成所有的任务，但游戏中却没有价值。阻碍进展的因素包括阻止玩家通关、未修复的错误、遗漏的资源等。

Sprint 的主要目标是为游戏增加价值，但"趣味"并不总是能在 Sprint 计划会上确定下来。Sprint 期间总会因此而进行大量的尝试并出错。目标和"趣味"都比较主观，因此任务也不稳定。例如，Sprint Backlog 中描述的目标是允许玩家控制复杂的环境，但并没有预测可能出现的典型角色控制问题。这并不意味着团队可以因此而逃避责任。尽管预料之外的工作威胁着低优先级的故事，但要增加紧急任务，满足对 DoD 的要求。

敏捷教练可以采取一系列措施鼓励这种做法。例如，鼓励团队改变每日 Scrum 站会的流程，使其更注重目标。与其来来回回在房间里回答三个问题，团队还不如回顾任务板上的故事，然后谈一谈进展情况和存在的问题。这会使团队更加关注故事本身。另一个有效的做法是在每日 Scrum 站会前通过游戏做一个简短的演示。它使团队更注重在可运行的游戏中加入价值，而不是盯着 Sprint Backlog 只关注进度。

团队应该创造性地探索 Sprint 实践，想方设法完成 Sprint 目标。

用工具取代每日站会

有些刚开始用 Scrum 的团队经常问我："我们是不是可以用一个软件工具来代替每日 Scrum 站会？"我总是坚决予以否定："不行！"

正如前面提到的，每日 Scrum 站会并不只是简单更新任务时间而已。其目的是查看进展情况，彼此确定为实现共同的 Sprint 目标还需要做哪些工作。

刚开始用 Scrum 的新团队需要花一段时间来了解每日 Scrum 站会的目的。在过去，往往是管理者考虑任务，然后分配任务，怎样把任务结合起来达成更大的目标并不是他们的责任。Scrum 完全相反。团

队不但要考虑任务，还要考虑怎样才能完成最终的目标。被动采用
Scrum 的新团队心态不同。他们认为每日 Scrum 站会很浪费时间。他
们认为这个会只关注任务及其故事点大小。

任务和评估确实很重要，但并不是经验丰富的 Scrum 团队的全部工
作重点。他们的每日 Scrum 站会就好比一个活跃的蜂巢，关注每个
人为完成游戏做了哪些工作以及还需要克服哪些新的挑战才能实现团
队的共同目标。

熟练阶段

随着迭代和交付价值能力的提升，团队进入熟练阶段。Sprint 不再是
小型瀑布式开发，设计完了才是测试和发布。相反，在 Sprint 中，这些活
动成为每天的日常。

处于熟练阶段的团队拥有更强的归属感、更多实践技巧、更能发现和解
决问题以及综合运用某些技巧。这些变化提高了团队的技术水平和效率。

这里有一个例子体现了团队是如何改善的。做游戏角色的时候，最后
一个阶段是在特殊的动画环境中加入声音。例如，在行走动作过程中
加入脚步声。问题是，在 Sprint 结束时，才上传所有的动画，这样一
来，作曲人员只能仓促提交以便在规定时间内达到 Sprint 目标。这会
导致加入的音效不是最理想的。在学徒阶段的时候，团队采用的方法
是确定截止日期，规定所有动画在 Sprint 结束的五天前提交完。这样
一来，加入启动音频的时间就很充裕，但这需要动画人员在截止日期
后就开始制作下一个 Sprint 需要的资源。虽然解决了眼前问题，但以
资源为基础的解决方案并没有起到提升速率的效果。

随着团队的 Scrum 经验不断增加，他们会找到更好的解决方案。这
需要动画人员为作曲人员提供不美观但足以用于配音的动画，作曲人
员加入音频后动画人员再进行优化。尽管看起来像是一个简单的调
整，但改变了以往根深蒂固的美术资源守则，即资源完全完成后才可
发。在这种或其他类似的情况下，摒弃以往的做法才能提高团队的工
作速度。处于熟练阶段的团队建立跨部门的信任，找到优化整个开发

过程的最佳途径，而不仅仅是其中一部分。

> **亲身经历** 处于熟练期的团队经常要为未来的Sprint做准备工作，比如写小的策划案或制作一部分资源。处于熟练期的团队通过减少工作切换和优化工作来避免这些问题。随着各学科之间的障碍逐渐被打破，自然而然就有了这些变化。

处于熟练期的团队也开始用长期的敏捷估算和规划实践，例如第 5 章和第 7 章叙述的发布计划和故事点评估。他们还会引入其他方法，例如第 IV 部分提到的测试驱动开发。

发布周期

处于熟练期的团队在发布、规划和执行方面，能力有所提高。学徒阶段的时候，团队需要面对 Sprint 的挑战，进入熟练阶段之后，已经适应了 Sprint 的节奏。他们和 PO 可以通过估算故事点来共同计划和跟踪发布进展，相关详情可以参见第 6 章。这可以为他们提供速率测量工具，有了工具，就可以预测中长期（而不只是 Sprint）内可以完成多少任务。

集中办公团队

敏捷原则强调随时进行面对面的沟通。这样做的好处在团队层面已经有体现了。当团队扩大到整个工作室时，普遍存在缺乏沟通而引起的额外的管理开销和问题。研究表明，缩短空间距离，团队成员的表现在很多方面都会有所提高（Van Den Bulte and Moenaert，1998）。团队逐渐意识到这一点之后，会通过重新安排座位来增进彼此之间的交流。

> **亲身经历** 工作室的空间布置通常会对工作室的文化产生极大的影响。我通常看到很多工作室都设置在高楼大厦中。如果游戏团队或者说甚至不同学科方向的人员被分隔在不同的楼层，会莫名地产生一种对抗的情绪，从而严重影响到彼此的协作和工作。

空间安排

想要集中办公的团队往往没有太大的选择余地。有时，办公室是小隔间布局，由于电线和数据线的限制而不能随意移动。对这样的办公空间进行整改，费用比简单的团队办公室和大房间高得多，因此，如果足够幸运，能够在选择办公地点时考虑到，就可以轻松为自己打造一个理想的工作空间。否则，就只好逐步改造当前的空间格局。通常，在大规模安排工位之前，可以先尝试安排一个团队体验一下效果和开销。

理想的工作空间是什么样子呢？其实并没有一个固定的答案。有时，甚至团队成员之间也无法达成一致。在一个跨学科团队中，写程序的可能想要靠着窗户，而美术又不喜欢户外光线太强。具体怎样，团队内部可以协商。在定义办公区域的时候，团队还需要考虑其他一些问题。

- 是否有足够的墙面来放任务板、信息发射源和白板？团队从来没有过足够宽大的墙面空间！

- 显示器前面有没有足够的空间让开发人员合作或讨论问题？例如，程序员能够坐在美术位置旁边讨论问题吗？

- 有开会的地方吗？例如每日 Scrum 站会或游戏演示。有没有空间可以供整个团队进行游戏展示？

- 办公空间是否远离喧嚣？附近的交通和其他人员是否会妨碍团队的工作？

- 有私人谈话、访谈或查邮件的空间吗？

技巧 / 提示　最好配备什么样的家具呢？我觉得 Anthro 那样可移动、可调的组合式家具最好。而且，随着时间的推移，还可以变一变，调一下。能够定期重新安排办公空间，会有意想不到的收获。

信息发射源　信息发射源（information radiator）[1] 是在一个地点发布信息的工具，供路过的人查看。人们用不着提问就可以看到相关的信息，信息会直接映入路人的眼帘。

---

[1]　译者注：出自敏捷专家阿里斯泰尔·科伯恩（Alistair Cockburn）。

关于集中办公的顾虑

在集中办公之前，几个团队的成员通常担心集中办公可能存在的问题。下面叙述两个较为常见的顾虑。

(1) 首先，程序员，也包括美术和策划等，需要在一个安静的独立环境下专注高效地工作。我们不能把他们安排到干扰多的工作空间。

团队办公空间的干扰肯定更多一些。这也是团队办公空间的一大特点。当开发人员处于集中精力完成个人的目标的状态时，比如写代码或做新的资源，如果干扰太多，肯定会影响进度。然而，Scrum 强调交付游戏整体的价值，而不是已经"部分"完成的价值。

当团队聚焦于完成共同的目标时，就需要人人都参与。因此，最重要的是碰到问题的时候能够快速获得其他团队成员的帮助。例如，一个动画的程序员不可能脱离动画师建一个动画系统。他们要合作起来，共同解决问题。

来自外界的噪音和干扰通常是不必要的干扰来源。各个团队要努力消除让自己注意力分散的干扰，如麦克风、放大器、扬声器和相关设备传来的声音（DeMarco and Lister 1999）。

亲身经历　在我所见过的集中办公的团队中，没有一个团队想要回到以前各自为阵的孤立办公状态。

(2) 如果不和同专业的小组成员在一起，我就无法向他们学到更多以及和他们充分合作。

这种论断为想要集中办公的团队设立了一个障碍。它有一定的正确性。例如，在一个很大的工作室，一半以上的 AI 程序员得为三个团队工作。这会得到三个不兼容的 AI 方案，典型的重复劳动。尽管让某个程序员和一个团队的策划和动画多接触是有好处的，但同时他也需要和其他程序员沟通。第 21 章叙述的实践社区"团队"可以帮助实现这样的沟通。AI 实践社区根据需要随时分享，这对需要 AI 的所有团队都有帮助。

发布功能失调

刚开始用发布的时候，团队会碰到一些常见的功能失调的情况，不只是 Sprint 的问题。往往有两个原因：一是时间窗较长；二是 Sprint 的 DoD 与发布的 DoD 之间的差异。而且，发布周期还会表现出瀑布行为的痕迹，这些行为最后可能会引起问题。

下面要阐述发布功能失调综合征，讨论可以通过哪些方式来帮助团队得到"疗愈"。

集成 Sprint 被当作垃圾场

第 9 章描述的集成 Sprint[①] 是团队需要努力减少甚至消除的。集成 Sprint 的危害是被沦为垃圾场，正常 Sprint 期间需要完成的所有工作都堆到这个阶段。没有开工、未完成的工作会阻碍团队取得进展并降低团队的速率。

当出现以下征兆时，意味着有集成 Sprint 的嫌疑。

* 每个 Sprint，美术都完不成美术资源，在游戏中留下太多替用资源或者缺少资源。
* 程序员推迟修复 bug。
* 策划不根据游戏机制的玩法来调整特性。

每个 Sprint 都要达到一种完成级别，要包含大量这样的工作。如果不这样，DoD 就需要改进，把它们包含进去。

> **技巧 / 提示**　在 Sprint 期间，经常做游戏演示有助于团队专注于确认这项工作已"完成"。

延期价值

处于学徒期的团队通常把 Sprint 分成几个阶段，当成小瀑布式的项目。在不同发布期间，有一个相关的问题会影响到团队。早期的 Sprint 称

---

① 译者注：也称强化（hardening），多指为产品准备的最后一次迭代，通常涉及最终测试、管理和文档。

为"设计 Sprint"，而后期的 Sprint 聚焦于对发布版本进行调试、调整和优化。

速率用来衡量发布的进展，预测完成时间（详见第 6 章）。这种预测假设速率趋势直到发布结束都是一条直线。然而，团队在结束时或许都会经历一次速率下滑。如果团队千方百计想要完成目标，就会开始加班。而且，团队工作越努力，似乎速率越是会下滑。

图 18.2 展示了一个跨 4 个 Sprint 的发布采用这种方法运作时的情况。实线表示发布过程中完成的故事点总数。虚线表示 PO 所看重的游戏（乐趣）主观价值（没有切实可行的或简单的方式衡量……这里只指程度）。

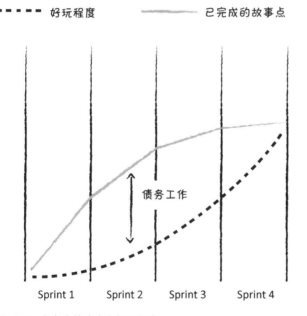

图 18.2　发布中的速率和好玩程度

在理想状态下，价值和故事点都会稳步增加。在图 18.2 中，故事点速度（黑色斜线）开始的时候增长迅速，发布结束时增长放缓。价值开始的时候增长缓慢——表示在开始的 Sprint 中没有加入多少"好玩的东西"到游戏里——但在最后几个 Sprint，游戏变得非常有趣。

团队在发布阶段用的是瀑布模型，把它当作一个单一的阶段性迭代，包括集成、调试和最后的优化。这样一来，发布时产生了未完成的工作，称为债务（debt）。

债务工作如下。

- 优化或调优工作。
- 团队知道最优方案之前就已经做好的游戏资源。
- 未得到及时修复的 bug。
- 并行开发大型的游戏资源。

在发布快要结束的时候，债务工作推迟了价值的实现，像瀑布式项目一样被推迟到后期制作阶段。团队要想持续创造价值，就需要及时避免债务的积累。

例如，考虑一个团队的发布计划，制作一个需要探索多种玩法的关卡。这个关卡有很多个房间，每个房间对玩家来说都是一次挑战。一个团队或许采用阶段式方式来建整个关卡。在第一个 Sprint 阶段，用无贴图的道具来建这个关卡。在第二个 Sprint 阶段，关卡策划加入 AI 角色和触发事件。在第三个 Sprint 阶段，加入高清的几何体。最后一个 Sprint，做优化、调试和音效设计。

在以这种方式建大型关卡的同时，团队也制造了债务，而且需要团队在发布结束之前全部"清偿"。如果其中任何一个步骤花的时间太长，就会使团队迫于期限而仓促完成整个关卡，或者推迟发布。结果往往是，团队压力大，项目干系人也忧心忡忡。另一个缺点是，直到发布结束之前，才看得到优化后的游戏体验，也就是说，直到最后，才能看得到价值。这个时候，几乎不太可能对游戏的玩法做任何迭代了。

一个更好的方法是在每个 Sprint 完成一个完成优化和调整的关卡。如果一个发布包含四个 Sprint，每个 Sprint 目标可能尝试完成目标关卡的四分之一。例如，如果一个关卡中包括中世纪村庄、城堡、森林和市集，团队就可以每个 Sprint 完成一个。如果关卡目标对发布太大，团队就可以在第一个 Sprint 发现，此时，PO 要缩小目标范围或推迟发布日期。这样做的另一个好处是可以在整个发布过程中对游戏玩法进行优化和调整。

现有的游戏机制、工具技术或渲染技术也许不支持每个 Sprint 都进行横截面式的开发方式，但这是用于长期性防止整个发布都面临这种不确定性的措施之一。

限制速率

在教练和培训师之间，该不该放弃速率这个概念以及故事点估算这个实践，是争议最多的。相当一部分热议来源于它们的被滥用。速率用于衡量团队完成的工作，这些工作满足 DoD（"完成的定义"），用作指标来粗略预测未来可能实现什么游戏。

不幸的是，速率一直被用来为团队设定固定的目标，甚至按不同 Sprint 为基础对不同团队进行横向对比。由于速率基于相对估算技术，不够精确，因此，团队最后会偷工减料，实现的是以速率为标准的目标，但往往以牺牲质量为代价。

我通常如此建议：除了史诗级别 PBI 的故事点估算外，开发人员不要用故事点。

我发现，大多数处于精通（大师）级别的团队都放弃了用速率来进行特性预测，因为他们更擅长于事先管理债务和创造价值。

对迭代进行改进

通过改变实际工作方法，处于熟练期的团队开始加快持续自我改进的频率。为了做到这一点，他们必须测速率并专注于改进。

处于熟练期的团队要引进意义重大的新实践，比如，引进测试驱动开发来提升代码和持续集成的质量，使游戏特性可以更安全、更快地集成（参见第 12 章）。团队开始在各个部门尽可能加快迭代的频率，具体通过自动化测试、改进工具或团队实践来实现，比如使 QA 更接近于开发（参见第 15 章）。

对此，度量速率至关重要。速率和其他参数指标为 Scrum 创建了一套经验控制系统。如果没有经验，实践过程除非有魔法，否则团队无法通过这种自相矛盾的做法取得成功。

大师阶段

大师阶段是 Scrum 团队的最后阶段，也是每个 Scrum 团队想要达到的最终目标。这样的团队可以做到如下几点。

- 自组织：大师阶段的团队能够合作无间。伟大的团队建立在默契和激励之上。成员之间彼此信任，能够进行深层次的沟通。团队可以决定人员的去留。

- 推动持续改进：他们是规则制定者。他们很少需要管理者的支持和帮助。这些团队能够自己掌控自己的工作。

- 沉迷于工作：工作是同事之间的承诺。他们共进退，每个人的贡献和创造力都是可贵的，相互促进的。

- 交付最大的价值：大师阶段的团队经常被称为伟大的团队（参见第 5 章），远远胜过其他的团队。

亲身经历 在伟大的团队中，人们把这样的经历称为个人职业生涯中的巅峰时刻。在过去 20 年，我曾经有幸加入过两个这样的团队，而且总是渴望回到当时那种状态。

处于大师阶段的团队很难定义，但很容易辨认。这样的团队，不是可以用公式推导出来的，但据我观察，他们有以下共同之处。

- 独立性和责任感：团队需要感到自己是在做创造性的工作，能够做出有创意的成果。

- 领导力：团队中通常有一位天生的领导，能够在团队和项目干系人之间传达目标，增强团队的凝聚力。领导力不是由职位来定义的，而是由行动。

- 核心专家：不需要团队每位成员都是专家，但通常情况下，处于大师阶段的团队至少都有一位核心专家。他运用自己的个人智慧来支持团队目标，使整个团队能够齐心协力地完成目标。

- 团队合作：团队配合默契，经验丰富，就像有机体一样，逐步发展壮大。

- 适宜的工作室文化：工作室文化可以为团队提供营养，也可能阻碍其生根发芽。有时，伟大的团队也有可能在极其畸形的文化下形成，但这样的团队不会存续很久。

伟大的团队，不是按流程形成的。然而，Scrum 可以帮助他们掌握原则。团队的自组织、对 Sprint 目标的责任感、承诺和每日站会，这些都是培养团队能力的有效手段。

团队的结构和成员关系

对大师级团队来说，合作是必要的。有经验的团队如果不能合作，就无法取得成功。

组建团队要谨慎，要有调整其成员结构的能力，以便提高合作水平和增加成功的机会。最开始的时候，团队不能独立具备这样的能力。团队形成早期，离不开工作室的领导。他们指导和鼓励团队，让他们逐渐能够自律和做出最优话决策。直到最后，团队能够做到高度自律和独立决策。

自组织团队是如何调整成员关系的呢？

团队不会在 Sprint 中途调换成员。他们会把这种调整推迟到 Sprint 评审会之后以及下个 Sprint 计划会之前。调整成员的因素有两个。第一，为了满足团队目标的需要。例如，下个 Sprint，团队需要有动画支持，但当前 Sprint 团队内部还没有这样的人，因此，在 Sprint 计划会之前，他们需要有新的成员加入。

调整成员的第二个原因是提高合作水平和增强责任心。为了保证团队的工作效率更高，团队可以增加新的成员或开除与当前团队调性不太一致的成员。开除成员很棘手，但有时不得不如此，往往是配合不默契或者性格与团队价值观不符的成员。

如果某位成员成为了团队的障碍，就要找出问题的根源。但是，如果团队自己无法定位原因，敏捷教练就要通过观察和询问帮助解决问题。这包括在 Sprint 回顾会上讨论以及私下里找有问题的团队成员谈话。在很多情况下，甚至还没有等团队意识到需要开人，这样的讨论就足以解决问题了。

如果团队内部实在搞不定，就只好请有问题的成员走人。这个时候，游戏工作室的领导必须支持他们的决定（参见下面的"亲身经历"）。

> **亲身经历**　前面叙述了团队怎样要求开除没有任何长进的同事。我也经常问管理层怎样处理此类问题。因为我是高月工作室的首席技术官（CTO），所以偶尔也会碰到团队要求开除程序员这样的情况。然后，我分别找团队和问题程序员谈话，大家一起考虑如何避免将来再出现此类问题。如果这件事情得到许可，也就是我同意这种改变，我会与另一个团队沟通，如果需要，这个程序员随时可加入他们团队。我会向那个团队解释离开上一个团队的前因后果。在大多数情况下，其他团队都会同意接收。但也有极个别的情况，没有团队愿意接收。大多数是因为以前被多个团队踢出，尤其是声誉不好的成员。这时，它就变人力资源的问题了。虽然结局不美好，但对工作室是有好处的。[①]

在新的发布开始之初，处于大师阶段的团队为了完成特殊的发布目标，会进行大量的人员调整。通常都会保留核心成员。工作效率高的团队，配合程度相当高，长期合作所形成的默契是很难建立起来的。因为必要技能而简单组合起来的团队，还需要产生化学反应。工作上的默契一旦形成，就要好好保护和支持。

可以对主流的实践进行自主调整

大师级的团队有能力在秉持 Scrum 和敏捷开发基本原则的底层逻辑基础上扬弃或改变主流的实践。有些大师级的团队在方法的应用上花

---

① 译者注：在《敏捷文化》一书中，作者提到了这样的结局未必不美好。有时候，行为改变需要有助推力。作者提到一个例子，找问题员工谈话之后也帮助他分析了具体的前因后果，推动对方主动做出了一个双赢的决策，对方另外找了一份称心如意的工作。可以从以下网址获得部分信息：https://www.ximalaya.com/gerenchengzhang/34816454/295673680。

样不断，以至于表面上根本看不出来是 Scrum。

第 10 章描述的精益生产就是这样的例子，为了使团队制作最后要用
到的游戏资源而去掉 Sprint 计划会和 Sprint 目标。表面上看，这似乎
严重违背了 Scrum 原则，但其实则不然，底层仍然是第 3 章介绍的
Scrum 原则：试验、涌现、时间盒、优先级和自组织。

大师级团队所做的这些改变都基于经验度量、责任感、自由以及对
Scrum 和敏捷原则的深层次的理解。

亲身经历 在过去十几年的观察中，我注意到一些采用敏捷
/精益最为成功的团队，他们虽然多年来一直都在改动大多数
具体实践，但始终坚守着最底层的原则。那些一直死守具体
实践的团队，仍然在原地踏步，停留在学徒阶段。

成效或愿景

处于大师阶段的团队，最典型的特征就是准确无误。

* 他们的输入更有创意，而且与游戏的愿景保持高度一致。
* 他们的生产率远远高于普通团队。
* 他们更喜欢在一起工作。

他们更喜欢自己动手解决问题，而不是指望团队以外的成员来代劳。

第 19 章和第 20 章将进一步探究教练如何帮助团队成长以及如何发展
人人领导力，让敏捷文化在整个游戏工作室落地生根。

小结

每个采用 Scrum 的工作室都有自己独特的经历。从学徒阶段到熟练
阶段，最后到大师阶段，各有各的路。有的团队需要几年的时间，有
的团队则半途而废。

拓展阅读

Cockburn, A. 2007. *Agile Software Development: The Cooperative Game.* Boston: Addison-Wesley.

Cohn, M. 2009. *Succeeding with Agile.* Boston: Addison-Wesley.

Hackman, J. R. 2002. *Leading Teams: Setting the Stage for Great Performances.* Boston: Harvard Business School Press.

第VI部分　追求卓越

第 19 章

指导团队走向卓越

过去几十年从事游戏开发期间，我吸取到几个主要的经验，其中之一是，相比发行游戏本身，和我一起制作游戏的人给我留下了更深刻的印象。我记得最清楚的往往是热爱工作并且氛围好的团队。巧合的是（或许并不是巧合），这样的团队往往能做出最成功的游戏。

2012 年，谷歌发起一项名为"亚里士多德"的计划，旨在发现伟大的团队为什么更出色。对谷歌而言，一个卓越的团队，就像亚里士多德说的那样，是一个"整体大于局部之和"的团队。研究最终发现，除了智力或技术因素，高绩效团队与功能失调的团队在情商上有很大的区别，团队成员对待彼此的态度以及应对问题的方式有很大的差别。

什么是"卓越的团队"

我问过一些资深的游戏开发人员，他们当中，几乎每个人在个人职业生涯中至少都有一个卓越的团队。伟大的团队通常有下面几个特点。

- 高效：几乎每天都能完成大量有效的工作。
- 专注：对工作的方向非常感兴趣，觉得自己是有价值的贡献者。
- 好之：能够做出好的游戏。
- 乐之：能够享受工作并喜欢和同事在一起。

团队一旦可以享受到工作的乐趣，往往就可以做出最好的游戏，游戏开发团队能够在这样的场域中工作，是很幸运的。

我刚开始学习 Scrum 时，就遇到了这样的团队。我觉得，Scrum 框架通过将项目管理的典型角色分为产品负责人和 Scrum Master，为伟大团队的创建和培育提供了支持。这些角色可以平衡"做正确的游戏"（方向）和"以正确的方式做"（流程）之间的压力。

伟大的团队，是打造成功游戏最大的影响要素之一。伟大的团队，也是最难培养的。单靠规则或实践的应用，无法组建起伟大的团队。需要工作室和项目经理齐心协力。

为什么需要教练的指导

在体育运动中，尽管教练并不是各个位置上最优秀的选手，但他实际上是团队取得成功最关键的因素。教练可以增强团队凝聚力并建立团队合作精神。教练可以使团队专注于大的目标，并向团队反馈他对团队的观察和发现。

游戏团队同样如此。教练并不是最好的美术或程序员。但是，教练能帮助团队成长并专注于目标，从而使团队变得更好。

本章提供的解决方案

本章介绍教导、引导和可用于帮助团队提高成熟度并提升工作效率和参与度的工具。

教练技术

好的父母，不会把注意力集中于替孩子解决所有的问题上，而是更注重帮助他们成长，让他们成为能够解决个人问题且能够自力更生的成年人。这与教练的工作是一个道理。然而，这也是教练可能面对的最大的挑战：不要试图走捷径去解决某人的问题，而要帮助他们成为能够独立解决问题的人。

本节介绍教练对教导对象应该抱持的立场，还有如何引导团队展开对话并达成共识的技巧以及教练在这个过程中可以用到的一些基本工具。

我的教练之路

上世纪 90 年代初，结束数十年来将制作游戏当成业余爱好的日子，我加入了梦寐以求的 R 星（Rockstar，当时还叫 Angel studio）。从国防行业转向视频游戏开发，像我这样的转型真是不多见。工作环境虽然不那么正式，但游戏制作所涉及到的技术和创新水平远远超过了国防行业。

鉴于我在管理小型国防项目方面有丰富的经验，所以不到一年的时间，我就成了游戏团队的领导。但这并不是因为我有卓越的领导才能。我并不是一个好的领导。我不会鼓励人。相反，我带团队的方式是愤怒和威吓，因为没有领导经验，也没有受过相关的培训，这让我感到深深的不安。

和其他有类似经历的管理者一样，微观管理的压力和负担很快就让我不堪重负。一旦发现解决问题并不见得能带来多少好处，而解决不了问题却能带来诸多麻烦的时候，人们是不会主动惹火上身的。因为发现错误，往往意味着领导会很生气。到最后，搞得我必须得亲力亲为，每周都不得不努力解决好几百个问题，而这些问题本应该是一个敬业的团队可以自行解决的。

结果，这个职位耗尽了我的精力，差点儿让我伤心得想要转行。后来，我不再管这管那，而是开始让人们自行解决问题，甚至允许他们犯错误。我专注于学会放弃微观管理以及运用教练技术，最终成为一名专业教练和培训师。

Scrum Master 即教练 Scrum 专门创建 Scrum Master 这个角色来担任团队教练。因此，对于 Scrum，本章提到的"教练"就指的是 Scrum Master。

教练的立场

教练的立场是教练在协助他人时所采用的心理或情感倾向。立场可以帮助教练根据个人或团队的真正需求来定位优势，以促进团队成长。

"和当足球教练一样"

我一直在这里教我们的 IT 部门使用 Scrum 并根据他们的需求进行调整。我一直在用的方法与国家足球训练学校的教学方法相同：从简单的开始，再走向复杂。在指导儿童踢足球的时候，首先是基本功和个人，然后逐步发展为 1 对 1、2 对 2、6 对 6 等，直到逐步发展成为一支可以参赛的团队，非常复杂但人员齐整。我对 IT 人员采取相同的方法，从基础开始，只操心斐波那契数列或目标语言。最后，我们一起确定相对大小和目标语言并在我们的第一个 Sprint 中通过站会逐步发展出成熟的 Scrum。我们取得了成功。

——埃里克·赛兹（Erik Theisz），认证 Scrum 专家和 Scrum Master

> **定义**　客户，指的是你正在教导的人，我更喜欢称客户为"教练对象"。

成功的教练以最有效的方式支持团队并帮助他们成长，具体方式如下。

保持中立

在帮助客户解决问题的时候，通常都能想到一个对应的解决方案。强制客户实施这个解决方案会使你们之间产生嫌隙，让你迫切希望自己的建议能够被对方采纳。

保持中立意味着要保留个人的意见，并帮助辅导培训对象建立自己的解决方案。然后，即使我们认为方案可能行不通，也要帮助他们实施。对解决方案有自主权，即使是失败的解决方案，也可以帮助客户成长。我们还必须谦虚地承认客户有可能可以看到我们看不到的解决方案。请注意，在这个过程中，提出重要的问题（本章稍后将介绍）可以帮助他人做出更好的决定，并在学习过程中尽可能避免失败。

服务于客户的日程安排

刚开始当敏捷教练的时候，我最初的目标是"帮助"人们"变得敏捷"，即便他们还没有准备好而且也并不想这样做。这样做，其实对他们很不利。

教练需要发现客户的初心，知道从开发到邀请你当教练的游戏工作室主管有哪些真正的动机。有时，就只是希望工作室完全做到开放交流。不管真正的动机是什么，都需要为它服务，而不是为自己的动机服务。信任客户。关于自己到底需要什么，他们比你更清楚。

坚持原则，有所为，有所不为

有一次，我去拜访一家工作室，他们对开发的微观管理让我叹为观止。开发的痛苦程度，充分体现在他们的生产力上。工作室的目标是想办法加强微观管理。我可不打算助纣为虐，昧着良心教他们如何达到目的。

听起来这似乎违反了前面描述的两种立场，但教练必须要有自己的原则和气节。不想助长功能性障碍，也不想让客户觉得自己的行为有异于常人。对待客户，要有同理心，清楚如何在遵守个人原则的情况下帮助他们。但也要诚实描述自己的观察，不要妄加评判。

有同理心

必须真正关心客户和他们的选择。必须假设他们的出发点总是好的。一旦开始认为自己了解得更多，而他们在某种程度上有欠缺而看不到你所做的事情时，就说明你已经输了。

像对待家庭成员一样对待他们，他们正在自己的道路上独立前行。他们要自行做出决定，这些决定对他们的影响有利于他们提升绩效或升职。在这条道路上，你只希望他们可以取得最好的结果。

这种态度显然对他们有感染力。

引导

引导技术是教练最基本的技能，可以帮助团队达成共识。本节探讨实践模式，回顾可以用于帮助引导（而不是指挥）团队。

参与式决策钻石模型

一种有助于团队协作的实用模式称为"参与式决策钻石模型"（Kaner，2014），它通过三个阶段来引导团队参与共同决策。

- 发散期：在发散期，人们充分探索各种想法并分享其可行性。在这里，引导师可以帮助参与者探索更多的选项，尽量避免在熟悉的想法或观点前停滞不前。这个阶段也称"构思"阶段，此时提出的所有想法都不得评判或估量。

- 动荡期：这是中间阶段，此时，采用不同参考架构的人都要尽量去理解别人的想法。在这里，引导师的作用是帮助建立共同语言并强化关系。

- 收敛期：创建共识或参考架构，团队缩小想法 / 观点的范围，收敛形成共同决策。

如图 19.1 所示，钻石模型几乎适用于我们可以联想到的任何团队协作。

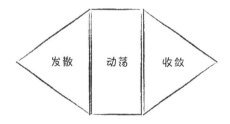

图 19.1　共识决策钻石模型

下面的例子说明了如何应用钻石模型来指导回顾活动。

- 发散：团队每个成员记下自上次回顾会以后所发生的影响到个人工作进度的具体事件和情况，无论这件事对他 / 她的进展有所帮助还是造成了阻碍。每件事都要记录在白板或活动挂图上贴着的的便利贴上。

- 动荡：团队用亲和图（稍后在"亲和图"一节中介绍）来排列便利贴，从中发现是否有规律。

- 收敛：通过根因分析（下文将详细提及），团队可以找到工作顺利或者出差错的根本原因，然后发现可以尝试的实践，借此来改进团队合作。

之所以要划分这三个阶段，是因为，多半是因为团队都开始急于合作解决问题。结果，谁的声音最大或谁的薪水最高（HiPPOs）[①]，就听谁的。

其他引导工具

我发现，另外还有几个很有用的引导工具。

计划扑克

如第 9 章所述，计划扑克是用于估算故事点的有用工具。它也可以用于预测任务以及评估价值、优先级或其他任何可以分配编号的东西。

优先顺序

如第 7 章所述，优先级是一种协作工具，可以用来确立一连串事件的先后次序。我们甚至用它来排名本地的餐馆！

亲和图

这是我最喜欢的工具之一，亲和图对项目集进行分门别类，归纳出模式。最常见的用法是要求一个团队单独建一个列表，每个便利贴对应一个项目，然后将这些便利贴贴在活动挂图上。接着，团队成员将便利贴及其对应项目的便利贴放在一起。然后，讨论模式。

> 示例　我们家偶尔会在业余时间为我们喜欢做的事创建亲和图。分组并探索出模式之后，发现有些事情可以规划到全家人共同的假期里去做。

---

① 最高薪人士的意见（Highest Paid Person's Opinion）。

教练工具

本节要介绍以往团队教练用得最多的一些教练工具。本章末尾列出的参考书中还可以找到其他工具。

默数

教练和领导的一个好习惯是提出问题后等待有人做出回答，即使他们认为自己可能知道答案。具体说来，这个实践就是在提出问题之后默数到 10。如果等六七秒才有人做出回应，请不要感到惊讶。长时间的沉默，可能会让可能知道答案但不太敢开口的开发人员感到不适。

聆听

聆听（主动倾听），与他人交流的时候可以练习这个实践，用来提高个人的理解水平。主动倾听，意味着要做到下面几点。

- 专注于对方在说什么：避免分心，千万不要在对方话还没说完就早早地想出答案并急切地想让对方知道。另外，请尽量避免评判对方。

- 提出相关问题：针对对方所说的话，提出相关的重要问题（请参阅下一节），挖掘出对方是否还有更多可能的解决方案。

- 允许保持沉默：对方暂停时请不要插话。练习默数，然后问他们一个提示性问题，例如"你还能做些别的什么吗？"

- 逐字逐句地表达或反映关键短语：时不时地用自己的话来解释对方说的话，确保自己已经正确理解了他们的意思。

- 运用 SOFTEN 法则 [1] 来体现自己的参与度：首字母缩写分别代表微笑、开放的肢体语言、前倾、语调、确认眼神和点头。

---

[1] 译者注：S（Smile），微笑，很多人在聆听他人讲话时会忘记这一点。微笑能表达自己的友好，并无言地鼓励对方放松。O（Open Posture），注意聆听的姿态。随时处于聆听的姿态能够给对方极好的暗示，表明你已经准备好倾听并关注对方的每一个观点和看法。聆听的姿态往往表现为面对讲话人站直或者端坐。F（Forward Lean），身体前倾，表示专心在听。T（Tone），音调，传递时声音、音调给对方造成的影响其实高于内容本身。声音的高低、语速、音量、声调都会对谈话的效果产生重要影响。E（Eye Communication），目光交流，可以影响到对方对你的信任评价。N（Nod），点头，偶尔向对方点头，不只表示你的赞同，同时还说明你认真在听对方讲话。只有双方都进入状态，沟通才能正常进行并取得良好的效果。

也可以在工作室之外的场所尝试这些技巧，也可以针对倾听，看看这些技巧在哪些方面可以帮助到他们。

提出要害问题

要害问题（powerful question）有影响力，能推动思考和对话。要害问题还可以避免有人回避或敷衍了事地回应。

提出要害问题，需要练习。以下基本规则可以帮助你达到预期的效果。

- 问题尽量简短一些。

- 避免简单的是非问题。

- 不要提出任何反问句。

- 采用默数的方式，直到有人开口说话。他们需要时间来思考。

哪些算是要害问题呢？下面是一些例子。

- 哪些因素阻碍了我们实现 Sprint 目标？

- 就目前而言，你觉得游戏的哪些方面很好玩？

- 你对我们正在做的游戏有什么想法？

- 如果你能着眼于某个点改进我们的工作方式，会从哪里做起？

- 这个问题，你还能怎么解决？

沟通最重要

"沟通技巧最重要。必须能在对方的认知水平用他们的话进行交流。我的建议是，每个人多少都得知道团队在做些什么，不必成为专家，但了解团队的工作方式和沟通方式相当重要。"

——格兰特·香克维尔（Grant Shonkwile），Commander & Shonk，Shonkventures

通过教练来提升团队绩效

不同于传统通过度量指标驱动的目标向团队施加压力，以此来提升团队绩效，敏捷教练会从下面几个角度来探索激励个人和团队的因素，以此来提升团队的绩效。

心理安全感

根据哈佛商学院教授艾米·埃德蒙森（Amy Edmondson）（代表作有《无畏的组织》）的说法，心理安全感是"团队成员共同的信念，即团队对人际交往有安全感[①]。"将心理安全感定义为"一种信心，相信团队中不会有人会让发声的人觉得尴尬、遭到排斥或受到惩罚。"并把心理安全感称为"一种以相互信任和相互尊重为特征的团队氛围，人们乐于做自己。"

观察团队的情况

每日 Scrum 站会和回顾会往往可以用来观察和提升心理安全感。如果团队成员在这些活动中不能说出自己的想法，就表明他们没有安全感。

共同目标

高绩效团队的共同目标是专注于整合所有职能。例如，Boss 角色的目标及行为模式需要建模、动画、AI、音效和状态机。缺乏共同的目标（例如，每个专业都有各自不同的任务），会使团队产生不同的利益关系和行为。

责任共担

在 Scrum 框架下，团队对 Sprint 目标（这应该是一个共同目标）有责任共担。例如，如果 Sprint 目标是"可以在墙上行走的一种敌人"，那么共同责任意味着所有团队成员都要负责实现这个目标，不论具体什么角色或职位。如果代码可以运行，但是动画没有做完，还是相当于目标没有达成。整个团队都要为目标负责。

责任共担进一步推动了团队的高度协作。例如，如果动画师无法将动画植入游戏，那么基于责任共担的激励，程序员会主动去帮助他们。

---

① https://hbr.org/ideacast/2019/01/creating-psychological-safety-in-the-workplace

工作协议

工作协议是团队制定的一套协议，用于确定成员协作方式。这些规则不是由管理层制定的，而是由团队自己定义并随着时间推移而不断完善的（通常在回顾会中）。

团队整体大于局部之和

将注意力放在团队成员和绩效上，可以让你深入了解团队内部产生化学反应的价值以及这种化学反应所带来的绩效差异。

有一次，作为实验，我们工作室中八位最有才华的人聚在一起，希望组建一个"超级团队"，展示一下最优绩效。

然而，我们得到的是可以想象的功能失调最严重的团队。团队中争论不断，互不相让，结果呢，产出的价值低于大多数其他团队，经过几个 Sprint，产品负责人解散了这个团队。

优秀的团队需要技术和领导才能，但同时也需要愿意当追随者的成员。

根因分析法

大多数问题都不是很直观的。在你或你的团队受到影响之前，通常都有两个或多个引起问题的原因。例如，如果贴图美术由于导出没有及时停止而使模型上加了许多不必要的贴图，这些贴图所产生的影响可能需要积累几个月才会使游戏速度慢下来。

根因分析法指的是在因果层次关系中追根溯源。这样一来，就可以找出真正的问题根源（在我们的示例中，真正的问题在于导出功能），而不是我们在表面上看到的原因（而指责贴图美术）。

我最喜欢根因分析法的"五个为什么"。

五个为什么

在回顾会上采用这个实践，往往有助于团队把重点放在可行的解决方案上。回顾会议从构想阶段开始，先收集之前迭代中遇到的问题和障碍。之后，团队针对产生这些问题的原因发表见解。通常，需要挖好几层才能找出诱发这些问题的根本原因。

"五个为什么"这个实践一开始，将团队分成两个到四个人的小组。针对每个问题，一个人问小组内其他的成员"为什么会产生这个问题？"对于每个成员的答案，再进一步追问"为什么"。这样的问答不超过五次，小组往往就能找到问题的根本原因，从而找到解决方案。小组记下根本原因，继续讨论下一个问题。所有小组都集合起来之后，就已经能找出根本原因了，随后可以在回顾会议的下一个阶段中生成解决方案。

"五个为什么"示例

- "我们每天早上都浪费了很多时间。"
- "为什么？"
- "build 总是大清早就出问题。"
- "为什么？"
- "交付是在前一天很晚的时候进行的，没有经过充分测试。"
- "为什么？"
- "快下班的时候没有测试用的目标机器。"
- "为什么？"
- "QA 的回归测试总是在每天快要下班的时候进行。"

团队成熟度模型

正如亚里士多德计划所证实的那样，团队的成熟度和化学反应是影响团队绩效的主要因素。有许多团队成熟模型可以帮助指导成长中团队的领导或者教练。本节简要介绍一些已经实证有用的模型。

团队协作的五大障碍

《团队协作的五大障碍》（Lencioni，2005）描述了团队成熟之前需要解决的功能障碍结构。从最基本的角度来看，层次结构如下。

- 缺乏信任：不愿意向团队成员或管理层承认自己的错误和弱点。
- 害怕冲突：出于对可能无法达成共识的担忧，避免展开建设性的辩论。
- 缺乏参与：不愿意齐心协力为达成共同的目标而努力。
- 逃避责任：在质量问题上逃避责任。
- 无视结果：将个人目标放在团队目标之前。

对于新的敏捷团队，通常需要按顺序解决这些障碍。信任通常是团队成员之间以及团队与工作室都要解决的首要问题。建立好信任关系之后，团队可以开始消除对冲突等事件的恐惧感。

塔克曼模型

塔克曼模型[①]（图 19.2）描述了团队达到成熟需要经历的五个典型阶段。

图 19.2 塔克曼模型

---

① https://www.mindtools.com/pages/article/newLDR_86.htm

- 组建：首先组建一个团队并确立最初的目标。成员各自独立工作并保持个人的"最佳表现"。通常只能建立初步的信任。

- 激荡：团队在渐渐习惯于彼此协作的同时，信任和规范却难以建立。权力关系的建立和人格上的冲突经常会引起争端。团队有时会卡在这个阶段。

- 规范：解决了人格和权力上的冲突，团队建立了更紧密的联系，从而可以开展更诚恳的辩论。

- 执行：团队开始专注于共同的目标和承诺，并为此而展开跨学科的协作。团队责任变得极为重要，自组织行为模式油然而生。

- 休整：不幸的是，团队最终都会解散，无法永远在一起。团队仍然应该花些时间庆祝已经取得的成功，并记下曾经助力取得成功的实践和行为，以期将这些助益带入新的团队。

塔克曼模型和团队的五大障碍是互补的。缺乏信任和害怕引起争端会使团队无法进入规范期和执行期。同样，由于游戏团队的专长划分，在不同 Sprint 失去一两个队友时，总有跌回激荡期的风险。这也是"Scrum Master 是保证 Scrum 取得成功的牧羊犬"这个比喻背后的原因。Scrum Master 要坚决保护团队免受团队外部的"掠夺者"的侵害，防止团队回到激荡期。

情境领导力

情境领导力（Situational Leadership）是由保罗·赫塞（Paul Hershey）和肯·布兰佳（Ken Blanchard）在 20 世纪 70 年代后期开发的。在这套原则的指导下，可以对不同成熟度的团队应用不同的领导风格。他们定义了四个领导类别，如图 19.3 所示。

- 指导（Directing）：领导为开发和团队定义角色和任务。

- 教练（Coaching）：领导仍然要为团队设定方向，但角色和任务具体如何确定，由团队自己拿主意。领导使团队可以更自由地识别和跟进自己的工作。

- 支持（Supporting）：领导允许团队有权决定角色和任务，但仍然参与决策并跟踪进度。

- 授权（Delegating）：领导参与决策和进度监控，但团队在自己的角色、实践和工作方面完全采用自组织方式。

Scrum 团队通常从"高支持行为"开始（图 19.3 的上半部分）。通常，工作室的文化更有指导性，团队经常向 Scrum Master 做汇报。随着时间的推移，优秀的 Scrum Master 会提升自己的引导技能，并以团队成员的身份来支持（左上象限）团队。

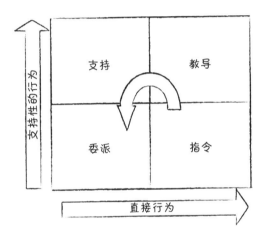

图 19.3　情境领导力

随着 Scrum 团队日趋成熟，自组织能力变得更强，Scrum Master 会进一步下放权力到团队，让他们负责起更多日常的职责，自己则始终作为观察者，随时为团队提供支持（左下象限）。

教练工具和实践

本节介绍教练可以用来帮助团队具备更高成熟度的一些工具和实践。有关更多实践方法，请参见我的另外一本书。

放松情绪

有些文化缺乏包容性，不允许犯错，犯了错的人，可能会遭到谴责。这会造成恐惧，进而扼杀学习的积极性和创新精神。到最后，人人自危，变得谨小慎微，只做份内要求要做的事情，如果犯了错，甚至还会本能地试图欲盖弥彰，掩盖错误。

实践

明确表态，犯错乃人之常情，这一点非常重要。一旦有人犯了错误，游戏工作室和团队就要多做一些事情来让他"放松情绪"。实际上，有个工作室甚至会向上个月犯下最大错误的开发人员颁发一个小小的奖杯。这个"最大捣蛋鬼奖"会在热烈的掌声中颁发给获奖者（同时为亚军颁布荣誉提名）。

亲身经历 有个游戏工作室，他们办公室有个真人大小的人偶贾斯汀·比伯。如果有人第一次破坏 build，贾斯汀就会"立"在那个人的桌子旁边。如果有第二次，贾斯汀就"立"在那个人的办公桌上。如果还有第三次，贾斯汀就会和他"如影随形"。这虽然听起来很搞笑，却能让犯错误的人和团队放松情绪，甚至可能激发灵感。

技巧/提示 这些"奖励"或庆祝活动的本意绝非羞辱。根据我的观察，一些相处不太融洽的团队在采用这些方法后，反而起不到这些黑色幽默原有的效果。因此，请谨慎"服用"这种实践。

爱心卡片墙

高调表示对团队的尊重和欣赏，通过这种可视化的方式来建立团队文化。

实践

团队成员通过便利贴上的三言两语来记下整个 Sprint 期间的赞赏、善

意和尊重时刻。便利贴贴在团队的开放空间（可能是作战室），供所
有人查看。

> **技巧/提示** 以下是使用爱心卡片墙的一些技巧。以下是使用
> 爱心卡片墙的一些技巧。
>
> - 可以在网上找心形便签。
> - 任何人都可以为自己遭遇的任何事情写张爱心卡，即使是
>   发生在别的同事身上。
> - 教练（或 Scrum Master）在整个 Sprint 中持续鼓励团队成
>   员写下这些暖心的时刻。

鼓舞人心的便条

如果有人做了件很棒的事，请让他们注意到自己的行为是有价值的，
但有些时候，用一张便条默默向他表示感谢，更有意义（并且根据不
同的性格类型，某些人更喜欢这种做法）。[①]

实践

要想写一张令人鼓舞的便条，过程很简单。

- 获取一些简单但色彩丰富的 3x5 大小的卡片和一支笔（或马克笔）。
- 确定要感谢或鼓励的人，写下自己的想法。
- 趁他不在座位上的时候，把便条放在他的桌子上，以便他一回来
  就可以看到。

> **技巧/提示** 要想鼓励人，则可以采用下面这些技巧。
>
> - 便条不只是写给做了大事情的人，还可以写给那些做了工
>   作内容简单但必要的人。
> - 每周至少写一张便条。
> - 发挥创意并装饰便条。

---

① 译者注：《幸福领导力》中提到的夸夸卡（Kudo），可以尝试一下，作者尤尔根·阿佩罗。

闪电演讲

组建新团队时，有很多方法可以帮助人们快速建立联系。最快的办法是互相了解并通过闪电演讲来专注于共同点。闪电演讲是一种定时幻灯片演示，演示者展示十张描述自己的幻灯片，每张幻灯片仅显示十秒钟。演示者总共有 100 秒的介绍时间。

实践

作为一项有趣的练习，每个人都创建一个幻灯片来做自我介绍，其中包括以下要求。

- 每人 10 张幻灯片。

- 每张幻灯片 10 秒（自动翻页）。

- 不要介绍自己的职业生涯（校园经历除外），也不要讲激发他们制作游戏的动机。

举办一场提供食物和饮料的有趣活动，让每个人都有机会展示幻灯片。目标是让人们了解彼此的共性或有趣的个人经历来增强凝聚力。

> **技巧 / 提示**　使用闪电演讲来进行自我介绍的时候，可以运用下面这些技巧。
>
> - 如果团队超过 10 个人，可以考虑举行多个会议。
> - 使用谷歌 Slides，PowerPoint 或 Keynote 中的自动快进规则来建幻灯片平台 / 模板，让人们也参与贡献。
> - 也可以不那么正式地用索引卡来做。
> - 留出时间让人们在工作期间做个人的幻灯片。
> - 重要的是只显示图片，不要有文字。

团队的社交活动

建立新团队可能充满挑战，添加团队成员也可能充满挑战。增强团队协作最简单的方式之一是帮助他们更好地了解彼此。鼓励团队在工作中和下班后玩"信任跌落"游戏，这种社交互动简单而又不会让人觉得刻意做作。

实践

这个实践很简单，提议团队一起来做一些有趣的事情，经常组织一些社交活动。室内活动包括（对于大公司，每月一次）生日派对、节日庆祝活动、团队欢乐时光、玩桌游和团队晚餐。

室外可以做的事情包括真人 CS、卡丁车、碰碰车、街机游戏、野餐、参观博物馆、郊外休闲游、晚餐、小型奥运会和打保龄球等。

> **技巧 / 提示** 组织团队开展社交活动的时候，可以采用下面这些技巧。
>
> - 在办公时间内安排这些活动。
> - 确保这些活动有公司赞助。
> - 如果在活动中提供酒水，请确保团队成员可以安全返家。
> - 确保领导也要出席并参与这些活动。
> - 为了防止形成小团体，请在这些活动中找到可以让新人更快融入团队的方法。
> - 选择鼓励合作和竞争的活动。

衡量团队的健康程度

确定项目运行状况的最佳方法是了解团队的健康程度。在高层会议中讨论团队的状态和进步时，最好用通用的语言和快速的视觉方式来评议所有团队。

实践

创建一个表格，把每个团队的名称列在表格上并留出空间用来填写颜色编码。每次 Scrum Master 开会时，都让他们更新各自团队的各项状态指标。

- 红色：稍微出点儿问题，就要立即解决（例如，团队受阻、团队成员生病或有内部阻碍）。

- 黄色：团队正在完成工作，但可能遇到一些小问题。这些问题要随时监控并尽快加以解决（例如，团队外部的沟通过多或请求被遗漏）。

- 绿色：团队在 Sprint 中进展良好，整体状况也良好。

技巧 / 提示 Scrum Master 要定期向团队成员提问，以评估团队成员当前的感受。

团队忏悔室

要有一个安全区，让人们可以从彼此的错误中学习，出现错误时及时弥补和解决，这一点非常重要。这个实践的目标是帮助创建一个这样的安全区。

实践

每月一次，让团队在非正式的场合见面，并允许每个人"忏悔"自己上个月犯下的一些错误。让他们解释自己做错了什么，以及他们是如何解决或怎样尝试解决的。这个安全区不是让大家来批判的，而是用来讨论和学习的。这对营造开放、信任和"安全失败"的文化大有帮助。

技巧 / 提示 运用忏悔室这个实践的时候，可以采用下面这些技巧。

- 保持轻松愉快的心情。
- 确保每个人至少要分享一个故事。
- 故事不一定必须是上个月发生的，但如果故事来自同一个项目，则可以更好地提供帮助。
- 尝试选择一个不像会议室那么正式的空间。
- 忏悔后，尝试"向失败致敬"，必须是 90 度的深鞠躬。这个动作是可以放松心情的。

360 度评估

让团队定期进行自我检查。一种方法是通过 360 度评估来进行自我检查。这些评估比年度绩效评审更有影响力。360 度评估提供了来自同事的直接反馈，并且往往可以提升绩效。

实践

至少每三个月一次，请团队（少于 10 人）中的每个成员评估其他团队成员。典型的评估格式是根据协作、技术水平、领导力和主动性等特征，简单从 1（需要改进）提高到 5（是强项）为他人评分。把结果进行汇总，计算平均值并分发给各个团队成员。通常，团队会和职能部门的主管一起评审结果，以便与之前的结果进行讨论和比较。

> **提示 / 技巧** 进行 360 度评估的时候，可以采用下面这些小技巧。

- 避免手写这些评估，因为它们很耗时。一些很不错的软件包可以提供在线 360 度评估服务。
- 如果有专门用于收集文字评价的区域，可能会很有用，但通常必须手动检查和筛选，所以可能比较费时间。
- 避免为新组建的团队收集和分享评价，直到他们有足够的时间安顿下来并至少合作一个月。

成效或愿景

伟大的团队拥有第 18 章描述的属性。但是，也不要想得太多，认为他们会一直在月光下手拉手，齐声高唱《欢乐颂》。伟大的团队可以像任何一个大家族一样，内部可以有争论、竞争、无休止地辩论并伴有经常性的情绪波动。这是激情的表现。但就像任何一个家庭一样，一个伟大的团队，总有内在的精神纽带可以克服偶尔的混乱。

想象一下，如果每天都能欣欣然、兴冲冲地出门上班，和自己信任及喜欢的一群人一起干着自己热爱的工作。想象一下，眼前正在开发的游戏让自己感到兴奋，时常涌现出新的想法来稳步推动游戏走向成功。这样的事情确实是会发生的，并且可以发生在你的团队中。

小结

过去习惯于做任务管理的人，成为一名教练的难度比较大。转型与任何团队一样，不会太容易。一路上，你会重新认识自己，你的收获将超乎你的想象。

教练作为职业，与人类心理学和终身学习有关。人和人际关系这两门课程，教练是修不完学分的。对个人和团队进行教练指导只是开始。教练的作用可以扩展应用到整个游戏工作室，甚至可以应用更广。

拓展阅读

Edmondson, Amy. 2018. *The Fearless Organization: Creating Psychological Safety inthe Workplace for Learning, Innovation, and Growth*. Wiley.

Kaner, Sam. 2014. *Facilitator's Guide to Participatory Decision-Making, Third Edition*. Jossey-Bass.

Keith, C., and G. Shonkwiler. 2018. *Gear Up!: 100+ Ways To Grow Your Studio Culture, Second Edition*. CreateSpace Independent Publishing Platform.

Kimsey-House H, Kimsey-House K, Sandahl P, et al. 2018. *Co-Active Coaching: Theproven Framework For Transformative Conversations At Work And In Life*. Boston, MA: Nicholas Brealey Publishing.

Lencioni, Patrick. 2015. *The Five Dysfunctions of a Team: a Leadership Fable*. Jossey-Bass.

Stanier MB. 2016. *The Coaching Habit*. Toronto: Box of Crayons Press.

Tabaka J. 2006. *Collaboration Explained: Facilitation Skills for Software Project Leaders*. Boston, MA: Addison-Wesley.

第20章

自组织和领导力

> "在我们超级细胞工作室[1]，我们用啤酒庆贺成功，用香槟庆祝失败。"
>
> ——埃卡·潘纳宁（Ilkka Paanenen）[2]

2004 年，我们受到了来自发行商的威胁。当时，我们的母公司刚刚完成对世嘉的收购，高月工作室归世嘉掌管，我们这几个工作室的负责人在圣地亚哥与他们的高管开会，大家聚在一起共进晚餐。日方的高管不会说英语，所以旁边有个随行翻译。大家正在埋头用餐的时候，突然有人开始朝着我们大声嚷嚷。世嘉有位高管太恐怖了，他骂骂咧咧地吓唬我们，说要是第一款游戏要是延期发售，他就……，他一边说一边用手指做了一个抹脖子的手势。我们马上转向翻译，问他这个手势是几个意思，寄望于它在日本文化中代表友好的意思。

不幸的是，翻译试图"软处理"高管的意思，只是说他是在"鼓励"我们要按时完成任务，但我们完全不信他的这个说法。这个事件大大推动了我们探索新的工作方式的步伐，毕竟这是个关系到生死存亡的大问题。

但是，高月的转型主要归功于我们的首席执行官约翰·罗伊（John

---

① 译者注：Supercell，芬兰赫尔辛基的一家电子游戏开发商。成立于 2010 年，知名作品包括《卡通农场》《部落冲突》《海岛奇兵》《部落冲突：皇室战争》和《荒野乱斗》等。2011年时，美国风投公司 Accel Partners 注资 120 万美元。2013 年，日本游戏公司 GungHo 和其母公司软银 21 亿美元收购其 51% 的股份，2015 年 6 月，再次出资收购其 22.7% 股份，累计占股 73.7%。2016 年，腾讯出价 86 亿美元收购其 84.3% 的股权。

② 译者注：超级细胞 CEO，1978 年出生于芬兰的考哈维基。

Rowe）。他意识到必须做出根本性的改变，他只是告诉我们，让我们放手去做任何需要做的事情。他完全信任我们，无论成功或失败。这种信任大大地激发了我们的积极性。我们不想让他失望。事实证明，我们后来确实也没有让他失望。

这让我收获良多。给予充分的信任和自主权，同时设定一个预期可行的目标愿景，让所有人积极参与到工作中。这种方式可以扩展到工作室的每个层级。

本章提供的解决方案

如何激励创意工作者？这可能有一些挑战。丹·平克（Dan Pink）的《驱动力》一书总结了三个因素，几十年的研究结果表明，积极进取的创意工作者具有以下几个特征。

- 自主：有自主的意愿。
- 专精：追求卓越。
- 目标感：渴望成为超越自身价值的共同体。

本章重点介绍自主。自组织是《敏捷宣言》的 12 条原则之一，探索允许开发人员独立自主决策的边界，通过提高自主性，我们可以增强开发人员的责任感和参与度。

本章要证明自组织可以带来好处，但自组织的形成没有固定的套路，每个工作室都必须找到适合自己的方法。本章还要描述敏捷组织中领导力包含哪些具体的内容，以及敏捷教练如何为游戏工作室提供帮助。

自组织

Scrum 指南 [1] 指出下面两点。

- "自组织团队自主选择如何以最好的方式完成工作，不接受团队

---

[1] 译者注：2020 年新版指南中，用自管理代替了自组织，进一步聚焦于 Scrum 团队的自管理特性，自主决定哪些人可以采用什么方式来完成什么目标。

以外其他其他人的指挥。"

- "开发团队由组织组建和赋能,团队自己组织和管理自己的工作。"

自组织最能体现 Scrum 要面临的文化挑战,高度信任和团队成熟度足够高,才能做到自组织。团队自组织,但仍然要有领导力。

游戏行业以外的许多组织都接受自组织。《重塑组织》一书描述了自组织所带来的好处和面临的挑战。

在游戏行业,我们看到有一些游戏工作室采用了自组织形式。这些工作室有如下共同特征。

- 领导层更扁平化,工作室领导层和开发团队之间,层级比较少。

- 每个团队都有很大的自由度来引导游戏的进程,甚至可以自行决定是放弃还是继续开发游戏。

- 组建之初就自组织,团队只雇用他们认为符合团队调性的人。

十年以前,刚刚开始出现对自组织的相关讨论时,大多数人都认为自组织是行不通的。但事实证明,在工作室采用扁平化、自组织的结构,是行得通的。维尔福(Valve)和超级细胞(Supercell)等工作室证明,自组织不仅可行,甚至还可以取得其他大多数工作室梦寐以求的成功。

请注意,目标并不是把工作室变成这些工作室那样的自组织水平(我个人认为,这种程度的转变几乎是不可能的),而是用这些成功的案例来证明一点:团队随着时间流逝而缓慢提升的自主能力,可以为工作室带来真正的好处。

维尔福软件

维尔福(Valve)2012 年发布了新的员工手册[①]。这本手册的发行引起了广泛的热议,焦点在于 Cabal(维尔福称之为"装置")及其自组织工作环境有哪些好处。

---

① www.AgileGameDevelopment.com/ValveHandbook.pdf

1999 年，我第一次读到关于 Cabal 的文章，后来参加过几次游戏开发者大会，这些经历给了我很大的启发，让我产生了灵感，把敏捷思维与游戏开发联系在一起。我觉得，维尔福是我中意的工作场所，其中一个主要原因是它把敏捷思维和价值观联系在一起。在维尔福，僵化的流程和等级制度被认为是制约创意和灵感的障碍。

维尔福的员工手册一开始就阐明了这一信念：

> "等级制度有利于维持企业的预见性和可重复性。它能简化计划流程并使员工管理更轻松，这也正是军队重视和强调等级制度的原因。
>
> 但是，如果作为娱乐公司，花了 10 多年时间物色到世界上最聪明、最有创造力和才华的雇员，却让这群人坐在办公桌前按照你的指令干活儿，无异于抹杀了他们百分之九十九的价值。如果我们要的是革新者，就需要为他们创造一个让他们海阔天空的舞台，让他们自由发挥。"

手册接下来描述员工在这种环境中要扮演什么样的角色。我听到的对 Cabal 的批评经常说："你得找到合适的人到你这儿来工作。"的确如此，但我认为，如果能提供指导，帮助员工过渡到这样的环境，那么这类"合适的人"可能会多得多。维尔福在员工手册中也承认这是一个不小的挑战：

> "我们希望在如下几个方面有所改进。
>
> * 引导帮助新人。我们写这本手册确实是想要提供帮助，但如前所述，一本书的作用太有限了。
>
> * 关注他人。这不仅能帮助新人找到出路，还能积极解决人们在某些领域所碰到的问题，这可是我们所欠缺的地方。同级评审有帮助，但效果很有限。"

对任何想要增强自组织能力的工作室，这都是一个不小的挑战。人们必须首先完全摈弃公立教育系统植入的固定模式，该模式下教出来的孩子学习的是如何在任务驱动的、自上而下等级制组织中工作。对现有采用等级制的工作室来说，这是一个更大的挑战，因为自组织会对现状造成威胁。

自组织和领导，两者并不是相互排斥的。加布·纽维尔（Gabe Newell）[1] 领导着维尔福，维尔福并不是纯粹民主的，但在这里，做纹理贴图的美术和加布（Gabe）之间，并没有隔着很多层级。美术也不需要跨很多级别才能得到要求自己在一周内做好的纹理贴图列表。自组织的目的是组织结构扁平化，减少妨碍人际交流的障碍。

超级细胞工作室

超级细胞（Supercell）成立于 2010 年，它开发的手机游戏使其在 2014 年的估值达到了十亿美元。2016 年，腾讯以 86 亿美元的价格购了该工作室 84.3% 的股份。超级细胞拥有 200 名员工，年收入超过 1.5 到 20 亿美元 [2]，其规模是其他手机游戏发行商的 10 倍。

创始人兼首席执行官埃卡·潘纳宁（Ilkka Paananen）将工作室的成功归功于自组织文化。他说："在超级细胞，我只是个团队教练，一切成就归功于大家。"（Lappalainen，2015）。

就像维尔福一样，超级细胞有统一的组织结构。小分队（通常少于 10 位开发人员）会花长达一年的时间来探索一款潜在的游戏，然后以团队的形式决定是部署这款游戏进行封闭测试，还是放弃该游戏。任天堂也采用了类似的方式：取消"找不出乐趣"的游戏，把精力重点集中在已经"找到了乐趣"的游戏上。

为什么自组织这么难？

那么，为什么很少有公司能够形成类似的文化呢？对已经适应 Scrum 框架的组织来说，自组织程度更高为什么就那么难呢？

为什么节食很难长期坚持？为什么大多数人选择的都是从立志入门到

---

① 译者注：1962 年出生于美国华盛顿州西雅图，曾经在微软工作 13 年。1996 年创办维尔福，开发了游戏《半条命》。2020 年，他的资产净值达到了 40 亿美元（福布斯）。

② https://venturebeat.com/2019/02/12/supercell-revenues-take-a-big-dip-in-2018-to-1-6-billion-and-profits-of-635-million/

果断放弃——立下新年目标之后就兴冲冲跑去健身房健身，然后就没有然后了呢？积习难改啊！工作室文化也不例外。就像前面所说的，按等级制发展起来的组织会本能地拒绝采用自组织。

> **我的观察**　即使工作室的状况一团糟，有些领导仍然拒绝做出任何改变。在我看来，这就好比泰坦尼克号头等舱乘客拒绝登上救生艇一样！

一些开发人员也是抵制自组织的，他们只管埋头专注于个人的任务和职能，认为解决问题和保持高品质是老板的责任。他们觉得这样做比较安全，尽管已经有证据表明这种推卸责任的行为经常以项目后期密集加班和死亡行军的形式报应在他们身上。

维尔福和超级细胞在成立之初，天生就有自组织创立原则的优势。但两者的招聘要求都很高。新员工往往都过不了试用期，或者因为环境不适合自己而直接提出辞职。没有职位空缺的工作室不能这样。

自组织并不完美，更不是目标

维尔福和超级细胞证明了自组织并非不可能，而且在适当的情况下，效果还很好。但是，在打造自己的文化蓝图时，绝不要照搬其他工作室的文化[①]。维尔福和超级细胞的文化是基于其创立原则自然发展起来的。如果把他们的做法强加给自己的员工，我保证有一半的人会提出辞职申请。

也就是说，突破自组织的局限并发展文化，以此来增强团队的自主性和敬业度是有好处的。下一节将探讨更多的选择。

团队的成长

自组织对团队和工作室来说，是充满挑战的。自组织团队在选择成员的时候，依据是看他们是否可以帮助团队取得最好的结果。

---

① 就像声破天（Spotify）一样。

层次结构扁平化

随着跨学科团队来管理自己的工作，对多层管理的需求变少了。当美术转转椅子就可以向附近的程序员寻求帮助时，这意味着对过去可能需要的中间管理和工具的需求减弱了。这个例子生动地体现了"个体和互动优先于流程和工具"这一敏捷价值。这样效率要得多。

"扁平化"并不意味着"消除"。工作室会慢慢探索团队如何组织自己，并根据团队的需求重新调整其层次结构。趋于扁平化的层次结构通常是自组织导致的结果，而不是形成自组织的原因。

自选成员

一旦团队"选定"成员，对团队的承诺就更有责任感。被分配到管理部门建立的团队，成员是没有话语权的，而且，正如我们所见，缺少话语权会妨碍人们做出发自内心的承诺。

团队可以在不同 Sprint 调换成员，但往往只是在新版本的第一个 Sprint 之前做出人员变动。讨论完发布计划之后，团队就要商讨成员的交换问题。团队在自组织的时候，要考虑下面这些情况。

- 发布目标和最初的发布计划。有时，团队需要根据发布目标来完全重组。比如，以往侧重于做单人游戏机制的团队，在下个发布中可能需要做联机游戏机制，这就需要有新的技能组合。

- 实现发布目标涉及哪些专业领域和技能？比如，做射击机制的团队需要制作可以反击的 AI 角色，这就需要引入一名 AI 程序员。如果是对代码做一些简单的变动，也许最好有一名初级程序员。

- 发布目标的优先级是怎样的？如果不同团队之间竞争同样的专业资源，则由更高优先级的发布目标来决定人员的去向。比如，如果一个负责射击团队和一个负责驾驶的团队都需要 AI，但只有一名有经验的 AI 程序员，就只好根据优先级来指派，将他安排到负责射击机制的团队。

- 团队成员之间有默契吗？尽管这一条经常被忽视，但团队中成员之间的默契程度与其他任何实践一样，影响特别大。比如，团队中有一个快言快语的成员是有好处的，但如果有两个成员都这样，就可能出现针尖对麦芒的状况。两个人可能都很有才能，但彼此不对付，合起来却成不了事。团队一旦认识到这一点，就要控制好成员，避免这种情况。

与其他许多 Scrum 实践一样，团队不可能期待一开始就能完全搞定自组织。大多数工作室刚开始用 Scrum 的时候，都会尽量避免尝试自组织，而是随时间的推移逐步放宽，允许团队自主决定成员的增减。最终由团队自己拿主意，并能主宰决定以及帮助解决团队职权范围外的冲突和问题。自组织的回报是深远的。自组织团队最终的交付成果显著，并且，相对于传统管理方式下的团队，他们更能享受工作的乐趣（Takeuchi and Nonaka 1986）。

团队有人事权

团队一致同意请某人离开团队，这样的情况非常罕见。通常情况下，这都是因为这个某人在过去几个月表现差且无视团队和领导层对自己的反馈。然而，被迫离开团队是不容忽视的。团队的态度非常鲜明。

发生这样的事之后，必须找到另一个愿意接纳他的团队。但大家都知道他是被上个团队踢出来的，没有团队愿意接收自己不想要的人。

如果此人是第一次被踢出团队并且工作室还有其他几个团队，就容易加入其他团队。通常情况下，他会所有改变，在另一个团队中成为一名有价值的成员，或者找到了一个相处更默契的团队。

极少数情况下，他在另一个团队还是无法好好工作。在几次被逐之后，通常最后根本没有团队愿意接收他了。此时，管理层就有责任请他走人。有时，收到消息后，他们便会自行离开。

我只见过几次这样的情况。这虽然不幸，但向团队表明了立场：他们是有自主权的。他们有责任并且有必要的授权为提升团队绩效而做出改变。没有授权，就无法使团队发挥出自己的潜能。无法自组织的团队会觉得自己受困于成员，无法采取任何行动。在需要做出改变时，他们会觉得无助，无法兑现预期的承诺。

如果你见过完全自我实现的团队，就会停止质疑自组织的价值。将自组织引入工作室，用不着花太大的力气。遗憾的是，有一些团队走不到这一步，看不到伟大团队的潜力。

面对质疑

当第一次听说自组织的时候，很多人都会表示怀疑。因为自组织使他们想起小时候落选学校运动队中的痛苦经历。没有经验的团队把自组织视为一种名望之争，所以需要管理层来帮助自己做出最好的选择。有经验的敏捷团队对团队的承诺有深入的理解，因而最终能做出有利于取得工作进展的决定。

选择实践

每次结束 Sprint，Scrum 团队都要举行回顾会，讨论如何改进实践，力求提升绩效和增强团队协作。这就带来了 Scrum 的主要好处之一：持续改进。

为了持续改进，团队必须有能力改变个人的工作实践，这对许多工作室来说都是一个挑战。许多工作室都有很规范的方法论，列一个用于各种可预见工作事项的清单，可能出现的任何新问题都必须由管理层中指定的人员来解决。

这就造成了决策权和责任权的瓶颈。结果，绝大多数管理者无法及时地解决阻碍团队取得日常进展的障碍。小问题被忽略，直到最后引发大的问题。

通过放权让团队自主解决问题和鼓励他们独立解决问题，组织将变得更加有责任感。事实证明，工作在一线的人员可以更快看到问题，并且，针对这些问题，他们往往有更好的对策。此外，他们解决问题的方式往往也更可靠。

逐步实现自组织

自组织并非一蹴而就的。Scrum Master 的作用是帮助团队和工作室增加信任和走向成熟，拥有更强的自主能力，更有责任感。如同德鲁克所言"文化可以把战略当作早餐"[①]，工作室文化可以对自组织造成很大的障碍。

---

① 译者注：其实，德鲁克这句话还有另外一个隐含意思，即对企业文化而言，光有战略是不够的，虽然战略也很重要。

划线

在高月工作室，我们建立过一些"法则"，用于定义项目和团队授权可做和不可做的实践和规则。我们将这些"法则"称为"州法律"，定义项目和团队权责以及对其决定进行定义的"联邦法律"。

向境外的读者解释一下，美国联邦法律管理着整个国家，而各州法律只负责这个州。如果两者发生冲突，联邦法律优先。

关于联邦法律，有一个例子是引擎和流程的使用。工作室管理层不想让团队为自己的游戏建不同的引擎和流程。我们希望每个人都明白共享技术可以帮助大家从一个项目顺利换到其他项目。关于州法律，一个例子是项目如何自组织为单独的团队以完成产品Backlog。

领导力

当我还是个小孩子的时候，我父亲决定教我游泳。就像他父亲当年教他那样，他把我扔到湖里，水太深了，已经没过我的头顶。看到水里冒泡半分钟后，他才跳到水里把我拖出来。那一天，我终究没有学会游泳。事实上，剩下的整个夏天，我甚至都在千方百计地在逃避游泳。对我的孩子，我们采用的是一种更为循序渐进的方法，教他们逐渐挑战高难度的游泳，从一开始几秒钟的狗刨，逐渐到从奥运会标准大小的游泳池中游上几个来回。

敏捷组织中，领导也面临类似的挑战。敏捷组织需要在每个层级上培养领导，但要想取得成功，必须合理地平衡微观管理和粗放管理。两个极端都会导致失败。

敏捷领导力

我经常受邀回访之前辅导过的工作室。我的工作分为两类。第一类是工作室发起的新员工培训或开展领导力教练。第二类是工作室希望再尝试一次，看看是否可以采用敏捷。

回访之前敏捷未遂的工作室，难免有些令人沮丧。它们之所以会失败，通常都有一个顽疾，而且往往都出在领导的支持上。只有得到领导的支持，才能开始做敏捷转型并取得初步的成功。领导可以从很多方面对敏捷转型起到支持或破坏的作用。

持续发展信任和透明度

信任和透明度密不可分。如果领导与开发之间不存在信任关系，就不会有透明的动力。开发会为了避免被问责而隐瞒坏消息。

为了提高透明度以更好地应对新出现的问题和价值，我们必须提升信任度。建立信任关系需要假以时日，但可能区区几分钟，就足以破坏掉信任关系。

坚守价值观和原则

一旦压力加大以至于进度失控，通常就不该"正确"做事情，而是应该回头看看已经做过的事情，示例如下。

* 减少测试，验证产品待办事项（PBI）是否满足"完成的定义"。

* 植入密集加班时间。

* 为团队指定范围，而不是让他们自主决定。

* 放弃重构和其他保证质量的实践。

面对压力，领导是如何遵守个人原则和价值观的呢？是保护团队并为游戏做正确的事情，还是屈服于某些项目干系人的压力？

领导敏捷转型的所有人都要了解敏捷的原则和价值观，并在此基础上结合个人原则施展个人的领导才能。这并不意味着要照本宣科，而是要了解这些实践底层的初心。

工作室的领导力

加布·纽维尔（Gabe Newell）、埃卡·潘纳宁（Ilkka Paananen）及约翰·罗伊（John Rowe）等人作为工作室的领导，展示了他们出色的领导力特质。

- 创建工作室的愿景和战略，建立了工作室的文化。

- 实践着他们所推崇的价值观，比如，充分信任他人，自上而下地
  增进彼此之间的信任关系。[①]

- 明确规定团队的权限边界。

- 提供指导性的领导力。

- 与开发积极互动，了解他们遇到的挑战及其工作方式，激发他们
  的灵感。

亲身经历 工作室是否已经成功适应转变的信号之一是，领
导是否参与基层工作。我见过有些工作室创始人参加了整整
一周的培训，而且还是培训室里最积极的人。我还看到有些
工作室的领导完全忽略了这项投资。如果打算投钱改变工作
室里每个开发的工作方式，就要了解具体的细则，这才符合
逻辑。

专业学科的领导力

在团队采用敏捷方法后，项目领导（首席程序、首席美术和首席策划
等）的责任会发生相应的变化。

- 设计和计划：领导需要和其他专业的团队一起定义策划方案（游
  戏、技术、概念等）并宏观监督策划案的实现情况。

- 资源分配：领导预估在项目需要多少专业人员、工作范围以及大
  概的启动时间，但这些只是预测而已。团队通过每个 Sprint 甚至
  每个 build 逐步接管定义需求范围的责任。

- 任务创建和管理：领导不再将工作分解为一个个由他们自己来预
  估、分配和追踪的任务。团队自主管理。领导仍然要参加 Sprint
  计划会，帮助专业成员提升任务确定和预估能力。

- 评审和引导：尽管领导仍然要定期（通常为每年一次）评审专业
  成员，但团队的表现成为评审信息中更重要的组成部分（参见后
  面的小节"评审"）。

[①] 译者注：关于自上而下的信任关系，更多详情可以参考中文版《敏捷文化》。

- 指导工作：领导与一些经验较少的开发一起工作，帮助他们提高生产力。领导的角色从最初的使用项目管理工具进行管理转变为更频繁地"发现"每个开发遇到的情形（参见后面的小节"指导"）。

升职还是惩罚？

我经常觉得，把某人升职为领导，既是奖励，又是惩罚。我们想奖励能够快速做好游戏资产的美术，为此，我们让他们升职加薪，让他们成为主美（首席美术）。同时，我们也告诉他们不能再花太多时间在创作美术上，必须要把重点放在预估和追踪其他美术的工作进展上，显然，大部分主美并不是特别喜欢"盯人"。

我不一样，我宁愿让主美继续他们的本职工作以及教其他美术如何更快地创作更好的美术资源。例如，在任务板上使用"验证"（请参见第 8 章）是很有用的，可以为指导其他美术提供大量的机会。

团队自管理对领导角色的定义提出了挑战。让许多领导放弃每天为团队做琐碎的决定，甚至让他们为一些小的挑战承担失败的风险，非常难。然而，培养自管理的话，好处也是很明显的，可以使一些较为寻常的管理责任（如任务创建、预测和追踪）由团队自己承担。比如，一个有 80 名开发的项目要在一个 4 周的 Sprint 中产生和追踪大约 1600 个任务[①]。对任何领导来说，这都是非常繁杂的细节，还会耽误他们的时间，使其无法履行一些更重要的管理职责。

主管角色

游戏行业有很多主管，比如主美（美术主管）和技术主管等。通常，主管的职位通常由专业能力更强的人担任，他们对工作而不是对下属有职权。主管的责任一般是负责检查、批准或驳回各自专业领域内完成的工作。Scrum 团队需要调整各自的实践来满足主管角色的要求，就像第 13 章描述的那样。

---

① 10 个团队 ×8 个人 × 每天一个任务 ×20 天 /Sprint。

指导

领导最重要的职责之一是指导开发人员改进工作方式。有个例子是主程与初级程序员搭档，指导他们改进编码和设计实践。

> **说明** 初级程序员实现的模拟方案通常都很消耗CPU资源。我就记得一个新手程序员，他的任务是实现风的效果。他们准备做一个复杂的流体动力引擎，消耗CPU 90%的时间来模拟上千个空气粒子。主程知道后，及时加以干预，给他们讲了几个技巧，几个小时内就可以得到好的效果，而且，几乎不占用CPU任何时间。

Scrum为领导带来了继续聚焦于游戏本身的机会，并通过一系列现场指导而不是通过统计表格来为游戏指明方向。与花大半天时间做工具和追踪任务相比，他们更需要与下属进行面对面的工作交流。

评审

作为领导，另一个关键的角色是支持专业开发人员的职业发展。在采用矩阵管理结构的公司，通常用年度管理和薪资考评的形式，强化的是以专业为中心而非以团队为中心的执行力。

比如，如果原画师的考评绩效是过去一年做了多少美术资源，他们就会关心自己的速度是否可以加快以显著改善考评结果。如此一来，如果有队友有游戏问题向这位原画师请教（可能减少他制作资源的数量），那么原画师为了得到更好的考评结果，会想办法让自己显得高冷以免受到打扰。这不是一个良性循环。

敏捷环境中，领导要引入团队内部同行评审机制作为年度考核（请参见第19章介绍的360度评审）的补充或者代替，将团队工作反馈和跨专业协作也纳入考评范围。各个专业的领导角色将在下文进行详细的解释。

服务型领导

罗伯特·格林里夫 [1]（Robert K. Greenleaf, 2002）创造了"服务型领导"（serverant）一词：

> "服务型领导首先是人民公仆，他怀有服务为先的美好情操。他用威望来鼓舞人，确立领导地位。要想测试领导是否是服务型领导，最好的做法是考察其服务对象：看看他们是否强壮、聪慧、自由、自主而且也想成为助人为乐的公仆？再看看最为弱势的群体在此领导之下是怎样的境况：他们是否也同样受益，或者，至少不再被边缘化，不再被抛弃？"

服务型领导力看起来像 25 年前我这样新上任领导的对立面。升职成为领导可以看作是获得权力而成为人上人，但实际上，这意味着承担责任，需要赋能于他人。服务型领导有许多特点。在我看来，下面六个格外突出。

- 聆听。服务型领导需要听取团队的想法并清楚他们的需求。在这个过程中，服务型领导通常需要先把自己内心的想法（议题）放在一边。

- 系统思考。戴明（Edwards Deming）说："糟糕的系统每次都会精准打败一个好人。"确实如此。服务型领导应该首先找到造成问题的原因，而不是责怪这个被系统打败的人。他们需要是系统思考的终生学习者，需要不断探索更好的工作方式。

- 关心他人。没有人会把最有创意的自我奉献给一个不在乎自己的领导。服务型领导了解员工的生活和工作动力，并与员工保持紧密的联系。他们关心员工的成长，甚至也不吝啬于指导自己的替补者。

- 期待伟大，也期待错误。比尔·盖茨曾说总是想要雇用比自己聪明的人，并给他们让路。我一直认为这是个成功的秘诀，但前提

---

① 译者注：1904 年出生于印第安纳州的特雷霍特，从明尼苏达州卡尔顿学院毕业后，就职于美国电话电报公司（AT & T）。在接下来的四十年中，他的研究领域包括组织管理、组织发展和教育。

是允许人们在这个过程中犯错，正所谓失败是成功之母嘛。

- 有远见。服务型领导有足够的经验和专注力来展望未来，通过指导和提出"要害问题"来帮助团队避免麻烦。这教会了团队如何有前瞻性。

- 建立社区。服务型领导有助于增强团队之间的化学反应并促进个体之间的互动（而不是出于嫉妒地捍卫自己作为交流枢纽的角色）。大家都知道，乔布斯设计的皮克斯工作场所，旨在推动各学科之间交叉并尽可能频繁地进行互动。这种理念甚至延伸到浴室的布置上。

以人为本

"你得明白，人是人，并且服务于人是我们的终极目标。我们的工作以人为本。关注人并确保为他们提供基本的补给。"

——格兰特·肖思维勒（Grant Shokwiler），Commander & Shonk，Shonkventures

系统思考

任何组织，只要相互关联和相互依存，就会相互影响，往往形成正向（良性循环）或负向（恶性循环）的反馈循环。

恶性循环的一个例子是，一旦计划带来的压力加大，我们就会砍掉测试和重构这些实践。如前所述，这样做会导致债务，债务日积月累，造成计划一拖再拖，压力也日益增大。

考虑这些错综复杂的关系，是系统思考的一部分，有助于形成一个良性循环，得到更好的品质、更高的速度和更强的参与度。

把恶性循环变成良性循环

考虑系统思考模型的时候，大致勾勒出反馈环是非常有用的。例如，我经常看到图 20.1 这种循环。

领导向团队施加压力，要他们
情况下在日程/范围/成本都不确定的
对一个详细的计划安排作出承诺

领导与团队之间不信任
关系的恶性循环

团队做的估算忽略质量
并把重点放在保护团队上

图 20.1　不信任的恶性循环

这种恶性循环加剧了领导与开发之间的不信任，因为双方都在推卸责任，以保全自己。完成的工作减少，质量也下降了。

领导的重要作用是发现这些恶性循环并想法把它转变为良性循环。为了达成这个目标，就要把不信任的恶性循环改变为互信的良性循环。最适合开展这种改革的机会是 Sprint 计划会和评审会，并在 Sprint 期间持续加以强化。

在 Sprint 计划会中建立信任关系

在 Sprint 计划会中建立信任，非常简单，让团队选出自己觉得可以完成的工作，通过这种方式来细化 Sprint 目标。不信任团队并担心团队故意多留些时间来完成计划的领导，必须要抵制住诱惑，不要试图给团队增派更多工作。团队可能会延期完成计划，因为他们不信任领导并觉得领导会给自己施压。建立信任是需要时间和勇气的。

团队通过挑战自我来建立信任。如前几章所述，实现每个 Sprint 目标的团队通常都在保护自己。针对为期两周的工作制定计划，也可能是不确定的。彼此信任的团队和领导不必担心偶尔的过度承诺。

在 Sprint 评审会中建立信任关系

领导必须相信团队已经尽了最大努力来实现 Sprint 目标。如果团队遇到问题，请专注于解决这些问题或改进实践，而不是向团队问责。

团队通过透明工作进展的方式与领导建立信任关系。如果团队既向领导分享进展顺利的事，又分享出错的地方，而且对自己的工作也有责任心，就可以赢得领导的信任。

在 Sprint 期间建立信任关系

作为领导，导入 Scrum 对我最困难的是在 Sprint 期间让团队自主。以前，我每天都要花一半的时间到处走动，指导并帮助人们解决问题。这样做的问题在于，破坏了他们在开发方面的责任感。他们想："如果克林顿可以告诉我如何解决问题，我还有必要担心什么呢？"这给我带来了很大的压力并使许多开发人员得不到参与感。

在采用 Scrum 之后，我强迫自己不再对下属进行微观管理。最开始的时候，这很难，而且由于我不再像以前那样事必躬亲，所以花了更多的时间去冲浪。有一阵子，人们甚至认为我推广 Scrum 只是想要多花些时间去冲浪 [1]。

有了信任关系，开发就会根据需要找到领导来解决技术和依赖性问题。如此一来，领导的存在更像是一种支持结构。渐渐地，恶性循环变成了良性循环，如图 20.2 所示。

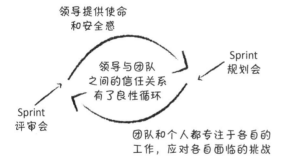

图 20.2　信任关系的良性循环

向系统外寻求

系统遍布整个工作室：反馈环，部门问题，与项目干系人沟通，等

---

[1]　我们甚至做了个视频来嘲笑这件事：https://youtu.be/UT4giM9mxHk。

等。相关详情可以进一步阅读《第五项修炼》（Peter Senge，1990）
等书。

内在动机

2009 年，丹·平克出版了《驱动力》一书。书中总结到，研究表明，
金钱等显性动机激励对创意工作者无效，后者有内驱力。

书中确定了下面三个主要的内驱力。

- 自主：有自主的意愿。
- 专精：追求卓越。
- 目标：渴望成为超越自身价值的共同体。

我们需要有上进心的团队。我们希望成为有进取心的团队成员。我们
希望自我激励，但工作室文化和流程常常禁止我们这样做。以下各节
将更详细地介绍这三个因素，以及敏捷价值观和 Scrum 实践是如何
支持它们的。

自主

自组织的目的是使工作上最自觉的人在逐渐准备好的时候有更多主人
翁意识，这要日益体现在工作上。最初，可能体现在他们计划和跟踪
Sprint 的方式上。后来，可能体现在团队如何管理其成员关系以及做
游戏增量所用的实践上。

精通

通过允许团队自主决定"如何"实施 Sprint 来探索更好的工作方式。
当关卡美术可以自由探索创建关卡的新方法时，最终可以找到缩短关
卡创建时间的方法。

目标

围绕特性需要技能而组建的团队与工作目标的关系更加紧密。当 Sprint 目标是演示改进后的游戏且参与达成目标的人都知道这个目标时，领导的意图就不会被误解。

领导不能强迫开发有动力。他们必须找到开发的内在驱动力。领导这个角色可以帮助创造条件来引发团队内在的驱动力。领导要经常思考："我该如何帮助增强团队的内驱动力？"这个实践的核心部分是改善反馈环，快速增强自主性、精通程度和目标感，而且，还不要惩罚任何犯错的人，而是找对方谈话，强调从失败中吸取到的教训。

心流

我在 14 岁的时候，才知道计算机的存在。听起来好像我的计算机启蒙太晚，但那时，我们高中真的就只有一台计算机 [①]。我也只能在放学之后，才可以用这台庞大、嘈杂而运行缓慢的老机器。它没有屏幕，用的是电传打字机，在缓缓打出文字的时候会发抖。我在做自己的第一款游戏时，每天都得猫着腰在那个电传打字机上花上好几个小时。

在接下来的几十年，在写代码的时候，我经常醉心于这种心无旁骛的感觉。我真的喜欢这种状态，让我由衷地感到工作的意义。我当时这种感觉就是后来所称的心流。

心流（flow）的概念由心理学家米哈里·契克森米哈赖提出，他在 1990 年如此定义："我根据流的概念发展了一种关于最佳体验的理论，即人们太专注于做某件事，以至于觉得其他事情都无关紧要了。体验本身令人愉悦，以至于纯粹为了有这样的体验，人们甚至愿意付出高昂的代价。"（Csikszentmihalyi，1990）。

契克森米哈赖的研究表明，心流的状态不仅令人愉悦，而且生产效率

---

① 并且，为了用上它，我不得不冒着风雪走到山上。

很高。大多数开发人员都有过这样的心境。

事实证明，通过做某件对某人技能水平有挑战但不至于太过艰难的事，可以创造并维持心流（在"化境zone"中）。图20-3说明了这种化境中的心流。

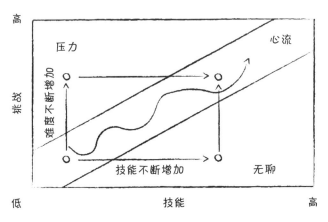

图20.3 心流

当挑战超出现有技能水平时，我们会感到焦虑和压力。我们会从心流状态中出来，直到技能不断在提高，足以应对这些挑战或者难度减轻之后，才可能回到心流状态。当挑战难度降到专业水平以下时，我们会感到无聊，因而需要更高难度的挑战才能重新回到心流状态。

网络过滤器

工作室经常在网络流量上安装过滤器，以限制对社交媒体或网上其他干扰源的访问。之所以这样做，是因为管理经常看到开发将时间花在网上而不是花在开发游戏上。

这些过滤器是治标不治本的另一个例子。开发之所以这么做，一个典型的原因是他们感到无聊或沮丧：他们不能处于心流状态。要想解决他们的问题，最好是为他们提供难度适中的挑战。

帮助开发人员在工作中找到心流，涉及在工作人员技术水平提升的同时找到适合他们的挑战难度。

心流的本质

"工作场所在之所以令人沮丧，一个根源是，人们必须做什么和人们可以做什么，两者之间经常失调。如果必须做的事超出了自己的能力范围，会引起焦虑。必须做的事对个人的能力而言太小儿科的时候，又会让人觉得无聊。当两者搭配得恰到好处时，结果就可能很棒。这就是心流的本质。"

——丹尼尔·平克（2013）

如何帮助进入心流状态呢？下面要给出几个提示。

寻找难度适中的挑战

前面描述了精通、自主和目标三大内在驱动力如何激励创意型工作者。游戏开发人员希望提高个人的技能，充分了解自己的工作。

与其尝试单独为每个开发发现合适的挑战难度，不如让他们与团队一起自主发现挑战。通过与团队建立愿景，他们可以找到目标。作为一个团队，他们互相支持，找到难度适中的挑战。当某位团队成员的挑战太难时，团队可以对他/她提供帮助。例如，当一位开发的挑战太轻松时，他或她可以留出时间去帮助别的人，或者团队可以在下一个Sprint承担更有挑战的工作。

技能提升

精通，作为另一个内在动机，指的是提高个人技术水平的意愿。最好的工作室文化是学习文化。工作室愿意花时间、花钱来满足大家旺盛的求知欲。他们不担心团队可能会离开，他们要创建一种文化，让团队可以在这样的环境中茁壮成长，不愿意离开。

随着技能的提高，以往对开发人员构成挑战的事不难了。帮助他们找到更有挑战的事并让他们获得成长，这是领导的重要职责。

实践：星期三披萨研讨会

知识和技能储备持续增加，是游戏开发人员的重要日常。不幸的是，工作节奏快和紧迫感可能使学习的优先级降到很低。有个很好的实践可以为他们留出学习时间。有些时候，只需要几张披萨。

星期三披萨研讨会指的是每周三晚上，大家聚在一起，一边吃披萨，一边向其他开发介绍一个主题。介绍的格式可以是任何形式，但提倡互动和实物示范。这项实践没有别的开销，人来了就成。

- 安排地点

- 组织和推广未来的演讲

- 订购披萨

举办这样的学习活动，可以考虑下面几个小技巧。

- 研讨会不必在星期三或下班后进行。午餐时间段也可以。

- 我们发现，星期三最好，因为刚好是一周的中间，而且这个时间段也不太忙，参加的人可以更多。

- 研讨会可以集中于某个专业主题。例如，针对程序员的技术主题，针对美术的艺术主题。跨专业主题也是很棒的。

- 主题不必与游戏开发有直接的联系。之前有位参加过电影制作的策划主持过几场研讨会，他对流行电影进行了分析。

工作室的教练

游戏行业外，一个有用的实践是雇用敏捷教练（全职或顾问）来与团队和领导一起工作，帮助他们更好地适应敏捷。优秀的教练可以帮助组织驾驭转型过程，这是非常有价值的，并且可以节省时间，用不着花很多年的时间自己去探索更好的工作方法和培养自组织能力。

工作室教练有以下职责。

- 从开发人员到 CEO，为组织的各个层级提供教练服务。

- 为 Scrum Master 和产品负责人提供教练服务。

- 为开发人员提供教练服务，让他们学会探索和改进实践。

- 为领导提供教练服务，让他们知道如何助攻团队提升自组织能力。

- 外出取经，持续学习更多改进实践和教练技术。

外聘教练也有许多挑战。据我观察，在所有自称教练的人（其实任何人都可以这么自称）当中，好的教练其实并不太多。有经验且受过正规培训的教练（例如，认证 Scrum Master）的排期通常都得提前一年甚至更早预约。此外，外聘的教练对组织内部的文化也不会很了解，一开始很难得到辅导对象的信任。

在游戏行业，这个问题更普遍，因为很少有教练亲自做过游戏。正如前面所讨论的，敏捷游戏开发是从不同的框架中借鉴而来的。许多教练只是喜欢自己的名号中有敏捷两个字。

据我观察，最好是"培养内部教练"。团队的 Scrum Master 经常表现出可以成为好教练的潜质，可以与所有团队合作并帮助工作室获得整体的发展。不一定一开始就当全职教练。花钱让他们参加培训课程，专门学习如何当好教练。①

> **例外** 通常情况下，人们总觉得外来的和尚会念经。如果有外部教练，相比内部教练，人们更重视外部教练的意见。我是在迈克·科恩（Mike Cohn）前来指导我们以及我自己去拜访别的工作室时注意到这点的。哪怕外部教练说的话与内部教练说过的一模一样，人们也愿意将其奉为神谕。

角色转换

针对不熟悉敏捷的新建团队，教练可能是一项全职工作。随着团队的成长，逐渐发现改善绩效和掌握了自组织方法之后，对教练的需求会减少。但是，这并不意味着 Scrum Master 的工作就完了。

我最喜欢的一张图片来自《大规模 Scrum》（Larman，Vodde，2017），如图 20.4 所示，图中说明了这种关注点的转变。

---

① 我推荐 Scrum 联盟的高级 Scrum Master（ACSM）课程，我是这个高阶课程的导师。

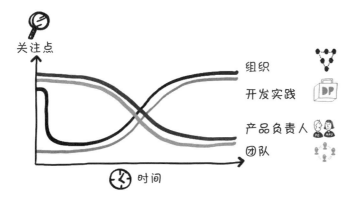

图 20.4　关注点的转移

图片说明了 Scrum Master 的关注点随时间的变化。团队成立之初，Scrum Master 的关注点在产品负责人的角色和团队实践上。随着时间的流逝，团队的自组织能力变强，Scrum Master 的关注点就转移到教练团队使用改良版的开发实践和影响团队绩效的组织问题上。

大规模 Scrum：少即是多

随着团队的不断完善，来自团队外部的阻碍变得更加明显，影响力更大。例如，高管可能在 Sprint 中期干扰团队，从行为上影响团队的承诺和工作质量。因此，这时的 Scrum Master 更加专注于在团队外部指导组织以及每个层级使用的开发实践。

> **亲身经历**　我认为，Scrum Master 与足球教练很像。职业足球教练在比赛过程中做得并不多。而我将职业足球教练与我儿子的足球教练做了一个对比。我儿子的足球教练总是在球场边疯狂地奔跑并大喊："快踢，然后快跑！"新成立的 Scrum 团队，就像刚开始学着踢足球的儿童团，需要一名全职的教练，但随着时间的推移，团队能够掌握如何在大多数情况下进行自我教练。如果有多年 Scrum 使用经验的团队还需要专职的 Scrum Master，就说明不是选错了教练，就是工作室还有解决不了的顽疾。

组织造成的障碍：关卡制作之战

接下来这个障碍案例说明了对改进开发实践的专注以及组织是如何抵制这些改进的。

我们的团队正在为一款只需要一个关卡的游戏制作辅助机制，其他所有关卡都是由关卡制作团队做的，但由于我们需要一个独特的关卡，所以我们决定自己做。

几个星期后，我们的关卡美术发现，使用虚幻编辑器而不是工作室标准的 Maya 来做关卡可以给我们带来巨大的好处。虽然 Maya 也是一个很棒的工具，但它与虚幻引擎不是很搭（至少当时是这样）。用了虚幻编辑器之后，我们的关卡策划做关卡几何（包括迭代时间）的速度很快，至少是用 Maya 的那个策划的两倍。

但是，游戏的主美对此并不满意，开始指示我们团队的关卡策划换回到原来的 Maya。当我们的策划表示推诿时，竟然受到了不干就走人的威胁！

我们（Scrum Master 和我这个产品负责人）将问题从团队转移到工作室的管理上。我们用生产指标来证明用虚幻编辑器生成的关卡在质量上一样的出色。要说服所有人并不容易，但我们做到了。最后，整个工作室都开始用虚幻编辑器了。

工作室文化造成的障碍

要想得到改进，往往需要克服工作室文化所造成的障碍。原因有很多，包括下面这些。

- 领导可能感到自己的权威或地位受到开发技能渐涨的威胁。
- 流程被认为是金科玉律，不赞成有任何改动。
- 开发认为他们不可以或者没有责任提出建议。大多数游戏开发都玩游戏，并且对如何改进手上在做的游戏有很好的想法。
- 管理可以一时兴起蹂躏开发团队，破坏了彼此之间的信任。

Scrum Master 通常在工作室这个级别几乎没有什么权限，必须运用组织教练技术来克服前面提到的这些障碍。

Scrum 采用策略

将 Scrum 推广到整个项目甚至整个工作室，这个策略必须认真考虑。整个项目直接采用 Scrum 是有风险的。事实证明，自下而上或桥头堡战略叠加是有效的，而且风险还小。但就是花的时间往往要长一些。

下面描述工作室导入 Scrum 的策略、具体工具和做法。

桥头堡团队

一战的时候，战线拉得很长，大多数士兵都战斗在前线。大规模进攻也是在前线发起的。在 20 世纪，战争中越来越多地使用杀伤性武器，所以大多数进攻都是徒劳的，发起进攻的，反而损失重大。战争后来演变成一系列拉锯战和消耗战。最终，胜利属于能够承受更多损失的一方。

二战的时候，情况不同了。显著的标志是集中力量进攻前线的一小部分地区。然后，利用敌方的混乱和措手不及，大部队涌入敌方。法兰西战役和诺曼底登陆采用的就是这种策略。

类似地，另一个导入 Scrum 的方法能够克服大规模改变固有思想所遇到的问题。先做试点，再从小团队推广到大团队，在这个过程中，工作室可以获得必要的知识并了解到 Scrum 的好处。这样的试点团队称为"桥头堡团队"。如果桥头堡团队运用 Scrum 找到立足点并取得了成功，就可以鼓舞其他团队采用 Scrum。

导入 Scrum，桥头堡团队更容易取得成功，原因很多。

- 成员都敢于尝试，而且思想开放。
- 管理一个团队比十几个团队更容易。刚采用 Scrum 的团队会提出很多问题。

- 因为刚开始试点，不会对它们施加太大的压力。

这样的行为体现了 Scrum 是得到支持和鼓励的，事实也是肯定的。就像在花园撒下种子，萌芽期最重要。这个时期如果严格监控各个变量，甚至严格监控所有因素，都可能导致幼苗停止生长。是土壤不对头，还是光照不足，或者水分不合适，或照管不够呢？

- 同样的道理，桥头堡效应也如此。由于土壤（文化和管理方式等）可能不够肥沃，所以工作室可能不接受 Scrum，如若这样，处理一个团队的失败教训远远胜于处理一打团队。

- 如果桥头堡团队成功使用 Scrum 且整个工作室都希望扩大使用范围，可以选择三种方式：分裂 - 种子；分裂与重构；跨团队训练。

分裂 - 种子

如果采用这种方法，就要把一个成功的桥头堡团队分裂为"种子"小组，其他部分开始导入 Scrum 实践。这可以使 Scrum 经由实践经验迅速从种子小组推广到整个工作室。通过这种方式，大约 8 个新的团队会种下 Scrum。具体详情如图 20.5 所示。

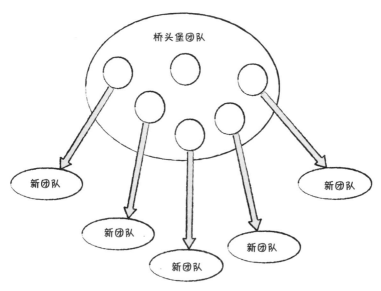

图 20.5 分裂 - 种子策略

这种方法的缺点是一个成功的团队会被分解。这种分解会消解成员士气，如果是随机分组，如果的确想要形成一个真正强大的团队，就需要花一段时间。其他的缺点是，对于新形成的团队，原来种子团队的成员并非个个都训练有素，都能带出像样的团队。

有时，好的团队中可能一半以上的成员会被速率不高的人员代替。这可能导致桥头堡团队犹如昙花一现，并不长久。因此，如果可以逐步导入 Scrum，就不建议采用这种方法。

分裂与重构

如果使用这个策略，桥头堡团队就分裂成两个团队，每个团队都引进新的成员。这样一来，转变的速度比分裂与种子策略慢，但能使每个团队至少留住原有团队一半的成员。

图 20.6 显示，这种策略兼顾了创建新团队需要的成员和保持了原有的团队成员。

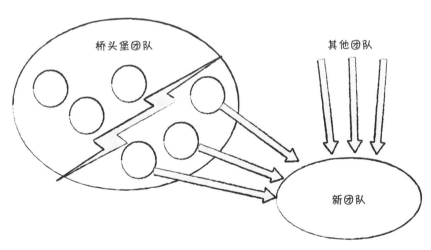

图 20.6　桥头堡团队分裂成两个团队

虽然不像分裂与种子策略那样风险大，但这种策略可以打造出一个成功的团队，也可能造就一个畸形的团队。原来桥头堡团队的成员或许有更多的话语权，这会降低新成员的归属感和责任感。

跨团队教练指导

第三个方案是保留桥头堡团队，让他们训练其他团队进行敏捷转型，方法如下。

- 桥头堡团队的成员兼任新团队的成员。时间分配各占 50% 左右。

- 桥头堡团队的成员兼职担任一两个新团队的敏捷教练。

- 桥头堡团队的成员要参加新团队的每日 Scrum 站会、Sprint 计划会、评审会和回顾会，新的团队对 Scrum 做法有问题时，及时给予建议和指导。

这种跨团队解决方案（图 20.7）将在桥头堡团队的 Sprint 减掉一些时间，但随着新的团队成员达到训练速度，需要的时间会少一些，直到后面完全不需要，在接下来的几个 Sprint，再来恢复这些时间。

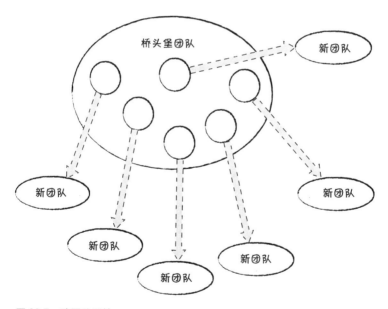

图 20.7　跨团队训练

有多少新的团队可以转为 Scrum，取决于桥头堡团队有多少成员适合训练和他们有多少空余时间。

大多数情况下，最好是通过跨团队训练在一个桥头堡团队中部署多元化的 Scrum 团队。这能够保留一个成功的团队，同时向整个项目或工作室迅速部署 Scrum 实践。

培训课程：首次部署之前，不要实施重大的更改

如果有工作室联系我，约我安排时间给他们的团队进行培训或教他们学习新的实践时，我往往会问团队当前处于哪个开发阶段。如果团队马上要部署游戏的第一个版本（六个月之内），我会建议工作室将培训推迟到团队部署好之后再进行。因为压力之下，团队往往容易反弹，回到原来的工作方式。这样显然会浪费培训时间。

全面部署

有些工作室希望整个公司或整个项目都采用 Scrum。这会使工作室面临的风险不亚于采用其他变革方法，但是，如果用得好，这是采用 Scrum 最快的方式。下面将讨论风险和减少风险的整体策略。

过渡规划

相比桥头堡团队，全面部署 Scrum 的时候，需要更加谨慎地进行过渡规划。涉及的人越多，沟通、解释原因以及创造快速启动 Scrum 的条件就越难。过渡规划就是用来解决这个问题的。

> **说明** 桥头堡团队取得成功之后，也需要过渡规划，因为大部分团队都要根据过渡规划来部署。

首先，组建一个转型团队，建立起最初的团队组织结构（记住联邦法律之于法律的关联）和产品 Backlog。

转型团队由以下人员组成：

- 产品负责人（PO）
- Scrum Master
- 工作室执行主管
- 各学科领域的主管

第一步是至少要有一个人是合格的敏捷教练（CSM）[①]。这会使 Scrum 做法和原则更加透明，确保团队一开始就能步入正轨。

下一步是确定角色和定义。最好与所有的执行主管、项目干系人、敏捷教练和项目主管一起沟通并组建一个负责变革的过渡管理团队。合格的敏捷教练（CSM）来引导主持这样的会议。

确定项目 PO 和项目干系人以及团队的敏捷教练。他们必须要了解 PO 的职责。

> **说明** PO 要全身心投入三个或更多 Scrum 团队负责的项目。从严格意义上说，他们也要参加 PO 认证（CPO）课程。

接下来，工作室的执行主管讨论他们对团队的期望和与团队之间的角色关系。他们必须清楚团队在 Sprint 期间要遵守的原则，知道所有优先级的改变都必须放到 Sprint 之外。

过渡团队要帮助 PO 初步定义"完成"的定义（参见第 5 章）。这是否意味着在目标平台上必须以最小的帧率运行？一定要在开发平台上运行吗？过渡团队需要根据预期目标来定义底线，并随着时间的推移持续改进。

初次发布和 Sprint

全面部署 Scrum 的下一步，是为每个项目的初次发布做好充分的准备。首先，在发布规划会（参见第 6 章）上确定发布目标和发行计划。如果会议规模不大，就由过渡管理团队或整个项目人员负责。

一旦准备好发布计划，过渡管理团队就与整个项目人员讨论发布目标。在此之前，要与团队举行多次会议，让他们了解 Scrum 的做法和目的。

调整第一个 Sprint 目标，以确保得到一个成功的周期。第一个 Sprint 要展示很多工作室的现行做法和团队采用 Scrum 来解决哪些问题。

[①] www.ScrumAlliance.org

技巧／提示 管理层要小心，不要一味地鼓吹 Scrum 好得
不得了。对团队来说，结果最有说服力。过分吹嘘 Scrum 会
使一些开发人员感到厌烦。在 Sprint 期间，管理层最好通过
解决团队自己不能解决的困难来支持团队。刚开始的时候，
会面临很多障碍。一旦团队看到管理层对自己有帮助，对
Scrum 就更信心，这比恳求他们了解 Scrum 的好处更有效。

团队在准备第一个 Sprint 的时候，需要理解以下原则和做法。

- 作为团队，他们为完成 Sprint 目标而共同奋斗，而不是作为个人
  完成自己的任务。团队的成败取决于此。过度承诺不是坏事，因
  为在 Sprint 期间，他们还可以和 PO 重新协商。一般来说，刚开
  始用 Scrum 的团队更容易低估自己的工作量。

- 承诺是相互的。管理层不重置 Sprint，就不会改变目标和 Sprint
  评审会的日期。

- 团队和 PO 之间必须明确对"完成"的定义。Sprint 结束时交付
  的功能必须能够体现这个定义。

- 理解每日 Scrum 站会的规则。

- 理解燃尽图的目的和用途。

亲身经历 对一些团队来说，在 2~4 周的迭代中，任何变化
都如同一场战斗！

第一个 Sprint 结束后，敏捷教练留出几个小时和团队进行 Scrum 回
顾会，然后，和过渡团队讨论会议结果。

建立产品 Backlog
要根据第一个发布目标来改进产品 Backlog。通常包含如下内容。

- 与发行商和版权方讨论，建立游戏的目标。

- 根据概念和策划工作来完善游戏的目标。

- 基础工作和风险识别。

根据这些因素来创建产品 Backlog，并对故事进行优化和排序。

技巧／提示 *建产品 Backlog 很容易走极端，有时太过细致、不实用。产品 Backlog 的规模要大，足以支持版本的发布，随着优先排序逐渐降低，如果单个故事规模不大，维持整个 Backlog 的负担就会很大。以单机游戏为例，产品 Backlog 上有 300 ～ 500 个故事是比较理想的。对苹果游戏来说，大约 100 ～ 200 个故事就够了。不过，要视情况而定。*

成效或愿景

本章描述自组织发展到终极状态后有哪些优秀表现。建立在自组织基础上的工作室是自己的王者。但这些例子只能证明自组织并非不可能，并不足以作为可复制的模板。

自组织可以给实施敏捷的各个层级带来好处。

- 相比由领导来预估和分配任务，自组织和自管理 Sprint Backlog 的团队通常做得更好 [1]。

- 相比按人力资源规划来组成的团队，能决定成员去留的团队通常做得更好。

- 相比没有发掘出创造能力的开发人员，在工作中发挥了创造力的开发人员通常更积极主动。

要想发展自组织能力，领导是必不可少的。他们的存在是为团队服务，而不是成为团队发展的阻碍。必要时，领导要充分信任团队，并认识到失败是创造创新的必要组成。

小结

探索角色和团队结构是一个持续的过程。团队必须运用回顾实践来想

---

[1] https://docs.broadcom.com/doc/the-impact-of-agile-quantified

法改善与领导之间的协作方式。允许团队在某些日常工作方面拥有自主权，让他们对自己的工作更加负责。这不是一蹴而就的。大部分情况下，需要花好多年的时间，并且会与工作室的领导文化产生正面的冲突。但最后的成果将证明，这样做是值得的。

拓展阅读

DeMarco, T., and T. Lister. 1999. *Peopleware: Productive Projects and Teams, Second Edition*. New York, NY: Dorset House Publishing.

Greenleaf, R. K. (2002). *Servant Leadership: A Journey into the Nature of Legitimate Power and Greatness(25th anniversary ed.).* New York: Paulist Press.

Katzenbach, J. R., and D. K. Smith. 2003. *The Wisdom of Teams: Creating the High-Performance Organization*. Cambridge, MA: Harvard Business SchoolPress.

Laloux F. 2014. *Reinventing Organizations: A Guide To Creating Organizations Inspiredby The Next Stage Of Human Consciousness. Brussels*, Belgium: Nelson Parker.

Lappalainen, E. 2015.*The Realm of Games*. JyväskyläFinland: Atena Publishing.

Larman C. and Vodde B. 2017. *Large-Scale Scrum*: More with LeSS. Boston, MA:Addison-Wesley.

Pink D. 2013. Drive:*The Surprising Truth About What Motivates Us*. New York: Riverhead Books, U.S.

Senge PM.*The Fifth Discipline: The Art and Practice of the Learning Organization*. New York: Doubleday, 1990.

Takeuchi, H., Nonaka, I. 1986. *The New New Product Development Game*, Harvard Business Review, pp. 137–146, January–February.

The Greenleaf Center for Servant Leadership; rev Edition (September 30, 2015).

第 21 章

规模化敏捷游戏团队

尽管理想的 Scrum 团队规模为 5 到 9 人，但现在的游戏开发，往往需要更多开发人员（详情参见第 1 章）。有些时候，甚至还有远程参与游戏开发的异地团队。尽管 Scrum 设计之初考虑过敏捷的规模化，但对大型游戏团队，要让团队所有人齐心协力，现在真的是越来越难。为了克服这样的挑战，大型游戏团队需要增加敏捷实践，重新调整岗位职责，同时还要未雨绸缪，事先组织好团队，加强团队内外的沟通。

本章提供的解决方案

本章探讨游戏行业特有的规模化框架，主要关注以下几个方面：

- 产品 Backlog 的组织

- 团队的组建

- 产品的所有权

- 发布和 Sprint 采用的实践

- 管理依赖关系

- 适用于异地分布式团队的实践

本章描述的实践在涉及几十个工作室上千名成员的游戏团队中得到过成功应用。

规模化敏捷所面临的挑战

F-22 "猛禽" 战斗机 ① 航电系统的开发是保密的。包括我在内的几百名开发人员必须经过安检才能进入办公大楼。开发这个航电系统期间，项目组成员最大的障碍是分布式合作所造成的沟通问题，因为参与该项目的成员分散在国内不同的地区。据说这样做的目的是确保这样一个耗资几百亿美元的项目可以顺利完成。

这样一来，如果写代码的时候碰到问题，我就需要与提供相关支持的库或硬件的远程团队展开讨论。我得提出申请，安排好时间后在隔音室里通过加密电话与对方讨论（对了，旁边还站着保安）。就这点儿事，通常一周时间才能安排好。

然而，这样的电话基本上也没有多大用处，因为加扰和解扰降低了音质，再说，保安也不允许我们沟通细节。我只能这样向对方喊话："我在做的那个东西和你在做的那个东西出问题啦！"

我认为，这种沟通成本是 F-22 战机延期多年才问世并超出预算几百亿美元的主要原因。

沟通，是大型团队普遍存在的难题。尽管团队可能不会像我们做 F-22 战斗机项目上问题严重，但结果往往是相似的。

本节描述大型游戏项目可能遇到的一些重大挑战。

一叶障目，游戏愿景呢

让 100 多名开发人员保持同一个愿景是个很大的挑战。开发人员很容

① 译者注：洛克希德·马丁为主承包商，负责大部分机身设计、武器系统和最终的组装，计划合作伙伴波音则提供机翼、后机身、航空电子综合系统和培训系统，但整个猛禽开发涉及美国各地上千家公司。F-22 是全球第一款量产的第五代隐身战机，采用单座双引擎设计，很长一段时间内都是战斗力最强的战机。最初为了保证绝对的隐身性能，不仅对雷达隐身进行了优化，还对航电架构进行了复杂的处理以防电磁信号被捕捉到。F-22 的航电架构采用集中式数据处理，所有传感器只负责数据转换，原始数据全部由计算机进行分析和运算。而且，F-22 的航电系统只支持同类机直接数据传输，就连美军的预警机也无法通过数据链与它进行数据交换。这样做虽然进一步保障了 F-22 的隐身性能，但也为日后它的升级难度埋下了隐患。

易忙于眼前的琐事而注意不到这些事情与整个游戏愿景之间的联系。作为开发人员，每天都要根据自己对游戏愿景的理解来做很多决定，所以，如果对愿景的理解是碎片化的，代价会非常大。

建立同一个愿景的过程中，一个主要的活动内容是项目干系人和 PO 之前的频繁对话。

高阶实践：特性包装盒

"特性包装盒"[①] 非常适合用来建立和强化同一个愿景。

讨论完（BHAGs，你懂的）发布目标之后，游戏开发团队聚在一起，分成几个小组，每个小组做一个实物大小的原型盒，理论上用作游戏特性的外包装。在一大张空白的纸上用马克笔画草图，写下宣传语。目的是提炼出让玩家心动并产生购买欲望的特性。做好包装盒之后，每组派个代表向其他的成员做演示。团队为这些特性提炼出来的宣传语通常可以作为发布计划的史诗故事。

在实践特性盒的时候，记住下面三点。

- 使用时机为每次发布开始的时候。

- 在展示过程中，首席 PO 要澄清愿景并和团队充分讨论，以消除差异并达成共识。例如，如果团队将"在线游戏内容"列入特性盒，但它，没有作为史诗出现在产品 Backlog，首席 PO 就可以说明一下为什么没有包含在内。

- 如果发布的是实时更新，可以让团队建网页，而不是做包装盒。

后期加人

如果项目干系人对团队的进展不满意，就会"将资源从一个项目调往另一个项目"以"加快速度"。这样的情况可谓司空见惯。我以前做游戏的时候就发生过，而且我们这一行很多人都听说过这样的事，从别的工作室紧急抽调大批开发人员到陷入困境的工作室，帮助他们赶工以免耽误游戏上市发行。

---

① 译者注：Feature Box 的更多细节可以参见卢克·霍曼的《创新游戏》，这种方式尤其适合用于 2B 产品或服务创新。可以通过这样的游戏方式来提炼有价值的特性。

问题是，这样做总是没用。老话说得好："就算是 9 个女人，也不能妄想她们一个月就能生个孩子出来。"

几十年来，人们最熟悉的莫过于布鲁克斯法则："向本来就延期的软件项目增加人手，只能使项目进一步延期。"（Brooks，1975）。

问题是，人又不是螺丝钉，想换就能换。增加新的人手后，频繁而密集的沟通会加大沟通方面的开销，而且，要想新人尽快上手，还必须得有人带，通常是原来就在忙着做项目的老司机。最后，欲速则不达，本来就延期的项目进展更慢了。等我们柳暗花明，快要开始体会到增加人手的好处时，游戏还是落后于进度，而且大家都已经筋疲力尽，在这种情况下，往往又预示着需要向别的工作室申请外援。

大型团队之间的沟通

许多主机游戏和电脑游戏项目的人员规模都在日益增加。以往独立游戏开发者一个人包揽设计、编码、画图、积分机制和测试"昔日的美好时光"一去不复返。现在，团队规模基本上都在 100 人以上。遗憾的是，100 人的大项目效率并非单人项目效率的 100 倍。这样的效率损益原因很多，最主要的恐怕是沟通成本激增。

> **邓巴数** 英国进化心理学家和人类学家罗宾·邓巴（Robin Dunbar）[1] 提出一个理论并有研究数据作为支撑，他认为，一个团体的沟通效率有上限，由团体中个体的数量决定。过去的几千年，军队也根据对这些上限的直观了解，将编队规模限制在类似的范围内，如班排连。

这样的大项目，想想其中任意两个人进行沟通的各种组合。沟通渠道的增长速度比项目人数的增长还要快（参见图 21.1）。100 人的项目

---

① 译者注：邓巴数，也称 150 定律，指能与某个人维持紧密人际关系的人数上限，通常认为是 150。这里的人际关系是指某个人知道其他人是谁并且了解那些人之间的关系。支持者认为超过这个人数上限的团队，需要更加严格的规则、法律以及强制性规范来维持稳定性和凝聚力。邓巴数并没有精确的数值，它处于 100 到 230 之间，而通常使用的是 150。

可能有 4950 个沟通渠道 ①。如此多的关联交错，团队自己是搞不定的。就这样，为了监管大型团队的这种复杂性，理所当然就有了所谓的管理层。

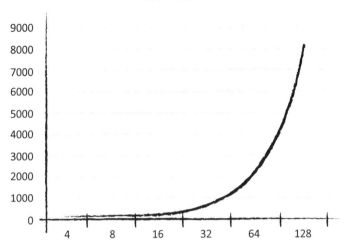

图 21.1　团队规模和沟通渠道

该不该规模化

没有任何规模化框架可以神奇地帮助我们免去大型团队所产生的开销。30 个人一年才能做完的工作，可能 10 个人得花两年，但我们通常并没有那么多时间。当然，我们还是不死心，会提出这样的问题："可以只用 10 个人，只做最重要的特性，但仍然可以做出一款出色的游戏吗？"或"我们能不能找到办法让 10 个人做更多的事情？"

规模化通常是我们最后的选择，有时也是迫不得已的选择。尽管 8 个开发人员或许能高效制作一款 AAA 游戏，但花 10 年时间才做成的游戏，还有预期的市场吗？

---

① 沟通渠道的公式：n* (n − 1) /2，其中 n 是项目人数。

对错误的流程进行规模化

规模化主要存在的问题，通常是对错误的方法进行了规模化。假设有这么一个小团队，成员包括一名制作人、程序员、美术和策划若干，几个人正在迭代开发一款游戏。工作室在扩大团队规模时，往往是在两个方面做规模化："人员规模化"（招更多有相关专业背景的人）和组织结构规模化（增加管理层）。举个例子，如果程序员人数扩招到三倍，最后就得招人来专门管理程序员。

一旦所有的专业岗都这样做，就会在此之上加一层来管理各个专业职能部门之间的依赖关系。为了跟踪有依赖关系的各项工作，最后还得加装任务管理数据库这一类工具。

一旦出现问题，比如美术做的资源无法导入游戏，就会找到主美。然后，主美再把问题报告给制作人。紧接着，制作人在任务管理数据库中新建一个修复问题的工作指令。主程负责分配任务，指定程序员来解决这个问题。图 21.2 显示了这个问题的处理流程。

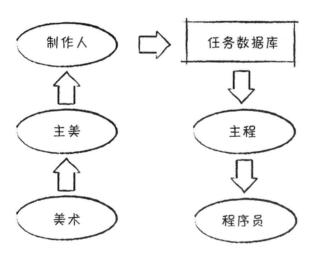

图 21.2　从美术到程序员的问题报告和处理流程

大型游戏项目普遍采用这种方式。但是，这样的流程存在下面几个问题。

- 发现问题和解决问题所造成的延误引发了其他的问题。如果发现美术资源不能用，就意味着美术同时做的其他许多资源可能也有缺陷。

- 美术和程序员之间的沟通涉及线路太多，可能会引入错误。程序员最终提供的解决方案可能解决不了这位美术的问题。

- 美术反映的问题可能中途淹没在其他突发问题中而得不到解决，除非这个问题变得十万火急。

通过组建跨学科团队和当日事当日毕，Scrum 团队可以避免出现这些问题。在规模化 Scrum 框架时，需要应用同样的原则来规模化敏捷实践，让团队自行解决他们遇到的很多问题，而不是建一个官僚机构来当"二传手"。

MAGE 框架

在过去的十年中，涌现了很多新的规模化敏捷框架。每个框架都有适用于 IT 项目的规模化敏捷方法。游戏开发为规模化敏捷带来了独特的挑战。根据过去十几年来应对这些挑战的经验，我做了一个 MAGE框架（Massively Agile Game Environment，大型敏捷游戏环境）[1]。

和 Scrum 一样，MAGE 作为一个框架，集成了许多大型游戏团队的经验教训。实践 MAGE 框架的过程中，需要根据各个团队所面临的独有挑战定期检视调整。

MAGE 框架很全面，包括团队组成、角色、计划、执行、实践和工具，实证可以普遍适用于大型游戏开发团队。它应用的是敏捷精益原则并在团队层面上大量贯彻落实了很多原则。

整体聚焦到游戏上

项目再大，也必须得统一聚焦到整个游戏上。每个 Sprint 都要演示整个游戏的 build，而不是每个团队取得的成果。团队和工作实践都要整体聚焦于游戏上。

---

[1] 我是在航空航天行业工作的时候学到一招，即有时必须乱整一个短语，得到一个让人刮目相看的缩写。

沟通、目标和自治

做大型游戏的开发人员往往都会抱怨，说不清楚自己在做什么东西或者自己对游戏做了什么贡献。久而久之，参与度低和缺乏责任感，会影响到开发实践[①]。

通过在规模化过程中秉持 Scrum 原则，我们可以尽可能直接沟通，确保开发保持目标感，工作上保持自治。

系统思考

继续应用系统思考、精益思考和 Scrum 模式来持续改进工作流程，减少开销，处理工作室的组织问题，以增强沟通流程和游戏价值的输出。

康威定律

1967 年，康威（Melvin Conway）写了一篇论文，文中描述了"任何设计系统（广义上定义的）的架构都受制于产生这些设计的组织的沟通结构。"

这就是著名的"康威定律"，通用于做游戏的工作室。

我之前做的游戏或合作过的工作室，都是这样的。

- 技术为主导的工作室，做出来的游戏在技术上强，但美术和策划相对薄弱。

- 大型游戏的开发工作分散到六个工作室进行，每个工作室负责一个特性领域，因而做出来的游戏感觉就像打包到一起的六个游戏。

- 团队如果有独立的 QA 小组和存在职能筒仓，那么，他们发布的游戏通常都会有很多质量问题。

虽然康威定律不可避免，但如果同时把系统思考结合应用于工作室和游戏组织，康威定律就可以成为一个有用的工具。

以正确的方式规模化

MAGE 的内核仍然是 Scrum。

[①] http://www.melconway.com/Home/Conways_Law.html

- 5~9 名开发人员组成一个团队，对完成 Sprint 目标做出承诺。
- 每个 Sprint 都要演示潜在可发售（shippable）的游戏增量。
- 每个团队都有一个 Scrum Master 和一个 PO。

MAGE 通过以 teams of teams 的组织结构来实现规模化 Scrum，用类似的产品所有权结构来体现产品 Backlog 的层次结构，从而从组织结构和产品结构两个方向确保所有项目干系人和开发人员共享同一个游戏愿景。

产品 Backlog

游戏最开始是一个有层次结构的产品 Backlog。这样的层次结构反映的是团队和 PO 的组织形式。游戏逐步成形的过程中，这个结构也会随时间推移而发生变化，我们的认知也会有所增加。

图 21.3 展示了一个思维导图，展示了一款游戏中几个大的史诗故事最初的结构。刚开始的时候，参与游戏的人员比较少，而且只专注于摄像机、游戏角色和徒手格斗这样的史诗故事。大概也就只有一个小团队或三个团队，具体取决于正在做这款游戏的开发人员有多少。

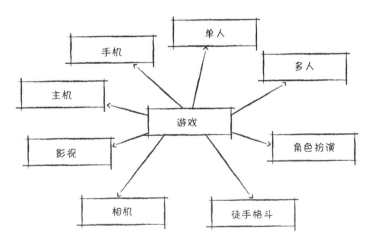

图 21.3　游戏史诗故事的简单的思维导

后期的游戏发布可能会重组，基于这些核心机制来分团队做单人游戏和多人组队游戏。

工具和思维导图

产品 Backlog 用到的大多数工具都支持层次结构，但我更喜欢以思维导图的方式来视觉化产品 Backlog。产品 Backlog 思维导图，既可以体现团队结构，也可以代表游戏特性的层次。思维导图有下面几个好处。

- 借助于思维导图的视觉呈现，我们可以对一组游戏特性进行更好的思考。

- 思维导图可以随着团队的重组而快速重新组织，通常按版本或更新发布的节奏来。

- 有了思维导图，团队能够更容易理解分支上的特性，统管游戏总体特性的 PO 能聚焦于更重要的特性。

专业岗位集中化，组件分散化

每个分部都有自己的音效貌似是合理的。没有音效的特性是算不上"完成"的，对吧？

问题是，你可能只有两名音效服务于十几个团队，每个团队只需要占用一名音效 10%的时间。我们不希望两位音效分别轮流服务于六个团队，所以把他俩集中起来，合并到一个音频支持团队中（请参阅后面的"团队"）。

反之，我们可能会让一个 AI 程序员团队创建 AI 基础架构（寻路、感知、角色和动画控制等），然后再将各个组件分散到其他团队，为游戏中所有角色的 AI 需求提供更好的支持（请参阅后面描述的"组件团队"）。

游戏和团队组织的需求一直在变，这需要从产品 Backlog 的组织结构中体现出来。

支柱

有时，游戏中跨领域的交叉主题需要引起每一个核心游戏特性和玩法的关注。这些通常被称为"支柱"（pillar）。关于支柱，一个常见的例子是货币化。许多免费玩的游戏尝试做的就是想方设法对特性进行货币化。重要的支柱通常都有最好的成员提供相应的支持和维护（详见下面的"支柱卫士"）。

团队的组织结构

Scrum 的基本原则之一，是组建自足（self-contained）、自律且真正致力于达成 Sprint 目标的团队。在这个原则的指导下，可以做出游戏核心特性的美术、程序和策划自然而然地形成一个个跨职能的团队。然而，有些自足型团队可能并不需要设计更多跨学科成员，甚至单一学科，也能做出有价值的特性。

本节列出适用于敏捷游戏开发的各种团队类型。可以根据自己的具体情况，选择合适的团队类型。

特性团队

特性团队是负责开发游戏核心特性的跨学科团队。比如，如图 21.4 所示，这个小型跨学科团队就是专门负责驾驶玩法的。

职能	角色
策划	调试驾驶控制和关卡分级测试
策划	
美术	车辆和道具制作并测试关卡结构
美术	
程序	对车辆传动结构、物理和对手车辆的AI进行编程
程序	
程序	
音效	为车辆、关卡和游戏提供音效支持

图 21.4　全程负责驾驶机制的团队

特性团队一个明显的好处是他们的主人翁意识。对大多数开发者来说，全程参与开发少数几个玩法比业余参与开发多个游戏玩法更让人满足。对许多开发来说，全程参与会让他们更有成就感。

特性团队中要有实现游戏玩法所需要的全部人选。在实践过程中，这是很难实现的。有时，如果碰到人手不够，团队就需要共用有专业背景的成员，比如音效，每个团队都要占用他 25% 的时间。通常情况下，我们就说这个人由多个团队共享。

全部都转特性团队？

刚开始用敏捷来开发的几个游戏中，我们用特性团队来负责所有核心玩法，结果碰到了问题。最主要的问题是，每个玩法最后的界面和体验都不同，导致整个游戏让人更困惑，更难玩。

组件团队

组件团队大多由开发某个游戏组件的开发者组成，比如渲染引擎或游戏内容中包含的游戏区。尽管敏捷项目中的组件团队不像特性团队那样常见，但它们也有自己的好处。一个例子是一个主要由程序员组成的平台团队。程序员的专长是优化特定平台（比如苹果和安卓）的性能。把这些专家集中到一个独立的团队中，让他们集中精力处理一些有挑战性的难题，这样的难题，如果让特性团队自己解决，就比较浪费。如果做苹果游戏的程序员分散在多个团队中，让他们集中起来做一个可运行于 iPhone 手机上的游戏就不见得有什么好处。

组件团队通常只用于基础性的或服务性的工作。如果用组件团队来完成那些会影响多个游戏机制的工作，最后得到的解决方案往往并不适合游戏。例如，组建一个组件团队来为游戏创建一个 AI 角色。这个组件团队由 AI 程序员组成，他们追求技术卓越，想要开发出基础架构最好的 AI。遗憾的是，他们做出来的 AI 特性被交给其他的团队，这些团队既不理解 AI 是怎么工作的，也用不到前面 AI 组件团队为 AI 精心设计的特性。到最后，这个团队被解散了，AI 程序员分散到项目的各个团队，根据团队的需要来实现 AI。

制作团队

有些游戏开发项目有一个专门的制作阶段，制作团队都是跨学科团队。这些团队有更确定的工作流程来创建特定的内容，要用到第 6 章描述的一些精益和看板实践。由于工作流动的可预测性更强一些，所以制作团队也较少有团队规模为 5~9 人这样的限制。

为了让资源制作保持稳定流动，制作团队可以根据需要和其他制作团队交换成员。制作团队通常由特性团队发展而来，从设计阶段过渡到制作阶段。例如，进入制作阶段之后，关卡设计团队中的程序员纷纷离开，随之而来的是更多的负责建模、纹理美术和音效的人员。制作团队有下面几种类型：

- 关卡制作
- 角色制作
- 电影特效
- 游戏社区网站

支持团队

一个常见的问题是支持团队如何在敏捷项目环境中进行自管理。因为他们要为多个团队提供支持，所以收到的特性要求不像只为单个团队提供支持那样容易排优先级，导致支持团队与其"客户"团队（依赖于支持团队来完成的游戏）的困惑和冲突。

支持团队需要有自己的 Backlog 和 PO。如果一个支持团队有好多个 Backlog 和好多个 PO，肯定会造成灾难。支持团队也应该像其他敏捷团队那样，从容易理解的 Backlog 和同一个愿景中获得种种好处。作为需要支持团队来提供服务的"客户"团队，要在发布规计划期间确定优先级并邀请支持团队(至少主管和PO)参加他们的发布规计划会。

支持看板

对于支持团队，使用看板所带来的好处超过了 Sprint 带来的好处，通过看板，他们可以更快对修复bug这样的紧急请求或障碍做出响应，为他们服务的其他团队提供支持。图21.5展示了一个支持团队使用的简单看板。

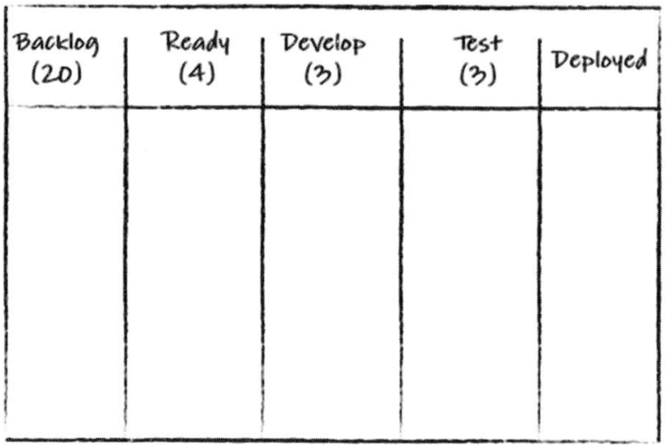

Backlog (20)	Ready (4)	Develop (3)	Test (3)	Deployed

图21.5 支持团队的看板任务板

最关键的一个指标是收到支持请求到部署这期间的平均花费时间。支持团队总是会想方设法地缩短响应时间。

请注意，Backlog有在制品（WiP）限制，这个限制的存在是为了迫使产品负责人不时地完善Backlog，以免之前的事项积压下来，并且减少响应时间。这也有助于寻求支持的团队不断细化和提高请求的优先级。

看板上的Ready（就绪）状态代表团队已经列为任务并准备开始处理的请求。当团队将最后一个请求拉到Develop（开发）这一列时，这一列为空白，表明需要开规划会并用WiP编号标示的四个新特性填充这一列，接着将它们列为任务。

技巧/提示　如果多个游戏的部署都要依赖于同一个支持团队，那么，这个团队的PO在理想情况下应该是执行主管级别（或能经常联系到执行管理层），如果这些游戏之间有冲突，就由他们来负责裁定优先级。优先支持哪一款，是公司层面（战略上）的决定，需要经营工作室的人提出意见。

支持团队的迭代目标

支持团队还可以有自己的迭代目标。引擎和工具团队往往就是这样的，他们有自己的有研发（R & D）目标。遇到这些情况，可以在看板的任务板下方增加 Sprint 泳道（图 21.6）。团队确定好每个 Sprint 可以为每个泳道指定多少时间，并通过 Sprint 计划会来判断目标。

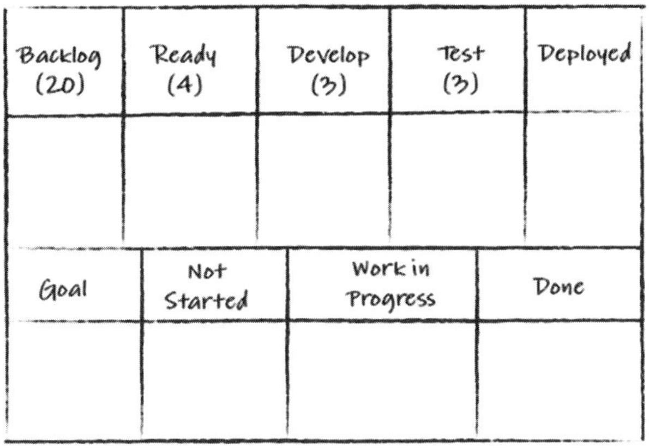

图 21.6　结合使用看板的任务板和 Sprint 泳道

管理维护和质量问题

支持团队要考虑到突发性支持工作的可能性。为突发性维护预留出一定比例的带宽，这很关键。跟踪每个 Sprint 做维护花了多少时间，然后从计划生产力中减去相应的时间，即可轻松得出需要预留多少时间。

技巧 / 提示　把支持团队成员借给另一个团队用一轮 Sprint、这也是可以的，但要在发布计划中定下来。让支持团队成员看到自己"产品"的使用过程，也是有价值的。

工具团队

工具团队由做工具的团队组成（程序员、技术美术和 QA），他们的客户是使用通用工具集和流水线（pipeline）的用户。

同支持团队一样，工具团队经常都要支持好几个项目，并且也有自己的 Backlog。

工具团队额外还有一个好处，他们是向同一幢建筑中的客户发布工具，不只局限于项目干系人。让工具用户参与 Backlog 定义、排优先级、规划会和评审会，对工具开发者大有好处。工具开发甚至可以比游戏开发更强调探索，使用敏捷方法的话，可以得到更多好处。

合用团队

合用团队（pool team）的成员都来自同一个学科背景。不同于其他团队，他们没有自己的 Sprint 目标。他们的存在只有一个理由，那就是支持其他团队的工作。比如，动画合用团队就是一个例子，他们存在的目的是支持特性团队，后者需要在一轮 Sprint 中完成大量的动画。

合用团队的另一个好处是为美术资源的制作提供集中化的支持，也称"内包"（in sourcing）。在规模比较大的游戏工作室，进入制作阶段之后，对场景美术和动画的人员要求非常大，如果有合用团队的话，就可以缓解一下对开发人员的需求。

在发布（release）期间，合用团队需要做更多计划和管理，以确保可以得到充分利用。合同团队常用于设计阶段或制作阶段。

集成团队

要让一个有 40 多名开发的大型项目拥有同一个目标，是非常有挑战的。即使都有各自的 PO，但每个独立团队中的目标也会有动态的变化。因此，有些项目会用"集成团队"的方式，将特性团队最初开发的游戏机制合在一起，形成一个统一的游戏体验。

这些团队的结构与特性团队相似，区别在于他们负责的是游戏的整体主题。比如，在一个动作赛车类游戏中，一旦驾驶机制足够成熟，开发团队就把它移交给核心团队。从此以后，就由核心团队来修改维护游戏机制，并将它与别的游戏机制无缝结合在一起。

特性领域团队

特性领域团队由特性团队和功能团队组成，它们创建特定领域中的基础特性，以便集成团队将其吸收到游戏中。一个例子是物理特性团队，这支团队将为游戏创建车辆、可破坏物、衣服和许多其他基于物理引擎的功能，但不将其置于可展开状态。

我们引进这种团队有两个原因。首先，在大型项目中，让多个特性团队来制作要部署的特性会导致这些特性效果各异。将最终的打磨工作移交给集成团队，可以使游戏的外观和感觉更鲜明。其次，这可以使这些团队可以更长时间在一起。完成一个特性之后，他们可以继续一起做下一个基于物理引擎的特性。

特性领域团队也是跨职能的，需要美术、策划和开发三种岗位合力达成团队的目标。

合用团队和核心团队？这听上去一点儿都不 Scrum 嘛！

> 抗议：组件团队、合用团队和核心团队，它们听起来根本就不 Scrum 嘛
>
> 理想情况下，每个团队都应当是一个职能型团队，但游戏开发的特殊需求催生了合用团队和核心团队。如果每个团队都需要 10% 的音频支持，并且两个音效师要支持 16~20 个团队，就不能打散他们，让他们分头加入 8~10 个团队。我把合用团队这种方式介绍给游戏圈以外的敏捷顾问时，有人说我这是对敏捷的亵渎。我还真心问过《敏捷宣言》有位联合签署人，问他是怎么解决这个问题的，他笃定地说："那就让每个开发都学学怎么做音频！"
>
> Scrum 主张让团队效果最优的方法，而不是让团队照本宣科和生搬硬套。

实践社区

大规模 Scrum 项目的另一个挑战是，因为学科领域或者岗位职能的不同，多个跨学科团队之间可能缺乏沟通。比如，如果所有图形程序员都各自分散到好几个团队中，怎样才能防止他们用不同的方法来解

决同样的图形问题呢？

> **说明** 当所有 AI 程序员被分到三个特性团队之后，我们就遇
> 到了这样的问题。每个团队都实现了自己的 AI 状态机。一个
> 团队实现的是一个基于脚本的系统，另一个实现的是一个基于
> C++ 的系统，第三个团队开发的是一个使用图形操作界面的
> 系统。

解决方案是建一个用于知识共享和消除重复工作的"实践社区"
（communities of practice）。如图 21.7 所示，分散到多个 Scrum 团队
的 AI 程序员形成了一个 AI 实践社区。

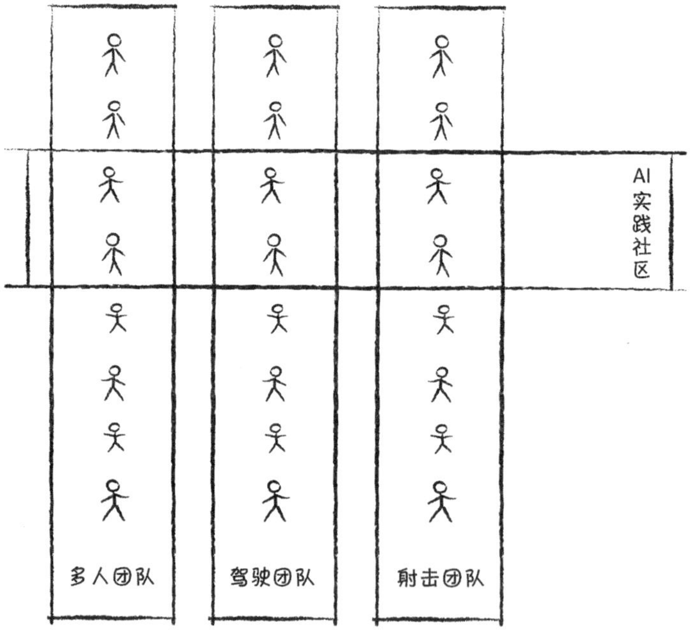

图 21.7　AI 实践社区

每个社区可以自行决定讨论的频率。AI 团队可能讨论各自实现的一
些通用解决方案。Scrum Master 可以建一个社区来分享各自的团队实
践改进。策划可以建一个专门让大家吐槽的社区 [①]。

---

① 我知道有个策划社区真的是这样做的……他们能够使该社区保持建设性！

实践社区没有自己的 Sprint 目标，也没有分配到团队外部的工作。唯一的用途是分享信息。

实例分享：Spotify

Spotify 探索了几种不同的矩阵式团队结构，例如部落、分会、协会 (tribe, chapter 和 guild)，这些都值得一读 (Kniberg，Ivarsson，2012)，游戏团队可以自行尝试这些方式。

产品所有权

相比其他行业的 PO，游戏团队对 PO 有相当多的时间要求。因为团队需要知道自己制造出来的"乐趣"是否就是 PO 想要的"乐趣"。比如，物理反应机制应该多有弹性（snappy）或者动画过渡要做到多流畅，这一类问题非常主观，需要从负责游戏目标的人（也就是PO）那里获得及时的反馈。

大型游戏项目一般都有一打甚至更多团队，所以问题就来啦！PO 的时间被碎片化到这么多团队上，精力分散之后，不能有效地让所有团队保持同一个游戏愿景。没有共同的愿景，在制作过程中，每个游戏机制就会偏离最初的设想，一致性和吸引力开始走低。

作为大型游戏项目的 PO，一个有效的实践是建立特性领域所有权代理机制。一种方法是建立一个层次化的 PO 结构。首席 PO 指导整个游戏项目，每个核心游戏机制有一名 PO。图 21.8 是这种 PO 层级的一个例子。

首席 PO 从总体上负责一两个 Scrum 团队的两名 PO。首席 PO 保持直接与团队的合作，如 UI 团队，但他们会将"像猪一样的 PO"的责任委托给自己有 PO 的团队。

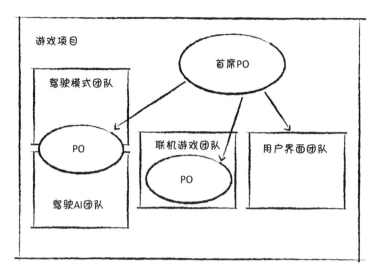

图 21.8　PO 层级的一个例子

定义：特性领域

　　特性领域（feature area）是指由一个基础组件关联在一起的很多个特性集合，而且通常由一个团队来支持。例如，物理特性领域可能包含布料、可破坏物、车辆及团队可能需要的别的东西，这就要求有熟悉物理引擎技术和资源限制的团队。

在 Sprint 期间，每个 PO 和团队合作工作，帮助他们计划 Sprint，和团队一起进行日常的工作，确保他们能完成 Sprint 目标。比如，作为实现驾驶玩法的团队的 PO，我的责任包括指导团队，让他们对游戏机制有同一个愿景，经常性地讨论控制、车辆物理机制和环境的"模拟"和"真实"之间的平衡。

PO 需要确保参与整个项目的人都要有同一个愿景，比如，可以经常性地邀请大家多开会，包括 Scrum of Scrums 会在内，共同解决任何与游戏愿景相关的问题。

Sprint 和 Release 规划会的间歇期，PO 要接受首席 PO 的指导。不同PO 对完成 Sprint 目标的最佳方案往往有不同的观点和意见。团队 PO洞察力强，总能找到最优方案，这固然好，但只有首席 PO 才是将所有游戏机制和特性合为同一个游戏愿景并始终保持游戏一致性的责任人。

大型游戏项目中，PO团队负责创建和维护游戏愿景，并始终确保游戏愿景的一致性。

团队产品负责人？

关于规模化敏捷框架，有一个争议，那就是各个团队或特性领域都应该有自己的PO，还是整个游戏共用一个PO？

以我的经验，大型游戏中只有一个PO是不够的，除非团队自组织能力强到足以代替PO（参阅第7章提出的放弃PO的建议）。

但是，团队PO通常可以成为"产出负责人"，几乎没有权限指导其特性领域的愿景，只专注于让团队尽可能多产出。

额外增加的角色

团队规模较大和项目较大的话，就需要额外增加工作和角色来帮助他们克服规模化敏捷所带来的问题。本节介绍我发现有用的一些技巧。

项目管理支持

大型游戏项目的制作债大得惊人，所以让首席PO找个人和自己结对管理这些债务往往是最好的选择。合适的人选一般是工作室的高级制作人或总监。这个角色要支持首席产品负责人对工作内容排定优先级，以保证这些工作都能够按期完成，例如，确保动作捕捉演员到位的时候，我们的工具流水线已经准备就绪。

补充角色

《大规模精益敏捷开发》（Craig Larman，Bas Vodde，2014）一书描述了我认为团队外部对游戏开发有用的其他角色。

游客（Traveler）的身份是一个或两个团队中的团队成员，但是只做一到两轮迭代。在这个期间，他们的主要任务是指导开发人员并为他们提供帮助。一个例子是物理学专家，他负责与一个团队合作设定布料效果，同时和一个程序员结对写代码。布料效果做好之后，作为游客的他就离开团队，留下程序员继续对布料效果提供支持。

侦察兵（Scout）会尽量抽时间参加每日 Scrum 站会并向首席 PO 报告进展情况。他还会参加 Release 规划会和 Backlog 梳理会，帮助大型团队做好进度同步。

组件导师（Component mentor）作为特性团队的成员，会留出时间来指导组件（例如多人在线）或职能（例如动画或编程）团队。他们为团队提供技术培训、指导和建议，让他们以最好的方式实现与其组件或专业领域相关的特性。

游戏的核心支柱

游戏的核心支柱（Pillar，如前所述）受益于组件导师这样的拥趸，为了辅助支持游戏的核心支柱，他会与每个团队展开合作，比如货币化或想方设法把游戏接入 Facebook 这样的社交媒体平台。

发布

针对大型的游戏，发布（Release）可以从三个方面来确定节奏。

- 能使远程的项目干系人聚在一起讨论项目进展。
- 能使团队想接下来要完成的发布目标重新看齐。
- 可以用于定期查看债务情况以及游戏本身是否能够上市发行。

随着团队和工作室的持续改进，这种节奏可以加快，让这些事情发生得更为频繁。

发布规划

第 9 章对发布规划的描述如下。

- 在最初的规划活动中为发布制定"胆大包天的目标"（BHAG）。
- 把这些目标转为史诗故事。

- 从这些史诗（发布规划）中分解出接下来完成的 Sprint 目标（定期的 Backlog 梳理会 / 发布规划会）。

> **技巧 / 提示**　尽量把参加最初发布规划会的人数限制在 20 人以下。

规模比较大的团队也这样，但有下面三点变化。

- BHAG 和史诗不是由团队全体成员创建的，是由潜在客户、项目干系人和产品负责人小组所构成的一个小团体创建的。

- BHAG 要展示给参与整个游戏的所有人看。

- 发布计划的拆解发生在团队层面。

尽管有这些变动，每个团队仍然可以在团队层面参与制定发布计划，这对建立和发展同一个游戏愿景非常有用。

故事：游戏发布的全球化

　　CCP 游戏（《星战前夜》的开发商和发行商），成立于 1997 年，在冰岛雷克雅未克、美国亚特兰大和中国上海都有分部，目前已经发展成为一家拥有 400 多名员工的公司，它的一个在线世界拥有超过 30 万的活跃用户。

　　2008 年秋，CCP 在开发自己的第 10 个扩展包（称为 Apocrypha）。Apocrypha 是 EVE 世界最豪华的资料片。它添加了主要的技术特性，显著扩展了 EVE 世界的大小。公司的目标是，在为期 4 个月开发周期之后的 6 个月内发布这个扩展包（参见图 21.9）。

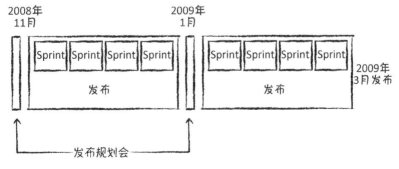

图 21.9　Apocrypha 的时间线

制定发布计划

　　项目干系人确定了两个发布周期,计划2009年3月发布扩展包。理想情况下,发布规划会要召集所有开发一起开会,但是,把全球120号人集中到一起,几乎是不可能的,因此,CCP只好采用一些创新实践来召开发布规划会。

　　Apocrypha 的发布规划会耗时 12 个小时。高清的视频会议网络使这次大会成为可能,全球各地所有的开发都参加了这次会议。

　　大多数开发(包括项目管理团队)都在雷克雅未克,所以会议集中在那里召开。早上9点开始。由于时差关系,这个时间点对亚特兰大的开发者来说太早。这时正好是上海开发者的下班时间,所以,他们就和雷克雅未克的团队先开始。几个小时后,上海的团队离开,亚特兰大的团队加入发布讨论(参见图21.10)。

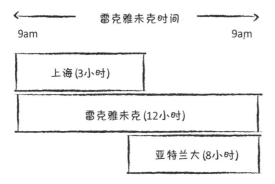

图 21.10　错开会议时间

　　可以在 YouTube(www.youtube.com/watch?v=gMtv1zDUxvo)观看在雷克雅未克召开的这段会议视频,简直是太棒了。

　　有一个重点需要注意,由于时差和视频会议的限制,一次只能有两个团队开会。在这个案例中,亚特兰大的团队和上海的团队就不能同时参会。为了避免可能出现的问题,上海的两名开发者代表上海团队,特意飞到雷克雅未克去参加这个关键的会议。

　　全球各地的团队中,不同地区的代表两两结对,一起讨论发布目标,并着手把这些目标拆分为许多个小目标,这些小目标大小合理,可以在一轮 Sprint 中完成。有了视频会议网络,可以同步召开多个会议,这是非常有必要的,因为这个过程中提出的许多问题都需要在所有团队成员或单个的团队之间进行充分而大量的对话。

发布规划会的目的是，13 个团队中，每个团队都要分别制定一组 Sprint 目标，这些目标组成发布 BHAG。这样的交流还在继续。大家一起讨论每天碰到的问题，每两周的 Sprint 评审会上演示做好的游戏版本。每轮 Sprint 都会对发布规划进行改动，根据开发的现状进行调整。

两次发布之后，Apocrypha 准备就绪，开始做最终的测试和打磨，在 2009 年 3 月 10 日，按进度如期上市。

落实发布计划

大型的项目，让参与项目的所有人员都来参加发布规划会有时不现实。碰到这种情况，通常只要求产品负责人、领域专家和各个职能岗位上的主管参加。

发布规划会结束后，产品负责人向参与项目的所有人员介绍或落实发布计划。产品负责人需要详述 BHAG 和发布计划，并对人们提出的问题进行解答。然后，参与项目的人员可以趁此机会自组织为 Scrum 团队，以最好方式达成计划中最初拟定的 Sprint 目标。

组队

拟定和讨论发布计划的时候，尤其适合用来检验能达成发布目标的最佳团队阵容是怎样形成的。依据团队自组织实践的程度，会出现以下情况之一。

- 管理者来安排，从可以调用的员工中抽调人员来组队。
- 资深团队成员对团队的组成和招募新成员展开对话。
- 整个游戏工作室的员工聚在一起，在充分了解了发布计划后，自行决定如何组队。

在 Sprint 之间，团队可以根据需要交换成员。尽管让优秀团队一直在一起是最好的，但你必须承认现实。如果你的团队不打算在下一个 Sprint 中计划任何动画工作，请让你的动画师去那些要制作动画的团队帮忙！

说明 就像前面说的一样，最好限定一名开发不得同时加入两个以上的团队。

更新发布计划

在每轮 Sprint 之后，大型团队通常会开两次会，在会上更新发布计划。第一次会议的参会人员就是当初建立 BHAG 的小组成员，让他们来评审游戏的总体进展方向以及任何需要重新排优先级排序的事项或解决新出现的依赖关系。

参加第二次发布规划会的是团队及其产品负责人，目的是以细化各自在发布计划中负责的工作。

团队应该有自己的发布计划吗？

发布计划只是预计在发布结束前可以完成的产品 Backlog 顶部的几项工作。但是，如果有多个团队，而且每个团队都在做自己的发布计划，那么，最好大家能够有一个共享的计划，同时也有独立的计划。

制定一个共享的 Release 计划，好处是团队可以共享故事。例如，如果两个团队都需要同样的粒子效果，在发布开始的时候，就不需要决定由哪个团队来做。有了一个共享的发布计划，处理这种事变得更加轻松。

制定独立的发布计划，好处是每个团队都可以自行决定用哪种工具来管理计划。对我们来说，一大张思维导图形式的海报，效果最好。

使用项目板

团队规模大了之后，最好能有一个全局视图，当前进度一览无遗。图 21.11 所示的项目板就是这样的工具。

项目板展示的是 6 到 12 周的发布计划，其中包括一个史诗级别的产品待办事项（PBI），由三个团队负责完成。每个团队所在的区域都显示了各个团队目前正在做的史诗，但不显示详细信息。每个团队在自己的项目板上管理细节。任务板还显示了特性通过验收测试的当前进展情况以及当前发布中已经部署好的特性。

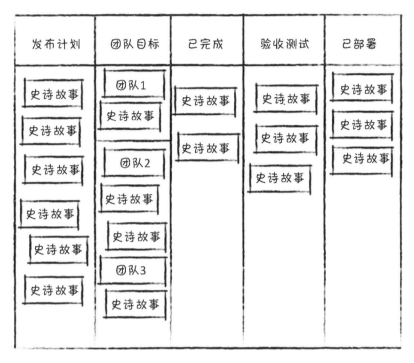

图 21.11　项目板

有了项目板，可以把参与游戏开发的所有团队集中在一起，或者根据需要随时召开 Scrum of Scrums 会议，想多频繁就可以多频繁。

Sprint

理想情况下，对于每个团队，大型游戏的 Sprint 应该与小型游戏的 Sprint 相同。不幸的是，开发大型游戏一般都有沟通成本，这样的开销会分摊到每个团队上。这些开销的主要来源如下。

- 没有预见到的依赖关系。
- 与其他团队的计划进行协调。

- 管理共用的专家。

- 根据评审结果做出新的变动，由此而来的开销。

- Scrum of Scrums 和实践会议社区。

无视以上任何来源都会导致后期成本更高。本节探讨大型游戏在 Sprint 期间执行的一些实践。

Sprint 日期要对齐

在同一个大型项目中，不同 Scrum 团队的 Sprint 计划会和评审会日期可以一致，但也可以各有各的日程安排。图 21.12 展示了这两种方案的不同。

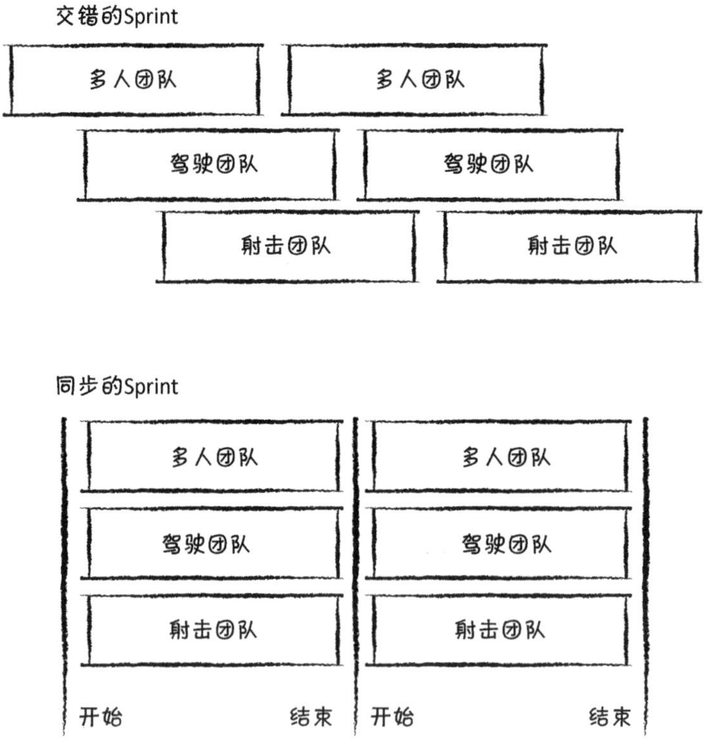

图 21.12　独立的 Sprint 和同步的 Sprint

团队如果自有独立的日程安排，是有一些好处的。最大的好处是每个团队都用不着去争 PO 的时间。如果多个团队的日程是统一的，PO 的时间就很难安排，尤其是大家都要做下个 Sprint 计划的时候。

尽管如此，通常情况下，最好还是统一 Sprint 计划会和评审会的日期（Cohn 2009）。它可以给游戏带来下面几个好处。

- 团队可以交换成员：Sprint 评审会结束后，由于没有人认领任何 Sprint 目标，所以很容易趁机为下个 Sprint 交换团队成员。

- 鼓励对游戏进行综合评审：Sprint 评审会日期相同的团队，可以将所有工作集成为同一个 build，以便对整个游戏进行评审。这样的时间安排可以鼓励更多跨团队协作以及对游戏进行综合评审。

大型团队的分层 PO 结构可以有效避免 Lead Product Owner 分身乏术而无法参加下个 Sprint 计划会的情况。

SoS（Scrum of Scrums）

规模化 Scrum 的核心实践是 SoS 会议。图 21.13 展示的是一个大型项目如何分解为小团队，每个团队如何派自己的成员参加 SoS 会议。

有了这个会议，每个团队都可以派一个代表，让其他团队知道自己的团队进展如何以及碰到了哪些困难。至于哪些人需要参加这个会议，则取决于需要向谁报告。这样的会议有利于识别一个团队可以为其他所有团队解决哪些共同的问题或潜在的问题。

例如，引擎技术团队通常会与多个团队一起工作，以改善引擎技术。对引擎技术的改动往往会阻碍其他团队的工作进展，因为有些 bug 是不可见的。Scrum of Scrums 会上对这些共用技术改动进行过描述。因此任何可能出现的问题都能马上被识别出来并得到及时的解决。在这里，共用技术团队的技术主管会参加会议，报告待定的技术改动。

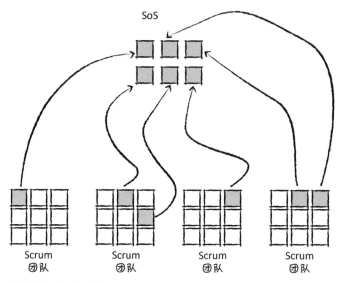

图 21.13　SoS 会议

SoS 不同于团队的每日 Scrum 站会。

- 不需要天天开：可以是每周或半周一次。参加会议的团队自己决定什么样的频率最适合团队。

- 目的是解决问题：会议时间没有限制在 15 分钟内。会议中要提出可能的解决方案。这个会议可能是大家这一周唯一能聚在一起的时间，因而讨论的问题对项目会有比较大的影响。

- 问题不同：会议开始的时候，每个人都要回答一些略有不同的问题。

  - 上次会议之后，团队都做了些什么？每个团队的代表用概括性的语言描述自己团队上次 SoS 会议之后所完成的事情。

  - 团队下一步要做什么？团队代表讨论团队接下来要完成的事情。

  - 团队遇到什么障碍了吗？每个团队面临的问题卡在哪里了？这些问题通常是团队自己无法解决的或无法与其他团队交流的。

  - 一个团队可能对其他团队造成的影响？像前面引擎的例子那样，一个团队做的变动通常可能影响到其他的团队。也许一个团队提交了对动画引擎的改动之后，就影响到了当天还在用这个动画引擎的其他团队。如果提交后角色的行为举止很快开始变得怪异，那么让大家都知道这样的变动就可以节省许多时间。

会议上不要指名道姓 在回答 SoS 会议上提出的前两个问题时，重要的是讨论整个团队的进展，而不是每个团队每个成员的进度。否则，会议时间会拖得很长！

SoS 没有产品 Backlog，但会建一个简短的 Backlog，其中列出每次会议中都要提到的共有障碍。什么叫共有障碍呢？如果团队中唯一一个 FX 美术病了，就会影响到好多个团队。清除会议上识别出来的障碍，往往需要好几天的时间，因此跟进这些障碍是有好处的。

虽然 SoS 并没有强调 Scrum Master 必须参加 SoS，但团队通常还是会指定一个成员来担任 Scrum Master，以辅助会议顺利进行。

Scrum of Scrums 的备用方案

随着团队日趋成熟，往往会把 Scrum of Scrums 视为瓶颈。例如，如果会议是每周一次，要等上整整一周才能开始进行必要的对话。Scrum of Scrums 有下面这些替代方案。

- 集成团队（如前所述）可以成为交流中心，可以随时解决任何问题。
- 解决问题的"游客"游走于不同的团队，解决团队无法自行解决的问题。
- 让关系密切的团队参加每日 Scrum 站会。

Sprint 计划会

大型游戏项目中，每个团队都像小团队一样制定 Sprint 计划，不同的是大型团队的计划可以给他们带来额外的好处，那就是可以邀请 Sprint 目标与自己团队类似的其他团队派代表来参会。例如，如果两个团队的目标都涉及寻路，就可以一起想办法，找到共享解决方案。

Sprint 评审会

大型游戏项目中，团队的 Sprint 评审会需要在能容纳项目全体人员和所有项目干系人的地方举办。因而需要足够大的空间。在涉及多个团队的项目中，可以选个 Scrum Master 或首席产品负责人担任主持人，讲一讲前一个 Sprint 取得的成果。这些成果包括 Sprint 的总体目标和遇到的主要障碍。接下来，话筒依次移交给各个对游戏特性做出了贡献的团队成员。每个人都讲一讲团队的进度，演示这次 build 的部分内容，以此来说明团队在哪些方面增加了游戏价值。

规则：演示单个游戏 build

无论参与游戏开发的团队有多少，在 Sprint 评审会中都只应该用单个游戏 build。如果允许每个团队演示各自的 build，会隐藏大量债务，导致在最后合并代码和资源时暴露出这些积重难返的问题。

单个游戏 build 包含当前可执行和导出资源，有了这些内容，游戏才能够运行。当前 build 的源代码和资源也被视为 build 的一部分，因为它们是用来做游戏 build 的。

演示结束后是问答环节，大家对游戏发表评论并就其未来的发展方向进行讨论。整个项目评审活动可以带来如下好处。

- 整个游戏项目的全体人员都可以看到游戏的整体进展。

- 只展示一个 build 的话，可以鼓励跨团队集成和改善 build 实践。

- 项目干系人的时间开销得到了最小化。整个评审一两个小时就可以完成。

项目评审的缺点如下。

- 团队通常需要更多时间做准备。大型评审活动通常被诟病为一种仪式，而不是针对为项目干系人的快速演示活动。

- 项目评审中没有团队评审中的项目干系人与开发者进行一对一交流的时间。

如果参与项目的员工很多（超过 50 人），则可以在项目干系人、领导人和 Scrum 团队之间举行一个规模较小的跟进会议。原因很简单，一些关键而深入的对话不方便在大型评审会上展开。例如，涉及整个游戏中动画质量，就需要动画和技术这两个部门的主管进行深入的讨论。如果是大型团队，这样的对话可能会被按下不表，因为如果动画技术就是造成问题的根源，那么公开讨论就会像是成心给动画组挑刺儿。

实践：评审集市

对参与游戏制作的大型团队来说，可以在一次演示中审视每轮迭代中逐步进行的改动，这是有好处的。不足之处是，不能具体看到每个团队正在做什么。有的时候，让整个团队有机会看到其他团队的具体工作，能够让他们得到新的洞察，看到游戏的全貌，同时还可以加强跨团队之间的协作。

评审集市（Review bazaar）是进行多团队评审的好方法。

评审集市通常在发布中途进行，在项目进展的各个阶段，游戏机制或史诗上的差异可能更大。在理想情况下，评审集市安排在一个开放的空间中进行，每个团队都在自己的桌子上运行各自的build。每个团队有一名或多名代表留在桌旁，其他所有人都可以走来走去，看看其他团队的情况并提出问题。

Sprint 回顾会

每个 Sprint 结束后，各个团队都要举行回顾会。随后，每个团队派出代表（像 Scrum of Scrums 一样）做一次回顾会。会上探索下面几个领域，并建一个开始、停止和继续列表，团队将在这些列表的指导下增强协作。

- 对原有的 DoD 进行修订。
- 对 Scrum of Scrums 的形式或频率进行改动。
- 团队间的沟通方式得以改进。
- 工作室和项目干系人可以从哪些方面更好地支持团队和整个项目。

有且只有一个 DoD

大型的游戏项目，必须要有且只有同一个 DoD（请参阅第 7 章）。但是，这并不意味着各个团队不该自己想办法寻求改进。每个团队都要基于同一个 DoD 进行展开，时间长了，团队能力得到提升之后，共同 DoD 也会得到强化。

管理依赖关系

Sprint 内部各个团队之间的依赖关系阻碍着团队达成自己的目标。假设一个团队的 Sprint 目标是实现一个爬墙的游戏机制，但他必须依赖另一个团队来提供动画。由于团队和目标是分离的，所以负责游戏机制的团队很可能在 Sprint 快要结束时才把自己完成的工作移交给动画团队，而不是通过日常的协作。情况好的话，只是限制了这个游戏机制的迭代次数。但情况差的话，动画团队自己的 Sprint 目标可能使其无法及时完成和交付这样的爬墙动画。

项目刚开始使用 Scrum 时，这些依赖关系非常普遍，通常是造成许多障碍和 Sprint 失败的诱因。随着时间的推移，团队改变成员组成以减少依赖关系并通过其他实践来避免他们造成影响。

我们的目标并不是想方设法充分利用每个人的时间。为了应对计划之外的工作，必须留出时间来"放松"。最终，这种"松"可以让每个人都能快速响应问题，这比尝试规划和提前解决所有可能出现的问题更高效。

团队的组成

改变成员的组成，组建一个自足的跨职能团队，是最简单的解决办法。如果实现游戏机制的团队在整个 Sprint 中都需要全职人员来做动画，那么最好能让一名动画师加入团队。

在很多情况下，工作量不大，不足以调一个专职人员加入团队。如果是这样，团队可以 Sprint 中共享专家或在 Sprint 间歇期间把他们交换进来。这需要多做计划，要有远见，以免过多的需求使有专长的人员应接不暇。可以选择在两个时段做这件事：发布计划会和 Backlog 梳理会。

发布规划会

在发布规划会中，团队为后面几个 Sprint 定义希望达成的 Sprint 目标。通过这些目标，他们可以知道哪些 Sprint 需要兼职专家或有专长的人员（如一批贴图美术）。在这个时候，通常可以发现各个团队的需求冲突。最佳解决方案是调整有冲突的用户故事的优先级。比如，如果两个团队在同一个 Sprint 中都需要同一个全职 FX 美术，那么 PO 就会调整其中一个 PBI（需要 FX 工作）中用户故事的优先级，让团队跳过当前 Sprint，以消除这种冲突。

借用音效工程师

我们团队正在做一个驾驶机制（mechanic）。大多数简单的音效我们都能够自己做。但是，我们越来越接近为动力传动系统加入复杂音效的 Sprint 目标。这需要在整个 RPM 范围内采用真实的引擎音效并与不同的声音进行混音。这个问题相当难，特别是因为我们的车辆都是有授权的，传动系统物理性能（每分钟的转速和转矩曲线）与实际车辆不符。于是，我们问音效共用团队是否可以在这个 Sprint 借用一下他们的音效工程师。我们向 PO 简单说明了我们的目标，并希望调整一下 Sprint 使他可以空出来支持我们。结果当然是，双方团队实现了双赢。

几乎天天都有一些不痛不痒的小问题需要求助于别的专业团队。举个例子来说，我们某个项目中，有位 UI 脚本工程师，他可以快速实现 UI 的需求。其他团队几乎天天都向他求助，要占用他大约一个小时的时间。鉴于其他团队对他的时间要求，他的团队允许他在 Sprint 中只认领一半的工作时间。

这样的要求可以在 Scrum of Scrums 会议中处理，如前所述。专家是否可以在 Sprint 内帮助另一个团队，取决于这位专家目前属于哪一个团队。

说明 Scrum 本身并不能解决成为瓶颈的专家这样的问题，但可以暴露出这样的问题，使其得到轻松解决。在前面 UI 脚本工程师的例子中，解决方案可以是招聘更多可以写脚本或交叉培训其他人，让更多的人会写 UI 脚本。理想的解决方案取决于项目和工作室的需要。

团队依赖关系管理

尽管敏捷转型的目标是消除所有依赖关系，但有些依赖关系经常都是防不胜防的。这种情况下，要依靠团队来确定 Sprint 计划中的依赖关系，甚至每日 Scrum 站会也可以减轻新出现的许多依赖关系。

我见过有团队用两种工具来帮助可视化和跟踪新出现的依赖关系。

- 项目板连线（Project Board Lines）：如果团队正在用项目板来可视化发布计划，就将相关的 PBI 与板上的内容连接起来，从而突出显示依赖关系。我甚至见过有些团队用彩色丝线来分辨依赖关系的紧迫性。

- 依赖表（Dependency Sheet）：由团队更新并张贴在 Scrum of Scrums 会议区域中的单页表格。每行标出一个依赖关系，一栏或一种颜色用来表示紧急程度。这个表是在 Scrum of Scrums 中讨论确定的（Kniberg，Ivarsson，2012）。

减少专家的依赖关系

大多数项目经理都担心自己手下的专业开发人员说走就走。他们不只是生产力最高，而且还可能是唯一知道一部分代码如何运行的人。

这样的专家确实很难替代，但他们往往也会成为团队和游戏的瓶颈，大家都需要他们。一种有用的实践是让新员工去当这些专家的学徒，和他们一起工作，学习减轻他们的负担，比如帮他们做一些不太难的事，或者学习如何处理那些经常需要专家出面解决的问题。

亲身经历 我们的物理数据库由一个程序员编写和维护。这个程序员脾气有点怪，他讨厌被打扰，还拒绝加入 Scrum 团队。作为解决方案，我们让一名新手程序员当他的学徒，学习如何为需要帮助的团队解决一些常见的物理问题，比如刚体问题。

分布式开发和分散式开发

为了减少成本和帮助平衡对人员的需求，游戏工作室在制作游戏的时候，经常采用分布式开发。采用这个模型，团队分布在两个或更多的地点并行开发游戏的核心玩法和特性。它不同于外包，后者一般是把特定类型的制作任务分到不同的团队去完成，比如资源制作或技术支持。

分布式 VS 分散式

分布式（distributed）开发的特点是，参与开发同一个游戏的多个团队分布在不同的地理位置。例如，一个太空角色扮演游戏的核心团队可能在旧金山，另一个团队在伦敦做太空飞船及其特性，还有一个团队在首尔做星球关卡。

分散式（dispersed）开发团队的特点是，每个成员都在各自不同的位置。2020 年 COVID-19 疫情导致分散式团队的数量激增，因为许多开发人员都转为在家工作，地理位置上是彼此隔离的。

分布式团队的优势在于各个团队在同一地点工作。如果团队内部管理得当，这样的团队可以克服下一节要提到的大多数挑战。

另一方面，分散式团队面临着更大的挑战。团队内部的日常沟通受限于地理隔离和交流工具。很多时候，这样的团队容易没有凝聚力，变成团伙，参与度和生产力大大降低。

分布式团队面临的挑战

下面两个常见的挑战是分布式团队需要克服的。

- 缺乏同一个愿景：分布式团队更普遍遇到这样的挑战。由于地理位置上的分离，分布式团队不太容易对愿景达成共识。对愿景的理解不同会导致团队内部有冲突或工作上不协调。

- 迭代和依赖关系可以抵消 Scrum 的好处：迭代延期和团队依赖关系所造成的时间和精力浪费，会迅速抵消掉分布式团队可能节省下来的费用。

敏捷价值观和原则的应用

许多敏捷实践都可以帮助分布式团队克服这些挑战。通过这些实践，团队可以维持同一个愿景、增强协作和消除分歧。

Scrum 团队集中在同一个地点办公

每个分布式团队通常都是一个独立的 Scrum 团队。让 Scrum 团队成员分散到不同的地理位置办公以共享知识和在不同地点之间建立联系，虽然偶尔也是有好处的（Cohn 2009），但更多的时候，最好让 Scrum 团队都能集中在同一个地点办公。

如果所有 Scrum 团队都在同一个地点办公，就可以更有效地为协作完成同一个 Sprint 目标。这些团队需要一个本地 PO，但要想办法与其他团队和首席 PO 或是本人亲自参与或通过视频会议系统主持召开 Sprint 评审会和计划会。

Scrum of Scrums 全员参加

视频或电话形式的 Scrum of Scrums 会议对分布式团队非常重要。虽然不需要每天都进行，但至少每周召开一次这样的会议。如果各个团队处于不同的时区，就不要固定会议时间，以免总是让某个团队特别有压力。会议时间需要定期调整，让不同地点的参会者可以选择早到或迟退。

发布计划完全共享

制定发布计划并让各个团队都知道计划中的每一个细节，很关键。通常需要每个地点派一名或多名成员飞到一个集中的地点召开发布计划会。这是分布式团队不能省的必要成本。要么花钱买飞机票和付住宿费，要么花更多成本解决理解上有分歧的目标。有许多方法可以用，具体取决于团队的分布情况。下文补充内容"全球化游戏开发故事"将讲述一个公司是如何跨三大洲和十六个时区来组织发布计划会的。

build、资源和代码的共享机制要改进

大型游戏项目存在的一个问题是如何共享已经发生的大量变动。频繁的小变动最终会损坏 build，而如果花好几周时间提交大的变动，却又会使团队连续几天停滞不前。如果是集中办公的团队，这个问题就更严重了。如果是分布式团队，潜伏在共享 build、资源和代码中的任何缺陷或错误，都会引入灾难性的后果。一个问题花一天时间来解决，但追踪问题和找到合适的专家来解决问题，往往需要好几天的时间，并不是几小时或分分钟就能解决的。必须格外留心，要保护分布式团队不受外来因素的干扰。这需要聚焦于改进提交实践和分布式测试（参见第 11 章）。

解决问题

全球化分布式开发团队可以在预算和时间有限的情况下成功打造出高质量的产品。成功的基本原因总结如下。

- 本地化的愿景和所有权：Scrum 让各个跨学科团队对 Sprint 目标有自主权，可以独立达到目标。让 PO 现场负责创建团队愿景很重要。

- 迭代开发方法：每隔两周，就根据全球各地完成的工作来做一个一个集成的、可部署的游戏版本，让问题浮出水面，同时展示真实的项目进展情况。如果不这样，重大问题会一直隐藏到项目后期才显山露水，到最后为时已晚，项目延期和成本超支难以避免。

- 高带宽的沟通：集中办公的大型团队，沟通实在是太难了。大型的分布式团队，沟通可能也是一个大的挑战。团队必须用工具进行有效的沟通，比如可靠、可用的网络会议系统，当然，还有可以创造透明度的方法，比如 Scrum。

然而，分布式团队永远不可能像集中办公的团队那样高效。缺少每天面对面的沟通，电话会议是无法弥补的。但是，可以尽量让团队保持

紧密的联系，确保有效的生产效率。

分散式开发的挑战

分散式团队面临的挑战和分布式团队一样。除此以外，它还面临着其他的挑战：保持透明、协作、自组织以及如何以最佳方式综合运用手头上可以用的各种工具等。

本节探讨分散式团队如何克服这些挑战。

透明

透明，体现在团队使用的产出物上，通过这样的产出物，团队可以对项目的进展情况和碰到的障碍案达成共识。例如，许多在线工具都提供了一个模拟 Sprint 的任务板，每个团队成员都可以像使用实物任务板一样可视化 Sprint Backlog。

透明，或者说公开，分散式团队必须避免滥用。一个常见的例子是管理者对 Sprint Backlog 中显示的日常进展做出反应。这种行为通常表明管理者对分散式团队成员缺乏信任，从而导致团队成员把精力集中于对日常的任务量进行估算，这对达成 Sprint 目标是非常有害的。

Scrum Master 必须与这样的项目干系人及其团队合作，建立高效率团队必须要有的信任关系（请参见第 19 章）。

协作

协作是共同努力实现目标的行为表现。许多在线工具都支持协作行为。这些工具的特征如下。

- 图像化的：用贴纸和各式各样的图形和线条等方式将具象化想要表达的相关信息。

- 允许所有人同时操作：不限制输入，比如只允许主持人这一个用户进行操作，这样会造成瓶颈。就像在真实世界中一样，所有人都可以进行操作，比如放置和移动。

- 支持简化和修改：团队可以根据自组织的要求，使用工具来改进活动和工作流程。

自组织

分散式团队必须有能力调整自己的实践和工作协议，以应对各自的挑战和需求。没有任何分散式团队是相同的，因此各自的 Sprint 实践无法完全统一。在下面几个领域，团队可以做到自组织。

- 确定哪个时间段作为核心时间，确保所有成员这个时间段都能参与沟通。

- 确定要用哪个在线工具来计划、跟踪、共享和交流 Sprint 工作。

- 确定在 Sprint 中要与项目干系人共享什么，不共享什么（请参见前面的"透明"）。

流程和工具

敏捷方法重视"个体和互动优先于流程和工具"，但分散式团队必须得更加重视流程和工具，以克服有限的互动和地理位置上的分散。分散式团队需要用到更多工具来计划、跟踪和显示 Sprint 进展情况和产品 Backlog，并共享知识。相比之下，有些工具比其他工具能够更好地支持私人之间的互动。

远程团队合作工具

在过去的几年中，远程团队可以使用的工具得到了极大的改进。为乐帮助分散式团队实现写作，涌现出大量的工具和实践，并且还在不断增加中。Grant Shonkwiler 和我把这些工具与实践收入《远程团队合作工具》（Keith，Shonkwiler，2020）一书中。详情可以访问网站 www.RemoteTeamworkTools.com。

解决问题

相比在同一个地点办公的团队，解决分散式团队的挑战需要更多显性的交流。有一种偏见是沉默的团队成员是没有问题的。事实上，从他们那里获取信息通常更加困难。

在组建分散式团队的过程中，借助于天天回顾会来帮助他们做出调整是很有价值的。请注意，起初不会非常有效，而且，团队进入"规范期"需要更长的时间（请参阅第 19 章介绍的）。

避免只专注于进度（checking out），而是要重点关注开发人员个人的心态（checking in）。第 19 章中的教练工具尤其适用于指导分散式团队。

成效或愿景

在开发人员级别，MAGE 团队和小型 Scrum 团队。要在下面几个方面多花一些功夫。

- 解决依赖关系。
- 将变更都合并到单独一个评审 build 中。
- Scrum of Scrums 和实践社区。

随着时间的流逝，工作实践提升了，Backlog 改善了，真正的团队形成了，前面的开销也会大大减少。然而，MAGE 框架的主要好处是避免了大型游戏项目常见的功能失调。MAGE 团队和开发人员可实现以下目标。

- 对整个游戏有同一个愿景。
- 特性级别，自治，可以引入改良的实践，允许发挥创造性。
- 专注于工作，理解自己的工作如何为整个游戏做贡献。
- 游戏开发的进展情况对项目干系人公开，消除"二传手"人力资源管理或项目后期因为赶工而由于后期新出现的问题而开始"大量补充人力资源"，或植入项目末期的密集加班。

小结

游戏项目的规模化敏捷，没有任何可以套用的公式。Scrum 可以规模化应用到任何规模的项目上，但会带动团队结构、角色和实践的变化。绝大多数规模化敏捷框架之所以失败，是因为产生了庞大的开销、流程和沟通级别，这些才是破坏敏捷和 Scrum 原则的"元凶"。在规模化敏捷的时候，敏捷和 Scrum 原则必须先落实到位。

规模化敏捷很难。无论怎么做，都会遇到障碍和挑战。为了取得成功，组织和团队必须运用 Scrum 内建的检查和适应循环来改进工作方式。

拓展阅读

Brooks, F. 1975. *The Mythical Man-Month: Essays on Software Engineering.* Reading, MA: Addison-Wesley.

Brooks, F. 1995. *The Mythical Man-Month, Second Edition.* Reading, MA: Addison-Wesley.

DeMarco, T., and T. Lister. 1999. *Peopleware: Productive Projects and Teams, Second Edition.* New York: Dorset House Publishing.

Katzenbach, J. R., and D. K. Smith. 2003. *The Wisdom of Teams: Creating the High-Performance Organization.* Cambridge, MA: Harvard Business School Press.

Kniberg, H., and Ivarsson A. 2012. *Scaling Agile @ Spotify with Tribes*, Squads, Chapters & Guilds.

Kniberg H. 2012. *Lean from the Trenches.*

Larman, C., and B. Vodde. 2017. *Large-Scale Scrum: More with LeSS.* Boston, MA: Addison-Wesley.

Schwaber, K. 2007. *The Enterprise and Scrum.* Redmond, WA: Microsoft Press.

Keith, C., and G. Shonkwiler. 2020. *Remote Teamwork Tools.*

第 22 章

实时游戏开发

自本书的第 1 版出版以来，手游市场呈现出爆炸式增长的态势。这个市场为传统游戏开发模式带来了许多挑战，传统模式的目标是只做一次大的发布，而具有敏捷思维的工作室在手游的研发上具有显著的优势。

在我参与开发的上一个 AAA 主机游戏中，经过多年的开发，就在还有几个星期就要内测的紧要关头，发行商 CEO 拜访了我们工作室。他对自己最近玩过的另一款游戏超级有兴趣，该游戏有个特性是用 AC-130 武装直升机 ① 来对战敌方人工智能（AI）玩家。 AC-130 武装直升机是一种大型军用货运飞机，内置有大口径机枪和大炮。它们确实让人印象深刻，而且的确好玩，前提是对合适的游戏而言。

这位 CEO 坚持要我们在游戏中也加入 AC-130。我们据理力争，这个第三人称动作冒险游戏的剧情中没有安排 AC-130，因为游戏中的大部分时候都在城市或建筑物内，AC-130 派不上用场。CEO 坚持认为我们的玩家喜欢。我们手上也没有什么数据可以支持自己的观点，所以只好任由他一言堂。我们在游戏中加入了 AC-130。结果呢？玩家对它毫不在意，而许多游戏评论甚至认为，加入 AC-130 简直是个愚

① 译者注：gunship，指环绕目标飞行并伺机开火而非进行低空扫射的飞机和直升机。这种飞机携带武器，在倾斜转弯抵达由飞机与地面所形成的假想锥形顶点并确定已经获得空中优势的情况下，才出动执行任务，向目标发起攻击。AC-130H "鬼性" 武装攻击机是火力强大的地面攻击飞机之一。机身由洛克希德·马丁公司制造，波音公司负责将它做成攻击机并提供技术支持。

蠢的决定。

这件事让我更偏爱实时游戏，因为你可以问玩家，让他们告诉你他们喜欢什么。不必像开发 AAA 游戏时那样靠假设。但是，许多实时游戏开发商计划和执行的方式仍然像 AAA 游戏开发商一样。

本章提供的解决方案

本章探讨敏捷和精益实践在实时游戏及其支持团队中的应用。讨论如何使用反馈环来加快开发速度并优化对玩家的价值交付，以及如何运用度量标准来推动游戏的开发。主要解决方案如下。

- 加速特性流水线，即如何在竞争开始前将特性的概念传递给玩家。
- 迅速对破坏玩家游戏体验并导致玩家流失的问题做出回应。
- 运用指标来决定增加哪些游戏玩法，而不是凭感觉豪赌。

游戏即服务

在过去的十年中，越来越多的游戏开始转而使用实时游戏（live game）开发模型。在这种模型中，重要特性不断添加到玩家已购的游戏中。手游是最特殊的例子，它探索了免费增值和其他各种模型，这些模型可以在游戏初始购买之外（或直接替代初始购买）的地方将游戏货币化。

订阅模式发展到现在，已经有几十年的历史，玩家每月缴纳固定的费用后，才可以继续游玩并发展他们的游戏角色或游戏世界。《魔兽世界》之类的 MMO 是在这一领域非常成功的案例。

最近，甚至 AAA 主机游戏也转变为这种模式，通常称为"游戏即服务"（GaaS）。这种方法对体育游戏特别有用，因为体育游戏的发售日期是固定的，因此可以在赛季开始时，游戏发行的第 1 版中只包含必要的角色和一些可更改的规则，然后在全年剩余的时间里持续放出可以改善玩家游戏体验的特性。

GaaS 将随着云游戏、微交易和季票的使用持续发展。这为游戏开发的敏捷性提升打开了大门。

"你们俩疯了吗？"

2006 年前后的一次会议上，有两个年轻人找到我，他们对敏捷游戏开发有很多疑问。他俩刚刚创立了一个工作室，正在制作一款 MMO 游戏。

MMO 可能是最有挑战性的一类游戏。单是技术方面，就极其复杂，MMO 需要好几百万行代码，数量上甚至超过了最先进的战斗机。这类游戏非常有风险，尤其是对新成立的工作室而言。

但是，他们接下来说的却并不是技术方面的挑战。他们告诉我，游戏将免费发行，并依靠游戏中的微交易来盈利。我只好祝他们好运，并私下祈祷他们这个疯狂的想法不至于给他们带来太多的磨难。

他们俩就是拳头游戏（Riot Games）的创始人马克·美林（Marc Merrill）和布兰登·贝克（Brandon Beck）。几年后，他们发布了《英雄联盟》，这款游戏成为有史以来最成功的几款 MMO 之一。

为什么实时游戏也需要敏捷

实时游戏和市场为游戏开发人员创造了更多的机会，但与此同时，也带来了诸多的挑战。

- 更激烈的竞争：应用商店现在上架的游戏超过一百万款。相比之下，十年前的主机或 PC 游戏玩家却只有几百个游戏可选。

- 面对更多的压力：有许多一开始成功的游戏后面逐渐被开发周期更快的同类游戏超越的案例。

- 增长慢，但玩家流失很快：建立活跃的玩家社区需要花不少的时间，而一个有问题的或设想不当的 build 就很有可能使许多玩家转投竞争游戏的怀抱。

敏捷实践通过更快响应玩家并让团队专注于部署高品质的游戏来应对这些挑战。

DevOps 和精益创业

熟悉 DevOps 和精益创业的读者对本章介绍的一些方法不会感到陌生。在过去的十年中，DevOps 和精益创业从敏捷和精益的实践中脱颖而出，旨在应对实时产品支持的挑战。如果不熟悉 DevOps 和精益创业，我强烈建议你阅读《DevOps 手册》（Kim，2016）和《精益创业》（Ries，2011），进一步了解具体的实践，然后再回顾第 11 章和第 12 章介绍的实践。

反馈环

反馈环是系统的一部分，在这个系统中，输出被反馈到系统的输入，从而进一步影响输出。反馈环不仅对游戏机制很重要，对游戏开发也同样重要。了解到玩家对游戏的反应后，团队可以将重点转移到添加玩家喜欢的特性上。

距离首次部署还有好几个月的 AAA 游戏没有来自玩家的反馈环。每次 Sprint 之后，代表潜在玩家的项目干系人的反应只是对什么样的游戏能在市场上大卖的一种猜测，例如我们命运多舛的 AC-130。传统上，AAA 游戏只在发售时才会得到大多数玩家的反馈。

实时游戏有持续的反馈环，这是一个主要的优势。他们可以以较低的成本部署最低限度可行的游戏，并根据玩家的反应，接着再部署有最高投资回报率的特性。

实时游戏和战斗机

在职业生涯的早期，我在参与战斗机的工作时，就知道约翰·博伊德[①] 这个大人物。他是一名前战斗机飞行员和军事战略家，对成功设

---

① 译者注：John Boyd（1922—1997），美国空军少校，战斗机飞行员出身，后来供职于美国空军参谋部装备战术需求分部。他是第三代战斗机"能量机动理论"的创始人，该理论影响了整个第三代战斗机的设计方向，美制 F-15 系列、F-16 系列和 F/A-18 系列等都是按照或参考"能量机动理论"来设计的。

计 F-16 飞机上发挥着重要的作用。不同于其他需要满足过于冗杂的要求的重型战斗机，F-16 要轻得多，采用的是"OODA 循环（也称为博伊德循环）"的设计理念。

OODA 是一种决策环，用于在缠斗中击败敌机。OODA 的具体含义如下。

- 观察（Observe）：收集信息。

- 调整（Orient）：分析和综合信息以形成当前的观点。

- 决策（Decide）：根据当前的观点来确定行动方案。

- 行动（Act）：决策的执行。

OODA 循环的重点是进入敌人的决策周期内部以获得优势。F-16 的优越性和低成本证明了这一理念。

博伊德后来将这一理论应用于商业中。并且，这一理论还可以直接应用于实时游戏的开发。在许多情况下，我们已经认识到，花长时间部署完整特性集的方法并不像快速部署市场所需的单个特性那样重要。因此，小规模的新创团队可以抢老牌大型团队的风头，因为老牌团队往往会受累于笨重的流程。

实时游戏的反馈环

实时游戏开发的度量目标并不是干掉敌方的飞行员，而是增加度量标准（通常称为关键绩效指标，KPI）来表示他们喜欢这款游戏。为了执行和度量这些指标，实时游戏要实现一个简单的反馈环。

最直接的实时游戏反馈环如图 22.1 所示。本章要逐一介绍这个反馈环的每个步骤。

- 第一部分：计划——玩家可能想从游戏中获得什么，以及如何度量他们对游戏内容和特性的反应。

- 第二部分：开发——以最快的速度和最高的质量提供下一组特性。

- 第三部分：部署和支持——游戏。

- 第四部分：评估和学习——玩家对游戏的反应以及这对下一组特性部署的意义。

图 22.1　实时游戏的反馈环

我们的反馈环应该有多快？

工作室经常纠结于以什么样的频率和应该以什么样的频率发布更新。

我拜访过一家制作网页游戏的工作室。他们每周都要发布一到两次更新，这些更新主要是 A/B 测试更新，这些小打小闹一样的更改是工作室可以度量的，也是用来进行下一轮更新和测试的。这样做的挑战是这些更新很少能带来重大的改进。就这样，游戏的日活逐渐下降了。

后来，在工作室转移到移动端开发后，情况截然相反。工作室开始每三到六个月发布一次更新（不包括修复 bug 和漏洞的补丁程序）。到现在，游戏的运营举步维艰。这是为什么呢？

- 工作室对竞争的反应不够快。
- 更新频次太低，玩家丧失了耐心。
- 最终推出的重大新特性并不一定是玩家想要的。

U 型曲线可以帮助做出决定

唐纳德·莱纳森（Donald Reinertsen）写过一本书，我特别喜欢这本书。他从分析的角度来观察精益和敏捷实践，帮助可视化全局并检视可度量的取舍。

他常用的一个工具是 U 型曲线。图 22.2 展示了按批次大小（一次发布中新特性的大小）度量的两种成本（交易成本和持有成本），这两种成本加在一起就产生了总成本。

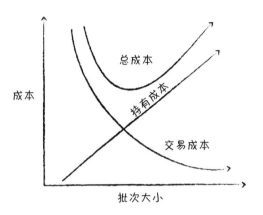

图 22.2　U 型曲线的成本与批次大小

U 型曲线的目的是帮助找到总成本最低情况下最理想的批次大小。

U 型曲线可以应用于各种场合！我最喜欢的是多久洗一次碗的问题。洗碗碟的交易成本与要洗多少个碗无关。举个例子，假设只需要洗一个盘子，你完全可以将水槽放满水，倒入清洁剂，然后清洗并晾干这一个盘子，但这对只有一个盘子要洗来说太小题大做了。或者，可以在水槽里堆上一两个星期的盘子，但这样做的话，持有成本相当高，不仅没有干净盘子可以用，而且厨房看起来也乱糟糟的。我们大多数人都找到了一个适合自己的中间值，也许是一天一次，这种情况下，我们把一整天中用过的盘子都堆在水槽里，一次性洗好即可。无独有偶，我拜访过的大多数工作室都设有厨房，里面都有个醒目的告示牌，提醒人们要经常洗碗（即减少批次大小）。

回到实时游戏的示例，我们可以像下面这样应用 U 型曲线。

- 批次大小：游戏中新特性和游戏内容的数量。

- 交易成本：与测试、修复和提交成功发布的 build 批次大小成比例的成本，包括等待第一方（例如，应用商店）批准所需要的时间。

- 持有成本：推延发布已经准备就绪的特性所导致的游戏成本（失去耐心的玩家和攻占己方市场的竞争对手）。

前面提到的工作室每周在发布一次或两次更新时，大部分开发成本都花在为部署做准备上。例如，一次测试可能涉及更改游戏中某些 UI 元素。实际更改只花了一个小时，但提交更改以供审核 / 批准，创建 build，做回归测试，部署版本以及解决任何部署出现的问题则需要好几天的时间。这大约占总成本的 90%！如此频繁部署所需要的固定成本，也占用了一些时间，以至于没法实现本该有的玩家关心的特性。这就是交易成本。随着部署频率的下降，交易成本也会成比例地减少。

就持有成本而言，延迟交付大的特性可能会促使玩家将注意力转到另一款游戏上，如果你的游戏是一款免费游戏，尤其要注意这一点，因为免费游戏主要从平均日活用户（ARPDAU）中获得收入。持有成本也可能来自随着时间的推移积累下来的技术债。如果团队让债务继续增长（例如，通过将 bug 转储到数据库中而不是解决问题），在大规模部署之前修复这些 bug 的成本会增加。

那么，应该多久发布一次新的版本？对此，莱纳森介绍了如何通过增加交易成本和持有成本来确定。由于这些成本朝相反的方向移动，因此总成本会达到最小值（图 22.2 中 " U" 的最低点），从而定义出一个理想的 "批次大小" 或发布的更新内容的多少。由于新范围的速度相对恒定，所以可以将其输入到预测的时间范围内，例如每两到三个 Sprint。

持有成本是固定的，因此，我们要把重点放在通过加快计划 - 开发 - 部署流水线和减小新特性的批次大小来降低交易成本上。

减少切换成本　我们讨论的许多开发和测试自动化工具就像在前面洗碗例子中加一个洗碗机一样，降低了切换成本，同时还加速了反馈环。

度量反馈环

德鲁克说："如果不能度量，就无法管理。"

实时游戏有很多可以度量的事情。但如第 9 章所述，大多数度量都没有用，甚至还会导致眼镜蛇效应 [①]。这种现象经常出现在氪金游戏中。

实时游戏反馈环的主要指标是提出想法与了解玩家对它的反应之间所需的交付周期。这比起开发团队有多雷厉风行，或每月可部署的内容数量这样的内部指标更加重要。如果要花很多个月的时间来了解玩家对更新内容的反应，或者我们无法衡量整个循环，那么我们就没法了解到那么多。

第一部分：计划

许多实时游戏团队都在设法制定比几个部署更长远的计划。问题的一部分来源于 KPI 驱动的短期关注点与中长期目标之间的差异。业务方面仍然要对游戏的发展方向（投资组合、Backlog 和产品画布等）有中长期的愿景，但这样的长期规划与实时游戏的发展目标之间的联系往往并不明朗，至于玩家留存和增长的长期目标，大体上也只是一种猜想。

图 22.3 所示的流程将游戏愿景和目标与玩家模型联系起来，识别出下一个开发阶段以及如何测试这些阶段性成果。

---

① 译者注："眼镜蛇效应"一词来自于英殖民时期的印度。英国政府计划要减少眼镜蛇的数量，所以颁布法令说，每打死一条眼镜蛇，就可以领取赏金。然而，印度当地人为了赏金反而开始养殖眼镜蛇。英国政府察觉到这种情况后，取消了赏金。于是，养蛇的人把蛇都放了，放出去的蛇开始大量繁殖，导致眼镜蛇的数量不降反升。现在，"眼镜蛇效应"这个说法用来形容政治和经济政策下错误的刺激机制。

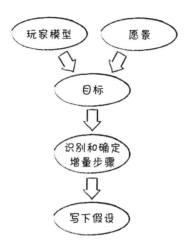

图 22.3　规划的流程

要有愿景

游戏需要有愿景。没有愿景，就没有聚焦。愿景要定义游戏的主要支柱和特性目标的 Backlog。与 AAA 游戏一样，很容易在这方面加入太多冗杂的细节，然而，这些细节都是推测性的，对实时游戏完全没有必要。

愿景的例子有开发单人益智游戏的社交功能。

建立玩家模型

哪些人会玩你做的游戏呢？他们想要怎么玩？哪些地方会让他们感到沮丧？他们正在尝试解决哪些问题？竞争对手在做什么或者说还有哪些没有做？你有哪些优势？

这些典型的问题我们可以通过实时游戏来度量和试验。之所以要做规划，目的不只是要回答这一类问题，还要进一步了解玩家以及市场的需求，以便可以进一步发展和壮大玩家社区。

玩家模型可能表明玩家只是想要在其他玩家面前炫技，而不是分享如何提升解谜的能力。

精益创业，用户体验和设计思维

　　我们用的反馈环体现了精益创业、用户体验和设计思想，专注于用户的需求和体验，并提出"我们的用户是谁？"和"他们为什么要使用我们的软件？"之类的问题。接着，通过快速实验得到反馈，找出这些问题的答案。

　　与 DevOps 一样，探索所有这些实践超出了本书的讨论范围。更多详情，可以参见本章末尾"拓展阅读"所列出的书籍。

建立目标

目标可以是史诗故事，需要多轮迭代才能部署完成。一个好目标应该是这样的：愿景和玩家模型已经确定好，主要的游戏机制是淘汰赛，玩家可以在一个周末通过对战的方式来完成比赛，获胜者，可以获得现金奖励。

确定增量步骤

与其先设计整个淘汰赛的天梯和玩家排名系统，还不如先从一个史诗故事开始，然后分出最初的一些渐进步骤来证明或否定对每个目标的假设。

对锦标赛这一目标案例，我们想先确定第一步，这一步可以提供的信息最多。在这种情况下，将根据核心的对战机制来决定目标的成败与否。如果玩家不关心这种游戏机制，就不必在这一目标上浪费更多时间，这个步骤就是我们想要测试的。

提出假设

就像科学研究一样，假设是我们的猜测，假设用来设计实验，以证实或证伪这个猜测。在理想情况下，执行这些实验之后，要能够快速找出答案，以便可以在成功的基础上继续采取下一步行动或从失败中吸取经验，然后继续提出下一个假设。

将预期的 KPI 加入 PBI，可以更好地将两者联系起来。一种典型的形式是将假设用以下形式添加到用户故事中：

> 我们相信，"做某事"将 < 导致这一可衡量的变化 > < 在一约束条件内 >。

如何衡量玩家是否喜欢新的游戏机制呢？看看有多少玩家尝试了这一机制，然后又有多少玩家在尝试结束后继续玩。这是个很好的起点。

说明 请记住，单纯的数字可能无法说明全部内容。如果游戏玩法隐藏得比较深或它玩起来让人困惑，玩家留存数就可能显得很低。玩家访谈和主观分析像数据一样可以帮助我们得到答案。

根据游戏机制的"实验"程度，可以考虑用只针对有限受众的金丝雀发布（请参阅下一节"金丝雀发布"）。向玩家投放的试验太多，可能反而使他们逐步陷入困惑之中。

完善目标 Backlog

尚未部署的游戏，其产品 Backlog 很灵活。我们可以继续向其中添加特性，用不着太担心 Backlog 会变得太长（在合理的范围内）。

对于实时游戏，限制产品 Backlog 的大小至关重要。Backlog 的长短会影响特性创意的滞后时间并可能错过市场窗口。因此，最重要的是，产品负责人要关注两件大事。

- 多说"不"。
- 从产品 Backlog 中撤下不再相关或失去价值的 PBI。

Backlog 梳理会每隔几周做一次，前面提到的两件大事通常放在这个梳理会上完成。

下面是一个假设。

> "我们相信，在部署的一周内，有 25% 的日活用户会尝试对战机制，而他们当中有 50% 的玩家会玩很多次。"

约束条件通常基于时间，并且通常很短（一到三周），这样一来，我们就有足够的余地做多轮迭代。

这个假设将被输入开发流水线中（请参阅"第二部分：开发"）。

第二部分：开发

对实时游戏而言，只是加快开发速度还不够。为了更有竞争力，实时游戏的整条流水线——从产生特性构想到玩家可以在游戏中实际玩到特性，中间所经历的所有流程——都必须加以改进。图 22.4 显示了确定、度量和改进开发流程的反馈环。

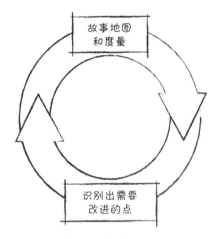

图 22.4　游戏开发的反馈环

确定和度量整条流水线

改进实时游戏开发流程的第一步是可视化并度量价值流。价值流类似于第 10 章中讨论的生产流。图 22.5 显示了一个示例。

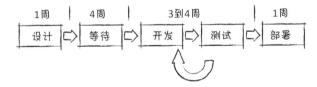

图 22.5　简单特性的流水线价值流

价值流显示的是特性开发所有主要的阶段，包括不同阶段之间所需要的时间（即"等待"），也就是一个规范、代码或资源等待进入下一个阶段的时间。

映射改进流水线的方法

从构思到最终交付，部署新特性的总时间通常称为交付周期。交付周期包括从开始到结束的整个过程，包括特性被列入 Backlog 后等待开工的时间。交付周期代表我们对玩家和市场的反应能力。

交付周期与循环时间

与交付周期相比，周期时间是指从特性实际开工到部署之间所用的时间（见图 22.6）。交付周期则是从特性列入 Backlog 到部署所用的时间。因此，交付周期受 Backlog 中待处理特性列表长短的影响。

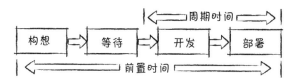

图 22.6　前置时间对比周期时间

如果一个构想已经在 Backlog 中搁置一年以上，那就无所谓是否可以在两周内开发完成并将其部署到游戏中了。因为这意味着我们给竞争者留出一年的时间让他们产生一个类似的构想并在市场上取得优势。为了缩短交付周期，我们可以做下面几件事情。

- 减少流水线中特性的批次大小。不再一次性更新 10 个特性，而是各个特性一做好就直接部署。

- 减少特性排队的时间。不时地删减列表并把玩家想要的特性排在最高优先级即可（请参阅本章后面的"梳理 Backlog"）。

- 改进开发和测试实践。本章和第四部分中所提到的方法都说明在完成史诗特性时，应该如何减少开发时间并度量玩家的反应，如以下案例研究所述。

案例研究：特性流水线加速

我和一个移动端游戏开发工作室合作过，他们的单人益智实时游戏取得了极大的成功。来自游戏内购的收入源源不断，然而，市场竞争在持续加剧，导致它们的收入在缓慢下降。主要问题是在游戏中实现重磅新特性需要花六个月的时间。尽管团队采用 Scrum 来实现特性，但仍然需要消除 Sprint 之外的大量浪费。

首先要做的是确定新的特性从构想到交付给玩家这个周期的价值流。结果如图 22.7 所示。

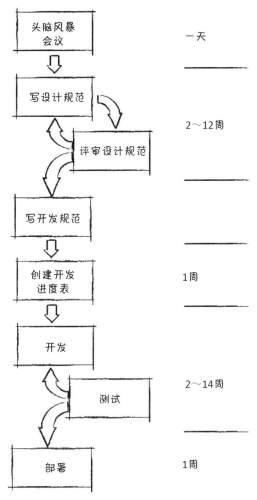

图 22.7　特性流水线（之前）

这暴露出下面几个问题。

- 新特性的想法非常多；它们的篇幅多达 20~30 页。

- 特性非常重要，所以需要进行无数次修订和评审，耗时一到两个月。

- 考虑到风险和成本，拒绝修订比接受修订更为容易。

- 收集所有评审原则（最多每月两次）需要时间。

- Sprint 中没能充分解决的债务问题，造成的后果是质保（QA）团队发现了威胁到 build 的问题，后续 Sprint 需要进行大量的返工。

为了解决这些问题，我们实施了两项主要的改进，一项很艰巨，另一项更艰巨。

- 任务艰巨的改动：与 Scrum 团队一起改进 DoD（对完成的定义），以解决债务问题，这需要一些自动化测试，让 QA 加入团队并改进测试驱动开发之类的实践。做这些变动不是一般的难，因为它要求开发人员改变工作方式，并要求在团队级别进行根本性的重组。

- 任务更艰巨的改动：逐渐让管理层不再以赌一把的心态对重要特性做出轻率的决定而导致庞大的策划案。新的做法是做一系列小的实验，让玩家来测试，并让团队自主进行决策。

这样的设计文化转变确实花了一些时间才略有成效。这些价值流指标对工作室主管有激励作用，主管们纷纷主动参与解决问题。

最后，业务指标可以受益于这种新的方法。新特性（虽然较小，但数量多）的吞吐量从每三个月到六个月一次增加到每四到六周一次（参见图 22.8）。就这样，收入又开始增长了。

缩减批次大小

计划越大，成功的风险也就越大。一旦风险加大，项目干系人通常就会感到紧张，希望能够确保自己有投资回报。这些保证通常以庞大的文件或非常详细的任务计划的形式来提供，看上去似乎可以提供保证，但其实只是一些削弱了探索精神的臆测。

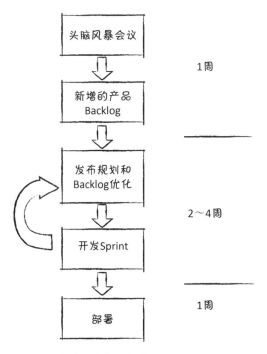

1周

2～4周

1周

图 22.8　特性流水线（之后）

由于以下三个因素，交付周期受到了极大的影响。

- 大型的策划案需要花更多时间来写。

- 项目干系人更有可能驳回计划中的某一部分，从而导致更多迭代。

- 项目干系人也可能在并不完全理解结果的情况下批准某个大型设计，这可能导致后期的驳回和返工。

如案例研究所示，实时游戏通过开发小的特性来避免这些问题，因为小的特性具备以下特点。

- 可以更快地表达出来。

- 易于理解和批准或提供快速的反馈。

- 允许早期部署以及获得玩家的反馈和评估。

实时游戏的 QA

如果存在质量问题，实时游戏可能很快就会下架。尽管提升日活用户数可能要花好几个月，但如果部署的 build 有问题，几天时间，这些日活用户就会全部流失。

这凸显了确保在整个开发流程中人人都要有质量第一的意识。由于存在风险，所以和更传统的游戏开发模式相比，实时游戏开发往往需要在质量实践和测试自动化方面加大投入。

IMVU 的 QA 工程过程

大多数特性都做过一定的人工测试。至少，植入代码的工程师会在过程中验证它们。在很多情况下，QA 工程师会专门测试特性。当特性准备好之后，QA 工程师就可以像客户一样使用。他们根据更复杂的用法来进行复杂的多维度人工测试来暴露错误。这一点，我们人类很擅长，而自动化测试很难做到。

我们的团队总是在评审 QA 的优先级，试图了解需要关注哪些特性。在某些情况下，需要做的重要的 QA 工作很多，我们会让团队或整个公司一起组织小组测试，试图尽快发现和解决问题。我们的软件工程师也在进行人工测试，并且在遵守 QA 测试计划方面越来越熟练。这种情况与经典 Scrum 更相似，在经典 Scrum 中，所有任务（包括 QA 任务）都是团队一起做的。

从流程的角度看，我们会尽早将 QA 工程师并入产品设计流程中。他们可以为生成客户用例和暴露项目开始前的潜在问题提供独特而重要的观点。我们产品负责人和 QA 工程师之间的合作，能带来巨大的价值。

——詹姆斯·贝切勒（James Birchler），IMVU 工程总监

第三部分：部署和支持

虽然有点儿不好意思，但我不得不承认，我玩得最多的手游是《纸牌》。候机或孤身入住酒店的睡前，《纸牌》是最适合的游戏。顺便说一句，我是个经常出差的人。

我玩的第一款移动端纸牌游戏画面很出色，还有一些有用的特性。但也有几点儿让我很烦，比如，"撤消"动作的动画太慢，没有所有牌都摊牌后快速结束当前手牌的特性（一旦所有牌都面朝上，这手牌就"解决"了）。

有一天，苹果升级 iOS 系统后，游戏竟然在启动时崩溃了，这个 bug 持续了好几天。因为那周一直在出差，所以我有了一些开始戒掉这款游戏的症状。我终于开始尝试一些有竞争力的纸牌游戏，并发现其中一款不仅可以在最新的 iOS 系统下使用，而且还有快速的撤消动画和自动完成等特性。最后，我花钱买下了这款游戏，再也不玩之前那个了。

真是无巧不成书，出品之前那款纸牌游戏的工作室后来成了我的客户。他们听说我转去玩其主要竞争者开发的游戏后有点儿不高兴。这款游戏的很多玩家都和我一样选择了其他纸牌游戏，这家工作室的市场份额在减少。

如此简单的游戏也可能遇到大型游戏所碰到的问题，这真是让我大开眼界。手游市场可能非常善变，崩溃、bug 或同类游戏新上市都会使市场份额发生变化，这也意味着如果可以在一些小事情上做得更好，可以在一夜之间改变你的市场地位。

本节探讨支持团队以及实时支持如何帮助快速解决眼前的紧急问题并避免玩家的流失。

持续交付

第 12 章讨论了持续集成的好处，这种集成旨在将团队和特性分支的数量减为整个开发分支。这样做的好处是可以缩短合并改动周期，减少大规模合并所带来的问题。

这与精益思想中减少批次大小的原理相同。较小的改动意味着可以更快对问题做出响应并在改进实践方面实现更高频次的迭代。

本节将持续集成的概念扩展到持续交付。持续交付是一种通过自动化频繁创建可部署 build 的方法，有时一天就可以完成。

> **持续部署** 持续部署是指通过自动化将新特性实际交付给玩家。大多数实时游戏发布更新都必须经过第一方的批准，例如主机或手机应用商店，因此，相比持续交付，持续部署不太适合用于游戏开发。

特性切换

特性切换是指在运行时隐藏、启用或禁用特性的技术，是代码分支的替代方案，代码分支可以让尚未准备好部署的特性处于禁用状态。

特性切换不宜过度使用或滥用。注意事项如下。

- 切换债：有太多未完成的特性被禁用。

- 在玩家未打开之前构建大的功能：最好是经常性地向玩家发布一些较小的特性。

- 可能被破解：最著名的特性切换的破解是《荒野大镖客：圣安德烈亚斯》中的"热咖啡 Mod"，玩家找到并启用了这一 Mod[1]，曝光了一个本不该出现在游戏中的 X 级特性，造成的后果是大规模的产品召回和游戏被重新评级，开发商和发行商被课以 2000万美元的罚金。

金丝雀发布

有时，你希望只面向部分受众部署游戏，看看他们有何反应。金丝雀发布可以帮助你实现这个想法。它可以与特性切换结合使用，将特定的玩家群体和特性组合作为目标。示例如下。

- 我们只希望让塔斯马尼亚的玩家与僵尸袋鼠作战。

- 我们希望在德国地区发售的游戏中禁用红色的血液效果。

- 我们希望让最活跃的玩家尝试新的淘汰赛模式。

---

[1] https://www.theverge.com/2012/5/6/3001204/hot-coffee-game

“因为情人节的缘故，我们不能用 Scrum ！”

我听过不用敏捷实践有一个最不寻常的原因，有个手游开发者声称 Scrum 只可以在 Sprint 结束时部署。

这款游戏针对节日专门发布特别的特性，而当时的下一个节日是情人节。

在敏捷实践中，Scrum 或迭代开发完全不会导致团队不能在 Sprint 期间部署。结果我发现，该团队没有任何集成，测试或部署自动化，并且至少需要三周的时间来集成和测试 build，再进行手动部署。

由于他们的 Sprint 不能刚好在情人节前三周结束，于是，该团队得出结论，认为 Scrum 不适合他们。我建议团队提前 4 个星期，在上个 Sprint 结束时就做好 build 工作或用一个较短的 Sprint 来改进工具，但团队铁了心继续沿用当前的做法，哪怕有手动部署所带来的开销。

实时支持工具

如第 21 章所述，实时支持团队的重点是解决实时游戏的问题。实时支持团队可以处理部署上线游戏中出现的问题，而非 Backlog 来自开发团队的特性需求。他们负责处理下面这些典型的问题。

- 修复客户端或服务器崩溃。

- 应对新出现的漏洞。

- 收集实时游戏指标。

- 与团队合作，一起提高部署的质量。

我们第一个支持团队的主要任务是在整个工作室中推广一些实践，以提高构建的稳定性。这项工作变得如此重要，以至于我们将团队更名为“维稳团队”。我们团队的工作不是解决其他团队引起的问题，而是捕捉失败的行为模式并推广可以避免错误重复出现的实践。

工具是完成这项工作的关键。团队经常这样做，如果 build 崩溃，就向常用邮箱自动发送邮件，其中包含堆栈转储和其他调试数据。如果在 build 崩溃的几分钟内就有维稳团队的成员过来找你，问你当时在做什么，请不要感到意外。

另一种常用的工具用于度量 build 的稳定性。如图 22.9 所示，该工具可以显示 build 稳定性随时间变化的趋势。

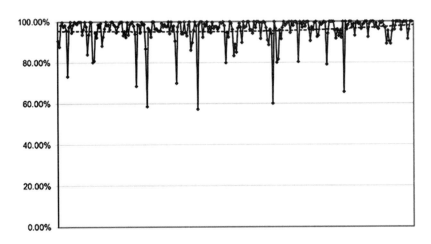

图 22.9　稳定趋势图

实时支持团队可以使用许多工具。本节列出一些比较常用的。

紧急泳道

"我们将'修复服务器崩溃'放入待办事项列表并在两周后交付修复程序！"你恐怕最不想对自己支持的实时 MMO 团队说这样的话了。

解决紧急情况的有用实践是设置一个紧急泳道（或紧急通道）。当请求在紧急通道中的时候，意味着下游的团队要暂停当前的工作并专注于将请求拉到更下游。图 22.10 展示了紧急通道。其中，产品负责人已将崩溃 bug 放入通道中。只有他可以这么做。这意味着开发人员要停止手头的工作，计划好解决这个问题需要做哪些工作，并将这个名为"崩溃！"的请求拉入 Ready（就绪）这一栏。这之后，他们会将这一请求拉入 Develop（开发）这一栏。等准备好进行测试时，测试人员将其拉入 Test（测试）这一栏，并在部署之前验证崩溃 bug 是否已经得到彻底的解决。

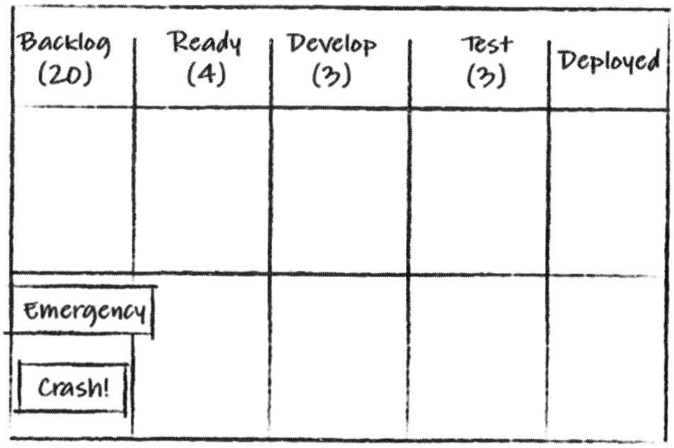

图 22.10　紧急泳道

其他类型的泳道

看板团队用到了许多有用的泳道类型，例如 bug 修复。《敏捷项目管理与看板》（Brechner，2015）是了解这些泳道类型的理想参考资源。

> **推荐阅读**　关于看板，我最喜欢的的书是《敏捷项目管理与看板》（Brechner，2015），是微软 Xbox 实时服务的主管写的。本章无法涵盖该书的所有知识。强烈建议大家阅读这本书。

放大故障信号

我最近拜访了一个工作室，他们是做实时动作冒险多人游戏的，游戏在市场上的表现还不错。当时，培训课程刚进行到一半，许多学员却突然慌慌张张地跑出了教室。原来是有玩家突然发现了一种破解账户管理访问权限的方法，使其角色在游戏中拥有无限的权力。等工作室发现这个漏洞时，大部分玩家都已经在用这种外挂，并且对所有玩家造成了巨大的影响。删除访问权限并不需要太长时间，但造成的损失无法弥补。

想方设法尽早发现问题比解决问题更为重要。与其让故障信号潜藏在日志文件中，还不如找到方法在合适的级别放大它们（例如，前面所述的发送有关崩溃的邮件），以免引起灾难性的后果。

当然，谁都不想让支持团队每天受到数百个信号的轰炸，因此，最好有可以用来确定优先级和分类的系统。

事件回顾

每当 NASA 出现发射故障，航天控制员都会下令锁上发射控制中心的所有门。此后，保存所有遥测数据，并与每个工作人员进行谈话。这样做的目的是捕获最精确的信息，以帮助在故障调查中找出根本原因并最终采取一些措施来预防同样的问题在日后任务中再次发生。

同样，发生纸牌游戏启动崩溃之类的危机时，应该立即讨论问题产生的原因，并找到可以防止同样问题再次发生的实践。这就是事件回顾。

事件回顾要安排在问题解决好之后立即举行。回顾的步骤如下。

- 做出问题的时间线，并收集导致问题产生的具体原因。
- 确定根本原因和新实践，以免问题再次发生。
- 识别出未来故障的信号以及如何放大信号以便尽早发现问题。

会议必须尽量开放和宽容。[1] 如果要问责肇事者，就无法顺利沟通，无法查出真相。[2]

蓝绿部署

蓝绿部署[3] 指的是让部署版本的多个实例并行运行的实践。一旦发生问题，生产环境可以进行故障转移，直到有"最终的好的版本"。

对于必须得到第一方（例如，App Store）批准的实时应用，这种切换不是立即执行的，但有一个准备就绪的好的版本客户端应用，可以在解决重大事件的时候节省很多时间。

混沌工程

奈飞（Netflix）将流媒体服务转到亚马逊网页服务之后，创建了一个

---

[1] https://codeascraft.com/2012/05/22/blameless-postmortems/

[2] 挑战者号和哥伦比亚号航天员的死亡都归因于 NASA 的文化和沟通问题。事故发生的根本原因之前早就已经知道。

[3] https://martinfowler.com/bliki/BlueGreenDeployment.html

名为 Chaos Monkey（混沌猴，泼猴）的工具，通过触发奈飞架构内部的故障来检验系统的稳定性。这个工具能够比用户更早发现架构中的许多缺点，使架构可以得到重大的改进。

实时应用的开发商已经扩大了这个想法，混沌工程得到了发展并适用于实时游戏。

游戏可以用混沌工程来找出应对以下问题的方式：

- 高延迟
- 断开连接
- 应用程序崩溃
- 应用程序服务器停机

所有这些问题和其他问题都可以在客户遇到之前被测试出来。

衡量突发事件响应时间

对实时支持团队而言，最关键的指标是从报告事件到在游戏中实际解决事件之间所花的时间。随着团队引入更好的实践和工具，"突发事件响应时间"应该有所改善。

事件按紧急程度分为不同的类型，因此，实时支持团队通常都需要追踪好几种不同的响应时间。

新瓶老酒

上世纪 80 年代后期，我玩过一个联机空战游戏《空中斗士》。这款游戏可以让全球各地 100 多名玩家在二战背景中进行战斗。

游戏的开发者科斯麦始终致力于修复我们这些飞行员发现的漏洞。有一次我们发现，如果从高空轰炸机上向敌军领土扔数十名 AI 伞兵的话，我们就可以让敌人的雷达系统超负荷进而打败他们。

第四部分：度量与学习

部署了包含新特性的游戏之后，我们要把用假设确定的数据收集起来。除了主观指标，我们还可以收集其他数据。

度量结果

有很多方法可以用来评估玩家对游戏中特性的参与度。有些游戏会用很复杂的统计分析[①]，另一些游戏则用不太正式的主观方法，直接通过论坛和其他社交媒体渠道与玩家进行交流。有些方法则两者结合使用。每个方法各有千秋，都有自己的适用场景。

召开回顾会，更新愿景

达到约束条件后，举行回顾会，评审收集到的数据，并与团队和项目干系人一起讨论下一步的行动计划。

请记住第 1 章描述的几十年前来自任天堂和雅达利的教训。集中精力，先找到乐趣。如果一个机制早期就出现故障，说明是好事，还是有赚的，因为有效避免了钱花了开发出来的却是有故障的主要特性！

以失败为目标

我合作过的一个团队试图建一种算法来解决一个棘手的 AR 设备的问题。有几十种可能成功的备选方案，并且，在团队选择放弃之前，他们在每个方法上都花了好几个月的时间来尝试其可行性。

回顾会显示，尽管证明一种方法可行可能要用很长时间，但证明它行不通却要快得多。于是，这支团队把精力转移到了消除尽可能多的备选方案上，并迅速将方法的范围缩小到最终可用于设备上的少数几个方法上。

成效或愿景

2012 年，超级细胞（Supercell）在 iOS 上发布了农场模拟游戏《卡通农场》。通过在手机上发行最低可行游戏，超级细胞工作室在近两年的时间内击败了当时的市场领头羊。他们随后根据玩家反馈来增加

---

① https://www.youtube.com/watch?v=-OfmPhYXrxY

游戏特性的策略使《卡通农场》成为 2013 年收入最高的第四大游戏。

小结

游戏即服务（GaaS）是行业的未来。即使是大型 AAA 游戏也转为提供基本款的游戏，以便之后随时间的推移而不断地发展游戏。

这种过渡使得我们不得不重新考虑计划。许多实时开发人员都陷入了执行大型投机设计（也就是豪赌）和短期 KPI（短期有收益但不利于长期发展）之间的困境。

这是在敏捷世界中进行探索和创新的沃土，并且比起之前的十年，下个十年会产生更多新的实践。

拓展阅读

Brechner, E., and J. Waletzky. 2015. *Agile Project Management with Kanban.* Redmond, WA: Microsoft Press.

Garrett, J. 2011.*The Elements Of User Experience*. Berkeley, Calif.: New Riders.

Gothelf, Jeff, and Josh Seiden. 2016. *Lean UX: Designing Great Products with Agile.* O'Reilly.

Ideo Tools. https://www.ideo.com/tools.

Keith, C., and G. Shonkwiler. 2018. *Gear Up!: 100+ Ways To Grow Your Studio Culture, Second Edition.*

Kim, A.J. 2018. *Game Thinking: Innovate Smarter & Drive Deep Engagement With Design Techniques From Hit Games*. Burlingame, CA: Gamethinking.io.

Kim, G., P. Debois, J. Willis, J. Humble, and J. Allspaw. 2016. *The Devops Handbook: How To Create World-Class Agility, Reliability, And Security In Technology organizations*. Portland, OR: IT Revolution Press, LLC.

Reinertsen, Donald G. 2009.*The Principles Of Product Development Flow: Second Generation Lean Product Development*. Celeritas.

Ries, Eric. 2011.*The Lean Startup: How Today's Entrepreneurs Use Continuousinnovation To Create Radically Successful Businesses*, NY: Crown Publishing.

第 23 章

只有更好，没有最好

经常有人问我："做（啥啥啥）的时候，有没有什么最佳敏捷实践啊？"

一般情况下，我都会反问他们尝试过哪些实践。因为对敏捷团队来说，并没有什么所谓的最佳实践。比如，我们当初做任天堂 N64 游戏时用到的最佳实践绝不可能帮助我们做出今天这样复杂、宏大的游戏。

"最佳"意味着稳定。然而，技术、玩家的口味以及可以选择的娱乐方式，总是变化万千。

在敏捷得到普及的十几年，有许多创新实践被应用于游戏开发社区。

本章提供的解决方案

本章要介绍一些不那么常见但非常高效的实践和技巧。

创新实践 我和格兰特·斯文奎勒在 *Gear Up*！一书中整合了来自游戏开发社区的一系列创新实践。每一年，只要有新的实践，我们都会更新到这本书里。

正如本书一直强调的那样，敏捷的特点是不断试验和检查我们在做什么以及我们是如何做的，随后再对实践进行适应性调整。本章包含这方面的一些试验，展示敏捷如何应用于独立游戏开发和新平台游戏开发等领域。

工作可视化

敏捷被严重低估，最典型的一个侧面是它对工作可视化的价值。敏捷鼓励采用任务板、贴在墙上的故事卡片、燃尽图以及 build 失败警示灯等实践。

这些所谓的"信息发射源"很难被忽略。它们不在有访问权限的服务器上（有时称为"信息冻室"），而且，稍加定制就可以轻松用于别的实践。

关于工作的可视化，更重要的一点是可以自主选择工作的呈现方式。在下面两个例子中（特性板和故事地图），团队对实践进行了调整，以便更注重游戏的结果，而不是个人 任务的结果如何。 之所以选择这两个例子，是因为它们通过简单应用实践对工作进行更好的组织和可视化之后，成果（时间和质量）改善很显著。

特性板

实体任务板的好处是团队可以自主。实体任务板随时可见，不需要许可，也不需要培训，很容易上手，同时还可以在团队检视和适应工作的过程中根据具体情况随心所欲进行定制。美中不足的是，要求有空白可用的墙，而且团队还需要在同一地点工作。

在使用实体任务板的过程中，一个常见的问题是无法以可视化的方式体现跨职能团队彼此之间的依赖关系。举个例子，假设一个团队正在研究三个动作，比如跳、爬和躲。团队成员中有三个程序、一个建模和一个动画。在 Sprint 进行到一半的时候，程序员写好了代码，但还无法进行全面测试，因为动画师手上积压了很多工作或需要等模型绑定先做完。这个时候，动画师可能同时在做这三个动作的动画或者一个角色的建模任务比预期的更费力，亦或者导出资源的时候碰到了问题。

通过每日 Scrum 站会，这些问题很容易暴露出来，经验丰富的团队也很容易解决这些问题。但有些时候，问题并不是特别明显，等开始显山露水的时候，已经来不及在当前 Sprint 中采取任何行动了。遇到这样的情况，可以用特性板（feature board）。

什么是特性板

一个简单的特性板如图 23.1 所示。

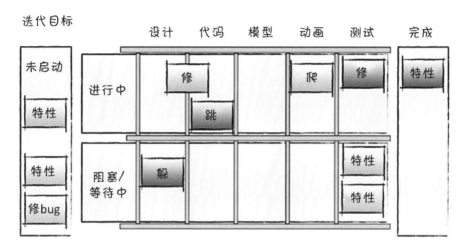

图 23.1　特性板

跟踪的不是任务，特性板跟踪的是特性的开发状态。最左边一列是 Sprint 目标，这一列中的卡片标识的是团队承诺要完成的特性。在 Sprint 期间，这些卡片可以在板上随意移动（不只是从左到右），具体取决于具体在做什么工作。特性板上，每一列显示的是当前做的哪一种类型的特性工作。横向的两行显示哪些特性正在开发中，哪些特性正在等待开工。特性完成后，将移入特性版右侧的"完成"这一列。在这个特殊的例子中，特性是按价值的优先级排序的。红色特性最重要。绿色特性相比之下最不重要，而黄色特性的重要程度介于两者之间。

特性板怎么用?

特性板是为团队服务的。它时刻向团队成员展示各个特性的状态，并引导跨职能游戏团队展开必要的对话。

图 23.1 中，特性板显示跳这个特性当前处于编程阶段，而近战特性

的动画正在制作中。有两个 bug 需要修复，策划和程序都在修复其中一个 bug，而另一个 bug 正在测试中。

特性板还可以帮助我们看出一些问题。示例如下。

- 测试不堪重负了吗？看上去他们手上积压了不少测试工作。

- 建模现在在做什么呢？他们是不是没事做了？

- 为什么低优先级特性已经准备好进行测试了？为什么它们比更高优先级特性的进度更快？

特性板无法给出这些问题的答案，但会迅速突出显示这些问题，让团队尽早解决。

特性板的优势

下面要介绍特性板的优势。

特性板的重点在于特性的进度，而不是任务的进度。很多时候，团队专注于以某种特定的顺序完成任务，直到 Sprint 结束前都不担心特性是否可以完成。推迟完成意味着特性没有足够的时间进行修饰和优化。结果，团队发布的特性质量低于预期。特性板可以让团队专注于完成按优先级排列的特性，而不只是按某种特定的顺序完成任务。

特性板有助于限制在制品（WiP）。为了在迭代中尽快完成特性，团队需要并行处理更少量的特性，并解决使工作停顿不前或浪费时间的事件或工作流问题。通过将"进行中"的特性与"阻塞 / 等待中"的特性分开，团队可以快速看出工作堆积在哪里，并能够及时加以处理。如果工作堆积太多，团队可以在列或行上设置"在制品限制"来停止添加新的特性。这会导致不同的行为模式。例如，当团队发现测试工作正在堆积时，团队中的其他人都可以帮忙参与测试，而不是只有测试人员才可以测试。通过体现在制品限制，特性板可以成为一种工具鼓励这种随机应变的思维方式。

特性板可以帮助平衡跨职能团队。与只做软件的团队不同，跨职能游戏开发团队能共同承担的工作有限（例如，你不会真的想让我为游戏做纹理或声音吧）。快速找出工作流程中存在的问题至关重要。这一点，任务板就做不好：它们不能以可视化的方式呈现流程中的阻碍。结果导致人们最终通过并行处理更多事情来尝试解决问题，造成集成、测试和优化的推延。特性板会显著而频繁地显示哪里正在出现或即将出现淤滞，使团队能够齐心协力做出相应的反应。

"这看起来很像看板呢！"

特性板的一些点子来自看板（例如 WiP 限制），但严格说来，它并不是看板。尽管看板对某些工作非常合适（探索性较低的工作或遵循从一个职能到下一个职能的可预见交接流程的工作），但特性板更适合在做难以预测的新特性和原创内容的团队。特性板最适合在有固定时限的 Sprint 中使用，这样的 Sprint 有很多"蜂拥式开发"，意味着创建特性的各专业之间有不可预测的工作流程，并且，在发现乐趣之前，特性会有不可预测的变动或迭代。

故事地图

故事地图（story mapping）是杰夫·帕顿（Jeff Patton）[1] 率先采用的一种而为故事地图的创建技术，通常情况下，横轴按玩家活动的优先级或叙述排列，纵轴按时间（比如，预测的 Sprint 目标）。

在二维地图上排列故事的优势在于，可以创建直接映射到发布（release）计划的叙事[2] 发布目标。故事地图同时还鼓励团队按把 Sprint 作为玩家的故事来执行。有关示例，请参见图 23.2。

---

[1] 译者注：代表作有畅销书《用户故事地图》，简体中文版译者是李涛和向振东。

[2] 译者注：游戏叙事分为三种类型。第一是线性剧情（Embedded Narrative），这一类故事由设计师预先编好，玩家无权改变剧情。第二是玩家剧情（Emergent Narrative，也可以理解为玩家的故事），是玩家在游戏既定规则内与游戏交互演绎出来的故事。最简单的例子是围棋，围棋本身不包含任何故事，但两位玩家可以通过一系列依据游戏规则的互动而写出属于玩家自己的故事。《我的世界》《边缘世界》这样的沙盒游戏和《文明》等策略游戏也属于这一类。但《刺客信条》可能包含两种叙事风格。最后是居于两者之间的模块剧情（Modular Narrative），比如《巫师 3》。

在二维地图上排列故事的优点是，它创建直接映射到发布计划的发布目标的数组。它还鼓励团队把 Sprint 当作玩家剧情来执行，而不是专注于有一天要集成的部分发布内容。示例如图 23.2 所示。

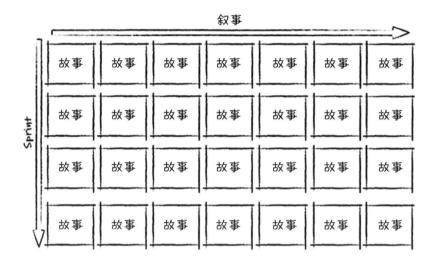

图 23.2　故事地图的布局（来源：选自《用户故事地图》，作者杰夫·巴顿）

故事地图示例

为每次发行创建一个地图非常有用。在典型的发布中，通常先指定一个"胆大包天的目标"（也称为 BHAG，请参阅第 9 章）。 在这个例子中，我们要为一款虚构的赛车游戏制定一个 BHAG：

"你是一名正在被通缉的逃犯，正在避开车流，运用你的驾驶技能逃离芝加哥！"

这是一个很不错的目标，有一大堆活儿要做。发布计划会议（Release Planning）的第一步是将 BHAG 拆分为一些较小的史诗故事（故事对 Sprint 而言还是太大了）。

对于这个例子，我们有以下史诗。

- 作为被通缉的逃犯，我想开得很快以逃脱警察的缉捕。
- 作为被通缉的逃犯，我想避开障碍物，这样我就可以保持领先于警察。

• 作为被通缉的逃犯，我想利用芝加哥的繁忙街道甩掉警察。

通过基于团队结构的一些优先级划分和梳理，我们可以重新创建 BHAG，将其作为由史诗故事构成的叙述性主干，只不过现在这些史诗故事按重要性排序了。如图 23.3 所示。

图 23.3 叙事性故事的主干

开车是最为重要的特性。如果你没法从警察手里逃脱就不好玩了。避开障碍物固然不错，但不如逃离城市和避开警察重要。

另外，请注意，叙述不是依照用户故事模板写的一组故事。因为我们希望把叙述当成紧密关联着的故事的整体来看待。然而，模板会妨碍我们这样做。

下一步是通过下面的步骤来预测 Sprint。

1. 分解叙事性"史诗"。

2. 用任意方法调整史诗的大小。

3. 为分解出来的故事排序。

4. 将它们放入叙述性史诗（列）下相应的 Sprint（行）中。

在这个例子中的故事地图可能类似于图 23.4。

叙述主干下面的行表示预测的 Sprint 目标。右下角的路况这一项很大，因为它仍然是个史诗故事。上一次技术预研（spike）加深了我们对相关工作的了解，可以分解了。

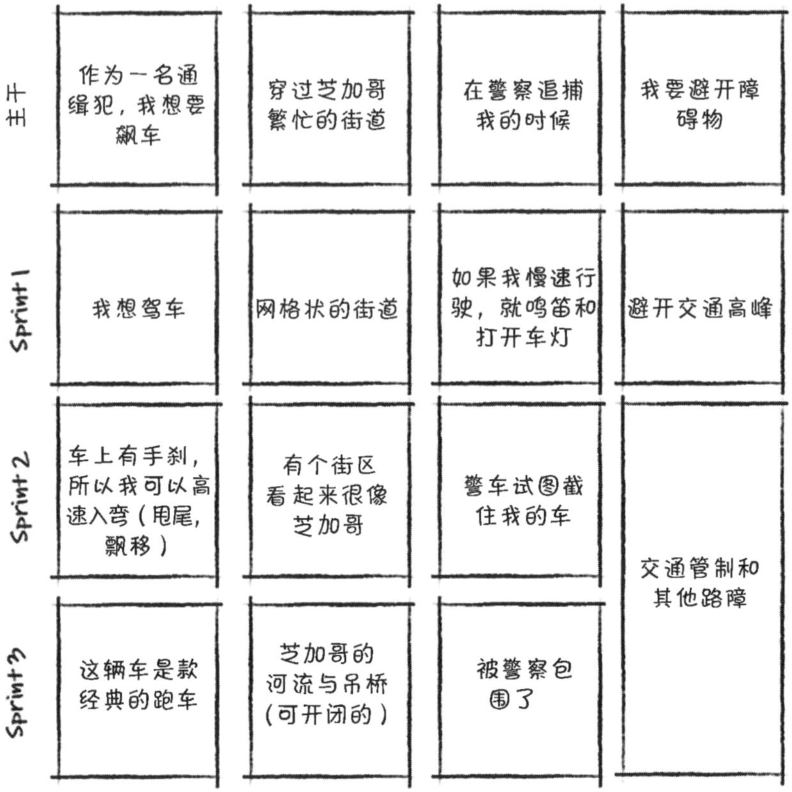

主干	作为一名通缉犯,我想要飙车	穿过芝加哥繁忙的街道	在警察追捕我的时候	我要避开障碍物
Sprint 1	我想驾车	网格状的街道	如果我慢速行驶,就鸣笛和打开车灯	避开交通高峰
Sprint + 2	车上有手刹,所以我可以高速入弯(甩尾,飘移)	有个街区看起来很像芝加哥	警车试图截住我的车	交通管制和其他路障
Sprint + 3	这辆车是款经典的跑车	芝加哥的河流与吊桥(可开闭的)	被警察包围了	

图 23.4 一个完整的用户故事地图

说明 对故事地图的应用示例中,纵轴上是 Sprint。杰夫·帕顿将纵轴描述为经过优先级排序的主干故事。将 Sprint 放在纵轴上,只是我们应用故事地图的一种方式而已。

为什么要用故事地图

故事地图有下面这些优点。

- 以视觉化的方式组织发布的相关工作。我喜欢全景图。甚至可以在上百人的游戏开发中用,它们可以让所有人看清楚共同目标和进度。

- 叙述传达的是写用户故事的"原因"。据我观察,使用故事地图的团队可以更好地应对突发事件，因为他们了解全局。

- 故事地图是二维的。传统产品积压项（Backlog）的一维视图有限。有多个维度，有利于更好地处理工作顺序。

- 故事地图是高度自定义的。举个例子，一些团队通过使用彩线来连接相互依赖的故事，以此来反映依赖关系。

- 故事地图可以很好地应对变化。可以非常迅速地切换故事、优先级以及工作共享方式。

Sprint 目标也是在叙事

如果在故事地图的例子中观察"Sprint 目标"，可以看出它们仍然以叙事的方式构成了主干故事。通过这种方式，团队可以更从容，不再有临近发布时再集成一套组件特性那样的紧迫感。

为新的平台开发游戏

1996 年，迪斯尼聘用我们工作室为 DisneyQuest[①] 创建游乐设施，这个大型室内主题乐园的特点是体感游乐设施和虚拟现实游戏。

我们首先尝试的是一款虚拟现实（VR）游戏，玩家将与迪士尼经典反派角色用光剑进行对战。硬件是个问题。在那个年代，价值 5 万美元的 VR 头盔很重，并且还需要配备一台功能强大的价值 25 万美元的微型计算机。

迪士尼想让我们做的是，让玩家坐上飞行气垫船前往战斗。我们的确这样做了，但之后，项目也宣告失败了。将动作引入有 100 毫秒动作追踪延迟的 VR，造成一半的玩家身体不适。有那么多玩家在价值 30 万美元的硬件上感到不适，这样的游乐设施显然不会有什么盈利。

为新的平台开发游戏很有挑战。就像"找乐趣"一样，尽管平台开发人员做出了承诺，但具体方法肯定都是试验性的，成败待定。

---

① 译者注：大型室内迪士尼游戏厅，最后一家 DisneyQuest 关闭于 2008 年。

开发首发游戏

在我的职业生涯中，为还没有公开发布的硬件开发了许多游戏和游戏 demo。我从中学到了两点。

- 最终设备的性能或规格可能与其原本承诺有出入。
- 开发工具包总是延期，并且，像样的软件工具也少之又少。

在为全新型号的硬件（已经从来没有用于游戏）开发首发游戏[①]的时候，甚至更让人痛苦，虚拟现实或增强现实头盔这样新的硬件平台就属于这种情况。

2015 年以来，我经常和负责为这些平台发布游戏的工作室合作。他们面临的挑战更加复杂。

- 核心机制的成功范本不多，比如说玩家的动作。
- 对游戏环境有要求，例如在过山车上使用头戴式 VR，其中每个头显每天都得有一百个不同的人戴。
- 被经常跳票的发布计划搞得焦头烂额。
- 关键的核心规格几乎每天在变，比如视野、电池寿命和外设的设计。

考虑到这一类新硬件的不稳定状态，任何形式的长期设计都是不利的。尽管有硬件开发团队的保证，但这种设计仍然包含大量的假设，并且在更新硬件规格时（通常在最后一刻），首发游戏的开发团队不得不紧赶慢赶地重做游戏，通常不得不对特性和资产的质量做出相应的妥协。

开发首发游戏的时候，一种更好的方法是通过开发基于各种可能性和原型硬件的并行选项来推迟决策并把风险降到最低。下面是和原型有关的一些例子。

---

① 译者注：launch title，这一类面向消费者的电子游戏与对应的电子游戏机同时发行，有些游戏还和主机捆绑在一起。首发游戏是主机特性和技术能力的第一印象，所以在电子游戏产业中占有重要的地位，许多首发游戏都是杀手级应用。

- 空间原型怎么做？如果在这样的空间中实现 AR（增强现实）体验有技术难度的话。

- UI 元素的原型怎么做以及怎么在不同的光线下进行测试？

- 移动的物体（例如过山车）原型怎么做？以探索玩家的运动极限和能够忍受的底线以及头戴设备的游戏体验如何？

并行开发

我最喜欢的与游戏项目无关的一个故事和普锐斯的设计有关。普锐斯是一款革命性的汽车，从开始设计到投入量产，与一般燃油车的类似情况相比，花的时间总共还不到一半。

当时，丰田的目标是制造一款能吸引绿色消费者的汽车。但当时并不确定选择哪种发动机。高效燃气发动机、电动发动机和混合动力发动机都是可选项。只花普通汽车的一半的时间来推出普锐斯，是一个非常有挑战的目标。

丰田本来可以预先选择一种发动机技术，然后把精力集中在使其工作上。在时间如此紧迫的情况下，大多数公司都会选择这么做。然而，丰田选择了成立三个研究团队来研究三种发动机技术。

几个月后，燃气发动机团队发现，尽管它可以提高发动机的效率，但这个效率还不足以达到吸引环保市场的程度。电动发动机团队发现它可以达到效率，但成本太高。尽管人们有环保的意愿，但愿意为此花的钱却有限。

混合动力发动机团队能够在效率和成本目标范围内制造发动机，于是，丰田选择并进一步改进了它。

听到这个故事的时候，很多经理都不为所动。他们声称他们没有那么多人手研究多种解决方案。作为回应，我们可能会问："如果关键路径被延长，导致整个项目被推迟几个月，会多花多少钱？"对于 80 人以上的团队，推迟的成本比一开始就选择研究多种解决方案所需的成本高出十倍不止。

在维塔游戏工作室为 Magic Leap One 制作首发游戏

我们的游戏工作室问世于 Magic Leap[①] 和 Weta Workshop[②] 成立之间。我们有两个任务。

- 为 Magic Leap One 制作一款首发游戏。

- 帮助定义平台应该是什么样的。

第二点的底层逻辑是，游戏是新型空间媒体的绝佳案例，需要出色的控制和输入，强大的处理能力，图形能力和高质量的音频，等等，因此，一开始就要定义好平台的可塑性。

这是一项非常艰巨的任务，一开始我们甚至没有真正的技术，只有一些非常聪明的人提出很多非常宏大的想法。我们的团队始终跑在技术前面，耐心等待硬件和软件组合起来按预期那样工作。

这意味着多年来，我们不得不寻找各式各样能灵活应变的解决方案，并且确保必须始终专注于达成最终目标，也就是交付一款具有真实内涵的高质量大型游戏。那样的平衡很难达到，需要恒久的耐心，需要放长眼量，锁定愿景。

我们尝试了许多不同的点子，并试图做出合理的猜测来说明游戏在现实世界中必须如何运行。当时我们没有任何可以参考的范例，因此经常会用到剧院和狂欢节等现实世界中的类似参照物。

一有新的团队成员加入，我就这样比喻给他们听："我们现在在陆地上，要在水上建一座桥通往 Magic Leap One 这个神奇之岛，我们要用竹子和胶带以及沿途可以找到任何东西作为材料，但在我们的身后，Magic Leap HQ 将建一个漂亮的钢和混凝土结构的大型桥梁，等它赶上我们的时候，我们的旅程差不多也就结束了。"

我们已经独自在海上漂了很久。

与此同时，我们用了一些也许能使我们更进一步的现成的技术。我们用可以随时重新配置的聚苯乙烯家具和轻型模块化墙，做了一个真实的测试空间，用来模拟并预测玩家在家中可能遇到的各种问题。我们用新的VR技术来亲测游戏的逻辑，我们还建虚拟房间编

---

① 译者注：Magic Leap 成立于 2010 年，获得过 4 亿美元的融资，投资者包括谷歌和阿里巴巴。主要产品是头戴式显示器 Magic Leap One，通过将光场映射到视网膜来达到增强现实的目的。2016 年，《福布斯》估值达到 45 亿美元。

② https://www.wetaworkshop.com/about-us/history/

辑器来进行实时网格划分。我们做了我们能够想到的一切。

然后，一有空，我们就聚在一起讨论 build 可能会在哪里出问题，主要是为了预测未来可能出现的问题，同时还要确保我们不至于舍本逐末。

就这样，在这个长达六年半的旅程的最后一年，我们将所有最棒的点子整合在一起，倾尽全力开发了首款免费的 AR 游戏 *Dr. Grordbot's Invaders*。在这场艰苦的马拉松即将到达终点的时候，我们进行了一次 Sprint。

这一切的关键是让自己与优秀的人在一起，相互照顾。而且，不要搞得太严肃，毕竟，制作游戏是件有趣的事。

——格雷格·布罗德莫尔（Greg Broadmore），维塔游戏工作室总监

敏捷和独立游戏开发

在我上大学前的几个月，雅达利（Atari）发行了 Atari 400 家用电脑。这件事对我的学业产生了很大的影响，可能算得上是最大，没有之一。

我当时买不起 Atari 400，因此在一家刚开始销售雅达利的电脑店找了份工作。我虽然买得起 Atari 400，付得起房租和学费了，但也剩不下几个子儿能顿顿吃上饱饭。有几个星期，我只买得起当地便利店里快要过期的面包。

但是，我当时真的很快乐！在今天，恐怕没有人能够想象有一台专门用来打游戏的计算机是一件多么具有革命意义的事。翘课，吃着不新鲜的面包并且不眠不休，终于做出自己的第一款游戏 *A Defender Clone*。

电脑店的老板允许我售卖自己开发的游戏，其中包括雅达利用来存储音效的磁带和几页复印的游戏说明，这些都装在一个自封塑料袋中。游戏卖了不到一打，但我因此而成为雅达利认证的注册开发人员。

尽管当时还没有这样的标签，但我真的是一名独立开发人员。

独立游戏开发的魅力

2005 年左右，一大波开发人员从 AAA 游戏开发转向独立游戏开发。一些才华横溢（且收入丰厚）的开发人员纷纷转行，他们决定自己掏腰包（和抵押贷款）自己干。我自己做过游戏，所以非常理解他们的动机。游戏规模变得越来越大，几十年前做游戏时的热情和专注已经几近消耗殆尽的边缘。

有几个因素为独立游戏开发运动创造了机会。

- Steam 这样的数字游戏市场和数字主机市场提供了一种更简单的游戏销售方式。

- 商业游戏引擎（例如 Unity 和虚幻）降低了独立游戏开发人员的技术成本。

- 互联网和网页工具让独立开发人员之间有机会进行更多分布式协作开发。

独立游戏开发的挑战

几年前，我迷上了奈飞（Netflix）纪录片《独立游戏：电影》[1]。纪录片中，人们激情澎湃，但独立开发人员付出的情感和生理上的代价相当惊人。主要原因不是出在创意上，而是来自于资金和团队协作方面的挑战，以及造成巨大浪费的非规范开发流程。

并不是说所有独立游戏开发都是这样的。例如，乔纳森·布洛（Jonathan Blow，代表作有《时空幻境》和《见证者》）这样的独立游戏开发人，就用自己的成功诠释了如何在独立游戏开发中应用规范化的开发实践。

敏捷开发如何提供帮助

对于独立游戏开发，敏捷可以从下面几个方面提供帮助。

- 抓住机遇：独立游戏开发的业务动态多变。潜在的资金机会可能

---

[1] https://www.imdb.com/title/tt1942884/

倏然而至，也有可能一闪即逝。如果新的平台能够提供移植费用，独立游戏开发人员很有可能想把自己的游戏移植过去。开发人员需要向潜在的干系人展示一个能玩儿的版本，并把游戏的愿景清楚地传达给他们。独立游戏开发人员通常需要做好准备，随时路演，随时转型。

- 筹款：每 1 至 3 周演示一次迭代更新后的游戏，让项目干系人可以看到真正的进展。随着更多独立游戏开发转向抢先体验模式或众筹平台来筹集资金，通过不断更新，游戏显示出稳定增加的价值，可以为持续支持提供更好的条件。

- 团队合作：短期 Sprint 目标有助于平衡团队需要得到更多或更少帮助，并建立开发团队可以参与完成的游戏愿景和目标（通常连同其他责任和工作）。敏捷独立开发团队通常 Sprint 更短，发布战线拉得更长。

- 规范化的开发流程：前面描述的估算和项目管理方法也适用于独立游戏开发，可以减少精力浪费。我见过一个例子，有个独立游戏开发团队将预研 / 探索工作与开发工作混在一起，一旦需要换核心机制和需要重建大量角色和关卡资源的时候，就会造成大量的浪费。

独立游戏成功组合

"独立开发游戏的时候，创建成功的组合很重要。每个成功游戏的叠加结合，有助于积累成为更大的成就，最终实现预期的目标。尽管开发周期起起落落，始终都要保持内心的平静，守住团队的道德底线。"

——贾斯汀·伍德沃德（Justin Woodward）

建立社区

独立游戏开发人员通常会分享游戏的早期版本，通过这种方式来建立游戏社区并期待部署可以开始赚钱的版本。我投钱给早期版本的游戏时，常常被那些粗糙的游戏品质逼疯。看起来不错的游戏经常性地崩溃，全是些半成品特性，或者明显缺少游戏资产，给我一种游戏永远完不成的感觉[①]，因而也不可能进一步投钱。

"奋斗逻辑"

在游戏创业初期的奋斗阶段，开发人员最宝贵的资产是时间和体力。如果懂得奋斗原则，战略性开发人员得到的将是血汗权[②]，知道自己有本事能把游戏和团队转为一大笔财富。

——贾斯汀·伍德沃德

成效或愿景

正如需要进行产品 / 服务 / 游戏创新一样，我们也需要进行流程创新。市场、技术和制作游戏的人，永远不会停止变化。

工作室如果将敏捷应用到流程中，会营造出一个理想的工作场所。开发人员个个充满热情，这种激情为他们带来更多的自主性、更强的能力和更明确的人生目标。

---

① 通常确实如此。

② 译者注：指股东为公司带来的非金钱利益。血汗权以血汗产权股份的形式获得奖励，是以劳力和时间而不是金钱换来的。

小结

本章介绍了一些新兴的敏捷实践，以及阐述了哪些领域可以应用敏捷。只要能抓住敏捷的实验性质，就可以为未来的成功打下基础。

拓展阅读

Keith, C., and G. Shonkwiler. 2018. *Gear Up!: 100+ Ways To Grow Your Studio Culture, Second Edition.*

Patton, Jeff. 2014. *User Story Mapping: Discover the Whole Story, Build the Right Product.* Sebastopol, CA: O 'Reilly Media. 中文版《用户故事地图》

结语

敏捷游戏开发的实践和经历来源于现实。大多数工作室在过去十几年已经采用了某种形式的敏捷方法，但在拥抱敏捷价值观和原则的时候，基本上都或多或少碰到过很多问题。随着新的平台和商业模式的不断涌现，将有更多新的实践、新的工具和新的方法可以让人们充分发挥创造力，以更低成本做出更好的游戏。这也正是敏捷适合用于游戏开发的原因。我们的目标不是找到"完美"的方法，而是主动拥抱变化，适应变化。

对游戏开发而言，眼前这个时代非常独特而充满挑战。游戏已经成为主流，涌现出更多新的游戏发行平台和新的市场。甚至，需要"认真玩"的教育、医疗保健、国防和城市规划等新的类别正在成为游戏可以介入的重要市场。但同时也不容忽视，大规模裁员和因待遇不公而提起的诉讼，也在威胁着游戏开发行业，有才华的人正在流失。

为了做出一些对游戏质量有影响的乐趣，许多游戏开发人员都不得不忍受成本、繁杂和痛苦。游戏制作过程中，难免会造成浪费，比如干等、机器崩溃所导致的工作丢失、花时间做不管用的方案以及沟通问题。我们要分享曾经帮助减少过浪费的实践。我们能拼的，就只有创造力和才华。只有这样，才能提升整个市场的准入门槛并将其发扬光大。

我们需要回到最初用业余时间做游戏的状态，我们希望能够像当初那样，因为热爱游戏而热爱做游戏。